Conserver la Couverture

253

CORRESPONDANCE

D'HERMITE ET DE STIELTJES

PUBLIÉE PAR LES SOINS

DE

B. BAILLAUD,
Doyen honoraire de la Faculté
des Sciences,
Directeur de l'Observatoire de Toulouse.

H. BOURGET,
Maître de Conférences à l'Université,
Astronome adjoint
à l'Observatoire de Toulouse.

Avec une préface de Émile PICARD,
Membre de l'Institut.

TOME II.

(18 octobre 1889 — 15 décembre 1894.)

PARIS,
GAUTHIER-VILLARS, IMPRIMEUR-LIBRAIRE
DU BUREAU DES LONGITUDES, DE L'ÉCOLE POLYTECHNIQUE,
Quai des Grands-Augustins, 55.

1905

CORRESPONDANCE
D'HERMITE ET DE STIELTJES.

34948 PARIS. — IMPRIMERIE GAUTHIER-VILLARS,
Quai des Grands-Augustins, 55.

CORRESPONDANCE

D'HERMITE ET DE STIELTJES

PUBLIÉE PAR LES SOINS

DE

B. BAILLAUD,
Doyen honoraire de la Faculté
des Sciences,
Directeur de l'Observatoire de Toulouse.

H. BOURGET,
Maître de Conférences à l'Université,
Astronome adjoint
à l'Observatoire de Toulouse.

Avec une préface de Émile PICARD,
Membre de l'Institut.

TOME II.

(18 OCTOBRE 1889 — 15 DÉCEMBRE 1894.)

PARIS,
GAUTHIER-VILLARS, IMPRIMEUR-LIBRAIRE
DU BUREAU DES LONGITUDES, DE L'ÉCOLE POLYTECHNIQUE,
Quai des Grands-Augustins, 55.

1905

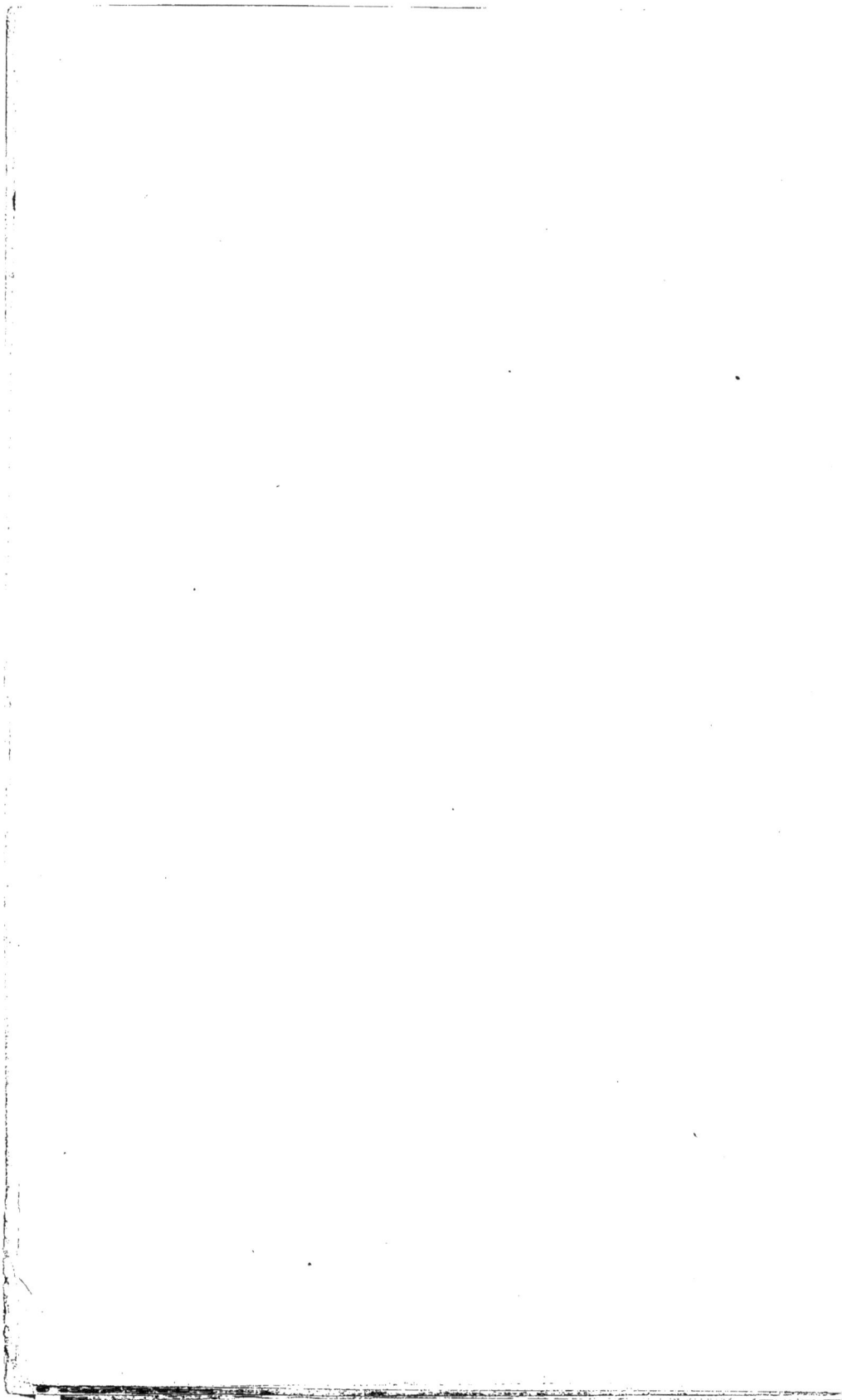

AVERTISSEMENT.

Le Volume que nous présentons au public contient la fin de la correspondance d'Hermite et de Stieltjes.

Les lecteurs trouveront en tête un beau portrait d'Hermite datant de sa première jeunesse, de sa vingt-cinquième année environ. M. Picard, qui le possède, a bien voulu en autoriser la reproduction. Qu'il reçoive ici l'expression de notre vive gratitude pour toutes les marques d'intérêt qu'il n'a cessé de nous donner pendant la publication de cette correspondance.

La grande obligeance de M. Mittag-Leffler nous a permis de terminer ce volume en imprimant quatre lettres que Stieltjes lui avait jadis adressées. Ces lettres nous paraissent intéressantes pour l'histoire des idées de Stieltjes et la théorie de la fonction $\zeta(s)$ de Riemann.

En terminant, nous adressons nos remerciements à M. Gauthier-Villars qui a accueilli avec empressement cette publication et a tout fait pour en augmenter l'attrait. Grâce à lui, nous pouvons offrir à nos lecteurs un intéressant fac-simile de l'écriture de Stieltjes.

B. Baillaud, H. Bourget.

Toulouse, 26 février 1905.

ERRATA DU TOME I.

Page 38, ligne 7 en remontant, *au lieu de* $E\left(\frac{n}{2}\right)$, *lire* $E\left(\frac{n}{7}\right)$.

» 103, ligne 4, *au lieu de* $A_1 f(x_1) + A_2 f(x_2) + \ldots + A_n f(x_n)$, *lire*
$A_1 G(x_1) + A_2 G(x_2) + \ldots + A_n G(x_n)$.

» 106, ligne 12 en remontant, faire la même correction.

» 274, ligne 13, *au lieu de* $\frac{1}{e} + \frac{2^x}{e^2} = \frac{3^x}{e^3} + \frac{4^x}{e^4} + \ldots$, *lire*

$$\frac{1}{e} + \frac{2^x}{e^2} + \frac{3^x}{e^3} + \frac{4^x}{e^4} + \ldots.$$

CORRESPONDANCE

D'HERMITE ET DE STIELTJES.

227. — *STIELTJES A HERMITE* (1).

Kralingen, 18 octobre 1889.

CHER MONSIEUR,

C'est ici que j'ai reçu votre lettre, le mal n'a pas d'importance et a été bien vite réparé. J'ai pu retrouver sans difficulté mes corrections et vous devez recevoir la feuille corrigée en même temps que cette lettre.

Je dois vous avouer cependant que, ne voyant pas d'autres feuilles à corriger, j'ai craint un moment quelque malentendu et j'avais justement écrit à M. Jordan pour lui faire savoir que je suis toujours ici, ayant fixé mon départ pour le 29 octobre. Mais, toute réflexion faite, je ne résiste point à la tentation de passer quelques jours à Paris et je ferai en sorte d'assister à la séance de l'Académie du 28 octobre. J'aurai alors, je l'espère bien, le vif plaisir de vous voir en bonne santé.

Quant aux intégrales

$$f(x) = \int_0^\infty e^{-xz} \sin am\, z\, dz,$$

. . . .

en écrivant au lieu de $\sin am\, z$ le développement en série périodique de sinus, on trouve une expression

$$f(x) = \sum \frac{A}{x^2 + a}$$

(1) *Note des éditeurs.* — Il y a sûrement des lettres entre le 22 juillet et le 18 octobre. Nous n'en avons retrouvé aucune.

(les A et a étant positifs) qui met en évidence la nature analytique de la fonction $f(x)$. Mais aussi la théorie de la convergence des expressions de la forme

$$\int_a^b \frac{\varphi(u)\,du}{x+u}, \quad \sum \frac{A}{x+a}$$

devient applicable.

Cette question se rattache donc à la Note que vous avez bien voulu présenter à l'Académie dernièrement. J'avais complètement perdu de vue les fractions continues d'Eisenstein, concernant $A + iB$, en supposant $\operatorname{sn} x = A^2 + B^2$.

Je ne manquerai pas de les examiner maintenant que vous venez de me les signaler.

En attendant de vous revoir bientôt en bonne santé, je vous prie de vouloir bien me croire

Votre très dévoué.

Park Honingen E 290^b, Kralingen (Hollande).

228. — *STIELTJES A HERMITE* (1).

Toulouse, 18 décembre 1889.

Cher Monsieur,

Vous recevrez avec cette lettre la quatrième feuille de l'Ouvrage d'Halphen. Je crois devoir dire quelques mots pour justifier quelques-unes de mes corrections qui portent sur le texte d'Halphen. A la page 55, il s'agit d'une fonction algébrique de g_2 dont deux déterminations s'annulent avec g_2. Lorsque g_2 est très petit, on obtient les valeurs principales de ces racines

$$x' = \frac{1}{16.49 g_3}(-27 + 10 i\sqrt{3}) g_2^{\frac{2}{2}},$$

$$x'' = \frac{1}{16.49 g_3}(-27 - 10 i\sqrt{3}) g_2^{\frac{2}{2}}.$$

(1) *Note des éditeurs.* — Il y a sûrement des lettres perdues entre les lettres 227 et 228.

Il en résulte que ces deux racines ne se permutent pas autour de $g_2 = 0$, mais restent holomorphes.

Le point considéré est ce que Briot et Bouquet appellent un *point neutre* (*Fonct. ellipt.*, 2e édit., p. 59).

Lorsque g_2 change de signe, la valeur principale de x' ou x'' ne change pas, de là le changement qu'il m'a semblé nécessaire d'apporter au texte. A la page 54, il s'agit aussi d'un point neutre, mais là l'affirmation d'Halphen (relative au changement de signe du coefficient de i) est exacte.

Halphen examine d'abord deux cas particuliers. D'abord

(p. 52 e. s.) le cas où $14x^2 - \frac{5}{2}g_2 = 0,$

ensuite

(p. 54 e. s.) le cas où $g_2 = 0.$

Il me semble qu'il avait d'abord l'intention de rejeter ce cas $g_2 = 0$ vers la fin. C'est ce qui paraît résulter de l'alinéa page 60, qui suit l'entête « Résolution du problème de la division par 7 ». Mais avec la rédaction définitivement adoptée il fallait changer un peu cet alinéa, je l'ai fait de mon mieux.

Je n'ai pas manqué d'expédier le texte des discours d'inauguration de la Sorbonne à M. Legoux qui occupe une situation importante dans l'Académie des Sciences, etc. de Toulouse.

J'ai aussi, et avec beaucoup de plaisir, exprimé à M. Baillaud les sentiments que vous témoignez à son égard. En causant avec lui et en parlant de nos *Annales*, il m'a engagé aussi à vous rappeler que nous serions bien heureux si vous pouviez nous donner encore un Mémoire. J'avoue que vous pourriez dire, avec quelque raison : « Voilà une gratitude bien intéressée ! » J'ai commencé à examiner les *manuscrits* d'Halphen, mais tant que j'ai des Leçons à faire, cela ne marche pas très vite. Je compte surtout sur les quelques jours de vacances, vers le nouvel an, pour mener à bonne fin cette entreprise.

Veuillez bien, je vous prie, rappeler Mme Stieltjes au bon souvenir de MMmes Hermite et Picard et croyez-moi toujours

Votre très dévoué.

229. — *HERMITE A STIELTJES.*

Paris, 21 décembre 1889.

MON CHER AMI,

Le soin si consciencieux que vous apportez à l'étude extrêmement difficile du texte d'Halphen nous rend un service dont je vous suis on ne peut plus reconnaissant.

. . . .

Pourquoi donc, à propos de l'équation du cinquième degré, n'annonce-t-il point l'objet principal qu'il a en vue, de réduire à l'équation elliptique une équation quelconque, en ne s'adjoignant qu'une racine carrée en outre du discriminant? C'est là un très beau résultat, mais je regrette qu'il ne dise pas qu'il est de M. Jordan; ce dont je me plains d'ailleurs tient, sans aucun doute, à ma paresse, et d'autres comprendront sans peine tous ces calculs qui me semblent trop condensés et par suite obscurs.

Je n'ai pu me remettre encore à l'ouvrage, ayant eu un autre discours à faire, après celui de la Sorbonne; voici la seule petite chose qui me soit venue à l'esprit, en faisant une interrogation au Collège Stanislas. Il s'agissait des fractions continues; j'ai donné à un élève la démonstration suivante de la proposition de Lagrange, sur les racines de l'équation du second degré à coefficients entiers $Ax^2+2Bx+C=0$. Soient $\frac{P}{Q}$, $\frac{P'}{Q'}$ deux réduites consécutives du développement en fraction continue x, que je suppose positive, et y le quotient complet qui correspond à $\frac{P'}{Q'}$. On aura comme on sait

$$x=\frac{P'y+P}{Q'y+Q},$$

d'où cette équation en y

$$Gy^2+2Hy+K=0,$$

en posant

$$G = AP'^2 + 2BP'Q' + CQ'^2,$$
$$H = APP' + B(P'Q + Q'P) + CQQ',$$
$$K = AP^2 + 2BPQ + CQ^2,$$

ce qui donne

$$H^2 - GK = (B^2 - AC)(PQ' - QP')^2 = B^2 - AC.$$

Cela étant, je remarque que la racine x étant comprise entre $\frac{P}{Q}$ et $\frac{P'}{Q'}$, les quantités G et K seront des signes contraires à partir d'un certain point du développement, aussitôt que les réduites seront assez voisines pour ne renfermer dans leur intervalle que cette seule racine x. Et cette circonstance arrivera nécessairement puisque la différence des réduites diminue indéfiniment.

Les coefficients G et K étant de signes contraires, la relation

$$H^2 - GH = B^2 - AC$$

montre qu'ils seront limités ainsi que H, de sorte que les équations du second degré en y se reproduiront, ce qui démontre la périodicité du développement.

Veuillez, mon cher ami, faire parvenir à Mme Stieltjes les compliments de Mme Picard, de Mme Hermite et me croire votre bien affectueusement dévoué.

....

230. — *STIELTJES A HERMITE.*

Toulouse, 23 décembre 1889.

CHER MONSIEUR,

Par une coïncidence fortuite, l'un de mes élèves, M. Bourget, fils de l'ancien recteur de Clermont-Ferrand, me parla, il y a quelques jours, du théorème de Lagrange concernant le développement en fractions continues d'une irrationnelle de second degré. Je lui disais alors qu'il suffit de remarquer que le discriminant ne change pas, car la substitution $x = a + \frac{1}{x_1}$ mise sous forme homogène a le déterminant $= 1$. Et ensuite, il est clair qu'on doit finir par avoir des équations qui présentent une seule variation de signe, comme l'a remarqué Vincent dans le Tome I du *Journal de Liouville*, remarque que Serret a reproduite dans son Algèbre, Tome I, page 363, Article **167** (5e édition). Vous voyez que sur ce point je me suis rencontré avec vous.

A l'égard des fractions continues, voici une petite remarque qui date de bien longtemps. L'équation

$$\frac{e^x-1}{e^x+1} = \cfrac{x}{2+\cfrac{x^2}{6+\cfrac{x^2}{10+\ldots}}},$$

donnant

$$\frac{e-1}{e+1} = [0, 2, 6, 10, 14, \ldots],$$

$$\frac{e^2-1}{e^2+1} = [0, 1, 3, 5, 7, \ldots],$$

si je représente, pour abréger, par

$$[a, a_1, a_2, a_3, \ldots]$$

la fraction continue

$$a+\cfrac{1}{a_1+\cfrac{1}{a_2+\cfrac{1}{a_3+\ldots}}},$$

j'ai cherché aussi le développement de e et de e^2.

Je trouve

$$\begin{aligned} e = [2, \; & 1, 2, 1 \\ & 1, 4, 1 \\ & 1, 6, 1 \\ & 1, 8, 1 \\ & 1 \ldots\ldots]. \end{aligned}$$

Ainsi le premier nombre 2 est suivi de groupes de trois nombres qui se déduisent de

$$1, \quad 2n, \quad 1,$$

en prenant $n = 1, 2, 3, 4, \ldots$.

Pour le nombre e^2 je trouve (mais seulement par induction),

$$\begin{aligned} e^2 = [7, 2, \; & 1, 1, 3, 18, 5 \\ & 1, 1, 6, 30, 8 \\ & 1, 1, 9, 42, 11 \\ & 1, 1, 12, 54, 14 \\ & 1, 1, \ldots\ldots\ldots\ldots]. \end{aligned}$$

On peut faire commencer la période directement après 7.

En sorte que les deux premiers nombres 7, 2 sont suivis par des groupes de cinq nombres qui se déduisent de

$$1,\quad 1,\quad 3n,\quad 12n+6,\quad 3n+2,$$

en posant $n=1, 2, 3, 4, \ldots$. Ce n'est pas démontré, mais je ne puis guère douter de l'exactitude de cette loi, ayant calculé les vingt-quatre premiers quotients incomplets (ceux que je viens d'écrire).

Lorsque je me suis occupé de ces choses (cela date de bien loin, 1877 ou 1878) j'ai fait aussi un nombre de calculs assez considérable sur le sujet suivant : j'ai appliqué aux nombres e et e^2 la méthode de Jacobi (*Crelle*, t. 69) pour représenter approximativement deux nombres par des fractions de même dénominateur. L'esprit de cette méthode revient à ceci : étant donnés trois nombres,

$$u_0,\quad v_0,\quad w_0 \qquad \text{(dont } w_0 \text{ le plus grand)},$$

soit

$$l_0 = \mathrm{E}\left(\frac{v_0}{u_0}\right), \qquad m_0 = \mathrm{E}\left(\frac{w_0}{u_0}\right),$$

et posons

$$u_1 = v_0 - l_0 u_0,$$
$$v_1 = w_0 - m_0 u_0,$$
$$w_1 = u_0.$$

On peut appliquer à u_1, v_1, w_1 le même algorithme, en déduire

$$l_1 = \mathrm{E}\left(\frac{v_1}{u_1}\right), \qquad m_1 = \mathrm{E}\left(\frac{w_1}{u_1}\right), \qquad \ldots.$$

Si l'on prend

$$u_0 = 1, \qquad v_0 = \sqrt[3]{2}, \qquad w_0 = \sqrt[3]{4}.$$

Jacobi trouve que les l_i, m_i, ... se reproduisent enfin périodiquement, et il est à présumer que le même phénomène a lieu en général pour les irrationnelles du troisième degré. Ceci, il est à peu près sûr, doit avoir une liaison étroite avec vos travaux sur la réduction continuelle des formes ternaires, exposées en détail par M. Charve.

Mais en appliquant la méthode de Jacobi à e et e^2, ..., j'espérais rencontrer, comme dans le cas des fractions continues, une loi simple, qui aurait montré directement que ces nombres ne sont *pas* des irrationnelles du troisième degré. Mais je n'ai pas réussi à découvrir une loi simple pour les l_i, m_i; peut-être n'ai-je pas poussé assez loin le calcul.

Sous le rapport de la grippe, nous sommes mieux favorisés que les Parisiens. Il est vrai qu'il y a aussi des cas, et le personnel de l'Opéra, par exemple, semble assez éprouvé. Mais, en général, cela ne doit pas avoir pris l'extension de Paris.

Comme vous, je trouve très pénible la lecture et la correction du texte d'Halphen, c'est aussi mon excuse que cela va si lentement. J'ai encore une feuille dont la correction me prendra encore quelques jours.

Veuillez bien me croire toujours votre très dévoué.

P.-S. — Je trouve dans mes papiers aussi des calculs relatifs au développement en fractions continues de e^3, mais sans résultat. Toutefois j'ai noté que ces calculs étaient à *refaire*, la valeur empruntée de e^3 étant suspecte. Mais la non-réussite de mes calculs relatifs à la méthode de Jacobi m'a fait abandonner ce travail.

231. — *STIELTJES A HERMITE.*

Toulouse, 24 décembre 1889.

Cher Monsieur,

En compulsant avec plus de soin mes anciennes Notes, je viens de reconnaître que les développements en fraction continue de e et de e^2 sont pour ainsi dire d'un caractère très élémentaire et peut-être il n'y faut pas attacher grande importance.

Ces formules sont comprises dans les deux suivantes :

$$(\mathfrak{A})\qquad e^{\frac{1}{k}} = \Big[1,\ \underbrace{k-1,\ 1,\ 1},\ \underbrace{3k-1,\ 1,\ 1},\ \underbrace{5k-1,\ 1,\ 1},\ \underbrace{7k-1,\ 1,\ 1},\ \ldots\Big],$$

pour $k = 1$, un des quotients étant nul, il s'opère une légère réduction et l'on obtient le résultat indiqué pour e.

$$(\mathfrak{B})\qquad e^{\frac{2}{2k+1}} = \begin{bmatrix} 1, & k, & 12k+6, & 5k+2, & 1 \\ 1, & 7k+3, & 36k+18, & 11k+5, & 1 \\ 1, & 13k+6, & 60k+30, & 17k+8, & 1 \\ 1, & 19k+9, & 84k+42, & 23k+11, & 1 \\ 1, & 25k+12, & \ldots & \ldots & \end{bmatrix}.$$

Les lignes verticales forment des séries arithmétiques. Pour $k = 0$ il y a encore une légère réduction et l'on obtient le résultat indiqué pour e^2. Ces formules $(\mathcal{A})$ et $(\mathcal{B})$ donnent, lorsque k est entier positif, les réductions en fractions continues de forme ordinaire. Mais, pour les démontrer, je suppose k quelconque et je pose, dans la première, $\frac{1}{k} = x$, dans la seconde, $\frac{2}{2k+1} = x$.

Ces formules se présentent alors sous la forme suivante :

$$(\mathcal{A}') \qquad e^x = 1 + \cfrac{x}{1 - x + \cfrac{x}{1 + \cfrac{1}{1 + \cfrac{x}{3 - x + \cfrac{x}{1 + \cfrac{1}{1 + \cfrac{x}{5 - x + \cfrac{x}{1 + \cfrac{1}{1 + \cfrac{x}{7 - x + \ldots}}}}}}}}},$$

$$e^x = 1 + \cfrac{x}{1 - \frac{1}{2}x + \cfrac{x^2}{12 + \cfrac{x^2}{5 - \frac{1}{2}x + \cfrac{x}{1 + \cfrac{1}{1 + \cfrac{x}{7 - \frac{1}{2}x + \cfrac{x^2}{36 + \cfrac{x^2}{11 - \frac{1}{2}x + \cfrac{x}{1 + \cfrac{1}{1 + \cfrac{x}{13 - \frac{1}{2}x + \cfrac{x^2}{60 + \ldots}}}}}}}}}}}},$$

et la démonstration devient extrêmement simple. En effet, on connaît la formule

$$(\mathcal{C}') \qquad e^x = 1 + \cfrac{x}{1 - \cfrac{x}{2 + \cfrac{x}{3 - \cfrac{x}{2 + \cfrac{x}{7 - \cfrac{x}{2 + \frac{x}{9} - \ldots}}}}}}$$

Or, si je pose

$$t = n - x + \cfrac{x}{1 + \cfrac{1}{1 + \cfrac{x}{t_1}}},$$

on a aussi

$$t = n - \cfrac{x}{2 + \cfrac{x}{t_1}},$$

et il suffit d'appliquer cette transformation pour $n = 1, 3, 5, 7$ pour passer de ($\mathcal{A}'$) à ($\mathcal{C}'$). De même si je pose

$$(\alpha) \qquad t = n - \frac{1}{2}x + \cfrac{x^2}{4n + 8 + \cfrac{a^2}{n + 4 - \frac{1}{2}x + \cfrac{x}{1 + \cfrac{1}{1 + \cfrac{x}{t_1}}}}}.$$

On s'assure par le calcul que l'on peut écrire aussi

$$(\beta) \qquad t = n - \cfrac{x}{2 + \cfrac{x}{n + 2 - \cfrac{x}{2 + \cfrac{x}{n + 4 - \cfrac{x}{2 + \cfrac{x}{t_1}}}}}},$$

et il suffit d'appliquer cette transformation pour $n = 1, 7, 13, 19, \ldots, 6k + 1$ pour passer de ($\mathcal{B}'$) à ($\mathcal{C}'$).

Vous voyez que cette espèce de rectification n'exige que des calculs très élémentaires, cependant on n'y voit pas clair et cette transformation de (α) en (β) est déjà passablement cachée. Existe-t-il d'autres réductions du même genre qui donneraient les fractions continues pour e^3, e^4, ...? Je veux entreprendre le calcul numérique pour e^3..., mais, comme je ne m'attends pas à une période de moins de vingt-cinq termes, il faudra pousser bien loin l'exactitude et prendre e^3 avec cinquante ou soixante décimales. C'est un travail que je réserve pour 1890.

Veuillez bien accepter, cher Monsieur, mes vœux les plus sincères pour la nouvelle année qui va commencer.

Votre très dévoué.

232. — *HERMITE A STIELTJES.*

Paris, 26 décembre 1889.

Mon cher Ami,

Soyez charitable et excusez-moi de ne point saisir le sens de votre notation, quand vous écrivez

$$e^2 = [7, 2, 1, 1, 3, 18, 5, \\ 1, 1, 6, 30, 8, \\ \ldots\ \ldots\ \ldots].$$

Comment rattacher ce symbole à celui que vous donnez d'abord

$$[a, a_1, a_2, \ldots] = a + \cfrac{1}{a_1 + \cfrac{1}{a_2 + \ldots}}$$

Mon embarras provient de ce que je ne trouve qu'une seule ligne dans la parenthèse, tandis que dans e^2 vous les mettez un nombre indéfini. Vous voyez que je ne vous comprends guère, et il me faut néanmoins vous dire que nous nous entendons parfaitement, sans même avoir besoin de nous parler. Le Tome 76 du *Journal de Borchardt*, p. 342, vous en donnera la preuve. En pensant ainsi que vous aux puissances de e j'ai été moins hardi, mes prétentions n'ont pas été jusqu'à deviner la loi de développement en fractions continues, j'aurais seulement voulu constater, par induction, que les quotients incomplets manifestent une tendance à croître sans limite. Mais les calculs numériques qu'il faut faire sont tellement fastidieux que j'ai craint d'abuser de la patience et de la bonne volonté du calculateur auquel j'ai eu recours.

L'algorithme de Jacobi qui a appelé votre attention s'offre immédiatement à l'esprit, c'est l'extension toute naturelle, à trois nombres, du procédé élémentaire par la recherche du plus grand commun diviseur entre deux nombres. Mais je crois, dans cette circonstance, l'analogie trompeuse; il me paraît absolument impossible, du procédé de Jacobi, de déduire le résultat découvert par Dirichlet et de prouver qu'en écrivant par exemple

$$u_n = \mathrm{A}\,u_0 + \mathrm{B}\,v_0 + \mathrm{C}\,w_0,$$

où A, B, C sont entiers, cette quantité est de l'ordre de $\frac{1}{\mathrm{A}^2}$ ou

$\frac{1}{B^2}$. La question est, en effet, bien plus complexe que dans le cas des fractions continues. Représentez les entiers A et B, par exemple, par les coordonnées d'un point (ils sont seuls à envisager, puisque le troisième élément C en résulte, par la considération que u_n soit le plus petit possible). Vous pouvez chercher les minima de u_n, à l'intérieur d'un cercle dont vous ferez croître le rayon, ou d'une ellipse, dont vous ferez grandir les axes en établissant entre eux une relation arbitraire, etc. C'est ce qui m'a amené à prendre pour point de départ, dans cette question, la recherche des minima successifs de la forme quadratique

$$(u_0 x + v_0 y + w_0 z)^2 + \varepsilon x^2 + \delta y^2,$$

où δ et ε sont des paramètres variables.

Ensuite, cela va de soi, j'ai envisagé la réduction continuelle de cette forme quadratique lorsqu'on fait varier les paramètres. Mais quel abîme entre ce que j'ai fait et ce que j'aurais voulu faire. La réduction n'est point un procédé facile ni commode et il n'a rien moins fallu que le talent et l'opiniâtreté de M. Charve pour en faire application dans quelques cas particuliers, et cependant il serait si utile et même absolument indispensable de pouvoir faire de nombreuses applications, pour s'éclairer et se diriger, j'ajouterai pour s'inspirer puisqu'il s'agit d'Arithmétique.

En vous offrant, ainsi qu'à madame Stieltjes, mes souhaits de bonne année, pour votre bonheur et celui de vos chers enfants, pour le succès de vos recherches, je vous renouvelle, mon cher ami, l'assurance de mes sentiments de la plus sincère affection.

233. — *STIELTJES A HERMITE.*

Toulouse, 27 décembre 1889.

Cher Monsieur,

Tout abîmé dans le Halphen, permettez-moi seulement d'indiquer qu'en écrivant

$$\begin{aligned} e^2 = [7, 2, 1, 1, 3, 18, 5,\\ 1, 1, 6, 30, 8,\\ 1, 1, 9, 42, 11,\\ 1, 1 \ldots\ldots\ldots], \end{aligned}$$

je n'ai voulu donner que la succession des quotients incomplets

$$e^2 = 7 + \cfrac{1}{2 + \cfrac{1}{1 + \cfrac{1}{1 + \cfrac{1}{3 + \cfrac{1}{18 + \cfrac{1}{5 + \cfrac{1}{1 + \cfrac{1}{1 + \cfrac{1}{6 + \cfrac{1}{30 + \cfrac{1}{8 + \ldots}}}}}}}}}}}$$

C'est seulement pour indiquer mieux la loi que je ne les ai pas écrits sur une même ligne horizontale, en faisant ainsi des groupes de 5 nombres, les lignes verticales sont des progressions arithmétiques. Et un phénomène tout semblable se montre dans la réduction en fraction continue de

$$e^{\frac{1}{k}}, \quad e^{\frac{2}{2k+1}}, \quad k \text{ entier.}$$

Arrive-t-il quelque chose d'analogue pour d'autres puissances de e, e^3 par exemple? Comme je l'ai dit, je ferai le calcul pour e^3, mais je dois dire que je n'ai presque pas d'espoir, et que je m'expliquerais très bien que l'on n'aperçoit une loi simple et générale que dans les cas que j'ai cités déjà. Cependant, pour acquit de conscience, ce calcul numérique m'est nécessaire. Si cependant e^3 donnait aussi une fraction continue quasi périodique, alors, je l'avoue, je serai assez hardi pour conclure que cela arrive toujours pour e^x, x étant rationnel, mais, je l'ai dit déjà, je crois que c'est là une chimère.

Je dois vous remercier particulièrement de m'avoir indiqué le Tome 76 du *Journal de Borchardt*. Je n'avais presque rien retenu de cela, et je vois maintenant que c'est très voisin du sujet qui m'occupait et peut-être votre travail me fera revenir. Mille remercîments aussi pour vos remarques sur l'algorithme de Jacobi, je dois réfléchir beaucoup là-dessus. Mais pour l'idée que j'avais en vue (et qui était de démontrer que e n'est pas une irrationnelle du troisième degré) il me semblait suffisant de savoir que l'algorithme de Jacobi conduit à une série double de nombres

$$\begin{matrix} l_0, & l_1, & l_2, \\ m_0, & m_1, & m_2, \end{matrix}$$

qui déterminent parfaitement les rapports $u_0 : v_0 : w_0$, comme la série des quotient incomplets. Il est vrai que la proposition que e n'est pas une irrationnelle du troisième degré ne présente plus d'intérêt après votre proposition merveilleuse que e n'est pas un nombre algébrique, mais il serait encore intéressant d'arriver à cette proposition particulière par une méthode qui se rapproche plus de la théorie des fractions continues. Mais, si c'est possible, cela demandera bien des efforts.

Veuillez bien me croire toujours votre bien dévoué.

P.-S. — Le résultat pour e

$$e = [2, \underbrace{1, 2, 1}, \underbrace{1, 4, 1}, \underbrace{1, 6, 1}, \underbrace{1, 8, 1}, \ldots]$$

est si simple que certainement on doit l'avoir remarqué déjà. A la fin de l'*Introductio,* Euler trouve

$$\frac{e-1}{2} = \cfrac{1}{1+\cfrac{1}{6+\cfrac{1}{10+\cfrac{1}{14+\ldots}}}},$$

ce qui se déduit de

$$\frac{e-1}{e+1} = \cfrac{1}{2+\cfrac{1}{6+\cfrac{1}{10+\ldots}}}$$

234. — *HERMITE A STIELTJES.*

Paris, 7 février 1890.

Mon cher Ami,

L'épidémie que vous avez eue à Toulouse, comme nous à Paris, nous a fait traverser une épreuve dont nous venons de sortir et qui a été bien pénible. Le fils aîné de M. Bertrand a été atteint de l'influenza et s'est trouvé la semaine dernière dans le plus grand danger.

. . . .

Maintenant nous sommes rassurés et dans l'espérance que vous n'avez été atteints, ni vous, ni madame Stieltjes, ni vos chers enfants, je viens vous parler d'une extension de la théorie des fractions continues algébriques et d'un algorithme auquel j'ai été conduit.

Soit U, V, W trois séries ordonnées suivant les puissances croissantes de la variable x, on peut, au moyen des coefficients indéterminés, trouver trois polynomes de degré n, que je désigne par A_n, B_n, C_n tels qu'on ait

$$UA_n + VB_n + WC_n = x^{3n+2}S,$$

S désignant, pour abréger, une série $g + g'x + g''x^2 + \ldots$. Ce sont ces polynomes que je me suis proposé d'obtenir de proche en proche pour toutes les valeurs de n. La première idée qui se présente, celle qu'indique une analogie immédiate, mais que je crois trompeuse, est de chercher des relations récurrentes de la forme

$$\begin{aligned} A_{n+3} &= \alpha A_{n+2} + \alpha' A_{n+1} + \alpha'' A_n, \\ B_{n+3} &= \beta B_{n+2} + \beta' B_{n+1} + \beta'' B_n, \\ C_{n+3} &= \gamma C_{n+2} + \gamma' C_{n+1} + \gamma'' C_n. \end{aligned}$$

J'y ai renoncé et j'ai suivi une autre voie qui convient uniquement à l'Algèbre et non, à mon bien grand regret, à l'Arithmétique.

Je considère trois nouveaux polynomes, P_n, Q_{n-1}, R_{n-1}, le premier de degré n, les suivants du degré $n-1$, déterminés de manière à avoir

$$UP_n + VQ_{n-1} + WR_{n-1} = x^{3n}S_1,$$

où S_1 désigne une série entière comme S. C'est ce qu'on peut toujours faire d'après le nombre des coefficients arbitraires qui est $3n+1$; semblablement, je pose ensuite

$$\begin{aligned} UP'_{n-1} + VQ'_n \quad + WR'_{n-1} &= x^{3n}S'_1, \\ UP''_{n-1} + VQ''_{n-1} + WR''_n \quad &= x^{3n}S''_1. \end{aligned}$$

Cela étant, j'ajoute les équations précédentes après les avoir multipliées par des constantes a, a', a''; les coefficients de U, V, W seront des polynomes du $n^{\text{ième}}$ degré et coïncideront avec A_n, B_n,

C_n, en disposant de ces constantes de manière que le terme constant et le terme du premier degré disparaissent dans l'expression $aS_1 + a'S'_1 + a''S''_1$. Nous prouvons ainsi que l'on a les relations d'une grande importance

$$\begin{aligned} A_n &= a P_n + a' P'_{n-1} + a'' P''_{n-1}, \\ B_n &= a Q_{n-1} + a' Q'_n + a'' Q''_{n-1}, \\ C_n &= a R_{n-1} + a' R'_{n-1} + a'' R''_n. \end{aligned}$$

Je considère en second lieu les trois quantités

$$\begin{aligned} &(\alpha x + \beta) S_1 + \gamma S'_1 + \delta S''_1, \\ &\alpha' S_1 + (\beta' x + \gamma') S'_1 + \delta' S''_1, \\ &\alpha'' S_1 + \beta'' S'_1 + (\gamma'' x + \delta'') S''_1, \end{aligned}$$

qui contiennent chacune quatre coefficients arbitraires, et je les détermine en annulant le terme constant, ceux du premier et du second degré. Vous remarquerez que dans ces divers cas, un seul des coefficients de U, V, W est du degré $n+1$, les autres sont du degré n. Comme on met en évidence dans les seconds membres le facteur x^{3n+3}, les premiers membres sont successivement

$$UP_{n+1} + VQ_n + WR_n, \quad UP'_n + VQ'_{n+1} + WR'_n, \quad UP''_n + VQ''_n + WR''_{n+1},$$

et l'on en conclut

$$\begin{aligned} P_{n+1} &= (\alpha x + \beta) P_n + \gamma P'_{n-1} + \delta P''_{n-1}, \\ Q_n &= (\alpha x + \beta) Q_{n-1} + \gamma Q'_n + \delta Q''_{n-1}, \\ R_n &= (\alpha x + \beta) R_{n-1} + \gamma R'_{n-1} + \delta R''_n; \end{aligned}$$

$$\begin{aligned} P'_n &= \alpha' P_n + (\beta' x + \gamma') P'_{n-1} + \delta' P''_{n-1}, \\ Q'_{n+1} &= \alpha' Q_{n-1} + (\beta' x + \gamma') Q'_n + \delta' Q''_{n-1}, \\ R'_n &= \alpha' R_{n-1} + (\beta' x + \gamma') R'_{n-1} + \delta' R_n; \end{aligned}$$

$$\begin{aligned} P''_n &= \alpha'' P_n + \beta'' P'_{n-1} + (\gamma'' x + \delta'') P''_{n-1}, \\ Q''_n &= \alpha'' Q_{n-1} + \beta'' Q'_n + (\gamma'' x + \delta'') Q''_{n-1}, \\ R''_{n+1} &= \alpha'' R_{n-1} + \beta'' R'_{n-1} + (\gamma'' x + \delta'') R''_n. \end{aligned}$$

Les neuf éléments dont dépendent A_n, B_n, C_n s'obtiennent donc de proche de proche par un système de relations récurrentes où la variable n'entre qu'au premier degré. Ces considérations m'ont été suggérées par l'étude de l'intégrale

$$J = \frac{1}{2i\pi} \int \frac{e^{zx}\,dz}{(z-a)^{m+1}(z-b)^{n+1}\ldots(z-l)^{s+1}}$$

prise le long d'un contour qui comprend à son intérieur tous les points a, b, c, ..., l. On trouve que

$$J = e^{ax} P_m + e^{bx} Q_n + \ldots + e^{lx} T_s,$$

P_m, Q_n, ..., T_s étant des polynomes entiers de degrés $m, n, \ldots, s$; puis, si l'on développe suivant les puissances croissantes de x,

$$J = x^{(m+1)+(n+1)+\ldots+(s+1)-1} S,$$

c'est-à-dire la puissance maximum de x, relativement aux degrés de ces polynomes. Que de recherches dans cette voie!

Votre bien affectionné.

235. — *HERMITE A STIELTJES.*

Paris, 8 février 1890.

MON CHER AMI,

Voici pourquoi je considère comme fausse et trompeuse cette analogie si naturelle qui conduirait à chercher des relations récurrentes de la forme

$$\begin{aligned} A_{n+3} &= \alpha A_{n+2} + \alpha' A_{n+1} + \alpha'' A_n, \\ B_{n+3} &= \alpha B_{n+2} + \alpha' B_{n+1} + \alpha'' B_n, \\ C_{n+3} &= \alpha C_{n+2} + \alpha' C_{n+1} + \alpha'' C_n. \end{aligned}$$

Je reprends en écrivant A, B, C au lieu de A_n, B_n, C_n, l'équation fondamentale

$$UA + VB + WC = x^{3n+2} S,$$

j'écris ensuite, en changeant n en $n+1$ et en $n+2$,

$$\begin{aligned} UA' + VB' + WC' &= x^{3n+5} S', \\ UA'' + VB'' + WC'' &= x^{3n+8} S'', \end{aligned}$$

ce qui me donne

$$U\mathcal{A} + V\mathcal{B} + W\mathcal{C} = x^{3n+2}(\alpha S + \alpha' x^3 S' + \alpha'' x^6 S'')$$

où

$$\begin{aligned} \mathcal{A} &= \alpha A'' + \alpha' A' + \alpha'' A, \\ \mathcal{B} &= \alpha B'' + \alpha' B' + \alpha'' B, \\ &\ldots\ldots\ldots\ldots\ldots\ldots \end{aligned}$$

Si l'on veut que α, α', α'' soient entiers en x, il faut nécessairement les prendre des degrés 1, 2 et 3, ce qui introduit 9 coefficients arbitraires. Mais il faut que l'on satisfasse à la condition

$$\alpha S + \alpha' x^3 S' + \alpha'' x^6 S'' = x^9 S''',$$

qui entraîne précisément 9 équations sous forme homogène. Il manque donc une indéterminée, ce qui me semble condamner définitivement l'analogie avec les réduites de la théorie des fractions continues.

Un mot encore au sujet des conditions

$$(\alpha x + \beta) S + \gamma S' + \delta S'' = x^{3n+2} S''' . \quad \ldots .$$

Il convient, pour suivre l'analogie avec les fractions continues, d'introduire les quotients

$$\frac{S'}{S} = a + bx + cx^2 + \ldots \qquad \frac{S''}{S} = a' + b'x + c'x^2 + \ldots .$$

Il est alors facile, au moyen des coefficients a, b, c, ..., a', b', c', ..., d'obtenir les valeurs α, β, γ, δ qui donnent

$$\alpha x + \beta + \gamma(a + bx + cx^2) + \delta(a' + b'x - c'x^2) = x^3 S.$$

Excusez ce peu de mots et croyez-moi toujours votre bien affectueusement dévoué.

236. — *HERMITE A STIELTJES.*

Paris, 10 février 1890.

MON CHER AMI,

Votre démonstration est un chef-d'œuvre; vous ne me reprocherez pas, je l'espère, d'en donner aujourd'hui même communication à l'Académie, afin qu'elle soit publiée dans les *Comptes rendus* (1).

---

(1) *Note des éditeurs.* — Le début de la lettre indique nettement qu'il y a quelque lettre perdue entre la lettre 234 et la lettre 235.

Il est sûr que la démonstration dont parle M. Hermite est celle présentée à l'Académie le 10 février 1890 [*Sur la fonction exponentielle* (*Comptes rendus*, t. CX, p. 267-270)].

De mon difficile labeur sur la question, il ne reste, et je n'en ai aucun regret, que l'algorithme auquel j'ai été amené pour calculer la suite des fractions de même dénominateur qui convergent vers e^a, e^b, ..., e^h. Et même, je me résigne à n'en tirer qu'une indication pour arriver, en général, à un mode de calcul des fonctions rationnelles de même dénominateur qui représentent un nombre quelconque de fonctions avec l'approximation maximum. Cette question est étroitement liée à celle de la détermination des polynomes A_n, B_n, C_n qui satisfont à la condition

$$UA_n + VB_n + WC_n = x^{3n+2}S$$

et l'on peut la présenter sous une forme entièrement élémentaire.

La division algébrique donne à l'égard de deux polynomes ou de deux fonctions développables en séries entières, U et V, les équations suivantes :

$$(\alpha x + \beta)U + \gamma V = x^2 U_1,$$
$$\alpha' U + (\beta' x + \gamma')V = x^2 V_1,$$

U_1 et V_1 désignant ou bien des polynomes comme U et V, mais dont les degrés sont diminués d'une unité, ou bien dans le cas général des séries entières.

Opérant sur ces quantités comme sur les précédentes, on aura

$$(\alpha_1 x + \beta_1)U_1 + \gamma_1 V_1 = x^2 U_2,$$
$$\alpha'_1 U_1 + (\beta'_1 x + \gamma'_1)V_1 = x^2 V_2,$$

et ainsi de suite, jusqu'à U_n et V_n. Cela étant, il est aisé de conclure de cet algorithme, les relations

$$UP_n + VP'_{n-1} = x^{2n} U_n,$$
$$UQ_{n-1} + VQ'_n = x^{2n} V_n,$$

P, Q, P', Q' étant des polynomes entiers dont le degré figure en indice. On en tire comme je vous l'ai précédemment écrit

$$A_n = aP_n + bQ_{n-1},$$
$$B_n = aP'_{n-1} + bQ'_n,$$

a et b étant des constantes, A_n et B_n les polynomes de la théorie des fractions continues algébriques, tels que

$$UA_n + VB_n = x^{2n+1}S.$$

Pour sortir du domaine des fractions continues, il faut, si je puis dire, généraliser la notion de la division algébrique, et l'étendre à trois polynomes ou trois fonctions U, V, W en posant les conditions suivantes :

$$\begin{aligned}(\alpha x + \beta)U + \gamma V + \delta W &= x^3 U_1,\\ \alpha' U + (\beta' x + \gamma')V + \delta' W &= x^3 V_1,\\ \alpha'' U + \beta'' V + (\beta'' x + \gamma'')W &= x^3 W_1.\end{aligned}$$

On a ainsi l'origine d'un algorithme tout semblable au précédent, et d'où l'on tire les neuf polynomes P_n, P'_n, ..., tels qu'on ait

$$\begin{aligned}UP_n + VP'_{n-1} + WP''_{n-1} &= x^{3n}S,\\ UQ_{n-1} + VQ'_n + WQ''_{n-1} &= x^{3n}S',\\ UR_{n-1} + VR'_{n-1} + WR''_n &= x^{3n}S''.\end{aligned}$$

On obtient encore

$$\begin{aligned}A_n &= aP_n + a'Q_{n-1} + a''R_{n-1},\\ B_n &= aP'_{n-1} + a'Q'_n + a''R'_{n-1},\\ C_n &= aP''_{n-1} + a'Q''_{n-1} + a''R''_n.\end{aligned}$$

J'ajoute, ce qui se démontre immédiatement, que le déterminant

$$\begin{vmatrix} P_n & Q_{n-1} & R_{n-1} \\ P'_{n-1} & Q'_n & R'_{n-1} \\ P''_{n-1} & Q''_{n-1} & R''_n \end{vmatrix} = kx^{3n},$$

où k est une constante.

La considération de l'intégrale

$$J = \frac{1}{2i\pi}\int \frac{e^{zx}\,dz}{[(z-a)(z-b)(z-c)]^{n+1}}$$

prise le long d'un contour qui comprend les points a, b, c donne le moyen d'appliquer effectivement la méthode, en permettant d'écrire tous les éléments des formules de récurrence. On en tirera, j'espère, quelques résultats intéressants, en prenant

$$(z-a)(z-b)(z-c) = z(z^2-1),$$

pour les équations du deuxième degré qui déterminent e avec approximation.

Une autre application concerne le cas de $U = \log(x-a)$, $V = \log(x-b)$, $W = \log(x-c)$, qui peut aussi être traité complètement; mais il me semblerait surtout curieux de prendre par exemple,

$$U = \sqrt[3]{1+x}, \qquad V = \sqrt[3]{(1+x)^2}, \qquad W = 1,$$

je n'ai pas de doute que dans ce cas la récurrence soit périodique.

....

... en vous renouvelant avec mes plus vives félicitations l'assurance de mes meilleurs sentiments.

P. S. — Permettez-moi de vous engager à lire la démonstration concernant π de Weierstrass dans les *Sitzungsberichte* de Berlin; M. Molk en a donné dans le *Bulletin* d'octobre 1889, p. 153, une analyse ....

237. — *HERMITE A STIELTJES.*

Paris, 3 mars 1890.

Mon cher Ami,

J'ai quelque crainte des retours de l'influenza, et comme vos lettres m'ont manqué depuis votre communication si remarquable et si belle où vous avez rapidement démontré la transcendance du nombre e, je prends la liberté de vous demander si mon inquiétude serait fondée et si vous auriez eu une rechute. M. Poincaré a pris grand intérêt à votre travail et a demandé à Picard si vous pouviez traiter de même le rapport de la circonférence au diamètre. J'ai su aussi qu'une publication portant pour titre *La Nature*, dont vous n'avez peut-être jamais eu connaissance, mais qui est très répandue, avait entretenu ses lecteurs de vos recherches. Je souhaite bien vivement que l'épidémie ne vous ait point de nouveau atteint vous ou les vôtres, et j'attendrai que vous m'ayez rassuré pour vous conter ce que je fais avec mes polynomes qui me donnent bien de la peine.

C'est dans l'espérance, mon cher ami, d'avoir bientôt quelques mots de vous, et avec tous mes vœux pour votre santé et celle de votre famille, que je vous renouvelle l'assurance de mon affection la plus sincère et la plus dévouée.

238. — *STIELTJES A HERMITE.*

Toulouse, 6 mars 1890.

CHER MONSIEUR,

Je suis extrêmement touché par votre lettre et je m'empresse de vous rassurer. Ma santé n'est pas mauvaise quoique j'éprouve toujours une certaine fatigue et lassitude.

Mais si je ne vous ai pas répondu plus tôt, il faut l'attribuer à l'état de dénuement intellectuel où je me trouve. J'ai réfléchi beaucoup sur le nombre π après avoir bien étudié les Mémoires de Lindemann et de Weierstrass. Une bonne partie de mes efforts ont été faits dans la direction suivante : Tout ce qu'on sait sur la nature arithmétique de π a été obtenu en définissant π comme racine d'une équation transcendante $\cos\frac{\pi}{2} = 0, \ldots,\ \sin\pi = 0$, $e^{\pi i} = -1, \ldots$, mais on n'a pu tirer encore rien, pas même l'incommensurabilité, des expressions directes, comme

$$\frac{\pi^2}{6} = \sum_{1}^{\infty} \frac{1}{n^2}$$

et, en général, des séries

$$\sum \frac{1}{n^{2k}}.$$

L'étude de ces séries et conjointement celles que Dirichlet a considérées dans son Mémoire sur la progression arithmétique (démonstration qu'il y a une infinité de nombres premiers de cette forme $ak + b$) m'a donc occupé beaucoup... mais je n'en ai pu rien tirer, mais c'est à poursuivre plus tard. L'année dernière j'avais obtenu quelques réductions en fractions continues, par exemple :

$$F\left(x+\frac{1}{2}\right)=\cfrac{2}{x+\cfrac{1}{3x+\cfrac{2^4}{5x+\cfrac{3^4}{7x+\cfrac{4^4}{9x+\ldots}}}}},$$

$$F(x)=\sum_0^\infty \frac{1}{(x+n)^2},$$

$$4x^3\sum_0^\infty \frac{1}{(x+n)^3}-2x-2=\cfrac{1}{x+\cfrac{a_1}{x+\cfrac{b_1}{x+\cfrac{a_2}{x+\cfrac{b_2}{x+\ldots}}}}},$$

$$a_n=\frac{n^2(n+1)}{4n+2},$$

$$b_n=\frac{n(n+1)^2}{4n+2},$$

$$4x^3\sum_0^\infty \frac{1}{(x+n)^3}-2x-2=2\left(\frac{3B_1}{x}-\frac{5B_2}{x^3}+\frac{7B_3}{x^5}-\frac{9B_4}{x^7}+\ldots\right),$$

mais ces fractions continues, quoique convergentes, le sont beaucoup trop lentement, pour en tirer quelque conclusion au point de vue arithmétique, et j'ai dû abandonner tout espoir dans ce moyen.

En ce moment, vous le voyez, je n'ai que quelques projets, mais je ne suis rien.

Vous m'avez convaincu complètement qu'il faut abandonner l'analogie qui conduit à l'algorithme de Jacobi et à la recherche des relations récurrentes de cette forme

$$A_{n+3}=\alpha A_{n+2}+\alpha' A_{n+1}+\alpha'' A_n.$$

En étudiant, au point de vue arithmétique, l'algorithme de Jacobi, j'avais vu aussi se présenter bien des difficultés; ainsi, par exemple, dans le cas des fractions continues, la série des quotients incomplets (qui n'est assujettie à aucune condition) détermine toujours un rapport déterminé, mais il n'en est pas ainsi dans l'algorithme de Jacobi. C'est là une circonstance bien embarrassante et qui avait déjà beaucoup ébranlé ma confiance.

Quant à ma démonstration de la transcendance du nombre e, elle est évidemment fondée entièrement sur vos principes et je n'ai fait que généraliser votre démonstration dans le cas où il s'agit de prouver l'impossibilité de

$$N + N_1 e^a = 0 \qquad (n = 1).$$

J'avais essayé d'abord vainement de prouver qu'on peut toujours faire en sorte que les quantités

$$\begin{aligned} \varepsilon_1 &= P e^a - P_1, \\ \varepsilon_2 &= P e^b - P_2, \\ &\ldots\ldots\ldots\ldots, \\ \varepsilon_n &= P e^h - P_n \end{aligned}$$

ont des signes *déterminés à l'avance;* il suffirait alors de faire en sorte que ε_k et N_k aient même signe pour arriver à une impossibilité.

Vos nouvelles recherches, qui sont pour ainsi dire la continuation de celles qui se trouvent dans votre Mémoire *Sur la fonction exponentielle*, m'intéressent en effet beaucoup et je regrette que je n'aie pu faire encore le calcul dans le cas $U = \sqrt[3]{1+x}$, $V = \sqrt[3]{(1+x)^2}$, $W = 1$, ..., cas dans lequel il y aurait périodicité.

A cause des raisons que j'ai déjà données, vous voudrez bien m'excuser si je vous présente une remarque qui n'a pas beaucoup d'importance mais qu'il est peut-être bon de noter en passant. Elle consiste en ceci. Lorsqu'une fonction analytique possède une ligne singulière, il n'est pas nécessaire du tout qu'elle varie brusquement dans le voisinage de cette ligne. Ainsi la série

$$\frac{x^2}{1} + \frac{x^4}{1.2} + \frac{x^8}{1.2.3} + \ldots + \frac{x^{(2^n)}}{1.2\ldots n} + \ldots = f(x)$$

a un rayon de convergence $= 1$, et la série est encore convergente sur le cercle.

Il en est de même de toutes ses dérivées, en sorte que $f(x)$ et toutes ses dérivées sont finies et continues à l'intérieur et *sur le contour* du cercle. Et cependant cette fonction $f(x)$ *n'existe pas* en dehors du cercle, en sorte qu'il faut considérer le cercle comme une ligne singulière.

En somme $f(x)$ doit bien présenter quelque chose de singulier sur le cercle, mais cette singularité est ici beaucoup moins apparente et pour ainsi dire invisible à l'œil nu. Soit

$$f(\cos\varphi + i\sin\varphi) = \mathrm{P} + \mathrm{Q}i;$$

P, Q sont des fonctions réelles de φ qui admettent des dérivées de tous les ordres. Mais $\mathrm{P}(\varphi + h)$ n'est jamais (pour aucune valeur de h) égale à

$$\mathrm{P}(\varphi) + h\mathrm{P}'(\varphi) + \frac{h^2}{1.2}\mathrm{P}''(\varphi) + \ldots,$$

cette série étant divergente; ou même, si pour quelque valeur particulière de φ elle est convergente, elle ne représentera pas même dans ce cas $\mathrm{P}(\varphi + h)$. M. Du Bois-Raymond a montré depuis longtemps l'existence de telles fonctions d'une variable réelle et récemment, dans le *Journal de Crelle*, M. Lerch en a donné un exemple plus simple. La fonction $\mathrm{P}(\varphi)$ rentre dans l'exemple donné par M. Lerch, mais ce dernier n'a considéré que les fonctions d'une variable réelle, sans noter quelle conséquence s'en déduit pour les fonctions analytiques. Cette conséquence, du reste, était bien évidente et je ne doute pas que M. Lerch ne l'ait fait. Mais il est bien probable que, d'ici quelque temps, les géomètres rencontreront des fonctions aussi singulières que $f(x)$.

Veuillez bien agréer, cher Monsieur, l'expression de mes sentiments les plus dévoués.

239 — *HERMITE A STIELTJES.*

Paris, 7 mars 1890.

Mon cher Ami,

J'ai passé par la voie douloureuse dans laquelle vous êtes engagé en cherchant à démontrer l'irrationnalité de π. J'ai eu cette pauvre idée de considérer l'équation $\sin nx = 0$, dont les coefficients sont entiers, en faisant la remarque que si l'on avait $\pi = \frac{n}{m}$, l'une des racines serait $\xi = \sin\frac{\pi}{n} = \sin\frac{1}{m} = \frac{1}{m} - \frac{1}{6m^3} - \ldots$. En prenant pour inconnue $m\xi$, il faudrait donc que la transformée ait une racine extrêmement voisine de l'unité $1 - \frac{1}{6m^2} - \ldots$. Et je n'ai plus rien vu, si ce n'est qu'il y a une certaine correspondance entre la nature arithmétique de π, et l'approximation par des fractions des irrationnelles algébriques définies par l'équation en ξ. J'ai oublié d'autres tentatives et les longs calculs qu'elles m'ont coûtés. Une remarque sur l'équation

$$\int_{-1}^{+1} X_m X_n \, dx = 0 \qquad \text{ou plutôt} \qquad \int_{-1}^{+1} x^p X_n \, dx = 0 \qquad (p < n);$$

considérez l'intégrale

$$J = \int_{-1}^{+1} x^p \frac{dx}{\sqrt{1 - 2\alpha x + \alpha^2}},$$

et faites $\sqrt{1 - 2\alpha x + \alpha^2} = 1 - \alpha y$; la transformée sera

$$J = \int_{1}^{+1} \left[y + \frac{\alpha}{2}(1 - y^2) \right]^p dy.$$

Vous voyez que α n'y figure qu'au degré p, on a donc

$$\int_{-1}^{+1} x^p X_n \, dx = 0,$$

pour $n > p$.

Voici une sorte de généralisation des polynomes de Legendre. Considérez la quantité

$$\frac{(z - x)^n}{[(z - a)(z - b)(z - c)]^{n+1}},$$

et soient $P_a(x)$, $P_b(x)$, $P_c(x)$ les résidus correspondant à $z = a$, b, c qui sont des polynomes entiers en x du degré n; ils donnent lieu à cette relation, où k est une constante arbitraire,

$$\int_k^a x^p P_a(x) \, dx + \int_k^b x^p P_b(x) \, dx + \int_k^c x^p P_c(x) \, dx = 0$$

$$(p = 0, 1, 2, \ldots, 2n).$$

La quantité k disparaît d'elle-même puisque l'on a

$$P_a(x) + P_b(x) + P_c(x) = 0.$$

Soit, par exemple, $k=a$; on obtient ainsi

$$\int_a^b x^p P_b(x)\,dx + \int_a^c x^p P_c(x)\,dx = 0.$$

Cette équation est caractéristique pour les polynomes $P_b(x)$, $P_c(x)$, qu'elle définit à un facteur constant près; malheureusement je ne vois point à quoi elle peut servir. Quoi qu'il en soit, ils figurent comme X_n, dans un mode d'approximation des fonctions linéaires, mais à trois termes au lieu de deux. Posez en effet

$$J_m = \int_x^\infty \frac{(z-x)^m\,dz}{[(z-a)(z-b)(z-c)]^{m+1}},$$

on a évidemment

$$J_m = \frac{S}{x^{2m+2}},$$

S étant une série entière; or, on trouve aisément

$$J_m = P_a(x)\log(x-a) + P_b(x)\log(x-b) + P_c(x)\log(x-c) - \Pi(x),$$

$\Pi(x)$ étant du degré $m-1$, ou encore

$$J_m = P_a(x)\log\frac{x-a}{x-c} + P_b(x)\log\frac{x-b}{x-c} - \Pi(x),$$

et vous voyez que l'on obtient l'*ordre maximum* d'approximation.

Permettez-moi de donner communication à M. *** de votre remarque excellente sur la fonction

$$f(x) = \sum \frac{x^{2^n}}{1.2\ldots n}.$$

Le sujet est important et m'intéresse beaucoup; peut-être vous en reparlerai-je, si quelque chose me vient à l'esprit.

Je remets aussi à une autre fois mes polynomes et mon système d'approximation; enfin, mon cher ami, en vous recommandant Halphen, parce que M. Jordan désirerait aller de l'avant, je vous renouvelle, avec ma vive satisfaction d'avoir appris que vous avez été atteint seulement de l'affection que je nomme *pigritie*, et dont je pâtis plus souvent et plus que vous, l'assurance de tout mon dévouement et de mes meilleurs sentiments.

240. — *STIELTJES A HERMITE.*

Toulouse, le 10 mars 1890.

CHER MONSIEUR,

Avec une épreuve d'Halphen, je veux vous envoyer quelques mots sur votre dernière lettre qui m'a beaucoup intéressé. Votre démonstration de $\int_{-1}^{+1} X_m X_n \, dx = 0$ ou $\int_{-1}^{+1} x^p X_n \, dx = 0$ est certainement ce qu'il y a de plus simple, et me semble préférable à celle de Legendre basée sur le calcul de

$$\int_{-1}^{+1} \frac{dx}{\sqrt{(1-2\alpha x+\alpha^2)(1-2\beta x+\beta^2)}}.$$

Quant aux polynomes $P_a(x)$, $P_b(x)$, $P_c(x)$, ..., je ne sais par quelle voie vous avez obtenu leurs propriétés, mais j'ai pu retrouver vos résultats par le calcul de l'intégrale

$$J = \int_x^{\infty} \frac{(z-x)^n \, dz}{[(z-a)(z-b)(z-c)]^{n+1}}.$$

L'analogie avec les polynomes de Legendre m'a fait penser que J doit satisfaire à une équation linéaire du troisième ordre, et, sauf erreur dans mon calcul, ce serait

$$(1) \quad 0 = \psi(x)\frac{d^3y}{dx^3} + 2\psi'(x)\frac{d^2y}{dx^2} - \frac{(n-1)(n+2)}{2}\psi''(x)\frac{dy}{dx} + 2n(n^2-1)y,$$

$$\psi(x) = (x-a)(x-b)(x-c),$$

et comme on a

$$J = P_a(x)\log(x-a) + P_b(x)\log(x-b) + P_c(x)\log(x-c) - \psi_{n-1},$$

on doit satisfaire encore à (1) par $y = P_a$, P_b ou P_c. Mais vous avez sans doute approfondi déjà cette matière. C'est une généralisation de la théorie des polynomes de Legendre, bien différente de celle qui conduit M. Heine aux fonctions de Lamé, etc., puisqu'il s'agit ici d'équations différentielles linéaires d'ordre supérieur, tandis que dans les théories d'Heine on a toujours à faire avec des équations du second ordre.

Je ne vois pas plus que vous à quoi pourraient servir ces propriétés élégantes

$$0 = \int_k^a x^p \mathrm{P}_a(x)\,dx + \int_k^b x^p \mathrm{P}_b(x)\,dx + \int_k^c x^p \mathrm{P}_c(x)\,dx$$

$$(p = 0, 1, 2, \ldots, 2n)$$

ou bien

$$\int_a^b x^p \mathrm{P}_b(x)\,dx + \int_a^c x^p \mathrm{P}_c(x)\,dx = 0.$$

Je vois seulement qu'on peut en conclure (en supposant $a < b < c$) que les racines de

$$\mathrm{P}_a(x) = 0$$

sont réelles, inégales et comprises entre a et b; celles de

$$\mathrm{P}_c(x) = 0,$$

réelles, inégales et comprises entre b et c, tandis que

$$\mathrm{P}_a(b) \quad \text{et} \quad \mathrm{P}_c(b)$$

doivent avoir même signe.

En somme, je ne crois pas que les propriétés de cette fonction

$$f(x) = \sum \frac{x^{(2^n)}}{1.2\ldots n},$$

doivent surprendre, après les travaux sur le principe de Dirichlet.

En effet, il est possible de définir une fonction analytique à l'intérieur d'un contour C, de telle façon que la partie réelle de la

fonction soit sur le contour C même, une fonction continue donnée d'avance. Or, si la fonction donnée sur le contour, quoique continue, n'admet pas de dérivée, ou si elle admet seulement un nombre limité de dérivées successives, la fonction n'existera pas en dehors du contour. Et il en sera de même si la fonction sur le contour est une des fonctions de Du Bois-Raymond, qui admet bien des dérivées de tous les ordres, mais qui n'est pas développable (en série *infinie*) par la formule de Taylor. Il semble seulement que, dans ce dernier cas, on ait réduit à peu près à son minimum l'espèce de singularité que doit présenter la fonction si elle ne doit exister qu'à l'intérieur du contour.

Veuillez bien accepter, cher Monsieur, l'expression de ma profonde reconnaissance pour les encouragements que vous prodiguez à mon égard et celle de mon entier dévouement.

241. — *HERMITE A STIELTJES.*

Paris, 27 mars 1890.

Mon cher Ami,

Après bien des efforts, bien des calculs, pour généraliser l'algorithme des fractions continues, je viens de revenir pour y reconnaître une erreur à ce qui a été mon point de départ. J'avais cru qu'on ne pouvait établir une relation récurrente entre les polynomes A_n, B_n, C_n remplissant la condition

$$UA_n + VB_n + WC_n = x^{3n+2}S.$$

Je m'étais grandement trompé comme vous allez voir.

Considérez ces trois autres relations

$$UA_{n+1} + VB_{n+1} + WC_{n+1} = x^{3n+5}S',$$
$$UA_{n+2} + VB_{n+2} + WC_{n+2} = x^{3n+8}S'',$$
$$UA_{n+3} + VB_{n+3} + WC_{n+3} = x^{3n+11}S'''.$$

Contrairement à ce que j'avais affirmé, je dis que l'on peut déterminer trois quantités entières en x, G, H, K, réalisant la condition

$$x^{3n+11}S''' = Gx^{3n+8}S'' + Hx^{3n+5}S' + Kx^{3n+2}S,$$

c'est-à-dire

$$x^9 S''' = Gx^6 S'' + Hx^3 S' + KS.$$

Soit en effet :

$$G = g,$$
$$H = hx + h' + h''x^3,$$
$$K = (kx + k')x^3 + k''x^6;$$

on trouve, après avoir supprimé le facteur x^3,

$$x^6 S''' = g x^3 S'' + (hx + h')S' + (kx + k')S + (h''S' + k''S)x^3.$$

Cela étant, je dispose de h, k, h', k', de manière à avoir

$$(hx + h')S' + (kx + k')S = lx^3 S_1,$$

où l reste arbitraire, et j'obtiens

$$x^3 S''' = g S'' + l S_1 + h'' S' + k'' S.$$

Dans cette nouvelle relation entrent quatre constantes g, l, h'', k''; il est donc possible d'y satisfaire.

Je ne renonce cependant point au point de vue auquel j'avais été précédemment amené, mais je dois reconnaître qu'il ne s'impose plus d'une façon exclusive ainsi que je l'avais cru.

Je me sens couvert à vos yeux de confusion et d'humiliation pour ainsi me tromper; je me permets cependant de vous féliciter vivement de votre découverte sur les racines de $P_a(x) = 0$, en vous demandant s'il vous conviendrait que j'en fasse l'exposé dans le Mémoire destiné au Journal de M. Jordan. Vous me feriez, mon cher ami, grand plaisir de me communiquer votre méthode; au retour je vous écrirai ce qu'il m'est arrivé de rencontrer, en battant l'estrade de tous les côtés, dans un champ qui ne manque point d'étendue, ni d'intérêt.

En vous informant que M. Jordan a été extrêmement content d'avoir votre épreuve d'Halphen et en vous renouvelant l'assurance de ma plus sincère affection.

242. — *HERMITE A STIELTJES.*

Paris, le 28 mars 1890.

Mon cher Ami,

Je me suis lancé hier dans un calcul tête baissée et en oubliant absolument que les polynomes G, H, K devaient être du premier, du second et du troisième degré. En déplorant mon inadvertance j'ai été cependant enchanté de retrouver dans mon algorithme ce caractère de nécessité qui est pour moi son principal titre à l'existence.

Je l'ai appliqué en supposant $S = 1$, $S' = e^x$, $S'' = e^{-x}$; on a alors

$$-xS + \frac{1}{2}S' - \frac{1}{2}S'' = x^3 S_1,$$

$$S + \frac{2x-3}{4}S' - \frac{1}{4}S'' = x^3 S'_1,$$

$$S + \frac{1}{4}S' + \frac{2x+3}{4}S'' = x^3 S''_1,$$

puis cette loi générale de récurrence, permettant de passer de S_n, S'_n, S''_n à S_{n+1}, S'_{n+1}, S''_{n+1},

$$-\frac{x}{n}S_{n-1} + \frac{3n-2}{2n}S'_{n-1} - \frac{3n-2}{2n}S''_{n-1} = x^3 S_n,$$

$$\frac{3n-1}{2n}S_{n-1} + \frac{2x-3(2n-1)}{4n}S'_{n-1} - \frac{1}{4n}S''_{n-1} = x^3 S'_n,$$

$$-\frac{3n-1}{2n}S_{n-1} + \frac{1}{4n}S'_{n-1} + \frac{2x+3(2n-1)}{4n}S''_{n-1} = x^3 S''_n.$$

J'ai reconnu aussi que les coefficients des développements suivant les puissances croissantes de x, de S_n, S'_n, S''_n décroissent avec une extrême rapidité, mais en supposant $x = 1$, par exemple, j'ai complètement échoué dans mes tentatives pour avoir l'ordre de grandeur des quantités A_n, B_n, ...

Si l'on considère les séries ordonnées suivant les puissances décroissantes de la variable et de la forme $\frac{a}{x} + \frac{b}{x^2} + \frac{c}{x^3} + \ldots$ mon algorithme se modifie. On est alors conduit à employer une nouvelle loi de récurrence, à savoir :

$$[\alpha(x-a)+\beta]S + \gamma(x-b)S' + \delta(x-c)S'' = \frac{1}{x^2}S_1,$$

$$\alpha'(x-a)S + [\beta'(x-b)+\gamma']S' + \delta'(x-c)S'' = \frac{1}{x^2}S'_1,$$

$$\alpha''(x-a)S + \beta''(x-b)S' + [\gamma''(x-c)+\delta'']S'' = \frac{1}{x^2}S''_1;$$

cette loi ayant pour caractère de se conserver dans la composition successive des substitutions. Mais les constantes a, b, c demeurent arbitraires; ce sont les coefficients α, β, ... qu'on détermine dans chaque équation de manière à faire disparaître les termes en x, en $\frac{1}{x}$ et en $\frac{1}{x^2}$.

L'application au cas des fractions continues est assez curieuse et m'a fait faire bien des calculs.

Chemin faisant, j'ai vu qu'en posant

$$D_x^n\left[(x+1)^{n+\frac{1}{2}}(x-1)^{n-\frac{1}{2}}\right] = \Phi(x)(x+1)^{\frac{1}{2}}(x-1)^{-\frac{1}{2}},$$

le polynome du degré n a pour expression, si l'on fait $x = \cos\varphi$,

$$\Phi(x) = g\frac{\cos\frac{2n+1}{2}\varphi}{\cos\frac{\varphi}{2}},$$

g étant une constante.

Permettez-moi de vous envoyer quelques mots que m'écrit M. *** au sujet de votre fonction convergente à l'intérieur de la circonférence et sur le cercle.

M. Laurent dans les *Comptes rendus* a fait il y a longtemps la remarque se rapportant au même sujet que la série $\sum\frac{\sin nx}{n}$ qui n'a point de dérivée n'est convergente pour *aucune valeur imaginaire* de x. En vous renouvelant ma prière pour $P_a(x)$, et vous assurant, mon cher ami, de mon bien affectueux dévouement.

243. — *STIELTJES A HERMITE.*

Toulouse, 28 mars 1890.

CHER MONSIEUR,

Je suis aussi surpris que vous l'avez pu être par votre annonce que vous avez trouvé une erreur dans votre point de départ et, quoique je voie bien qu'on ne peut rien reprocher à votre nouveau raisonnement, je ne me rends pas compte encore en quel point l'ancien se trouvait en défaut.

Puisque vous le demandez, voici comment j'avais vérifié vos résultats; vous n'oublierez pas que c'est une simple vérification. Pour calculer

$$J_m = \int_x^\infty \frac{(z-x)^m}{[(z-a)(z-b)(z-c)]^{m+1}}\,dz \text{ (1)},$$

(1) Voyez, s'il vous plaît, le *post-scriptum* à la fin de ma lettre.

la décomposition en fractions simples me donne d'abord

$$\frac{(z-x)^m}{[(z-a)(z-b)(z-c)]^{m+1}} = \frac{d}{dz}\left\{\frac{\Theta(z,x)}{[(z-a)(z-b)(z-c)]^m}\right\} + \frac{P_a(x)}{z-a} + \frac{P_b(x)}{z-b} + \frac{P_c(x)}{z-c},$$

$\Theta(z, x)$ étant un polynome du degré $3m-1$ en z dont les coefficients sont des polynomes du degré n en x. A cause de

$$P_a(x) + P_b(x) + P_c(x) = 0,$$

on en conclut

$$J_m = -\frac{\Theta(x,x)}{[(x-a)(x-b)(x-c)]^m} - P_a(x)\log(x-a) - P_b(x)\log(x-b) - P_c(x)\log(x-c),$$

$\Theta(x, x)$ est un polynome du degré $4m-1$ en x, mais il est divisible exactement par $(x-a)^m(x-b)^m(x-c)^m$ en sorte que le quotient est du degré $m-1$ en x et

$$J_m = R_{m-1} - P_a(x)\log(x-a) - P_b(x)\log(x-b) - P_c(x)\log(x-c).$$

Pour établir cette propriété de $\Theta(x, x)$ je remarque que l'équation

$$\frac{(z-x)^m}{[(z-a)(z-b)(z-c)]^{m+1}} = \frac{d}{dz}\left\{\frac{\Theta(z,x)}{[(z-a)(z-b)(z-c)]^m}\right\} + \frac{P_a(x)}{z-a} + \ldots$$

montre directement que $\Theta(z, a)$ est divisible par $(z-a)^m$, car, si je prends $x=a$, il y a au premier membre, dans le dénominateur seulement, la première puissance de $z-a$. De même, si je prends d'abord la dérivée *par rapport à* x, j'ai

$$\frac{-m(z-x)^{m-1}}{[(z-a)(z-b)(z-c)]^{m+1}} = \frac{d}{dz}\left\{\frac{\Theta'(z,x)}{[(z-a)(z-b)(z-c)]^m}\right\} + \frac{P'_a(x)}{z-a} + \ldots,$$

d'où l'on conclut que $\Theta'(z, a)$ doit être divisible par $(z-a)^{m-1}$. En continuant ainsi, on voit que

$$\Theta^k(z,a) = \frac{\partial^k}{\partial x^k}[\Theta(z,x)]_{x=a}$$

est divisible par $(z-a)^{m-k}$. Cela étant, l'identité

$$\Theta(z,z) = \Theta(z,a) + \frac{z-a}{1}\Theta'(z,a) + \frac{(z-a)^2}{1.2}\Theta''(z,a) + \ldots + \frac{(z-a)^m}{1.2\ldots m}\Theta^m(z,a)$$

montre que $\Theta(z, z)$ est divisible par $(z-a)^m$, donc aussi par $(z-b)^m$ et $(z-c)^m$. C. Q. F. D.

La remarque que j'ai faite sur les racines de $P_a(x) = 0$ est une simple application d'un raisonnement bien connu, comme vous allez voir. Soit

$$a < b < c,$$

$$\int_a^b x^p P_b(x)\,dx + \int_a^c x^p P_c(x)\,dx = 0 \qquad (p = 0, 1, 2, \ldots, 2n)$$

ou

$$\int_a^c x^p \Phi(x)\,dx = 0,$$

$$\Phi(x) = P_b(x) + P_c(x) = -P_a(x) \qquad (a < x < b),$$
$$\Phi(x) = P_c(x) \qquad (b < x < c).$$

Or, d'après un principe que j'appellerai volontiers *principe de Legendre* (il se trouve en germe dans sa démonstration concernant les racines de $X_n = 0$), si une fonction $f(x)$ satisfait aux n conditions

$$\int_a^b x^p f(x)\,dx = 0 \qquad (p = 0, 1, 2, \ldots, n-1),$$

$f(x)$ doit présenter dans l'intervalle (a, b) *au moins* n variations de signe. L'hypothèse contraire de $n-1$ variations de signe au plus, conduit à une absurdité. Donc $\Phi(x)$ doit présenter *au moins* $2n+1$ variations de signe, et ainsi il est clair qu'il doit y en avoir exactement n dans l'intervalle (a, b), de même n dans l'intervalle (b, c) et enfin *une* lorsque x dépasse la valeur b. Donc

$$P_a(b) \quad \text{et} \quad P_c(b)$$

doivent être de *même signe* et les polynomes $P_a(x)$, $P_c(x)$ ont leurs racines dans les intervalles (a, b), (b, c) respectivement.

Je ne crois pas qu'on puisse établir quelque chose d'analogue pour $P_b(x)$. Tandis que $P_a(x)$ et $P_c(x)$ sont *effectivement* du degré n, j'ai vu, par un cas particulier, que $P_b(x)$ peut s'abaisser au degré $n-1$ et j'ai vu aussi que toutes les racines de $P_b(x) = 0$ peuvent être imaginaires.

Quant à l'équation différentielle linéaire du troisième ordre à laquelle on satisfait par

$$y = P_a(x),\ P_b(x),\ P_c(x),\ J_m(x),$$

je me suis aperçu que cette théorie forme un cas particulier, mais un cas particulier intéressant, d'une théorie plus générale exposée par M. Jordan dans le Volume III de son Cours [p. 241, *intégration par des intégrales définies* (*voir* en particulier le n° 201, p. 250, en bas)]. Mais je suis tout abîmé dans le Halphen, heureux d'avoir échappé au nombre π, qui m'a causé un vrai cauchemar. J'ai particulièrement éprouvé un vif plaisir, en étudiant la multiplication complexe, de voir clairement comment M. Kronecker a obtenu les relations entre le nombre des classes des formes quadratiques à différents déterminants positifs. J'ai justement, il y a quelques jours, envoyé à M. Jordan la partie du manuscrit d'Halphen qui a trait à la division des périodes, et je pourrai terminer maintenant sans difficultés cette affaire pendant les vacances de Pâques.

Parmi les papiers que m'a confiés M. Jordan se trouve une lettre datée du 20 mars 1889 adressée par M. Kronecker à Halphen (à l'occasion d'une Note de H. dans les *Comptes rendus*) où il se plaint un peu qu'on n'étudie pas assez ses travaux sur l'Algèbre dont il a publié les bases dans le *Festschrift* de Kummer. Il dit aussi que ces méthodes s'appliquent aux questions algébriques soulevées par la multiplication complexe et permettent seules d'y voir clair. Voilà un beau sujet d'études. Si je pouvais l'aborder un jour, ce ne serait pas certainement avec l'espoir d'y ajouter quelque chose, mais ce serait déjà quelque chose d'utile si l'on pouvait le rendre plus facilement accessible aux géomètres.

Vous voudrez bien accepter, cher Monsieur, la nouvelle assurance de mon dévouement bien sincère.

P. S. — Je vois bien que vous ne m'avez pas demandé le calcul de J_m; si j'en ai parlé c'est seulement pour vous demander si vous avez une autre méthode. On peut bien se tirer d'affaire encore en remarquant que l'intégrale

$$J_m = \int_x^\infty \frac{(z-x)^m}{[(z-a)(z-b)(z-c)]^{m+1}}\,dz$$

devient pour $x = a$ infinie seulement comme $\log(x-a)$ et non comme une puissance négative de $(x-a)$, ce qui serait le cas si la division de

$$\Theta(x, x) \quad \text{par} \quad [(x-a)(x-b)(x-c)]^m$$

ne se faisait pas exactement, mais cela ne me satisfait pas beaucoup à cause de ma démonstration peu élégante de cette propriété de J_m. En tout cas, je suis bien heureux d'apprendre que vous allez publier cette nouvelle méthode.

244. — *STIELTJES A HERMITE.*

Toulouse, 29 mars 1890.

CHER MONSIEUR,

Permettez-moi de répondre seulement plus tard aux choses intéressantes de votre lettre. J'ai vu avec un grand intérêt que vous obtenez dans le cas $S=1$, $S'=e^x$, $S''=e^{-x}$ la loi générale de récurrence qui est d'une forme simple. Je crois vous avoir dit déjà que, en appliquant la méthode de Jacobi au même exemple, je n'ai *pas* pu découvrir une loi simple, ce qui m'est une nouvelle confirmation de la nécessité de votre méthode.

Mais je dois dire deux mots à l'égard de la Note de M. ***, qui, je crois, n'a pas examiné avec assez d'attention mon exemple. Il dit, en effet : « Il est clair que toute série de Fourier représentant une fonction continue sans dérivée peut être employée pour le même usage.

» La série $\sum_0^\infty \frac{\sin(2^n x)}{1.2\ldots n}$ rentre dans ce type. Ce doit être de là que S. a tiré son exemple ».

Il y a ici une méprise; la série

$$\sum_0^\infty \frac{\sin(2^n x)}{1.2\ldots n}$$

représente une fonction $F(x)$ qui *admet des dérivées de tous les ordres*. Ce qu'il y a de singulier dans cette fonction

$$f(z) = \sum_1^\infty \frac{z^{(2^n)}}{1.2\ldots n}$$

c'est qu'elle reste finie *avec ses dérivées de tous les ordres* pour $\bmod z = 1$. On voit par là que l'exemple est d'une nature différente que l'exemple tiré des fonctions sans dérivée.

Mais la fonction réelle

$$F(x) = \sum \frac{\sin(2^n x)}{1.2\ldots n}$$

est une de ces fonctions de Du Bois-Raymond qui, quoique admettant des dérivées de tous les ordres, ne sont pas développables par la série de Taylor. Pour *aucune valeur* de x et de h on n'a

$$F(x+h) = F(x) + h\frac{F'(x)}{1} + h^2\frac{F''(x)}{1.2} + \ldots.$$

Sans doute M. *** a confondu la série

$$\sum \frac{\sin(2^n x)}{1.2\ldots n} \quad \text{avec la série} \quad \sum \frac{\sin(1.2\ldots nx)}{2^n},$$

qui représente une fonction sans dérivée.

Veuillez bien agréer, cher Monsieur, la nouvelle assurance de mon entier dévouement.

P. S. — Je détache d'un cahier de notes quelques pages qui, si M. *** veut les parcourir, lui épargneront la peine de chercher. Pas besoin de retourner, j'ai dit déjà que je n'attache guère d'importance à cette remarque ([1]).

245. — *HERMITE A STIELTJES.*

Quiberon (Morbihan), 7 avril 1890.

Cher Ami,

Votre lettre m'est arrivée pendant mes préparatifs de départ pour la Bretagne où je passe les vacances de Pâques. Je comptais vous répondre en arrivant à Quiberon, mais une indisposition

---

([1]) *Note des éditeurs.* — Suit une Note de quatre pages, sur la fonction $\sum_1^\infty \frac{x^{(2^n)}}{1.2\ldots n}$. Nous avons jugé inutile de la reproduire, Stieltjes lui-même indiquant (lettre 245) qu'elle ne renferme rien de plus que l'article de M. Fredholm.

m'en a empêché; me trouvant remis maintenant, je m'empresse de vous demander l'autorisation de publier dans les *Comptes rendus* votre Note sur la fonction $\sum \frac{x^{(2^n)}}{1.2\ldots n}$, d'abord à cause de son intérêt et ensuite parce qu'elle se rapporte au même sujet qu'un travail d'un élève de M. Mittag-Leffler, présenté tout récemment par M. Poincaré.

. . . .

Dans deux jours, j'irai à Vannes et après à Bains-de-Bretagne, où j'ai de la famille; je serai rendu à Paris dans une dizaine de jours pour ma leçon de la Sorbonne. Je me réjouis de donner à mes élèves votre méthode tirée du procédé, si beau, si ingénieux, de Legendre, mais auquel vous donnez un prix tout nouveau en l'appliquant à une fonction qui change brusquement sous le signe d'intégration. Je suis enchanté de votre remarque sur $P_b(x)$, qui se comporte d'une tout autre manière que $P_a(x)$ et $P_c(x)$; ce résultat est bien curieux mais je ne m'enhardis pas jusqu'à croire que si ces polynomes sont intéressants ils soient importants, c'est-à-dire, se présentent ailleurs que dans la question qui leur a donné naissance.

Relativement aux équations différentielles linéaires, vous verrez que M. Pochammer les a données dans le *Journal de Crelle*, il y a plus de 15 ans; mais je les avais obtenues auparavant, et elles se trouvent dans les feuilles lithographiées du *Cours d'Analyse de l'École Polytechnique* de 1868-1869.

. . . .

Je remets à un autre jour, me proposant de le faire avec soin, de vous exposer mon traitement de l'intégrale

$$J_m = \int_x^\infty \frac{(z-x)^m \, dz}{[(z-a)(z-b)(z-c)]^{m+1}},$$

et le mode d'approximation que j'ai obtenu, et que je transporte de toute pièce aux séries ordonnées suivant les puissances décroissantes de la variable.

Une remarque seulement.

Déterminez les trois polynomes de degré n, $P_b(x)$, $P_c(x)$, $Q(x)$; de manière qu'on ait la condition

$$P_b(x)\int_a^b \frac{dz}{x-z} + P_c(x)\int_a^c \frac{dz}{x-z} - Q(x) = \frac{1}{x^{2n+1}}\,S,$$

ou bien

$$\int_a^b \frac{P_b(x)\,dz}{x-z} + \int_a^c \frac{P_c(x)\,dz}{x-z} - Q(x) = \frac{1}{x^{2n+1}}\,S,$$

vous pourrez écrire

$$\int_a^b \frac{P_b(z)\,dz}{x-z} + \int_a^c \frac{P_c(z)\,dz}{x-z} - Q(x) - Q_1(x) = \frac{1}{x^{2n+1}}\,S,$$

en posant

$$Q_1(x) = -\int_a^b \frac{P_b(x)-P_b(z)}{x-z}\,dz - \int_a^c \frac{P_c(x)-P_c(z)}{x-z}\,dz,$$

qui est visiblement un polynome entier en x. Maintenant il suffit de développer suivant les puissances descendantes de x pour tomber sur la relation

$$\int_a^b z^p P_b(z)\,dz + \int_a^c z^p P_c(z)\,dz = 0 \qquad (p = 0, 1, 2, \ldots, 2n).$$

En vous informant qu'à la dernière séance de l'Académie M. Faye m'a fait connaître M. Bakhuyzen et que tous trois nous nous sommes longtemps entretenus de vous, je vous renouvelle, mon cher ami, l'assurance de mon affection la plus dévouée.

246. — *STIELTJES A HERMITE.*

Toulouse, 14 avril 1890.

Cher Monsieur,

J'ai profité aussitôt de la fin des vacances pour prendre connaissance à la bibliothèque de la Note de M. Fredholm que vous m'avez signalée. Au fond, c'est exactement la même remarque que je vous avais faite, mais la manière dont M. Fredholm établit la propriété caractéristique de la fonction est très intéressante. Je ne crois pas devoir intervenir dans ce cas; la seule chose qu'on peut ajouter sur ce sujet c'est que l'existence des fonctions réelles de M. Du Bois-Reymond permet de prévoir cette singularité.

En effet, si $f(x)$ est une fonction réelle, admettant des dérivées de tous les ordres, mais qu'on ne peut *pas* développer par la formule de Taylor

$$f(x+h) = f(x) + hf'(x) + \frac{h^2}{1.2} f''(x) + \ldots, \qquad \textit{ad infinitum},$$

alors $f(\sin x)$ sera une fonction de même nature; de plus, elle peut se développer ainsi :

$$f(\sin x) = \mathcal{A}_0 + \mathcal{A}_1 \cos x + \mathcal{A}_2 \cos 2x + \ldots$$
$$+ \mathcal{B}_1 \sin x + \mathcal{B}_2 \sin 2x + \ldots,$$

et la série

$$\varphi(z) = \sum (\mathcal{A}_n - \mathcal{B}_n i) z^n$$

définit alors une fonction qui n'existe pas pour $\bmod z > 1$, bien qu'elle soit finie avec toutes ses dérivées pour $\bmod z = 1$. Mais d'autres en ont fait la remarque déjà sans doute, et cela ne m'étonnerait pas si M. Lerch avait appelé l'attention sur ce point. Comme il a donné tout récemment dans le *Journal de Kronecker* un exemple très simple de ces fonctions de Du Bois-Reymond, et précisément sous forme de série de Fourier, en sorte qu'on peut écrire directement la fonction $\varphi(z)$, je crois devoir m'abstenir.

Je dois avouer à ma honte que je ne connaissais pas les feuilles autographiées de votre Cours à l'École Polytechnique, mais c'est une bonne occasion pour combler cette lacune. Pour le moment j'ai un travail moins amusant; copies à corriger pour le baccalauréat!

Veuillez bien me croire toujours votre sincèrement dévoué.

247. — *HERMITE A STIELTJES.*

Paris, 8 mai 1890.

MON CHER AMI,

Les compositions de baccalauréat à noter, les examens à la Faculté, les leçons à préparer m'ont fait bientôt perdre le bénéfice des vacances de Pâques. Je ne puis vous dire à quels efforts je suis condamné pour comprendre quelque chose aux épures de la Géométrie descriptive, que je déteste, et à des choses comme la formule des annuités en Arithmétique, etc. Combien sont heureux ceux qui peuvent ne songer qu'à l'Analyse! Tout dernièrement j'ai eu connaissance, en feuilletant le *Handbuch* de Heine, d'une formule de M. Mehler sur les fonctions X_n ou plutôt $P_n(\cos\theta)$ en posant $x = \cos\theta$, qui m'a transporté. Permettez-moi de mettre sous vos yeux une abréviation de la démonstration qui se trouve page 44 de cet Ouvrage; vous me direz si à l'occasion je puis la publier.

Je me fonde sur la relation suivante, facile à établir,

$$(1)\qquad \frac{(1-\alpha)\cos\frac{\varphi}{2}}{1-2\alpha\cos\varphi+\alpha^2} = \sum \alpha^n \cos(n+\tfrac{1}{2})\varphi \qquad (n = 0, 1, 2, \ldots),$$

et je pars de la formule

$$\int_0^\infty \frac{(1-\alpha)\,dz}{(1-\alpha)^2+(1-2\alpha x+\alpha^2)z^2} = \frac{\pi}{2\sqrt{1-2\alpha x+\alpha^2}}.$$

Cela étant, soit $x = \cos\theta$, puis

$$z^2 = \frac{1-\cos\varphi}{\cos\varphi-\cos\theta},$$

ou bien

$$z = \frac{2\sin\frac{\varphi}{2}}{\sqrt{2(\cos\varphi-\cos\theta)}}.$$

On aura d'abord

$$dz = \frac{(1-\cos\theta)\cos\frac{\varphi}{2}\,d\varphi}{(\cos\varphi-\cos\theta)\sqrt{2(\cos\varphi-\cos\theta)}},$$

et l'identité

$$\begin{aligned}(1-\alpha)^2(\cos\varphi-\cos\theta)+(1-2\alpha\cos\theta+\alpha^2)(1-\cos\varphi)\\ =(1-2\alpha\cos\varphi+\alpha^2)(1-\cos\theta)\end{aligned}$$

donne immédiatement

$$\int_0^\theta \frac{(1-\alpha)\cos\frac{\varphi}{2}\,d\varphi}{(1-2\alpha\cos\varphi+\alpha^2)\sqrt{2(\cos\varphi-\cos\theta)}} = \frac{\pi}{2\sqrt{1-2\alpha\cos\theta+\alpha^2}}.$$

Vous voyez qu'en développant suivant les puissances de α, l'égalité (1) conduit à la formule

$$\int_0^\theta \frac{\cos(n+\frac{1}{2})\varphi\,d\varphi}{\sqrt{2(\cos\varphi-\cos\theta)}} = \frac{\pi}{2}P_n(\cos\theta).$$

Ce beau résultat de M. Mehler est une simplification d'une formule dont Dirichlet a fait la base de son mémorable Mémoire sur les séries dont le terme général dépend de deux angles, etc. La présence du facteur $\cos(n+\frac{1}{2})\varphi$ lui donne un prix infini; si je ne me fais pas illusion, peut-être pourrait-on publier la démonstration dans les *Annales de Toulouse*.

En attendant votre avis, je saisis l'occasion de vous faire savoir que M. Bierens de Haan a eu la bonté de m'écrire que l'Académie des Sciences, la sienne (d'Amsterdam, je suppose), m'a élu membre étranger et qu'on attend l'approbation du roi pour m'envoyer la notification officielle. Je soupçonne, je me méfie, mon cher ami, que vous n'êtes peut-être pas étranger à cette élection, qui me fait le plus grand plaisir parce qu'elle me rapproche d'hommes éminents comme M. Bakhuyzen, qui est l'honneur de la Science dans votre pays, M. Bosscha, d'autres encore et vous-même.

En attendant de vos nouvelles, et vous renouvelant l'assurance de ma plus sincère affection.

P. S. — J'ai donné à la Sorbonne votre extension de la méthode de Legendre à une fonction discontinue successivement égale à divers polynomes Π_{a_1}, Π_{a_2}, ...

248. — *HERMITE A STIELTJES.*

Paris, 9 mai 1890.

MON CHER AMI,

Le calcul que je vous ai envoyé hier est inutile; la formule de M. Melher se trouve en même temps que d'autres sans faire tant de chemin.

On a, en effet, en posant pour un moment

$$\Delta(x) = 1 - 2\alpha x + \alpha^2,$$

$$\frac{1}{\sqrt{\Delta(a)}\sqrt{\Delta(b)}} = \frac{1}{\pi}\int_a^b \frac{dx}{\Delta(x)\sqrt{(b-x)(x-a)}};$$

soit $b=1$, nous trouvons alors

$$\frac{1}{\sqrt{\Delta(a)}} = \frac{1}{\pi}\int_a^1 \frac{(1-\alpha)\,dx}{\Delta(x)\sqrt{(1-x)(x-a)}},$$

puis en faisant $x = \cos\varphi$

$$\frac{1}{\sqrt{\Delta(a)}} = \frac{1}{\pi}\int_0^{\arccos a} \frac{(1-\alpha)\sin\varphi\, d\varphi}{(1-2\alpha\cos\varphi+\alpha^2)\sqrt{(1-\cos\varphi)(\cos\varphi-a)}}$$

ou bien

$$\frac{1}{\sqrt{\Delta(a)}} = \frac{2}{\pi}\int_0^{\arccos a} \frac{(1-\alpha)\cos\frac{\varphi}{2}\, d\varphi}{(1-2\alpha\cos\varphi+\alpha^2)\sqrt{2(\cos\varphi-a)}};$$

cela étant, l'égalité

$$\frac{(1-\alpha)\cos\frac{\varphi}{2}}{1-2\alpha\cos\varphi+\alpha^2} = \sum \alpha^n \cos(n+\tfrac{1}{2})\varphi$$

donne sur-le-champ le résultat de M. Melher.

Revenons au cas général en faisant toujours $x = \cos\varphi$; la relation

$$\frac{1}{\sqrt{\Delta(a)}\sqrt{\Delta(b)}} = \frac{1}{\pi}\int_{\arccos b}^{\arccos a} \frac{\sin\varphi\, d\varphi}{(1-2\alpha\cos\varphi+\alpha^2)\sqrt{(b-\cos\varphi)(\cos\varphi-a)}}$$

conduit, au moyen du développement

$$\frac{\sin\varphi}{1-2\alpha\cos\varphi+\alpha^2} = \sum \alpha^n \sin(n+1)\varphi,$$

à cette remarque :

La somme $\sum P^\alpha(a)\,P^\beta(b)$, étendue à tous les entiers α et β, tels qu'on ait $\alpha+\beta = n$, s'exprime par l'intégrale

$$\frac{1}{\pi}\int_{\arccos b}^{\arccos a} \frac{\sin(n+1)\varphi\, d\varphi}{\sqrt{(b-\cos\varphi)(\cos\varphi-a)}},$$

et en particulier pour $b = 0$ on trouve

$$\sum P^\alpha(a) = \frac{1}{\pi}\int_0^{\arccos a} \frac{\sin(n+1)\varphi\, d\varphi}{\sin\frac{\varphi}{2}\sqrt{2(\cos\varphi-a)}} \qquad (\alpha = 0, 1, 2, \ldots, n).$$

Votre bien affectueusement dévoué.

249. — *STIELTJES A HERMITE.*

Toulouse, 10 mai 1890.

CHER MONSIEUR,

Je partage votre aversion pour la Géométrie descriptive, et cependant j'ai dû m'y remettre aussi, ayant à interroger là-dessus des élèves de mathématiques spéciales au lycée. Il y a une quinzaine d'années, j'avais une curiosité plus vive pour toutes sortes de choses et à cette époque la Géométrie descriptive avait quelques charmes pour moi, mais actuellement cela ne me dit rien.

En lisant votre première lettre, je me suis rappelé que M. Bruns, dans le Tome 90 du *Journal de Borchardt,* a employé la formule de Melher

$$P_n(\cos\theta) = \frac{2}{\pi}\int_0^\theta \frac{\cos(n+\frac{1}{2})\varphi}{\sqrt{2(\cos\varphi - \cos\theta)}}\, d\varphi,$$

pour montrer que les racines de $P_n(\cos\theta) = 0$ sont comprises dans les intervalles de $\frac{2k-1}{2n+1}\pi$ à $\frac{2k}{2n+1}\pi$ $(k = 1, 2, \ldots, n)$.

En effet, par une discussion qui n'est pas bien difficile, on constate que les signes de

$$P\left(\cos\frac{\pi}{2n+1}\right), \quad P\left(\cos\frac{2\pi}{2n+1}\right), \quad P\left(\cos\frac{3\pi}{2n+1}\right), \quad P\left(\cos\frac{4\pi}{2n+1}\right), \quad \ldots$$

sont

$$+ \qquad - \qquad - \qquad + \qquad \ldots.$$

Je crois, du reste, que les développements de votre première lettre ont quelque analogie avec une partie du Mémoire de M. Bruns, mais je n'en suis pas bien sûr, n'ayant pas trouvé à la bibliothèque, cette après-midi, le Tome 90 de *Crelle*.

Mais votre nouvelle méthode est bien plus jolie et j'espère que vous voudrez bien la donner pour nos *Annales*.

De votre formule

$$\sum P^\alpha(a) = \frac{1}{\pi}\int_0^{\arccos a} \frac{\sin(n+1)\varphi}{\sin\frac{\varphi}{2}\sqrt{2(\cos\varphi - a)}}\, d\varphi \qquad (\alpha = 1, 2, \ldots, n),$$

on conclut pour $n = \infty$ d'après un théorème de Dirichlet

$$\sum_0^\infty \mathrm{P}^\alpha(a) = \frac{1}{\sqrt{2(1-a)}},$$

et c'est bien là un développement convergent tant que

$$-1 < a < +1.$$

C'est ce que j'ai vérifié aussi à l'aide du résultat suivant que je trouve dans mes Notes

$$\left(\frac{2}{1-a}\right)^n = \frac{1}{1-n}\mathrm{P}_0(a) + \frac{3n}{(1-n)(2-n)}\mathrm{P}_1(a) + \frac{5n(n+1)}{(1-n)(2-n)(3-n)}\mathrm{P}_2(a) + \ldots.$$

Il faut naturellement supposer $-1 < a < +1$, mais cela ne suffit pas. Le coefficient de $\mathrm{P}_k(a)$ étant

$$\frac{(2k+1)\Gamma(1-n)\Gamma(k+n)}{\Gamma(n)\Gamma(k+2-n)}$$

dont la valeur asymptotique est

$$\frac{2\Gamma(1-n)}{\Gamma(n)} k^{2n-1}$$

et la valeur asymptotique de $\mathrm{P}_k(\cos\theta)$ étant

$$\sqrt{\frac{2}{\pi\sin\theta}}\sin\left[\left(k+\frac{1}{2}\right)\theta+\frac{\pi}{4}\right]k^{-\frac{1}{2}},$$

la convergence exige que $2n - \frac{3}{2} < 0$

$$n < \frac{3}{4}.$$

C'est bien là, je crois, un résultat conforme à celui obtenu par M. Darboux, dans son Mémoire *Sur les fonctions de grands nombres*.

Vous voudrez bien, avec votre bienveillance ordinaire, excuser ces remarques superficielles. J'ai été un peu souffrant dans ces derniers temps et je suis encore très fatigué, en sorte que j'ai eu déjà fort à faire pour faire seulement mon Cours. Cependant je pourrai, dans quelques jours, expédier un nouveau Chapitre du Halphen à M. Jordan.

Je ne peux m'attribuer aucune part à votre nomination comme membre étranger de l'Académie royale des Sciences d'Amsterdam, mais vous savez que j'ai les plus grandes obligations envers M. Bakhuyzen qui est un excellent homme et d'un zèle pour la Science qui ne saurait être surpassé. L'organisation de l'Observatoire de Leyde ne comporte guère que les travaux d'observation, cependant voyant ma prédilection pour la théorie, M. Bakhuyzen n'a pas hésité, assez souvent, à me dispenser d'une partie du travail pratique. En réfléchissant à ce qui m'est arrivé, après ma résolution de quitter Leyde, je me sens incapable d'exprimer mes sentiments envers vous.

Votre bien dévoué.

....

250. — *STIELTJES A HERMITE.*

Toulouse, 14 mai 1890.

Cher Monsieur,

Vous savez que M. Darboux a obtenu le premier une formule qui donne l'expression approchée de $X_n(\cos\theta)$, l'erreur commise étant de l'ordre d'une puissance aussi grande qu'on le voudra de $\frac{1}{n}$ (*Liouville*, 3e série, t. IV, 1878, p. 39).

Je viens de parvenir à un résultat qui, je crois, constitue un progrès notable. Je pose

$$x = \cos\theta, \qquad 0 < \theta < \pi,$$

et j'obtiens l'expression suivante comme approximation de $X_n(\cos\theta)$

$$\frac{2.4.6\ldots(2n)}{3.5.7\ldots(2n+1)}\left[\frac{\cos\left(n\theta+\frac{\alpha}{2}\right)}{\sqrt{2\sin\theta}} + \frac{1}{2}\,\frac{1}{2n+3}\,\frac{\cos\left(n\theta+\frac{3\alpha}{2}\right)}{\sqrt{(2\sin\theta)^3}} + \frac{1.3.1.3}{2.4.(2n+3)(2n+5)}\,\frac{\cos\left(n\theta+\frac{5\alpha}{2}\right)}{\sqrt{(2\sin\theta)^5}} + \frac{1.3.5.1.3.5}{2.4.6.(2n+3)(2n+5)(2n+7)}\,\frac{\cos\left(n\theta+\frac{7\alpha}{2}\right)}{\sqrt{(2\sin\theta)^7}} + \ldots\right].$$

La loi est évidente, j'ai posé pour abréger l'écriture $\alpha = \theta - \frac{\pi}{2}$. Mais il est clair que tant que l'on a

$$2\sin\theta > 1, \qquad \text{c'est-à-dire} \qquad \frac{\pi}{6} < \theta < \frac{3\pi}{6},$$

la série (A) continuée à l'infini est *convergente*. Or, dans cet intervalle, *elle représente exactement* $X_n(\cos\theta)$.

On peut énoncer ce résultat ainsi

$$X_n(\cos\theta) = \frac{4}{\pi}\,\frac{2.4.6\ldots(2n)}{3.5.7\ldots(2n+1)}\,\text{P.R.}\,\frac{z^{n+1}}{\sqrt{(z^2-1)^n}}\,\mathcal{F}\left(\frac{1}{2}, \frac{1}{2}, n+\frac{3}{2}, z^2\right),$$

le symbole $\mathcal{F}$ désignant la série hypergéométrique et

$$z^2 = \frac{\cos\alpha + i\sin\alpha}{2\sin\theta} = \frac{1}{2}(1 - i\cot\theta).$$

Je vais vérifier ce résultat dans le cas le plus simple $n = 0$. On a alors

$$z\mathcal{F}\left(\frac{1}{2}, \frac{1}{2}, \frac{3}{2}, z^2\right) = \arcsin z$$

et l'on doit avoir

$$\text{P.R.}\arcsin z = \frac{\pi}{4}.$$

Pour $\theta = \frac{\pi}{2}$, $z^2 = \frac{1}{2}$, donc $\arcsin z = \frac{\pi}{4}$, mais posons

$$\arcsin z = p + qi, \qquad z = \sin(p + qi) = \alpha + \beta i$$

donc

$$\alpha = \sin p\,\frac{e^q + e^{-q}}{2}, \qquad \beta = \cos p\,\frac{e^q - e^{-q}}{2},$$

d'où l'on conclut

$$\alpha^2 - \beta^2 - \frac{1}{2} = -\frac{1}{4}(e^{2q} + e^{-2q})\cos 2p,$$

mais $\alpha^2 - \beta^2 - \frac{1}{2}$ est la partie réelle de $z^2 - \frac{1}{2}$ qui est nulle, donc $\cos 2p = 0$ et par conséquent $p = \frac{\pi}{4}$, non seulement pour $\theta = \frac{\pi}{4}$, mais dans tout le domaine de convergence de la série.

Un autre résultat, que j'ai obtenu chemin faisant, est exprimé par la formule

$$\mathcal{F}\left(\frac{1}{2}, \frac{1}{2}, 2a+\frac{3}{2}, \frac{1}{2}\right) = 2^{-2a-\frac{1}{2}}\,\frac{\Gamma(\frac{1}{2})\,\Gamma(2a+\frac{3}{2})}{\Gamma(a+1)\,\Gamma(a+1)}.$$

Vous voyez que le premier membre met en évidence les pôles de la fonction uniforme, on obtient aussi la décomposition en fractions simples.

Je ne crois pas qu'on puisse déduire ce résultat des formules si nombreuses obtenues jusqu'ici pour la transformation de la série hypergéométrique. Il me semble que c'est une formule d'un autre caractère. Le temps me manque en ce moment pour approfondir ce sujet, mais je compte bien poursuivre ces recherches prochainement.

....

J'ai vu hier la Note de M. Beltrami sur les fonctions X_n dans les *Comptes rendus*; si vous le jugez convenable, vous me ferez un grand plaisir en donnant aussi dans les *Comptes rendus* un extrait de ce qui précède; on pourrait, pour abréger, laisser de côté la vérification pour $n = 0$ (1). Mais j'abuse vraiment de votre bonté, et je laisse monter à une hauteur invraisemblable la dette de reconnaissance que je vous dois.

Votre très dévoué.

251. — *STIELTJES A HERMITE.*

Toulouse, 15 mai 1890.

Cher Monsieur,

J'espère que vous voudrez bien me permettre d'ajouter maintenant à ma lettre d'hier, déjà longue, la démonstration qui ne s'y trouve pas.

Je pars de la formule

$$\pi X_n(\cos\theta) = \int_0^\pi (\cos\theta + i\sin\theta\cos u)^n\, du.$$

En écrivant $\int_0^\pi = \int_0^{\frac{\pi}{2}} + \int_{\frac{\pi}{2}}^\pi$ et en remplaçant dans la dernière

(1) *Note des éditeurs.* — Une Note sur cette question a été communiquée à l'Académie dans la séance du 19 mai 1890 [*Sur la valeur asymptotique des polynomes de Legendre* (voir *Comptes rendus*, t. CX, p. 1026-1027)].

intégrale u par $\pi - u$, il vient

$$(\mathrm{I}) \qquad \pi X_n(\cos\theta) = 2\,\mathrm{P.\,R.}\int_0^{\frac{\pi}{2}} (\cos\theta + i\sin\theta\cos u)^n\,du.$$

Posons $\sin\frac{1}{2}u = t$,

$$\pi X_n(\cos\theta) = 4\,\mathrm{P.\,R.}\int_0^{\sqrt{\frac{1}{2}}} (\cos\theta + i\sin\theta - 2i\sin\theta\,t^2)^n \frac{dt}{\sqrt{1-t^2}},$$

ou bien si l'on écrit

$$z = \frac{\cos\frac{1}{2}\alpha + i\sin\frac{1}{2}\alpha}{\sqrt{2\sin\theta}}, \qquad z^2 = \frac{\sin\theta - i\cos\theta}{2\sin\theta} = \frac{1}{2}(1 - i\cot\theta),$$

$$\alpha = \theta - \frac{\pi}{2}, \qquad iz^2 = \frac{\cos\theta + i\sin\theta}{2\sin\theta},$$

$$(\mathrm{II}) \qquad \pi X_n(\cos\theta) = 4\,\mathrm{P.\,R.}(\cos\theta + i\sin\theta)^n \int_0^{\sqrt{\frac{1}{2}}} \left(1 - \frac{t^2}{z^2}\right)\frac{dt}{\sqrt{1-t^2}}.$$

Après ces préliminaires, je considère l'équation

$$\cos\theta + i\sin\theta\cos u = 0$$

qui admet une racine

$$u_0 = \frac{\pi}{2} + i\log\operatorname{tang}\frac{1}{2}\theta.$$

Toutes les racines sont comprises dans l'expression

$$\pm u_0 + 2k\pi \qquad (k \text{ entier}).$$

Il est clair qu'il n'y a pas de racine dont le module soit inférieur à u_0 et il suffira de considérer cette racine. L'intégrale

$$\int_{\frac{\pi}{2}}^{u_0} (\cos\theta + i\sin\theta\cos u)^n\,du$$

a une valeur indépendante du chemin d'intégration; si donc on pose

$$u = \frac{\pi}{2} + iv,$$

en faisant varier v par des valeurs *réelles* de o à $\log\operatorname{tang}\frac{1}{2}\theta$, on trouve que la valeur de cette intégrale est

$$i\int_0^{\log\tang\frac{1}{2}\theta}\left(\cos\theta+\frac{e^v-e^{-v}}{2}\sin\theta\right)^n dv,$$

et, par conséquent, *purement imaginaire*.

Il est clair par là que l'on peut écrire, au lieu de la formule (I), celle-ci :

$$(\text{I}') \qquad \pi X_n(\cos\theta) = 2\,\text{P. R.}\int_0^{u_0}(\cos\theta+i\sin\theta\cos u)^n\,du,$$

le chemin d'intégration restant toujours absolument arbitraire. Or, si l'on applique maintenant la substitution qui a permis de passer de I à II, on trouvera évidemment

$$(\text{II}') \quad \pi X_n(\cos\theta) = 4\,\text{P. R.}(\cos\theta+i\sin\theta)^n\int_0^z\left(1-\frac{t^2}{z^2}\right)^n\frac{dt}{\sqrt{1-t^2}}$$

ou

$$\pi X_n(\cos\theta) = 4\,\text{P. R.}(\cos\theta+i\sin\theta)^n\int_0^1(1-u^2)^n\frac{z\,du}{\sqrt{1-z^2u^2}},$$

sous la condition $\operatorname{mod} z < 1$, c'est-à-dire

$$2\sin\theta > 1.$$

On peut maintenant développer en série, ce qui donne le résultat cherché.

Même lorsque $\operatorname{mod} z > 1$, on trouvera ainsi par les premiers termes une expression asymptotique, car lorsque n est très grand, c'est seulement dans le voisinage de $u = 0$ que $(1-u^2)^n$ a une valeur appréciable.

Veuillez bien agréer, cher Monsieur, la nouvelle expression de mon dévouement sincère.

252. — *HERMITE A STIELTJES.*

Mon cher Ami,

Encore une fois, après tant d'autres, vous avez été inspiré de la manière la plus heureuse et votre expression de $X_n(\cos\theta)$ est d'une élégance extrême et intéressera au plus haut point les géomètres. Je ne doute point qu'elle n'appelle toute l'attention de M. Beltrami, et je vous ferai part de ce qu'il me dira, dans sa correspondance. Votre Note sera présentée à la prochaine séance de l'Académie, en laissant de côté, comme vous le proposez, la vérification pour $n = 0$, non qu'elle ne soit très jolie, mais afin d'entrer dans les intentions d'économie du secrétaire perpétuel, M. Bertrand, qui s'y trouve contraint et forcé par la commission du budget, qui a fait subir une réduction importante à l'allocation accordée pour l'impression des *Comptes rendus*.

En attendant les conséquences que vous allez tirer de votre beau résultat, je m'empresse de vous rassurer au sujet du Mémoire couronné de M. Poincaré. La publication s'est trouvée retardée par suite d'une inexactitude qui s'était glissée dana les formules, et qui n'a été reconnue qu'après l'impression, qu'on s'est décidé à sacrifier, afin de donner un nouveau texte entièrement correct.

Ne me parlez donc point de reconnaissance, mon cher ami, et c'est moi qui suis votre obligé pour votre belle assistance que je n'appelle jamais en vain dans mes embarras analytiques. Sans l'indication que vous m'avez donnée du travail de M. Bruns, *Zur Theorie der Kugelfunctionen,* j'aurais absolument ignoré que je n'avais fait que reproduire sa démonstration de la formule de M. Mehler; la variable qu'il introduit, φ, quand il pose l'équation $\sin\frac{\psi}{2} = \sin\frac{\omega}{2}\cos\varphi$ est ma quantité u, étant telle que l'on ait $u = \cot\varphi$. J'ai essayé de débrouiller son analyse pour tirer de la formule de Mehler la séparation des racines de $X_n = 0$, mais l'allemand qui n'est pas un obstacle insurmontable, quand l'analyse est élégante et claire, m'a arrêté et je n'ai fait qu'entrevoir la méthode. Je m'occuperais de suite de la question, si mes leçons ne me fatiguaient pas autant, et s'il ne me fallait revoir la prochaine édition de mon Cours lithographié. Ajoutez à cela les devoirs académiques, qui m'obligent d'aller au Ministère des Affaires étrangères, parler au Ministre et à son chef de cabinet.

. . . .

Que j'aurais long à vous en conter sur ces affaires extra-mathématiques; j'aime mieux vous dire un mot d'un théorème de

M. Cesàro dont je trouve l'énoncé dans un de mes cahiers

$$\sum E\left(mx+\frac{rm}{n}\right)=\sum E\left(nx+\frac{sn}{m}\right),$$

$$r=0,\ 1,\ 2,\ \ldots,\ n-1;\qquad s=0,\ 1,\ 2,\ \ldots,\ m-1,$$

mais sans me souvenir où l'auteur l'a donné. J'ai remarqué que chaque membre a pour valeur

$$pE\left(\frac{mnx}{p}\right)+\frac{mn-m-n+p}{2},$$

en désignant par p le plus grand commun diviseur des entiers m et n. Cela vaut-il quelque chose?

En vous renouvelant, mon cher ami, mes plus vives félicitations pour votre découverte, et l'assurance de mon affectueux dévouement.

253. — *HERMITE A STIELTJES.*

Paris, 15 mai 1890.

(Sur une carte postale.)

Je crois avoir compris que vous décomposez $\int_0^{\frac{\pi}{2}}$ en deux parties $\int_0^{u_0}+\int_{u_0}^{\frac{\pi}{2}}$ et que vous négligez la seconde comme purement imaginaire, ce qui vous donne la formule (1'); votre méthode est extrêmement belle et originale.

254. — *STIELTJES A HERMITE.*

Toulouse, 15 mai 1890.

Cher Monsieur,

Je viens de m'apercevoir qu'un artifice, que j'ai indiqué dans ma thèse (p. 40), permet de mener à bonne fin cette théorie du développement de $X_n(\cos\theta)$ lorsque n est grand.

Je reprends la formule

$$\pi X_n(\cos\theta) = 4\,\text{P. R.}(\cos\theta + i\sin\theta)^n \int_0^1 (1-u^2)^n \frac{z\,du}{\sqrt{1-z^2u^2}}.$$

$$z^2 = \frac{1}{2} - \frac{1}{2} i \cot\theta,$$

je remarque que

$$\frac{1}{\sqrt{1-z^2u^2}} = \frac{2}{\pi}\int_0^{\frac{\pi}{2}} \frac{dv}{1-z^2u^2\sin^2 v},$$

donc

$$\int_0^1 (1-u^2)^n \frac{z\,du}{\sqrt{1-z^2u^2}} = \frac{2}{\pi}\int_0^1\int_0^{\frac{\pi}{2}} \frac{(1-u^2)^n z\,du\,dv}{1-z^2u^2\sin^2 v},$$

le développement

$$\frac{1}{1-z^2u^2\sin^2 v} = 1 + z^2u^2\sin^2 v + \ldots + z^{2k-2}u^{2k-2}\sin^{2k-2} v + \frac{(zu\sin v)^{2k}}{1-z^2u^2\sin^2 v}$$

donne maintenant les k premiers termes du développement (A) avec le terme complémentaire,

$$R_k = \frac{4}{\pi}\,\text{P. R.}(\cos\theta + i\sin\theta)^n \frac{2}{\pi}\int_0^1\int_0^{\frac{\pi}{2}} \frac{(1-u^2)^n z(zu\sin v)^{2k}\,du\,dv}{1-z^2u^2\sin^2 v},$$

et R_k est donc inférieur au module de l'intégrale du second membre. Or,

$$\text{mod}(\cos\theta + i\sin\theta) = 1, \qquad \text{mod}\, z = \frac{1}{\sqrt{2\sin\theta}}$$

et

$$1 - z^2u^2\sin^2 v = 1 - \frac{1}{2}u^2\sin^2 v + \frac{1}{2}u^2\sin^2 v\, i\cot\theta$$

a un module supérieur à

$$1 - \frac{1}{2}u^2\sin^2 v > \frac{1}{2}.$$

De là on conclut :

En prenant les k premiers termes de la série A de ma première lettre, l'erreur commise est inférieure au double *du terme suivant, dans lequel on aurait remplacé par l'unité le cosinus qui y figure au numérateur*, et cela a lieu que la série soit convergente ou non.

Ainsi, par exemple,

$$X_n(\cos\theta) = \frac{4}{\pi}\,\frac{2.4\ldots(2n)}{3.5\ldots(2n+1)}\,\frac{2\varepsilon}{\sqrt{2\sin\theta}} \qquad (-1 < \varepsilon < +1),$$

et comme $\frac{2.4\ldots 2n}{3.5\ldots 2n+1}$ est de l'ordre $\frac{1}{\sqrt{n}}$, il s'ensuit que lorsque n croît indéfiniment et qu'en même temps θ tend vers zéro, mais de manière que le produit $n\theta$ croît au delà de toute limite, on a

$$\lim X_n(\cos\theta) = 0.$$

C'est la proposition de M. Bruns qui fait l'objet principal de son Mémoire, et de l'article de M. Heine qui suit dans le *Journal de Borchardt*. Cette proposition est nécessaire dans la démonstration de M. Heine pour les séries de deux angles. La démonstration de Dirichlet n'est pas tout à fait à l'abri de toute objection, si l'on ne veut pas introduire l'existence des dérivées des fonctions à développer. Voilà donc obtenu un résultat net et satisfaisant. Je me propose de développer ces recherches prochainement dans les Annales de notre faculté. Il y a lieu, je crois, de modifier un peu la déduction de cette formule fondamentale

$$\pi X_n(\cos\theta) = 4\,\mathrm{P.\,R.}\, e^{ni\theta}\int_0^1 (1-u^2)^n \frac{z\,du}{\sqrt{1-z^2u^2}},$$

Veuillez bien me croire toujours votre très dévoué.

P. S. — Je crois actuellement qu'il sera préférable de présenter à l'Académie la note ci-jointe ([1]), au lieu de l'extrait de ma première lettre. J'ose espérer cette présentation de votre bienveillance.

255. — *HERMITE A STIELTJES.*

Paris, 16 mai 1890.

Mon cher Ami,

J'ai quelque peine à comprendre la démonstration que vous venez de m'écrire de votre beau résultat; mais n'allez point croire que je vous adresse un reproche quelconque, je n'accuse que moi-même. Ce qui m'échappe, c'est la raison qui vous fait considérer l'équation $\cos\theta + i\sin\theta\cos u = 0$; vous avez été pour moi un peu trop court, et je ne puis me rendre compte, à cause de quelque

([1]) *Note des éditeurs.* — *Voir* la lettre (249).

intermédiaire que vous aurez omis, pourquoi, à l'équation (I),

$$\pi X_n(\cos\theta) = 2\,\mathrm{P.\,R.} \int_0^{\frac{\pi}{2}} (\cos\theta + i \sin\theta \cos u)^n \, du,$$

vous substituez (I'),

$$\pi X_n(\cos\theta) = 2\,\mathrm{P.\,R.} \int_0^{u_0} (\cos\theta + i \sin\theta \cos u)^n \, du.$$

Je trouve très hardi et très heureux d'introduire, à la place de la formule classique, la même intégrale prise avec la limite supérieure imaginaire, $u_0 = \frac{\pi}{2} + i \log \operatorname{tang} \frac{1}{2}\theta$, mais je n'en réclame que plus vivement, de voir avec la plus complète clarté, par quel chemin vous obtenez un résultat aussi singulier.

Enfin, et pour achever de déverser toute mon amertume, je vous avoue que la comparaison des équations (II) et (II'), c'est-à-dire des intégrales

$$4\,\mathrm{P.\,R.}(\cos\theta + i \sin\theta)^n \int_0^{\sqrt{\frac{1}{2}}} \left(1 - \frac{t^2}{z^2}\right)^n \frac{dt}{\sqrt{1 - z^2}}$$

et

$$4\,\mathrm{P.\,R.}(\cos\theta + i \sin\theta)^n \int_0^{z} \left(1 - \frac{t^2}{z^2}\right)^n \frac{dt}{\sqrt{1 - t^2}},$$

me met dans la plus grande anxiété. Une limite $\sqrt{\frac{1}{2}}$, remplacée par z, n'amènerait donc aucun changement!

En attendant que vous projetiez un rayon de lumière pour dissiper les ténèbres de mon esprit, je vais préparer ma leçon sur les intégrales eulériennes.

Je présente comme il suit le passage de la première forme du terme complémentaire de la série de Stirling,

$$J = \int_{-\infty}^{0} \varphi(x)\, e^{ax} \, dx$$

où

$$\varphi(x) = \sum \frac{2}{x^2 + 4n^2\pi^2},$$

à ls seconde. J'écris d'abord

$$J = \sum J_n, \qquad \text{en faisant} \qquad J_n = \int_{-\infty}^{0} \frac{2\, e^{ax} \, dx}{x^2 + 4n^2\pi^2},$$

puis

$$J_n = \frac{1}{n\pi}\int_{-\infty}^{0} \frac{a\, e^{2n\pi x}\, dx}{x^2 + a^2} \qquad \left(\text{je remplace } x \text{ par } \frac{2n\pi x}{a}\right).$$

Il en résulte que, si l'on pose

$$S = \sum \frac{e^{2n\pi x}}{n} \qquad (n = 1, 2, \ldots),$$

on peut écrire

$$J = \frac{1}{\pi}\int_{-\infty}^{0} \frac{a\, S\, dx}{x^2 + a^2};$$

mais il est clair que $S = -\log(1 - e^{2\pi x})$, donc, etc.

Je désirerais beaucoup trouver une méthode qui conduirait directement à la seconde forme, sans passer d'abord par la première, mais je renonce à la découvrir. Je vous dirais que je trouve étonnant et merveilleux que a figurant en exponentielle paraisse après sous forme rationnelle. Comment Cauchy qui avait à sa disposition les deux expressions a-t-il employé la première qui l'a conduit à tant de longueur !

Toujours, mon cher ami, votre bien affectueusement dévoué.

256. — *HERMITE A STIELTJES.*

Cher Ami,

Je m'empresse de vous accuser réception de votre nouvelle Note que je présenterai lundi à l'Académie, au lieu de la précédente. Il m'a fallu faire effort à cause de la brièveté de votre démonstration pour saisir le point de vue nouveau et si imprévu auquel vous vous être placé; combien ne vous en a-t-il pas fallu davantage pour le découvrir! Au risque d'une indiscrétion envers M. Beltrami, je ne puis m'empêcher de vous communiquer ce passage d'une lettre qu'il m'avait adressée le 30 avril dernier.

« M. Mehler a fait la remarque très juste que ses formules per-
» mettent d'abréger considérablement la célèbre démonstration de
» Dirichlet. Cette démonstration ainsi abrégée est celle dont je me
» suis toujours servi dans mes cours, jusqu'au moment où j'ai fait
» les réflexions qui terminent ma Note (des *Comptes rendus*). Le

» point noir qui subsistait toujours dans ladite démonstration
» abrégée est le même qu'auparavant, savoir : on a une fonction
» (définie par une intégrale où la variable figure comme para-
» mètre) dont on peut démontrer la continuité, mais non pas la
» dérivabilité; cette dérivée cependant existe (et est calculable)
» pour variable $=0$, et c'est cette seule valeur de la dérivée qui reste
» dans le résultat, tandis que l'existence générale est admise pour
» la démonstration, sans qu'on sache bien si cette admission est
» absolument nécessaire. Ce point noir a été heureusement éliminé
» par l'usage de l'autre formule sommatoire, inauguré, à ce qu'il
» paraît, par M. Dini; et les dernières phrases de ma Note se
» rapportent précisément à la manière qui me paraît la plus
» simple d'utiliser cette dernière formule, en invoquant encore la
» seconde expression de M. Mehler. »

Permettez-moi maintenant de vous soumettre l'idée d'une exposition de la démonstration de Dirichlet, fondée sur vos belles formules (dans les *Annales de Toulouse*) qui me vient à l'esprit, en voyant l'importance que M. Beltrami attache à la question. Il est clair que le dernier mot vous appartiendra et que votre méthode deviendra classique. On ne peut rien imaginer de plus complet et en même temps de plus facile que l'introduction du développement de $\frac{1}{1-z^2u^2\sin^2 v}$ limité à un nombre fini de termes, et aux compliments que je vous ai adressés, j'en ajoute un nouveau, que vous méritez bien, d'avoir remplacé le radical $\frac{1}{\sqrt{1-z^2u^2}}$ par l'intégrale $\frac{1}{\pi}\int_0^{\frac{\pi}{2}} \frac{dv}{1-z^2u^2\sin^2 v}$.

Je suis bien curieux de savoir ce que dira M. Beltrami de votre Note, et ce me sera un plaisir de vous en faire part.

En attendant, croyez toujours, mon cher ami, à mon affection la plus dévouée.

P. S. — Vous vous souvenez que vous avez mis la série de Gudermann $J(a)$, sous forme d'intégrale définie d'une série S :

$$J(a) = \int_0^{\frac{1}{2}} \frac{1}{2}(1-2x)^2 S\, dx$$

où

$$S = \sum \frac{1}{(n+a+x)(n+a+1-x)} \qquad (n = 0, 1, 2, \ldots).$$

Ce matin, j'ai donné à ma leçon la formule

$$\log\Gamma(a+1) = \int_0^1 (a^2 - a) x S \, dx$$

où

$$S = \frac{1}{(n+x)(n+ax)} \qquad (n = 1, 2, \ldots).$$

257. — *STIELTJES A HERMITE.*

Toulouse, 11 juin 1890.

Cher Monsieur,

En désignant par R_n la partie entière de

$$\frac{1}{2} X_n \log\left(\frac{x+1}{x-1}\right) = X_n\left(\frac{1}{x} + \frac{1}{3x^3} + \frac{1}{5x^5} + \ldots\right),$$

en sorte que $\frac{R_n}{X_n}$ est la $n^{\text{ième}}$ réduite de la fraction continue, on a

$$R_n = \frac{2n-1}{1.n} X_{n-1} + \frac{2n-5}{3(n-1)} X_{n-3} + \frac{2n-9}{5(n-2)} X_{n-5} + \ldots,$$

$$R_n = \sum_1^n \frac{1}{k} X_{k-1} X_{n-k},$$

la première expression est due à M. Christoffel, et la seconde, je crois, à vous. Mais je ne retrouve pas le lieu où il me semble que vous devez l'avoir donnée et elle ne se trouve pas dans l'Ouvrage de Heine. Si cela ne vous cause pas de la peine je vous serais bien obligé de m'indiquer l'endroit où vous avez donné cette formule.

J'obtiens encore une autre expression de R_n. Soit pour abréger $u = \frac{x-1}{2}$, alors on sait que

$$X_n = 1 + \frac{n(n+1)}{1^2} u + \frac{n(n-1)(n+1)(n+2)}{1^2.2^2} u^2$$
$$+ \frac{n(n-1)(n-2)(n+1)(n+2)(n+3)}{1^2.2^2.3^2} u^3 + \ldots,$$

ou

$$X_n = \alpha_0 + \alpha_1 u + \alpha_2 u^2 + \ldots + \alpha_n u^n.$$

L'expression de R_n est alors

$$R_n = \beta_0 + \beta_1 u + \beta_2 u^2 + \ldots + \beta_{n-1} u^{n-1};$$

$$\begin{aligned}
\beta_0 &= \left(1 + \frac{1}{2} + \frac{1}{3} + \ldots + \frac{1}{n}\right)\alpha_0,\\
\beta_1 &= \left(\frac{1}{2} + \frac{1}{3} + \ldots + \frac{1}{n}\right)\alpha_1,\\
\beta_2 &= \left(\frac{1}{3} + \ldots + \frac{1}{n}\right)\alpha_2,\\
&\ldots\ldots\ldots\ldots\ldots\ldots,\\
\beta_{n-1} &= \left(\frac{1}{n}\right)\alpha_{n-1}.
\end{aligned}$$

C'est ce qu'on obtient à l'aide de l'équation différentielle

$$(1 - x^2)\frac{d^2 R_n}{dx^2} - 2x\frac{dR_n}{dx} + n(n+1)R_n = 2\frac{dX_n}{dx},$$

en introduisant u au lieu de x, et en vertu du développement connu de X_n donné plus haut. J'ai été amené à cette expression ainsi. Vous savez que

$$\lim X_n\left(\cos\frac{\theta}{n}\right) = J(\theta),$$

$J(\theta)$ étant la fonction de Bessel et de Fourier.

Cela étant, j'ai voulu obtenir, en partant de l'intégrale

$$\frac{1}{2} X_n \log\left(\frac{x+1}{x-1}\right) - R_n,$$

une seconde intégrale de l'équation différentielle à laquelle satisfait $J(\theta)$ en posant $x = \cos\left(\frac{\theta}{n}\right)$ et faisant croître indéfiniment n.... C'est ce qu'on peut faire sans difficulté à l'aide de la nouvelle expression de R_n.

Voici une démonstration de la formule de Rodrigues

$$X_n = \frac{1}{2^n.1.2\ldots n}\frac{d^n}{dx^n}(x^2 - 1)^n$$

qui me semble très simple, mais je n'oserais pas affirmer qu'elle soit nouvelle.

Partant de

$$\frac{1}{\sqrt{z^2 - 2xz + 1}} = \sum X_n z^{-n-1},$$

on a

$$X_n = \frac{1}{2\pi i}\int_C \frac{z^n\,dz}{\sqrt{z^2-2xz+1}}, \tag{1}$$

l'intégrale étant prise sur un cercle de rayon R très grand, enveloppant les points critiques

$$\xi = x+\sqrt{x^2-1}$$

et

$$\xi^{-1} = x-\sqrt{x^2-1}$$

de l'intégrale.

Pour rendre rationnelle la différentielle je pose

$$\sqrt{z^2-2xz+1} = -z+u, \qquad z = \frac{u^2-1}{2(u-x)},$$

il vient

$$X_n = \frac{1}{2\pi i}\int \frac{(u^2-1)^n}{2^n(u-x)^{n+1}}\,du. \tag{2}$$

Quant au chemin d'intégration, puisque mod z est très grand, vous voyez qu'on a à peu près

$$u = 2z-x,$$

en sorte que u décrit un cercle de rayon 2R autour de $-x$. Puisqu'il n'y a qu'un pôle, la formule (2) donne immédiatement l'expression de Rodrigues.

Pour faire disparaître le radical, on aurait pu poser aussi

$$\frac{\sqrt{z^2-2xz+1}}{z} = -\frac{1}{z}+v,$$

$$\int \frac{z^n\,dz}{\sqrt{z^2-2xz+1}} = \int 2^{n+1}\frac{(v-x)^n}{(v^2-1)^{n+1}}\,dv;$$

la relation entre u et v est simplement

$$(u-1)(v-1) = 2(1-x).$$

Votre bien dévoué.

P. S. — Veuillez bien, je vous prie, remercier vivement de ma part M. Picard pour l'envoi de son beau Mémoire sur les équations aux dérivées partielles. J'ai vu avec un grand intérêt sa démonstration si simple de l'existence d'une intégrale de l'équation ordinaire

$$\frac{dy}{dx} = f(x, y),$$

démonstration qu'on pourra peut-être introduire dans l'enseignement.

258. — *HERMITE A STIELTJES.*

Paris, 13 juin 1890.

Mon cher Ami,

Je n'ai rien publié sur les polynomes de Legendre qu'une courte Note dans les *Rendiconti* du Cercle mathématique de Palerme; je vous en envoie un exemplaire pour le cas où je ne l'aurais point déjà fait. C'est dans une leçon à la Sorbonne que j'ai donné la formule $R_n = \sum \frac{X_{k-1} X_{n-k}}{k}$; je la retrouve dans mes notes d'il y a déjà plusieurs années; voici comment j'y parviens.

Je pars de la relation suivante, que donne la théorie élémentaire de l'intégration des radicaux carrés du second degré, où je fais $R(x) = 1 - 2xz + z^2$,

$$J = \int \frac{z^n\, dz}{\sqrt{R(z)}} = G(z)\sqrt{R(z)} + H \int \frac{dz}{\sqrt{R(z)}},$$

la constante H se détermine en développant les deux membres suivant les puissances descendantes de z; on trouve ainsi dans le second membre pour seul terme non algébrique $H \log z$, et ce même terme est donné dans le premier membre, au moyen de la formule

$$\frac{1}{\sqrt{R(z)}} = \frac{X_0}{z} + \frac{X_1}{z^2} + \ldots + \frac{X_n}{z^{n+1}} + \ldots,$$

où X_n est le polynome de Legendre. On a donc $H = X_n$, et cette remarque que J s'exprime algébriquement, quand x est une racine de $X_n = 0$.

Soit ensuite $\xi = x - \sqrt{x^2 - 1}$ une racine de $R(z) = 0$, elle conduit à la relation

$$\int_0^{\xi} \frac{z^n\, dz}{\sqrt{R(z)}} = -G(0) + X_n \int_0^{\xi} \frac{dz}{\sqrt{R(z)}}$$
$$= -G(0) + \frac{1}{2} X_n \log \frac{x+1}{x-1}.$$

Mais le polynome $G(z)$ est évidemment la partie entière du développement suivant les puissances descendantes de z de l'expression

$$\frac{1}{\sqrt{R(z)}}\int\frac{z^n\,dz}{\sqrt{R(z)}},$$

et s'obtiendra en multipliant entre elles les deux séries

$$\frac{1}{\sqrt{R(z)}} = \frac{X_0}{z} + \frac{X_1}{z^2} + \ldots + \frac{X_i}{z^{i+1}} + \ldots,$$

$$\int\frac{z^n\,dz}{\sqrt{R(z)}} = \frac{X_0}{n}z^n + \ldots + \frac{X_j}{n-j}z^{n-j} + \ldots,$$

la quantité $G(0)$ est le terme indépendant de z dans ce produit, c'est-à-dire $\sum\frac{X_i X_j}{n-j}$, sous la condition $n = i+j+1$. Il ne reste donc qu'à montrer que l'intégrale $\int_0^\xi\frac{z^n\,dz}{\sqrt{R(z)}}$ est de la forme $\frac{\varepsilon}{z^{n+1}} + \frac{\varepsilon'}{z^{n+2}} + \ldots$ pour prouver que $\frac{G(0)}{X_n}$ est la $n^{\text{ième}}$ réduite de $\log\frac{x+1}{x-1}$. C'est évident, car on a, en développant suivant les puissances croissantes de z,

$$\int\frac{z^n\,dz}{\sqrt{R(z)}} = \frac{z^{n+1}}{n+1} + \alpha z^{n+2} + \ldots,$$

puis, en développant suivant les puissances décroissantes de x,

$$\xi = \frac{1}{2x} + \ldots,$$

ce qui donne bien

$$\frac{1}{(n+1)2^{n+1}x^{n+1}} + \ldots = \frac{1}{2}X_n\log\frac{x+1}{x-1} - \sum\frac{X_i X_j}{n-j}.$$

Et maintenant, mon cher ami, ne consentirez-vous pas à convenir, à reconnaître que nous ne sommes point sans quelque ressemblance intellectuelle, et que nous avons suivi la même inspiration, vous en parvenant à la formule de Rodrigues, et moi à ce qui précède, en prenant tous deux le même point de départ

$$\frac{1}{\sqrt{R(z)}} = \frac{X_0}{z} + \frac{X_1}{z^2} + \ldots ?$$

J'ai communiqué votre expression asymptotique de X_n à M. Beltrami, qui la trouve extrêmement intéressante; il croit aussi qu'il y aurait lieu de rechercher un résultat analogue pour $X_{n+1} - X_{n-1}$, c'est-à-dire $n(n+1)\int_{-1}^{x} X_n\,dx$ ou encore $(x^2-1)X'_n$, parce que cette expression tend vers zéro, dans tout l'intervalle de -1 à $+1$, pour n infini.

La relation qu'a découverte M. Beltrami

$$X_{n+1} - X_{n-1} = \frac{2n+1}{n(n+1)}(x^2-1)X'_n$$

a lieu également pour l'intégrale de seconde espèce, et l'a conduit à ce résultat que $y = X_{n+1} - X_{n-1}$ satisfait à l'équation

$$(x^2-1)\frac{d^2y}{dx^2} = n(n-1)y.$$

J'ai trouvé ensuite que l'on a

$$(x^2-1)^k D_n^k X_n = AX_{n+k} + BX_{n+k-2} + CX_{n+k-4} + \ldots + KX_{n-k},$$

et en particulier

$$\begin{aligned}\frac{(2n-1)(2n+1)(2n+3)}{(n-1)n(n+1)(n+2)}&(x^2-1)^2 X''_n\\ &= (2n-1)X_{n+2} - 2(2n+1)X_n + (2n+3)X_{n-2}.\end{aligned}$$

Croyez-moi toujours, mon cher ami, votre bien affectueusement dévoué.

259. — *HERMITE A STIELTJES.*

Paris, 22 juin 1890.

MON CHER AMI,

Permettez-moi de vous demander si, comme je le présume, vous avez déjà vu et corrigé les épreuves d'Halphen (Chapitre II, p. 113 à 128) que vient de m'envoyer M. Gauthier-Villars, épreuves où ne sont mentionnées aucunes corrections et où, au moins au premier coup d'œil, je n'ai rien vu à changer. Je ne puis vous dire combien je trouve difficile la lecture d'Halphen, le sujet ne m'est cependant pas étranger; il y a plus de 40 ans, j'avais fait l'étude, et je crois plus simplement que lui, de la fonction des racines représentée par $x_\infty x_0 + x_1 x_2 + x_3 x_4$ pour l'équation modulaire du 6e degré. J'ai renoncé à cette combinaison, je l'ai abandonnée pour prendre $(x_\infty - x_0)(x_1 - x_2)(x_3 - x_4)$ et, si je ne me trompe, le module ancien, les formes analytiques de Jacobi, se prêtaient mieux que celles qu'a introduites Halphen à la question qu'il traite.

Je viens de m'occuper des racines de l'intégrale de seconde espèce $Q^n(x)$, de l'équation des fonctions sphériques, sur l'invitation de M. Beltrami. Voici ce que je trouve.

Partagez le plan par des parallèles à l'axe des x, menées au-dessus et au-dessous de cet axe, aux distances π, 2π, 3π, ... Il se trouve toujours n racines comprises entre les parallèles menées

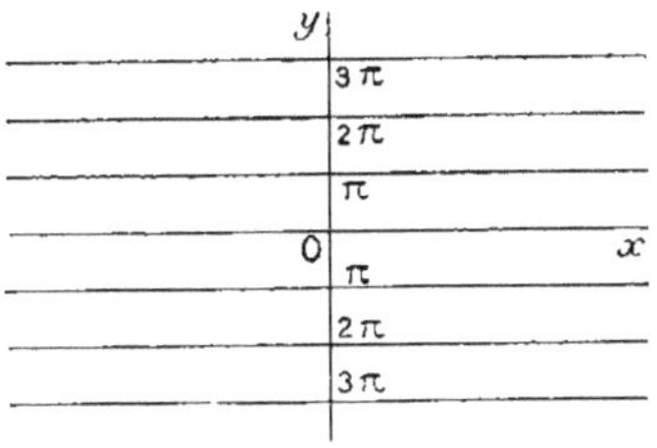

aux distances $2k\pi$ et $(2k+1)\pi$; il ne s'en trouve aucune dans l'intervalle suivant compris entre les parallèles aux distances $(2k+1)\pi$ et $(2k+2)\pi$ pour $k = \pm 1, \pm 2, \ldots$. Enfin, dans l'espace limité par les parallèles aux distances $+\pi$ et $-\pi$ qui comprend dans son intérieur l'axe des abscisses, on a $2n+1$ racines dont l'une est à l'origine $x = 0$.

J'ai raisonné, non sur $Q^n(x) = \frac{1}{2}\log\left(\frac{x+1}{x-1}\right)P^n(x) + R^n(x)$, mais sur la transformée uniforme qu'on obtient en posant $\frac{x+1}{x-1} = e^z$.

On me demande à cor et à cri un article pour la Société des Sciences de Prague.

....

Bref je me tire de la difficulté avec un article dont je viens de vous dire la substance.

....

Je pense pouvoir demander aux *Annales de Toulouse* de vouloir bien le reproduire. Je vais le rédiger avant l'affligeante besogne du baccalauréat, qui est écrasante à Paris; si vous ne me prenez point en compassion quand j'essaye de comprendre quelque chose aux épures de Géométrie descriptive, c'est que vous avez le cœur d'un tigre.

Votre bien affectueusement dévoué.

260. — *STIELTJES A HERMITE.*

Toulouse, 24 juin 1890.

Cher Monsieur,

J'ai reçu, mais seulement dimanche dernier, les pages 113 à 128 à corriger du Tome III d'Halphen et vendredi dernier les pages 81 à 112. Mais vendredi et samedi je suis complètement pris par mes leçons et des interrogations au lycée, c'est ce qui fait que les pages 81 à 112 portant mes corrections (assez nombreuses) partent seulement maintenant, en même temps que cette lettre. Mais la dernière feuille dont vous me parlez je ne l'ai pas encore corrigée, elle partira ce soir seulement.

C'est en effet, comme vous le dites, une tâche *extrêmement laborieuse* que de suivre Halphen à travers tous ses calculs.

Nous accueillerons avec la plus grande joie l'article que vous destinez à nos *Annales*.

. . . .

Seulement une remarque, il me paraît que l'équation

$$Q^n(x) = \frac{1}{2}\log\left(\frac{x+1}{x-1}\right)P^n(x) + R^n(x)$$

n'admet la racine $x = 0$ seulement dans le cas *n pair*, $R^n(x)$ renfermant dans ce cas seulement les puissances impaires de x.

Dans ce que j'ai rédigé sur la puissance asymptotique de $P^n(x)$ je considère, au lieu de $Q^n(x)$, une seconde intégrale $S^n(x)$ qui est réelle dans l'intervalle $(-1, +1)$

$$S^n(x) = \frac{1}{2}\log\left(\frac{1+x}{1-x}\right)P^n(x) + R^n(x).$$

Elle admet $n+1$ racines réelles dans cet intervalle et entre deux racines de S^n se trouve une racine de P^n, conformément à un théorème général de Sturm sur les solutions d'une équation différentielle du second ordre. Le développement asymptotique de

$S^n(\cos\theta)$ est parfaitement analogue à celui de $P^n(\cos\theta)$, on n'a qu'à remplacer les $\cos\left[\left(n+\frac{1}{2}\right)\theta-\frac{\pi}{4}\right]\ldots$ par des sinus.

Je dois vous remercier encore pour l'information que vous m'avez bien voulu donner concernant la formule

$$R_n = \frac{1}{1} P_{n-1} P_0 + \frac{1}{2} P_{n-2} P_1 + \ldots + \frac{1}{n} P_0 P_{n-1};$$

mais voici ce qui m'est arrivé. En consultant le Tome 55 du *Journal de Borchardt* pour avoir le lieu exact où M. Christoffel donne le développement de R_n suivant les P_{n-1}, P_{n-2}, ..., j'ai reconnu que M. Christoffel lui-même a déjà donné, sous une forme plus générale, la formule que je viens de rappeler. En effet, il a

$$R_n P_\nu - P_n R_\nu = 2 \sum_0^{n-\nu-1} \frac{P_s P_{n-\nu-s-1}}{\nu+s+1}$$

(p. 72) sous la condition $\nu < n$.

Pour $\nu = 0$, $P_\nu = 1$, $R_\nu = 0$, ... on retrouve la formule déjà écrite, abstraction faite du facteur 2, qui tient à ce que son R_n est le double du vôtre.

La fonction que considère M. Beltrami est le coefficient de α^n dans le développement de

$$\sqrt{1-2x\alpha+\alpha^2},$$

et rentre ainsi dans les polynomes étudiés par M. Heine et qui naissent d'une puissance quelconque de $1-2x\alpha+\alpha^2$. Il n'y a pas de difficulté à étendre à ces polynomes l'expression asymptotique que j'ai obtenue pour $X^n(\cos\theta)$.

J'ai réfléchi sur cette question du développement des fonctions arbitraires par la série de Laplace, mais je me suis occupé plus particulièrement du développement d'une fonction d'une *seule variable*

$$f(x) = \sum A_n X_n \qquad (-1 < x < +1).$$

On peut, en effet, simplifier les démonstrations données jusqu'à présent (par Dini, Heine, etc.), mais je ne suis pas encore content de ce que j'ai fait. Pendant bien des années j'ai cherché à justifier le développement

$$f(x) = \sum A_n Q^n(x),$$

les Q^n étant les dénominateurs des fractions continues pour

$$\int_a^b \frac{\varphi(u)\,du}{x-u} \qquad [\varphi(u) > 0],$$

mais sans succès. Mon raisonnement pour les X_n s'applique jusqu'à un certain point aux Q^n en général et je crois aussi avoir fait un premier pas dans l'étude du cas général. Mais je crois qu'il faudra encore beaucoup de recherches pour mener à bonne fin cette étude du cas général, il y a là du nouveau à trouver.

Je vous plains en effet, cher Monsieur, de tout mon cœur d'avoir à vous occuper de cette besogne si ingrate du baccalauréat, va-t-on nous en débarrasser? Il paraît que M. Bourgeois médite de grandes réformes, j'espère qu'il aura le temps de les mener à bien.

Votre bien dévoué.

261. — *STIELTJES A HERMITE.*

Toulouse, 24 juin 1890.

Cher Monsieur,

Vous devez recevoir avec cette lettre la feuille qui porte mes corrections, d'ailleurs insignifiantes. Les deux feuilles antérieures, je les ai expédiées ce matin, *directement à l'imprimerie de Gauthier-Villars.* En ne me conformant pas ainsi à la règle acceptée, j'espère n'avoir rien méfait. Ce qui m'a déterminé c'est que par votre lettre j'ai vu que j'étais en retard et qu'il fallait se hâter si mon travail pouvait être encore utile.

Veuillez bien me croire toujours votre très dévoué.

P. S. — Dernièrement, M*** s'est occupé des deux périodes des fonctions elliptiques.

En examinant les papiers d'Halphen, M. Jordan et moi nous nous sommes aperçus qu'il est essentiel aussi qu'une des périodes ω, ω' définie par exemple par une intégrale définie ne soit pas *nulle,* cas différent du cas où l'une des périodes serait ∞.

262. — *HERMITE A STIELTJES.*

Paris, 26 juin 1890.

Mon cher Ami,

Je ne connaissais pas, faute d'avoir lu assez attentivement le Mémoire de M. Christoffel, sa belle formule $R_n P_\nu - P_n R_\nu = \ldots$, je me réserve de l'étudier et je vous remercie beaucoup de me l'avoir apprise. Je ne vous suis pas moins reconnaissant de m'avoir rappelé le Mémoire de Sturm, auquel je ne pensais plus du tout; c'est par une autre voie et comme il suit que j'établis l'existence des n racines de l'équation

$$S^n(x) = \frac{1}{2}\log\frac{1+x}{1-x}P^n(x) + R^n(x) = 0.$$

Écrivant $P(x)$ et $R(x)$ pour simplifier, et désignant par $a, b, c, \ldots$ les racines de $P(x) = 0$, j'emploie la relation

$$\frac{R(x)}{P(x)} = -\sum\frac{1}{(1-a^2)P'^2(a)(x-a)};$$

on en conclut que

$$R(a) = -\frac{1}{(1-a^2)P'(a)}, \qquad R(b) = -\frac{1}{(1-b^2)P'(b)};$$

de sorte qu'en substituant dans $S(x)$ les racines consécutives a et b, on a des résultats de signes contraires, etc.

Permettez-moi maintenant de vous conter ma façon de traiter cette équation pour obtenir dans le plan, la distribution des racines imaginaires. J'avais d'abord considéré celle-ci

$$\frac{1}{2}\log\frac{x+1}{x-1}P(x) + R(x) = 0,$$

mais j'essayerai d'employer, pour le second cas, la même méthode. Soit $\frac{1+x}{1-x} = e^z$, d'où

$$x = \frac{e^z - 1}{e^z + 1}.$$

Je pose

$$\frac{1}{2}(e^z+1)^n P\left(\frac{e^z-1}{e^z+1}\right) = F(e^z),$$

$$(e^z+1)^n R\left(\frac{e^z-1}{e^z+1}\right) = G(e^z),$$

d'où l'équation sous forme holomorphe

$$f(z) = z\,F(e^z) + G(e^z) = 0$$

[la racine $z = 0$, que vous avez contestée dans le premier cas, se trouve amenée alors par le facteur $(e^z - 1)^n$ dans le second terme]; elle répond à x infini.

Soit AA'BB' un rectangle, dont les côtés représentés comme il suit

$$\begin{array}{ll} \text{BA}, & z = 2ki\pi + t, \\ \text{B'A'}, & z = (2k+2)i\pi + t, \end{array}$$

t croissant de $-a$ à $+a$. Puis

$$\begin{array}{ll} \text{AA'}, & z = 2ki\pi + a + it, \\ \text{BB'}, & z = 2ki\pi - a + it, \end{array}$$

la variable croissant de zéro à 2π. Je me propose d'obtenir l'indice

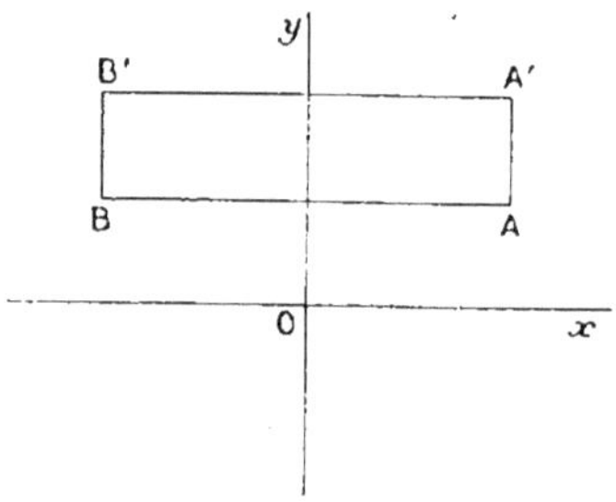

de $f(z)$ lorsqu'on décrit le contour BAA'B'B; et je fais d'abord, pour le côté BA, $f(z) = P + iQ$, c'est-à-dire

$$P = t\,F(e^t) + G(e^t), \qquad Q = 2k\pi\,F(e^t).$$

Je remarque qu'en passant à B'A', il suffira de changer k en $k+1$; j'aurai par conséquent le même indice pour $k = \pm 1, \pm 2, \ldots$; les côtés en question étant décrits en sens contraire l'un de l'autre, la somme des indices est nulle.

Considérons AA', on a alors

$$P + iQ = (2ki\pi + a + it)\,F(e^{a+it}) + G(e^{a+it}).$$

Cela étant, je suppose que a soit très grand; si l'on suppose

$$F(e^t) = A\,e^{nt} + \ldots,$$

on aura sensiblement $P + iQ = Aa\,e^{a+nit} = Aa\,e^{a}(\cos nt + i\sin t)$; l'indice relatif à AA′ se réduit à celui de $\frac{\sin nt}{\cos nt}$, qui est $2n$, en faisant croître t de zéro à 2π.

A l'égard de BB′, il suffit de prendre le terme constant dans $F(e^z)$, P se réduisant alors à une constante, l'indice est nul. Par conséquent, l'indice relatif au contour du rectangle est $2n$, et le rectangle contient à son intérieur n racines de l'équation proposée.

Je considérerai ensuite un autre rectangle où BA et B′A′ correspondront à $k = -1$ et $k = +1$ et qui contiendra à son intérieur l'axe des abscisses.

Pour les côtés AA′ et BB′, le calcul de l'indice est le même que

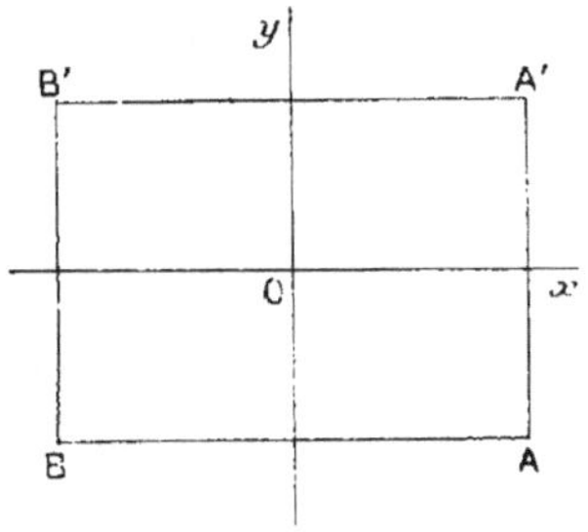

précédemment, mais la variable t doit alors parcourir l'étendue des valeurs de -2π à 2π, de sorte que l'on obtient $4n$ au lieu de $2n$.

Pour BA et B′A′, il y a cette différence que Q change de signe en passant du premier côté au second, de sorte qu'au lieu de se détruire, les indices s'ajoutent; il faut donc calculer l'indice relatif à BA, et le doubler. La valeur $z = -2i\pi + t$ donne

$$\frac{Q}{P} = -\frac{F(e^t)}{t\,F(e^t) + G(e^t)},$$

que je représente par $\varphi(t)$; j'emploie la relation de Cauchy

$$I\varphi(t) + I\frac{1}{\varphi(t)} = \varepsilon,$$

en remarquant que l'on a

$$\frac{1}{\varphi(t)} = -t - \frac{G(e^t)}{F(e^t)},$$

je vois qu'aux limites $t = -a$, $t = +a$, j'ai les signes + et —, d'où je conclus $\varepsilon = +1$.

On a ensuite

$$\mathrm{I}\left[-t - \frac{G(e^t)}{F(e^t)}\right] = \mathrm{I}\left[-\frac{G(e^t)}{F(e^t)}\right];$$

mais en revenant à la variable $x = \frac{e^t - 1}{e^t + 1}$; la quantité $\frac{G(e^t)}{F(e^t)}$ devient $\frac{R(x)}{P(x)}$ et l'on doit faire croître x de $-\infty$ à $+\infty$.

Cela étant, l'expression

$$-\frac{R(x)}{P(x)} = \sum \frac{1}{(1-a^2)P'^2(a)(x-a)}$$

montre que les passages par l'infini se font toujours du négatif au positif; l'indice est donc $-n$ et l'on a $\mathrm{I}\varphi(t) = n+1$. L'indice total pour le second rectangle est par suite $2(n+1)+4n$, et nous avons à son intérieur un nombre de racines égal à $3n+1$.

Dans le cas de n impair on constate immédiatement l'existence d'une ou d'un nombre impair de racines sur l'axe des ordonnées, entre les limites $(2k+1)\pi$ et $(2k+3)\pi$. Effectivement pour $z = i\zeta$ l'équation $f(z) = 0$ prend cette forme

$$\zeta\left(A \sin^n \frac{\zeta}{2} + A' \cos^2 \frac{\zeta}{2} \sin^{n-2} \frac{\zeta}{2} + \ldots\right)$$
$$- \cos\frac{\zeta}{2}\left(B \sin^{n-1} \frac{\zeta}{2} + B' \cos^2 \frac{\zeta}{2} \sin^{n-3} \frac{\zeta}{2} + \ldots\right) = 0.$$

Faites la substitution $\zeta = (2k+1)\pi$ où k est un entier, on a pour résultat la quantité $(2k+1)\pi A(-1)^{kn}$ ou $(2k+1)\pi A(-1)^k$ et en changeant k en $k+1$, un résultat de signe contraire.

En essayant de serrer de plus près la question, j'ai reconnu que l'on peut tirer parti de l'expression $R_n = \sum \frac{X_{k-1} X_{n-k}}{k}$; elle prouve en effet que pour $x = 0$, R_n est positif ou négatif suivant que $n \equiv 1$ ou $n \equiv -1 \bmod 4$.

En vous accusant réception des pages 113 à 128 d'Halphen, en vous renouvelant, mon cher ami, l'assurance de mes meilleurs sentiments.

263. — *HERMITE A STIELTJES.*

Paris, 24 juillet 1890.

Cher Ami,

Je viens de lire et de noter trente compositions, c'est ma dernière série et, après l'examen oral de demain, je serai libre; il est temps; je ne sais, si je devais encore continuer, ce que je deviendrais. S'il y a, comme disent les zoologistes, une série décroissante dans l'échelle des êtres, je suis arrivé aux derniers échelons, aux degrés les plus infimes.

Dans l'espérance que vous supportez mieux que moi le fardeau, je viens requérir de vos nouvelles dont je suis privé depuis un temps infini. Ma conscience me reproche de ne point vous avoir complimenté comme je l'aurais dû sur votre découverte de l'expression asymptotique de $Q^n(x)$; je suppose que vous donnerez dans les *Annales de Toulouse* vos résultats qui intéresseront vivement tous ceux qui aiment les fonctions sphériques.

Je pense aussi vous envoyer bientôt les miens sur les racines de la fonction de seconde espèce; l'article que j'ai écrit sur ce sujet s'imprime en ce moment à Prague, pour paraître dans un mois, mais auparavant je pourrai, je l'espère, disposer d'une épreuve, et je vous l'enverrai aussitôt que possible. Vous seriez bien bon et bien aimable de la lire, afin que je profite des remarques que vous me feriez, en la réimprimant, et surtout pour que vous me sauviez des erreurs ou des inadvertances qui me seront échappées, ce qui m'arrive trop souvent. Je me permets, en attendant, de vous faire part d'une remarque elliptique qui m'est venue tout en paressant et rêvassant. Considérez l'expression

$$UV^n - n_1 U'V^{n-1} + n_2 U''V^{n-2} + \ldots + (-1)^n U^n V,$$

où U et V sont deux fonctions de x, U', U'', ..., V', V'', ..., leurs dérivées successives. Si l'on remplace U et V par $ae^{\alpha x}U$, $be^{\alpha x}V$, a et b, α et β étant des constantes, elle se reproduit multipliée par $abe^{2\alpha x}$. Cela étant, je suppose $U = \Theta(x)$, $V = H(x)$ et je la désigne alors par $\Pi(x)$; il en résulte que $\Pi(x)$ satisfait aux conditions caractéristiques du produit $\Theta(x)H(x)$ lorsqu'on change x

en $x+2K$ et en $x+2iK'$, c'est-à-dire que l'on a

$$\Pi(x+2K) = -\Pi(x),$$
$$\Pi(x+2iK') = +\Pi(x)e^{-\frac{2i\pi}{K}(x+iK')}.$$

J'en conclus

$$\Pi(x) = A\,\Theta(x)\,H(x) + A'\Theta_1(x)\,H_1(x),$$

A et A' désignant des constantes. Changeons maintenant x en $-x$, il est clair que, pour n pair, on aura $\Pi(x) = A\,\Theta(x)H(x)$, puis, si l'on suppose n impair,

$$\Pi(x) = A'\Theta_1(x)\,H_1(x).$$

Voici donc une série de relations différentielles entre les transcendantes de Jacobi ou plutôt six séries différentes, en prenant, au lieu de $\Theta(x)$ et $H(x)$, deux autres quelconques de ces quatre transcendantes. On peut même, en admettant que n soit pair, supposer $U = V$; soit, par exemple, $n = 2$, l'expression

$$UV'' - 2U'V' + U''V$$

devient alors la quantité bien connue et déjà employée

$$UU'' - U'^2,$$

ce qui donne

$$\Theta(x)\,\Theta''(x) - \Theta'^2(x) = A\Theta^2(x) + BH^2(x).$$

Peut-être que ces relations s'appliqueraient utilement aux fonctions $Al(x)$ de M. Weierstrass, peut-être aussi aux Θ et aux Al à plusieurs variables, mais je n'ai point le courage de poursuivre; je serai content et satisfait si j'obtiens quelques mots de vous m'apprenant que vous allez bien malgré les maudits examens.

En vous renouvelant, mon cher ami, l'assurance de mes meilleurs sentiments.

264. — *STIELTJES A HERMITE.*

Toulouse, 26 juillet 1890.

Cher Monsieur,

C'est moi au contraire qui me reproche de ne pas encore avoir répondu à la lettre où vous m'exposez votre analyse concernant la fonction $Q_n(x)$ ou $S_n(x)$. Mais, avant de répondre, je voudrais d'abord me rendre compte de ce qu'on peut déduire de votre résultat concernant la distribution des racines de $Q_n(x)$ *dans le plan des* x.

Quoiqu'il n'y ait là certainement qu'une transformation à faire, je ne l'ai pas pu faire encore, vous voyez par là que j'ai baissé beaucoup et certainement je suis à un niveau bien inférieur au vôtre, car j'avoue que je n'ai pas le courage de répondre à vos remarques sur les fonctions Θ, je dois vous demander de m'accorder un répit. J'ai rédigé un petit Mémoire sur la valeur asymptotique de P_n, Q_n ou S_n pour nos *Annales,* j'aurais préféré de beaucoup le garder encore, pour profiter des remarques de M. Beltrami, et ajouter ce qui a trait à la valeur asymptotique d'autres polynomes analogues à X_n. Mais M. Baillaud me pressait beaucoup et, comme je voyais que cela pourrait bien me mener assez loin et prendre du temps, je l'ai donné tel quel.

J'ai encore quatre journées d'examen oral, mais jeudi soir ce sera fini et je pourrai respirer librement. J'en profiterai pour achever le Halphen où il me reste peu à faire; ensuite j'aurai une autre affaire assez grosse et également pressée. M. Baillaud voudrait bien mettre au programme de l'agrégation l'année prochaine les éléments de la théorie des nombres, et, comme il n'existe pas de livre en français à ce sujet, il m'a demandé de faire quelque chose que les candidats pourraient étudier.

Je donnerai donc, dans nos *Annales,* un article nécessairement assez étendu et avec beaucoup de renseignements bibliographiques. Pour donner une utilité plus grande il faudra certainement aller plus loin que ce qu'on demandera aux candidats à l'agrégation, et je prévois que la plus grande difficulté sera surtout de savoir où s'arrêter pour avoir un ensemble arrondi. On se propose, du reste, de mettre l'année prochaine dans le programme la théorie des substitutions, et ce qu'on demande cette année sera une étude préparatoire pour cela.

Je crois que l'on pourrait demander aux candidats, après les éléments, les propriétés générales des congruences, etc., la théorie des résidus des puissances, racines primitives, etc. et la théorie des résidus quadratiques.

La notion de groupe peut s'introduire aussi en parlant des résidus des puissances; il est vrai que l'on considère seulement le cas particulier où $AB = BA$ toujours, mais ce cas particulier est intéressant et se présente aussi dans la composition des formes quadratiques. Il y a un Mémoire posthume de Gauss sur ce sujet, qui a été repris depuis peu par d'autres. Je pense, d'après mon estimation de la force moyenne des candidats, que ce serait trop que de leur demander les formes quadratiques. Mais j'espère bien que vous ne me refuserez pas vos conseils dont je tâcherai de profiter le plus possible.

Veuillez bien me croire toujours votre très dévoué.

265. — *HERMITE A STIELTJES.*

Paris, 31 août 1890.

MON CHER AMI,

J'arrive de Barèges d'où j'ai été chassé par le mauvais temps; presque continuellement de la pluie, des orages, puis de la neige et du froid, aussi n'ai-je guère profité des eaux si ce n'est pour me reposer et rêver à loisir sur quelques questions. Encore une fois, je suis revenu sur cette généralisation de la théorie des fractions continues algébriques, théorie que vous n'aimez pas moins que moi, qui consiste à déterminer trois polynomes de degré n, A, A', A'' tels qu'en représentant par S, S', S'' des séries de la forme $\alpha + \alpha' x + \alpha'' x^2 + \ldots$, on satisfasse à la relation

$$(1) \qquad SA + S'A' + S''A'' = S_1 x^{3n+2},$$

S_1 étant encore une suite telle que $\alpha_1 + \alpha'_1 x + \alpha''_1 x^2 + \ldots$.

J'ai voulu approfondir davantage la question des relations de récurrence, qui m'avait déjà occupé, si vous vous en souvenez. En changeant successivement n en $n+1$, $n+2$, $n+3$, et posant les relations semblables à (1), à savoir

$$(2) \qquad SB + S'B' + S''B'' = S_2 x^{3n+5},$$

$$(3) \qquad SC + S'C' + S''C'' = S_3 x^{3n+8},$$

$$(4) \qquad SD + S'D' + S''D'' = S_4 x^{3n+11},$$

je me suis proposé la recherche des quantités α, β, γ, qui donnent les égalités

$$D = A\alpha + B\beta + C\gamma,$$
$$D' = A'\alpha + B'\beta + C'\gamma,$$
$$D'' = A''\alpha + B''\beta + C''\gamma.$$

Si l'on résout ces trois équations par rapport à α, β, γ on trouve d'abord en posant, afin d'abréger,

$$(xyz) = \begin{vmatrix} x & x' & x'' \\ y & y' & y'' \\ z & z' & z'' \end{vmatrix},$$

les expressions suivantes :

$$\alpha = \frac{(BCD)}{(ABC)}, \qquad \beta = \frac{(CAD)}{(ABC)}, \qquad \gamma = \frac{(ABD)}{(ABC)}.$$

Cela étant, j'ai remarqué que les relations (1) à (4) conduisent, comme vous allez voir, à des expressions des quatre déterminants qui figurent aux numérateurs et au dénominateur.

Je considère, en effet, les quatre systèmes de trois équations en S, S', S'' que l'on obtient en faisant successivement abstraction des équations (1), (2), (3) et (4).

Du premier, par exemple, on tire, si l'on écrit, pour un moment, $(xy') = xy' - yx'$, ces valeurs

$$(BCD)S = (C'D'')S_2x^{3n+5} + (D'B'')S_3x^{3n+8} + (B'C'')S_4x^{3n+11},$$
$$(BCD)S' = (C''D)S_2x^{3n+5} + (D''B)S_3x^{3n+8} + (B''C)S_4x^{3n+11},$$
$$(BCD)S'' = (CD')S_2x^{3n+5} + (DB')S_3x^{3n+8} + (BC')S_4x^{3n+11}.$$

On a ensuite, en se bornant à une seule égalité, celle qui donne S,

$$(CAD)S = (C'D'')S_1x^{3n+2} + (D'A'')S_3x^{3n+8} + (A'C'')S_4x^{3n+11},$$
$$(ABD)S = (B'D'')S_1x^{3n+2} + (D'A'')S_2x^{3n+5} + (A'B'')S_4x^{3n+11},$$
$$(ABC)S = (B'C'')S_1x^{3n+2} + (C'A'')S_2x^{3n+5} + (A'B'')S_3x^{3n+8},$$

et voici les conséquences immédiates de ces formules.

Nous pouvons admettre que les séries S, S', S'' ne contiennent pas à la fois le facteur x, il faut donc que les polynomes entiers (BCD), (CAD), (ABD) et (ABC) satisfassent à ces conditions

$$(BCD) = ax^{3n+5}, \qquad (CAD) = bx^{3n+2},$$
$$(ABD) = cx^{3n+2}, \qquad (ABC) = dx^{3n+2};$$

où a, b, c, d sont également entiers. Or, ils sont des degrés $3n+6$, $3n+5$, $3n+4$, $3n+3$, par conséquent a, b, c, d sont respectivement des degrés 1, 3, 2, 1 et les relations de récurrence se trouvent de la forme suivante :

$$\begin{aligned} \mathrm{D}d &= \mathrm{A}ax^3 + \mathrm{B}b + \mathrm{C}c, \\ \mathrm{D}'d &= \mathrm{A}'ax^3 + \mathrm{B}'b + \mathrm{C}'c, \\ \mathrm{D}''d &= \mathrm{A}''ax^3 + \mathrm{B}''b + \mathrm{C}''c. \end{aligned}$$

Je pense qu'il ne peut plus exister de doute, d'après ce résultat, et qu'il faut absolument renoncer à l'analogie si tentante qu'elle puisse paraître avec la théorie des fractions continues; mais qu'il serait intéressant d'étudier ces relations de nouvelle forme! On voit facilement que a et d marchent ensemble, et que l'on a

$$d = (\mathrm{B}'\mathrm{C}'' - \mathrm{B}''\mathrm{C}')\frac{\mathrm{S}_1}{\mathrm{S}},$$

en n'employant que les deux premiers termes du développement du second membre, suivant les puissances croissantes de la variable, etc. Je ne puis plus me rappeler bien exactement de quelle manière erronée et en me trompant grandement, j'avais dû arriver à une conclusion contraire; si ce n'est pas abuser de votre bonté, et que vous ayez conservé ce que je vous ai écrit là-dessus, je vous serai bien reconnaissant de me donner ou ma lettre ou une copie de mes calculs, afin que j'aie la satisfaction de retrouver ce qui a été la cause de mon aberration.

J'avais espéré recevoir de Prague les épreuves de mon article sur les racines de la fonction $Q^n(x)$, on ne me les envoie point; j'ai quelque lieu de croire que le retard tient à ce motif qu'on a préféré le faire paraître dans les *Mémoires de la Société des Sciences*, au lieu de le publier comme je l'avais demandé dans le *Bulletin mensuel;* en tout cas je compte sur l'hospitalité des *Annales de Toulouse*.

. . . .

En vous renouvelant, mon cher ami, mes sentiments de l'affection la plus dévouée.

266. — *STIELTJES A HERMITE.*

Toulouse, 2 septembre 1890.

CHER MONSIEUR,

Mille remerciements pour votre bonne lettre; vous trouverez ci-joint une copie des passages essentiels de vos lettres du 27 et 28 mars dernier. Au lieu de chercher, comme vous le faites maintenant, les relations récurrentes entre les A, B, C, D, vous cherchiez alors directement une relation entre les séries S_1, S_2, S_3, S_4 (S, S', S'', S''' dans l'ancienne notation). Indépendamment de vos propres objections contre votre calcul, ce procédé me semble défectueux ou au moins incomplet, car rien ne prouve qu'en déterminant g, l, h'', k'' dans votre équation

$$x^3 S''' = g S'' + l S_1 + h'' S' + k'' S,$$

on obtient le *même* S''' qui figure dans

$$UA_{n+3} + VB_{n+3} + WC_{n+3} = x^{3n+11} S'''.$$

Quoi qu'il en soit, et d'après votre recherche plus approfondie actuelle, la question semble bien tranchée maintenant.

Je me suis fatigué beaucoup en voulant travailler furieusement au commencement du mois d'août, l'époque des grandes chaleurs ici. Pour me remettre un peu, j'ai accepté l'invitation de M. Baillaud de l'accompagner dans son voyage d'inspection annuelle au Pic du Midi. Cette petite excursion de trois ou quatre jours m'a fait beaucoup de bien; c'est mercredi dernier 27 août que nous sommes descendus du Pic, le matin, arrivant à Barèges vers 9^h où j'ai pris la diligence pour Pierrefitte. Je ne me doutais pas que vous étiez si près.

M. Baillaud m'a dit que M. Molk fera un article dans le *Bulletin* de Darboux où il exposera la démonstration de M. Weierstrass de la transcendance de π et de e. Tout en admirant beaucoup cette démonstration, je regrette que ce qui a été votre point de départ, l'approximation de plusieurs quantités par des fractions de même dénominateur, s'y trouve presque effacé, et il me semble qu'il y aurait grand intérêt à mettre bien en vue ce point, car enfin, sans cette idée mère, on ne serait jamais arrivé au but, je crois. La Commission de l'agrégation n'a pas voulu mordre à l'Arithmétique cette année, je ferai cependant mon article bibliographique, ce qui pourra toujours aider à le faire mettre sur le programme une autre année. Nous n'avons ici ni les *Mémoires* ni le *Bulletin mensuel* de Prague et, sans aucun doute, nous sommes dans le même cas que beaucoup d'autres. Cela me rappelle que j'ai toujours regretté que M. Poincaré ait publié quelques-uns de ses premiers travaux dans une publication de Finlande (les *Acta* de Helsingfors?) où ils sont restés inaccessibles pour moi et pour bien d'autres sans doute.

Veuillez bien accepter, cher Monsieur, la nouvelle assurance de mon dévouement bien sincère.

267. — *HERMITE A STIELTJES.*

Vannes (Morbihan), 18 septembre 1890.

MON CHER AMI,

Je vous envoie pour les *Annales de Toulouse* une épreuve de mon article sur $Q^n(x)$ que j'ai demandée à Prague et qui vient de m'arriver. Permettez-moi de vous prier de me lire afin de profiter de vos remarques; en attendant, j'en ferai une qui n'est pas à mon

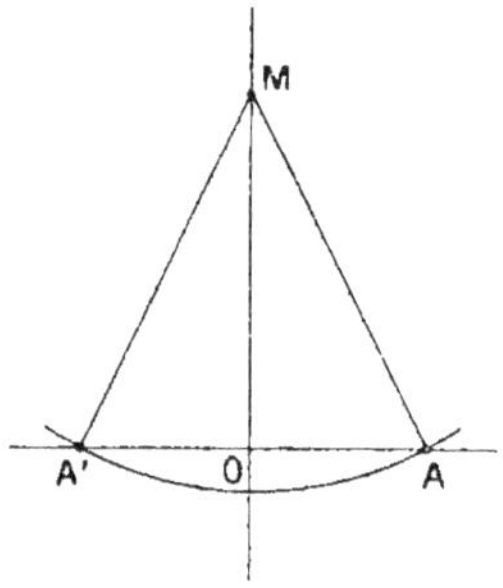

avantage et qui vous montrera que j'ai seulement effleuré la question. J'ai cherché, comme vous vouliez, je crois, le faire, la distribution sur le plan des x, des racines de $Q^n(x) = 0$, qui correspond à la distribution sur le plan des z, de la transformée obtenue par ma substitution

$$\frac{x+1}{x-1} = e^z.$$

Soit pour cela $z = ia + t$, en désignant par a une constante réelle, on aura, si l'on remplace x par $x + iy$, les deux relations

$$\frac{x+iy+1}{x+iy-1} = e^{ia+t}, \qquad \frac{x-iy+1}{x-iy-1} = e^{-ia+t}.$$

En éliminant t, il vient donc

$$\frac{(x+iy+1)(x-iy-1)}{(x-iy+1)(x+iy-1)} = \cos 2a + i \sin 2a,$$

c'est-à-dire

$$x^2 + y^2 + 2y \cot a = 1.$$

Prenez sur l'axe des ordonnées un point M, tel que $\mathrm{OM} = -\cot a$, puis sur l'axe des abscisses $\mathrm{OA} = \mathrm{OA}' = 1$, on obtient ainsi des circonférences dont le centre est en M et qui passent par les points A et A'.

Le malheur veut qu'en faisant varier a de zéro à π, ces circonférences couvrent le plan tout entier; on reproduit donc une infinité de fois tout le plan en considérant la série des intervalles compris entre deux multiples consécutifs de π, et j'ai dû reconnaître avec beaucoup de tristesse que ma méthode était absolument insuffisante pour conduire à une distribution, sur le plan des x, des racines de l'équation considérée; *sic perit labor irritus anni*.

Je m'occupe de revoir mon cours lithographié pour une nouvelle édition, et j'ai voulu traiter avec un peu plus de soin de la transformation, en me mettant à ce point de vue de déterminer $\mathrm{sn}\left(\frac{x}{\mathrm{M}}, l\right)$ par $\mathrm{sn}(x, k)$, en se donnant les conditions

$$\frac{\mathrm{K}}{\mathrm{M}} = a\mathrm{L} + ib\mathrm{L}', \qquad \frac{i\mathrm{K}'}{\mathrm{M}} = c\mathrm{L} + id\mathrm{L}',$$

a, b, c, d étant des entiers tels que $ad - bc = n$, où n est supposé impair.

Il m'a d'abord paru plus commode pour le calcul d'envisager

l'inverse $\frac{1}{\operatorname{sn}\left(\frac{x}{M}, l\right)}$ dont les pôles sont donnés en posant

$$\frac{x}{M} = 2(\alpha L + i\beta L'),$$

où α et β sont des entiers arbitraires. Il vient ensuite, en introduisant K et K′,

$$x = 2\frac{(\alpha d - \beta c)K + i(a\beta - b\alpha)K'}{n},$$

puis, sous une forme simplifiée,

$$x = 2\frac{p\xi K + i(r\xi + q\xi')K'}{n},$$

où ξ et ξ' remplaçant α et β sont des entiers arbitraires, p et q sont tels que $pq = n$ et l'on peut supposer $r < q$. Cela posé, je remarque que, dans le cas de $p = 1$, on a

$$q = n;$$

les pôles sont donc représentés par la formule

$$x = 2\xi\frac{K + irK'}{n}$$

et, pareillement, pour $q = 1$, $p = n$, on obtient, à cause de $r = 0$,

$$x = 2i\xi'\frac{K'}{n}.$$

Ce sont les formes qui figurent dans les *Fundamenta;* elles se trouvent comme il suit dans tous les cas où p et q n'ont pas de facteur commun.

Soit, en effet, $\xi = t + qt'$, $\xi' = at + (bp - r)t'$, a et b étant des entiers déterminés par la condition

$$r + aq - bp = 1$$

qui est possible, p et q étant supposés premiers. Le déterminant relatif aux deux équations en t et t' est $bp - r - aq$, c'est-à-dire l'unité, de sorte que les nouvelles indéterminées sont des nombres entiers comme les premières ξ et ξ'. Cela étant, on trouve

$$r\xi + q\xi' = (aq + r)t + nbt'$$

et, par conséquent,

$$\frac{p\xi K + i(r\xi + q\xi')K'}{n} = t\,\frac{pK + i(aq + r)K'}{n},$$

sauf les multiples des périodes.

Quel dommage, mon cher ami, que nous n'ayons pas pu nous voir et causer à Barèges! En attendant une autre occasion, je vous prie de me croire toujours votre bien affectueusement dévoué.

268. — *STIELTJES A HERMITE.*

Toulouse, 21 septembre 1890.

CHER MONSIEUR,

J'ai lu avec attention l'épreuve que vous avez eu la bonté de m'envoyer, mais je n'ai point de remarques à faire. (Il y a peut-être, page 7, ligne 12 en descendant, une légère incorrection de langage : *la droite* $z = i\pi + t$ au lieu de *la droite* $z = \pi$, mais

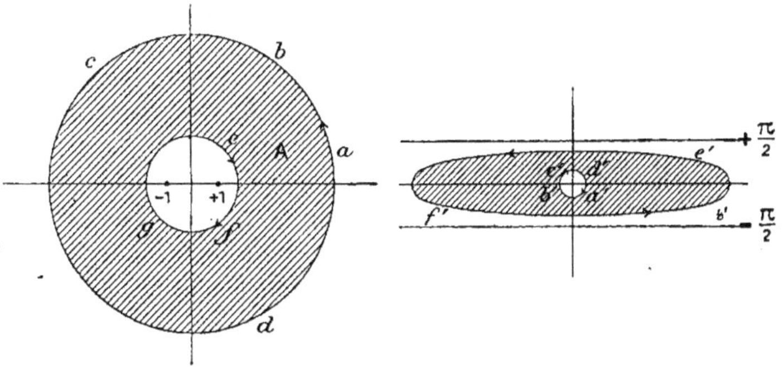

Plan des x. Plan des z.

cela n'a aucune importance.) Lorsque vous m'avez écrit la première fois sur cette question j'avais comme un pressentiment que, pour savoir quelque chose sur la distribution des racines de $Q^n(x) = 0$ *dans le plan des* x, il faudrait considérer sur le plan des z des portions *plus petites* que les bandes de $z = k\pi i + t$ à $z = (k+1)\pi i + t$, mais je n'y voyais pas bien clair et c'était dans les examens du baccalauréat.

Ayant $\frac{x+1}{x-1} = e^z$, $z = \log\left(\frac{x+1}{x-1}\right) = \frac{2}{x} + \frac{2}{3x^3} + \ldots$, si je considère la partie du plan des x comprise entre deux cercles autour de l'origine comme centre avec les rayons R (très grand) et $1+\varepsilon$ (ε positif très petit), il est clair que le premier cercle correspond dans le plan des z à un cercle de rayon très petit $\frac{2}{R}$ autour de l'origine et décrit en sens inverse. Quant au second cercle (¹), décrit en sens inverse (de manière à avoir toujours à *gauche* l'aire A comme le fait M. Neumann), je trouve qu'il correspond à la courbe $e'f'g'$ comprise entre les parallèles $z = \frac{\pi}{2}i + t$, $z = -\frac{\pi}{2}i + t$.

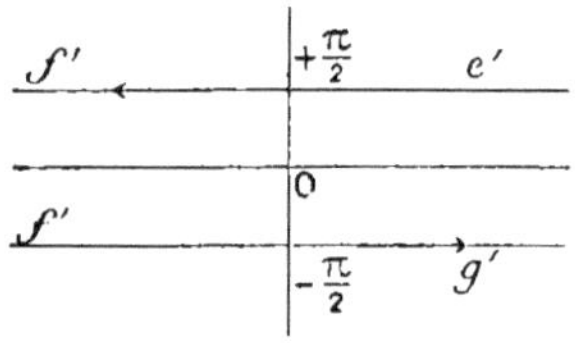

A la limite, lorsque ε est infiniment petit, cette courbe $e'f'g'$ se confond avec l'ensemble de deux droites parallèles à l'axe des x de part et d'autre à la distance $\frac{\pi}{2}$.

En effet, la partie imaginaire de

$$z = \log\frac{x+1}{x-1}$$

est donnée par la différence des angles $(\widehat{x+1\,X}) - (\widehat{x-1\,X}) = \alpha - \beta$

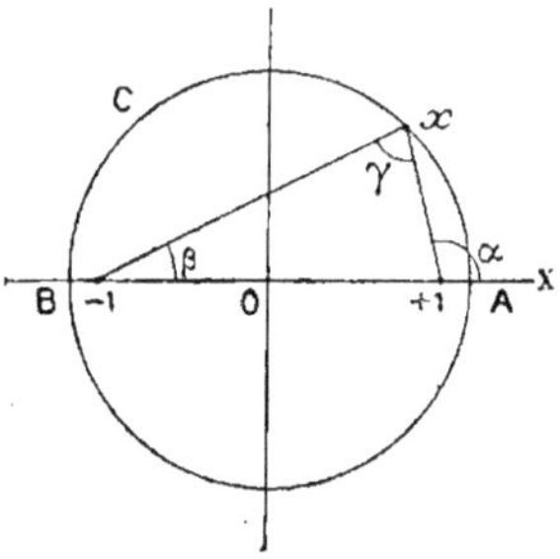

(ou mieux avec le signe $\beta - \alpha$), c'est-à-dire par l'angle γ (avec le

(¹) *Voir* la figure p. 83.

signe —). Lorsque x est en A, z est réel très grand; mais, dès que x se meut sur le cercle vers x, la partie imaginaire de z croît rapidement vers $\frac{\pi}{2}$ pour rester ensuite sensiblement constante et ne décroître brusquement vers o, que lorsque x s'approche de B où z est très grand négatif; à l'arc ACB correspond ainsi A'C'B'.

Il résulte de cela qu'il faudrait avoir les racines de votre fonction $f(z)$ dans l'espace compris entre les deux droites $z = \frac{\pi}{2} i + t$, $z = -\frac{\pi}{2} i + t$, en excluant l'origine par un petit contour.

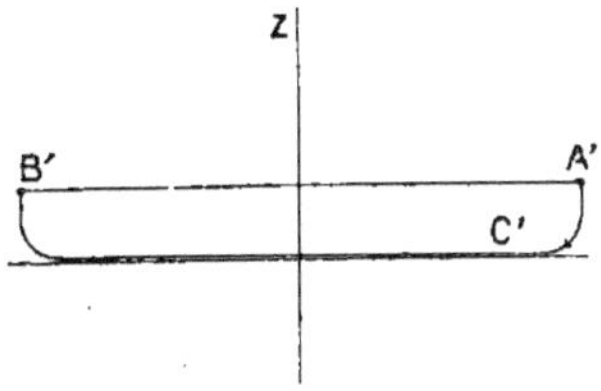

Je vous envoie en même temps deux feuilles d'Halphen; j'ai été assez contrarié dans la correction, parce que le Volume de *Liouville* où se trouve le Mémoire sur la multiplication par $\sqrt{-23}$ est en ce moment chez le relieur. Mais j'ai fait ce que j'ai pu. Je réfléchirai sur ce que vous m'écrivez sur la transformation; je me suis embarqué dans une grosse affaire avec mon article sur la Théorie des nombres, et à cet égard permettez-moi quelques remarques d'un caractère très élémentaire et qui ont besoin de toute votre indulgence.

Pour montrer qu'il y a une infinité de nombres premiers, il faut faire voir que l'expression

$$(1) \qquad 2^{\alpha}.3^{\beta}.5^{\gamma}\ldots p^{\lambda} \qquad (\alpha, \beta, \gamma, \ldots, \lambda = 0, 1, 2, \ldots, \infty)$$

ne peut pas représenter *tous* les nombres entiers. Or, cela résulte de ce que la somme

$$\sum \frac{1}{2^{\alpha}.2^{\beta}.5^{\gamma}\ldots p^{\lambda}} = \sum \frac{1}{2^{\alpha}} \times \sum \frac{1}{2^{\beta}} \times \ldots \times \sum \frac{1}{p^{\lambda}}$$
$$= \frac{1}{\left(1-\frac{1}{2}\right)\left(1-\frac{1}{3}\right)\ldots\left(1-\frac{1}{p}\right)}$$

a une valeur *finie* tandis qu'on sait que la somme

$$1 + \frac{1}{2} + \frac{1}{3} + \ldots$$

a une valeur *infinie*. On ne peut se refuser d'admettre après cette remarque, *qu'à la longue* les nombres qui sont compris dans la forme (1) deviennent *infiniment rares* dans la suite 1, 2, 3, ..., ∞. En principe je vous accorde qu'il n'y a rien de nouveau dans ce genre de démonstration, mais je crois que c'est là la forme la plus simple qu'on peut donner à ce genre de démonstration. Et voici surtout un fait qui a peut-être son importance : A étant un nombre donné, il est facile de déterminer n par cette condition que

$$1 + \frac{1}{2} + \ldots + \frac{1}{n} > A.$$

Si je prends alors pour A le nombre $\dfrac{1}{\left(1-\frac{1}{2}\right)\cdots\left(1-\frac{1}{p}\right)}$, on sera sûr que tous les nombres 1, 2, ..., n ne sont pas de la forme (1) et qu'il existe ainsi certainement un nombre premier plus grand que p et *plus petit* que n. On a donné ainsi une forme à peu près purement arithmétique à la démonstration en la complétant aussi par l'indication de cette limite précise n. Le raisonnement classique d'Euclide donne de même une limitation précise, il y a au moins un nombre premier entre p et $2.3.5.\ldots.p+1$ (incl.).

J'avoue que cela me donne l'espoir qu'un jour (que je ne verrai pas) on mettra la démonstration de Dirichlet sur l'infinité des nombres premiers dans la forme $ak+b$ sous une forme arithmétique avec l'indication précise qu'on aura au moins un nombre premier pour lequel k est inférieur à un certain nombre.

La méthode de démonstration d'Euclide n'est pas tout à fait stérile pour les nombres premiers compris dans certaines séries arithmétiques. Soient

$$3, \quad 7, \quad 11, \quad \ldots, \quad p$$

les nombres premiers de forme $4n-1$ qui ne surpassent pas p, A le produit d'un nombre impair d'entre eux, B le produit des autres, alors $A+4B$ est de la forme $4n-1$ et admet ainsi au moins un facteur premier de cette forme qui évidemment doit être plus grand que p. De même pour la forme $6n-1$.

Soient encore

$$5,\quad 13,\quad 17,\quad \ldots,\quad p$$

les nombres premiers de forme $4n+1$ qui ne surpassent pas p, A le produit d'un nombre quelconque d'entre eux, B le produit des autres, alors les facteurs premiers de A^2+4B^2 sont tous de forme $4n+1$, et évidemment plus grands que p.

De même pour $6n+1$:

$$7,\quad 13,\quad 19,\quad 31,\quad \ldots,\quad p,$$

les diviseurs premiers de A^2+12B^2 sont tous de la forme $6n+1$, et plus grands que p.

Mais en voilà bien assez sur ces choses élémentaires. J'envoie cette lettre et les épreuves directement à Vannes en ayant soin de les recommander pour être sûr qu'elles ne s'égarent pas.

Veuillez bien me croire, cher Monsieur, votre très dévoué.

269. — *STIELTJES A HERMITE.*

Toulouse, 22 septembre 1890.

MONSIEUR,

A la suite de ma lettre d'hier, j'ai réfléchi encore sur la fonction

$$(1)\qquad Q(x)=\frac{1}{2}X_n\log\frac{x+1}{x-1}-R_n(x),$$

ou la transformée en z. Si l'on voulait considérer cette fonction seulement pour $\operatorname{mod} x>1$ et chercher avec cette restriction les racines qu'elle peut avoir, il faudrait (qu'on emploie la transformation en z ou non) toujours avoir une certaine connaissance de la succession des valeurs que prend $Q(x)$ sur le cercle $\operatorname{mod} x=1$.

En effet, le théorème de Cauchy, que vous avez appliqué, est identique, au fond, avec le suivant : *Si une fonction $f(x)$ sans pôles et uniforme admet k racines à l'intérieur d'un contour* C, *l'argument de $f(x)$ croît de $2k\pi$ si x décrit le contour* C *et réciproquement.* Il faut donc avoir une certaine connaissance des valeurs que prend $f(x)$ sur le contour et en savoir assez pour voir combien de fois le point qui représente

$f(x)$ tourne autour de l'origine. Or, le théorème de Cauchy peut-être considéré comme indiquant précisément le minimum de ce qu'on doit savoir sur la marche de $f(x)$ pour en pouvoir conclure le nombre k des révolutions autour de l'origine. Malheureusement je ne vois pas de formule qui puisse donner quelque indication sur la marche de $Q(x)$ sur le cercle $\text{mod}\, x = 1$; le seul moyen serait de supposer n très grand et d'appliquer alors la formule asymptotique de $Q_n(x)$, mais j'ai vu qu'on serait conduit de cette façon à une discussion longue et fastidieuse et j'y ai renoncé d'autant plus que les résultats resteraient toujours un peu problématiques. Trouvant barré ce chemin, j'ai cherché un autre moyen et je crois avoir réussi à peu près de la manière suivante.

La fonction $Q(x)$ est définie d'abord pour $\text{mod}\, x > 1$ par (1) ou bien par la série

$$(2)\quad Q(x) = C\left[x^{-n-1} + \frac{(n+1)(n+2)}{2(2n+3)}x^{-n-3} + \ldots\right], \qquad C = \frac{1.2\ldots n}{1.3.5\ldots(2n+1)},$$

mais elle peut être continuée aussi pour $\text{mod}\, x < 1$. Seulement, pour avoir une fonction uniforme, j'applique une coupure rectiligne de -1 à $+1$, le logarithme a alors un sens parfaitement défini et, comme je l'ai remarqué hier, le coefficient de i dans $\log\frac{x+1}{x-1}$ est simplement égal à l'angle γ, cet angle étant pris avec le signe $-$ lorsque x est au-dessous de l'axe réel et avec le signe $+$

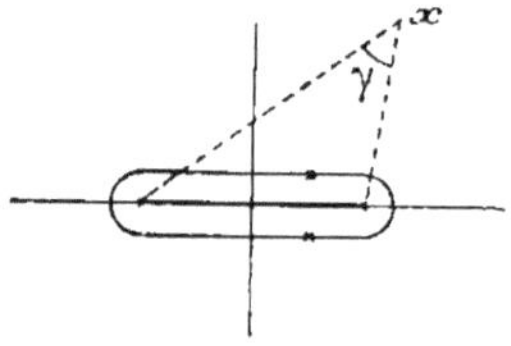

lorsque x est au-dessous de l'axe réel. Il résulte de là que, lorsque x est réel compris entre ± 1, on a

$$(3)\qquad Q(x) = \frac{1}{2}X_n \log\frac{1+x}{1-x} - R_n \mp \frac{\pi}{2} i X_n,$$

le signe *supérieur* ayant lieu lorsqu'on considère x comme situé à une distance infiniment petite *au-dessus* de l'axe réel; la fonction

$$\frac{1}{2} X_n \log \frac{1+x}{1-x} - R_n = S(x)$$

est réelle; on ne la considère que tant que x est sur la coupure. La fonction $Q(x)$ ainsi définie est uniforme, continue, elle n'a point de pôles. En appliquant donc le théorème rappelé plus haut, on voit que le nombre des racines de $Q(x) = 0$ dans l'espace compris entre les contours C et C' est égal à

$$\frac{1}{2\pi} [\text{var. arg. de } Q(x) \text{ sur } C + \text{var. arg. de } Q(x) \text{ sur } C'],$$

les contours C et C' étant parcourus dans le sens indiqué par les

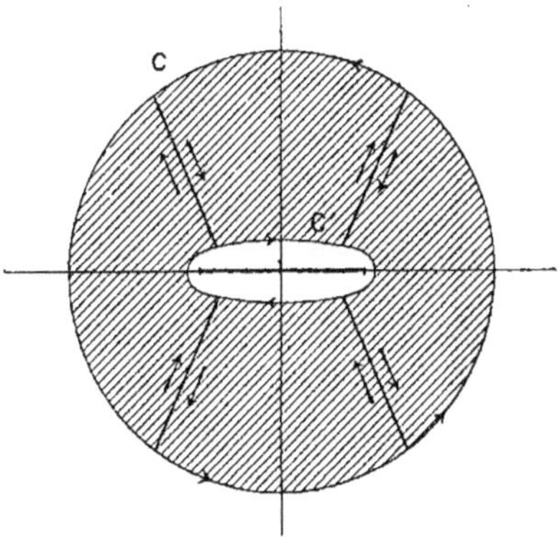

flèches. C'est cette formule que je vais appliquer en supposant que le contour C s'éloigne indéfiniment et que le contour C' se resserre indéfiniment autour de la coupure.

Le contour C ne donne aucune difficulté, car, puisqu'on a sur ce contour

$$Q(x) = \frac{c}{x^{n+1}} (1 + \varepsilon),$$

où mod ε reste aussi petit qu'on voudra, et que la variation de l'argument d'un produit est égale à la somme des variations des arguments des facteurs, il vient

$$(4) \qquad \text{var. arg.} \, Q(x) = -2\pi(n+1),$$

car

$$\text{var. arg.}(1+\varepsilon)=0$$

évidemment.

Reste à considérer le contour C′ pour lequel j'adopte à la limite

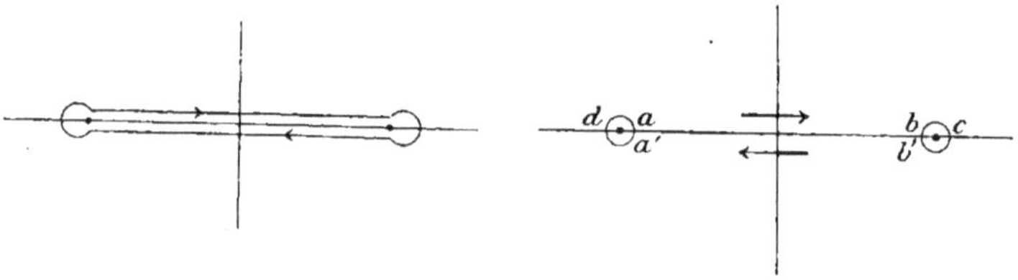

le chemin $abcb'a'da$ entourant les points ± 1 par des petits cercles de rayons infiniment petits.

Je dis d'abord que sur ces petits cercles la variation de l'argument de $Q(x)$ est infiniment petite et négligeable. En effet, pour $x = 1 + \varepsilon e^{i\theta}$, on a

$$\begin{aligned} Q(x) &= \frac{1}{2}X_n \log\frac{2+\varepsilon e^{i\theta}}{\varepsilon e^{i\theta}} - R(x) \\ &= \frac{1}{2}X_n \log(2+\varepsilon e^{i\theta}) - R(x) + \frac{1}{2}X_n \log\left(\frac{1}{\varepsilon}\right) - \left(\frac{1}{2}X_n\theta\right)i. \end{aligned}$$

Ici X_n est voisin de 1, $R(x)$ voisin d'une certaine valeur finie; on voit donc que la partie réelle de $Q(x)$ est constamment infiniment grande et positive à cause de $\frac{1}{2}X_n \log\left(\frac{1}{\varepsilon}\right)$.

Le coefficient de i, au contraire, est très petit par rapport à la partie réelle, donc l'argument est constamment voisin de zéro. De même pour le cercle autour de -1; là, la partie réelle de x est très grande par rapport à la partie imaginaire et a le signe de $(-1)^{n+1}$.

Reste à considérer le double chemin de a vers b et de b' vers a'. Mais je dis que

$$\text{var. arg. sur } ab = \text{var. arg. sur } b'a'.$$

En effet, lorsque n est impair, $Q(x)$ est pair et l'on retrouve sur le chemin $b'a'$ les mêmes valeurs et dans le même ordre que sur ab. Si n est pair, $Q(x)$ est impair et la chose est encore évidente, car la *variation* de l'argument d'un point y est la même que la *variation* de l'argument du point correspondant $-y$, car la différence des arguments est constante $=\pi$.

Il suffira donc de considérer le chemin $b'a'$ où l'on a

$$Q(x) = S(x) + \frac{\pi}{2} i X_n = \frac{1}{2} X_n \log\left(\frac{1+x}{1-x}\right) - R + \frac{\pi}{2} i X_n;$$

il faut choisir, en effet, dans la formule (3) le signe *inférieur*, puisque le point est censé être à une distance infiniment petite *au-dessous* de la coupure.

On a donc

$$\text{P.R.}\,Q(x) = S(x) = \frac{1}{2} X_n \log\left(\frac{1+x}{1-x}\right) - R,$$

$$\text{P.I.}\,Q(x) = \frac{\pi}{2} i X_n.$$

Soient $y_0 > y_1 > y_2 > \ldots > y_n$ les racines réelles de $S(x) = 0$, $x_1 > x_2 > \ldots > x_n$ les racines de $X_n = 0$.

Alors en b' infiniment voisin de $+1$, $S(x)$ est positif très grand, tandis que la partie imaginaire de $Q(x)$ est à peu près $\frac{\pi}{2} i$. L'argument est donc infiniment petit positif $= \varepsilon$. Lorsque x va vers y_0, la

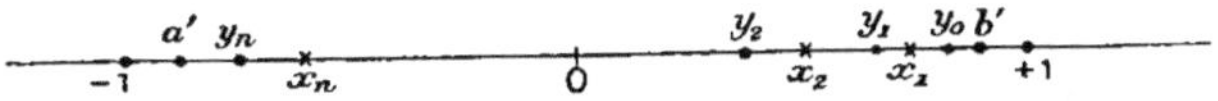

partie réelle et la partie imaginaire décroissent simultanément, en y_0, $S(x) = 0$, $X_n(x) > 0$, donc là, l'argument est $= \frac{\pi}{2}$. Lorsque x va de y_0 vers y_1, la partie réelle part de 0, prend des valeurs négatives et revient à zéro, tandis que le coefficient de i s'annule une seule fois; l'argument croît donc de π.

Il est facile de continuer ce raisonnement; la figure montre d'une

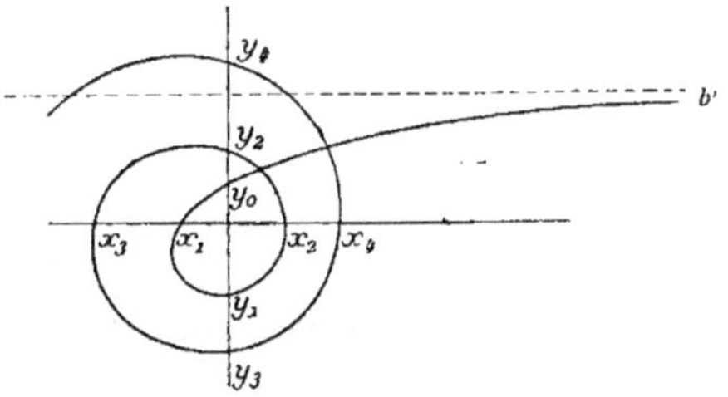

manière sommaire la courbe décrite par le point qui représente $Q(x)$.

On reconnaît que l'argument de $Q(x)$ subit

Entre b'	et y_0	un accroissement	$=\frac{\pi}{2}$
» y_0	et y_1	»	$=\pi$
» y_1	et y_2	»	$=\pi$
....	....	....	....
» y_{n-1}	et y_n	»	$=\pi$
» y_n	et a'	»	$=\frac{\pi}{2}$

L'accroissement total de l'argument est donc $=(n+1)\pi$ sur $b'a'$, donc sur la courbe C' cet accroissement est

$$(5) \qquad +2\pi(n+1).$$

Or, sur la courbe C nous avons trouvé

$$(\text{form. } 4) \qquad -2\pi(n+1).$$

Donc la fonction $Q(x)$ telle que nous l'avons définie n'a *point de zéros*.

[*Remarque.* — Dans le calcul de la variation de l'argument sur C' j'ai négligé certaines quantités très petites mais le résultat $2\pi(n+1)$ doit être rigoureusement exact, car on sait d'avance que la variation doit être un multiple exact de 2π, à cause de l'uniformité de la fonction.]

Il me semble que le raisonnement précédent est bien exact, mais je vous avoue que je ne vois pas clairement comment ce résultat peut s'accorder au vôtre (que je tiens aussi pour hors de

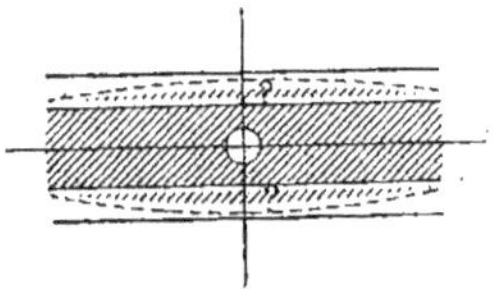

doute). Comme je l'ai dit, l'extérieur du cercle mod $x=1$ correspond sur le plan des z avec la bande comprise entre $\pm\frac{\pi}{2}i+t$ en exceptant l'origine par un petit cercle. Si l'on pénètre maintenant dans le cercle mod $x=1$ sans franchir la coupure, le domaine z

déborde aussi sur les droites $\pm \frac{\pi}{2} i + t$; mais sans jamais atteindre les droites $\pm \pi i + t$, car le coefficient de i dans

$$z = \log \frac{x+1}{x-1}, \qquad x = \frac{e^z+1}{e^z-1},$$

reste inférieur à π. La partie réelle de z qui est le logarithme du rapport PA : PB peut avoir une valeur quelconque.

Le domaine de x que j'ai considéré correspond donc sur le plan des z avec la bande comprise entre $\pm \pi i + t$ excepté l'origine. Or, dans cette bande, vous avez $2n+1$ racines; il est vrai que vous avez multiplié par $(e^z-1)^n$. Quoique j'aie bien

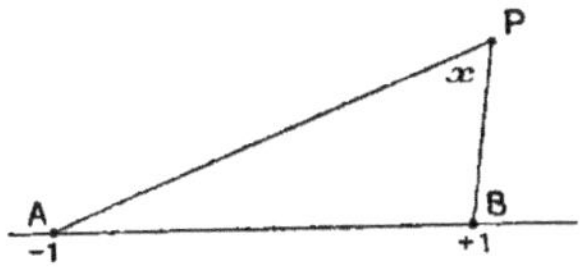

regardé, je dois avouer à ma honte que je n'ai pas réussi à débrouiller cette affaire, j'y réfléchirai encore, mais peut-être vous serez plus heureux que moi à découvrir l'explication.

Veuillez bien accepter, cher Monsieur, la nouvelle assurance de mon dévouement sincère.

270. — *STIELTJES A HERMITE.*

Toulouse, 22 septembre 1890.

CHER MONSIEUR,

Permettez-moi d'ajouter encore quelques mots à ma dernière lettre, car je viens de reconnaître que nos résultats, loin d'être contradictoires, sont concordants et qu'il est facile de passer de votre résultat au mien et réciproquement.

$$Q(x) = \frac{1}{2} F(x) \log \frac{x+1}{x-1} - R(x) = C\left(\frac{1}{x^{n+1}} + \ldots\right),$$

$$\log \frac{x+1}{x-1} = z, \qquad x = \frac{e^z-1}{e^z-1}, \qquad f(z) = (e^z-1)^n Q\left(\frac{e^z+1}{e^z-1}\right).$$

Je remarque d'abord que

$$Q\left(\frac{e^z+1}{e^z-1}\right) = C\left[\left(\frac{e^z-1}{e^z+1}\right)^{n+1} + \alpha\left(\frac{e^z-1}{e^z+1}\right)^{n+3} + \ldots\right],$$

donc l'équation $Q\left(\frac{e^z+1}{e^z-1}\right) = 0$ admet $n+1$ racines nulles et $f(z) = 0$ admet donc $2n+1$ racines nulles.

Or, vous démontrez que l'équation $f(z) = 0$ admet exactement $2n+1$ racines dans la bande comprise entre les droites

$$z = \pm\pi i + t \qquad (t \text{ de } -\infty \text{ à } +\infty).$$

Donc dans cette bande $f(z) = 0$ *n'a pas d'autres racines* que $z = 0$.

Or, c'est là au fond mon résultat, car mon domaine A correspond exactement à votre bande, excepté un petit contour enveloppant l'origine et qui se rétrécit indéfiniment lorsque le contour C s'éloigne à l'infini. Il va sans dire que lorsque j'ai dit que $Q(x) = 0$ n'a point de racine, j'ai considéré uniquement les valeurs finies; on peut considérer $n = \infty$ comme une racine multiple d'ordre $n+1$. Au fond, ma méthode ne doit pas différer beaucoup de la vôtre, mais je suis extrêmement heureux de reconnaître la concordance de nos résultats.

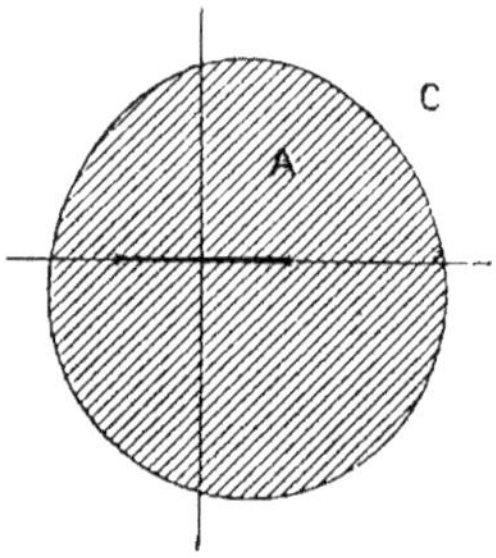

Votre bien dévoué.

271. — *HERMITE A STIELTJES.*

Vannes (Morbihan), 25 septembre 1890.

Mon cher Ami,

L'application que vous venez de me communiquer du théorème de Cauchy qui donne le nombre des racines de $f(z) = 0$ dans un contour fermé au moyen de la variation de l'argument de $f(z)$, lorsque z décrit ce contour en entier dans le sens direct, est entièrement nouvelle et extrêmement intéressante. Votre analyse ouvre une voie, vos méthodes pourront être employées dans d'autres cas, et il me semble bien désirable que vous publiiez ce que vous m'avez écrit.

Bien que sous des formes différentes nous ayons fait la même chose, le théorème de Cauchy est si important et, d'autre part, il a été si peu employé, qu'il ne serait pas inutile de le rappeler au souvenir et de le mettre en lumière. On se contente de l'admirer et on le néglige; *probitas laudatur et alget;* nos deux articles, si vous voulez répondre à mon désir et nous associer, pourraient engager les amis des fonctions sphériques à joindre leurs efforts aux nôtres et il se trouverait peut-être que la question qui est entamée fût poussée plus avant. Jamais, je dois vous le dire, je n'aurais la hardiesse de m'engager dans la voie difficile dont vous avez surmonté les obstacles, mais je voudrais ne pas être seul à avoir apprécié votre habileté et je ne doute pas que, dans d'autres circonstances, on puisse imiter et employer vos procédés pour d'autres équations transcendantes, comme il s'en offre tant dans la Physique mathématique.

Permettez-moi maintenant une remarque au sujet de la substitution $x = \frac{e^z+1}{e^z-1}$, dans la théorie des fonctions sphériques, ou plutôt $x = \frac{1}{i}\cot\zeta$, en posant $z = 2i\zeta$. L'équation

$$(x^2-1)\frac{d^2y}{dx^2} + 2x\frac{dy}{dx} = n(n+1)y$$

devient d'abord

$$\sin^2\zeta\frac{d^2y}{d\zeta^2} = n(n+1)y.$$

Faites ensuite $y = \frac{z}{\sin^n\zeta}$, et vous aurez ce résultat

$$\frac{d^2 z}{d\zeta^2} - 2n\cot\zeta\frac{dz}{d\zeta} - n^2 z = 0.$$

L'intégrale complète est devenue uniforme et holomorphe, l'équation n'a donc que des points singuliers *apparents* donnés par l'équation $\sin\zeta = 0$. Les solutions peuvent s'exprimer sous cette forme

$$y = A_0\cos n\zeta + A_1\cos(n-2)\zeta + A_2\cos(n-4)\zeta + \ldots,$$

puis

$$y_1 = \zeta[A_0\cos n\zeta + A_1\cos(n-2)\zeta + \ldots] + B_0\sin n\zeta + B_1\sin(n-2)\zeta + \ldots$$

et l'on a pour la première

$$y = A_0[\cos n\zeta + n_1^2\cos(n-2)\zeta + \ldots + n_p^2\cos(n-2p)\zeta + \ldots],$$

n_1, n_2, ... étant $\frac{n}{1}$, $\frac{n(n-1)}{1.2}$, ... Je n'ai point recherché B_0, B_1, ..., mais la seconde solution appelle l'attention parce que, si l'on développe suivant les puissances de ζ, toutes les puissances avant ζ^{2n+1} disparaissent. Enfin je ne puis me rendre compte de quelle manière il se fait que l'on ait

$$y_1 = y\int\frac{\sin^{2n}\zeta\, d\zeta}{y^2}.$$

Quittant l'Algèbre pour l'Arithmétique, je ne suis pas plus habile à voir pourquoi dans les quantités $A+4B$ et A^2+4B^2 se trouve un diviseur premier $\equiv -1$ ou $\equiv 1 \bmod 4$ plus grand que p; pourquoi plus grand?

Mais je suis trop occupé avec la transformation, pour réfléchir suffisamment sur ce point.

J'ai envoyé à M. Gauthier-Villars les épreuves d'Halphen; nous touchons, je pense, à la fin de ce travail qui vous a demandé tant de peine.

En vous renouvelant, mon cher ami, l'assurance de toute mon affection.

272. — *STIELTJES A HERMITE.*

Toulouse, 27 septembre 1890.

CHER MONSIEUR,

J'ai reconnu depuis quelques jours que votre travail sur l'équation $Q(x) = 0$ donne la *solution complète* et ma méthode est au fond *absolument identique* à la vôtre et n'en diffère que par la forme.

Vous avez remarqué qu'en posant

$$\log \frac{x+1}{x-1} = z, \qquad x = \frac{e^z+1}{e^z-1},$$

la variable x repasse une infinité de fois par les mêmes valeurs lorsque z prend toutes les valeurs possibles, mais cette circonstance, loin d'être un obstacle, est tout à fait dans la nature des choses et tient à la non uniformité de la fonction

$$\frac{1}{2} P^n(x) \log\left(\frac{x+1}{x-1}\right) - R^n,$$

en sorte que vous avez résolu la question non seulement pour l'équation $Q(x) = 0$ telle que je l'ai considérée [$Q(x)$ étant devenue uniforme à l'aide d'une coupure], mais en même temps pour *toutes* les branches de la fonction qui sont de la forme

$$Q(x) + k\pi i P(x),$$

k étant un entier. Ce sont précisément les racines que vous trouvez dans les bandes entre $k\pi i + t$ et $(k+1)\pi i + t$ qui répondent à ces autres branches de la fonction.

Je m'étais donc trompé complètement sur le véritable sens de vos résultats et j'en fais amende honorable. (N'ayant plus votre démonstration sous les yeux, seulement l'énoncé du résultat dans vos lettres, je ne suis pas bien sûr si dans la bande entre $\pm\pi i + t, \ldots,$ vous avez compté la racine o avec le *degré de multiplicité* qui convient; cependant, dans vos lettres, je trouve l'énoncé du résultat exact, $2n+1$ racines dans cette bande, mais ces racines sont TOUTES NULLES.)

Je vais énoncer maintenant ce qu'enseigne votre résultat sur la distribution des racines *dans le plan des x*. Je désigne d'abord

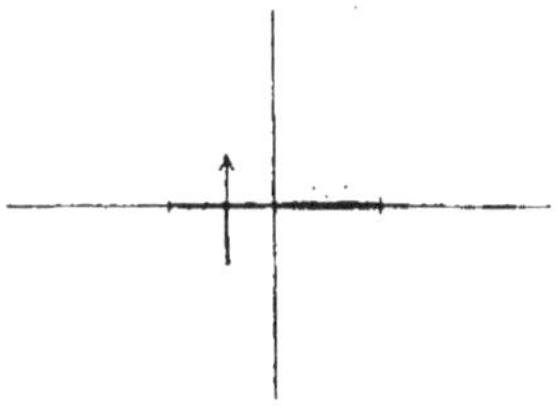

par $Q(x)$ la valeur bien déterminée de mes lettres précédentes. Si l'on traverse la coupure de bas en haut une seule fois, on obtient une seconde bande $Q(x)+\pi i P(x)$, car la fonction $Q(x)$ elle-même, telle que je l'ai définie, présente un saut brusque de $S(x)+\frac{1}{2}\pi i P(x)$ (bord inférieur de la coupure) à $S(x)-\frac{1}{2}\pi i P(x)$ (bord supérieur de la coupure), tandis que les valeurs de la *fonction analytique* $Q(x)$ présentent une suite *continue* de valeurs. En général, lorsque, partant d'une valeur x avec $Q(x)$, on franchit k fois la coupure de bas en haut, l fois en sens contraire, on arrive à une branche

$$Q(x)+(k-l)\pi i P(x)$$

et, tant qu'on ne franchit pas de nouveau la coupure, on a une branche artificiellement uniforme comme $Q(x)$. L'équation

$$Q(x)+(k-l)\pi i P(x)=0$$

a maintenant, tant que $k-l$ n'est pas nul, toujours n racines, et

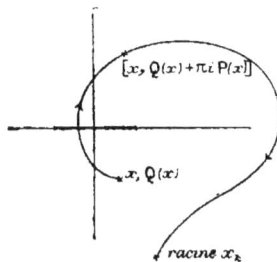

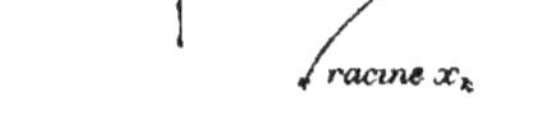

ces racines sont situées *au-dessous* de l'axe réel lorsque $k-l$ est *positif*, *au-dessus* lorsque $k-l$ est *négatif*. Ainsi, en partant de

$Q(x)$ pour atteindre une racine de $Q(x) + \pi i P(x) = 0$, on doit d'abord franchir la coupure de bas en haut pour arriver à la branche $Q(x) + \pi i P(x)$ et ensuite aboutir [sans franchir de nouveau la coupure, ce qui ramènerait à $Q(x)$] à un quelconque des n points situés au-dessous de l'axe réel.

Lorsque $k - l = 0$, $Q(x) = 0$ n'a point de racine, comme je l'ai dit déjà. Dans le cas $k - l = 1$, $n = 1, 2$, j'ai calculé effectivement ces racines.

Tout cela se déduit immédiatement de vos résultats par une étude attentive de la substitution

$$\log \frac{x+1}{x-1} = z, \qquad x = \frac{e^z+1}{e^z-1},$$

mais, comme ces considérations peuvent paraître un peu délicates, j'ai confirmé cela encore par ma méthode, mais qui est au fond identique à la vôtre; pour en indiquer la raison en deux mots, lorsque je considère la fonction $Q(x)$ sur le bord de la coupure pour déterminer la variation de l'argument, cela revient absolument, par l'effet du changement de la variable, à considérer, sur le plan des z, la fonction sur les droites

$$\pm \pi i + t \qquad (t \text{ de } -\infty \text{ à } +\infty)$$

et de même, si vous considérez, sur le plan des z, la bande entre les deux droites

$$k\pi i + t \qquad \text{et} \qquad (k+2)\pi i + t \qquad (k \text{ impair}),$$

cela revient encore à considérer sur le plan des x, non plus la fonction $Q(x)$, mais une autre branche $Q(x) + m\pi i P^n(x)$ sur le bord de la coupure. On peut traiter de la même façon l'équation

$$Q(x) + m\pi i P^n(x) = 0,$$

dans laquelle m est une constante réelle quelconque (non plus un entier).

Je ferai très volontiers, pour nos *Annales* (¹), un article où je

(¹) *Note des éditeurs.* — Cette Note a paru dans les *Annales de la Faculté des Sciences de Toulouse* (t. IV, p. J.1, 1890) sous le titre : *Sur les racines de la fonction sphérique de seconde espèce.*

déduirai d'abord, par l'étude de la substitution

$$\log \frac{x+1}{x-1} = z,$$

de vos résultats ce que j'ai exposé plus haut sur la distribution des racines dans le plan des x, et je pourrai ensuite exposer aussi comment on peut arriver au même résultat sans cette substitution et à l'aide du théorème de Cauchy sur la variation de l'argument.

Je vous demanderai alors seulement une épreuve de votre Mémoire parce que j'en aurai à parler et à y renvoyer le lecteur.

Deux mots seulement sur l'Arithmétique.

$$3,\quad 7,\quad \ldots,\quad p$$

étant des nombres premiers de la forme $4n-1$, A le produit d'un nombre *impair* d'entre eux, B le produit des autres,

$$A + 4B$$

est évidemment aussi de forme $4n-1$ et admet, par conséquent, au moins un facteur premier de cette forme, parce qu'un produit [d'un nombre impair] de nombres de la forme $4n-1$ est toujours de la forme $4n-1$. Or, parmi les facteurs premiers de forme $4n-1$ de $A+4B$ ne peut figurer *aucun* des nombres 3, 7, ..., p, car 3 divisera, par exemple, A (ou B), mais non B (ou A) et de même pour tous les autres. On peut prendre, par exemple, $A=3$ et $B=7\times 11\ldots p$.

Dans le cas de A^2+4B^2, je dois invoquer ce résultat que, x et y étant premiers entre eux, tout diviseur de x^2+y^2 est de la forme $4n+1$. Ici et dans le cas des nombres premiers de la forme $6n+1$, le raisonnement est un peu moins élémentaire, puisqu'il faut s'appuyer sur certains résultats de la théorie des formes quadratiques.

Je n'ai point encore étudié suffisamment votre substitution $x=\frac{e^z+1}{e^z-1}$ dans l'équation différentielle de X_n, mais je vous prie de vouloir bien accepter avec bienveillance l'épreuve de mon article sur les X_n dans nos *Annales* où, vous le verrez, j'ai eu recours à une de vos méthodes.

Veuillez bien me croire votre très dévoué.

273. — *STIELTJES A HERMITE.*

Toulouse, 27 septembre 1890.

CHER MONSIEUR,

Je ne peux m'empêcher d'ajouter quelques mots à ma lettre, car je viens de faire une petite remarque qui vous fera plaisir, je crois. Elle consiste en ceci : la proposition que

$$Q(x) = \frac{1}{2}P^n(x)\log\left(\frac{x+1}{x-1}\right) - R^n(x)$$

n'admet pas de zéros peut se démontrer directement et sans aucun calcul. Bien entendu, $\log\left(\frac{x+1}{x-1}\right)$ a une infinité de valeurs différant par des multiples de $2\pi i$, mais je suppose qu'on prenne la détermination dont la partie imaginaire est comprise entre $\pm\pi i$. C'est ainsi qu'on obtient la *branche déterminée* que j'ai désignée, toujours par $Q(x)$; pour une autre détermination du logarithme votre théorème a lieu et il y a exactement n *zéros*. Voici maintenant ma démonstration.

La branche déterminée que je considère peut être représentée par une intégrale définie

$$2\,Q^n(x) = \int_{-1}^{+1} \frac{P^n(u)}{x-u}\,du.$$

L'intégrale n'a pas de sens lorsque x est sur la coupure, mais, pour tout autre point, elle a un sens et représente $2\,Q^n(x)$. Maintenant, si l'on avait

$$\int_{-1}^{+1} \frac{P^n(u)}{x-u}\,du = 0, \tag{1}$$

x n'étant pas sur la coupure, je dis qu'on aurait aussi

$$\int_{-1}^{+1} \frac{[P^n(u)]^2}{x-u}\,du = 0. \tag{2}$$

En effet,

$$\int_{-1}^{+1} \frac{[P^n(u)]^2}{x-u}\,du = \int_{-1}^{+1} P^n(u)\frac{P^n(u)-P^n(x)}{x-u}\,du$$
$$+ P^n(x)\int_{-1}^{+1}\frac{P^n(u)}{x-u}\,du.$$

Or, dans le second membre, la première intégrale s'annule en vertu des propriétés de $P^n(u)$ et la seconde en vertu de l'hypothèse (1). Mais je dis que l'équation (2) est impossible. Supposons, en effet, $x = a + bi$, on devrait avoir

$$\int_{-1}^{+1} \frac{[P^n(u)]^2}{(a-u)^2+b^2}[(a-u)-bi]\,du = 0.$$

Or, la partie imaginaire ici ne peut pas s'annuler à moins qu'on ait $b = 0$, mais $x = a$ serait réel et, puisque x n'est pas sur la coupure, $x - u$ ne changerait pas de signe et la relation (2) est encore impossible. C'est bien, je crois, ce qu'il y a de plus simple.

Veuillez bien toujours me croire votre très dévoué.

274. — *HERMITE A STIELTJES.*

Vannes (Morbihan), 30 septembre 1890.

Cher Ami,

Votre Mémoire sur les polynomes de Legendre est extrêmement beau, je ne puis assez vous dire combien j'ai eu de plaisir à le lire et je ne crois pas qu'il ait jamais été publié rien de plus important sur ce sujet. Je suis émerveillé surtout de l'expression

$$P^n(\cos\theta) = \frac{2}{\pi\sqrt{2\sin\theta}}\,\text{P.R. de}\, e^{\left(n\theta+\frac{1}{2}\alpha\right)i}\int_0^1 \frac{(1-u)^n\,du}{\sqrt{u(1-ku)}}$$

qui donne en même temps $S^n(\cos\theta)$; c'est un résultat capital, comme le montrent les conséquences que vous en tirez, parmi lesquelles la démonstration de la proposition de M. Bruns et la formule si simple qui donne avec tant d'approximation les racines de $P^n(x) = 0$, ne sont pas les moins dignes de remarque. Je dois, après-demain, partir de Vannes pour revenir à Paris vendredi soir, et le temps me fait défaut pour suivre les idées qui m'ont été suggérées en vous étudiant; je m'empresse aussi de vous renvoyer l'épreuve que vous m'avez adressée en pensant qu'elle vous est peut-être nécessaire. L'idée de considérer dans la recherche des racines de $Q(x) = 0$ les déterminations multiples $Q(x) + ki\pi P(x)$

ne m'était jamais venue, elle vous revient complètement; si elle se rattache à ma méthode c'est par un heureux hasard dont je n'ai point le mérite et il faut pour y parvenir une analyse si délicate que vous rendrez grand service en la publiant dans les *Annales*. Je regrette que vous n'ayez pas conservé l'épreuve de mon article, je vous l'avais envoyée croyant que vous vouliez la réimprimer dans ce recueil, mais, si c'est encore votre intention, j'en demanderai une nouvelle à M. Lerch, et vous la recevrez aussitôt qu'elle me sera parvenue. C'est de la formule

$$Q^n(x) = \int_x^\infty \frac{dx}{(x^2-1)[P^n(x)]^2}$$

que j'ai tiré la conclusion que l'équation

$$\frac{1}{2} P^n(x) \log \frac{x+1}{x-1} - R^n(x) = 0$$

n'a aucune racine finie, et du développement suivant les puissances descendantes de la variable, qu'elle est satisfaite pour une valeur infinie, mais je n'ai point fait la remarque bien nécessaire sur l'ordre de multiplicité qui est $n+1$. Votre méthode, qui prend pour point de départ l'expression de M. Neumann

$$Q^n(x) = \frac{1}{2} \int_{-1}^{+1} \frac{P^n(u)}{x-u} du,$$

est on ne peut plus jolie; ne pourriez-vous point lui donner place dans votre article? Je tiens particulièrement, je vous le redis, à l'application entièrement nouvelle que vous avez faite du théorème de Cauchy sur la variation de l'argument, théorème capital qui n'a encore été employé, si je ne me trompe, qu'à démontrer que toute équation algébrique de degré n a n racines. L'usage que je fais de la relation

$$\operatorname{ind}\left(\frac{P}{Q}\right) + \operatorname{ind}\left(\frac{Q}{P}\right) = 0,$$

qui vous est inutile, constitue, ce me semble, entre les deux méthodes, une différence assez sensible pour qu'il soit bon de les donner l'une et l'autre.

En vous renouvelant, mon cher ami, mes bien sincères, mes plus vives félicitations sur l'heureux succès de vos efforts et votre bonheur analytique, ainsi que l'assurance de mes sentiments d'affection bien dévouée.

P. S. — Avez-vous remarqué que la formule de Rodrigues $X_n = \frac{D_x^n(x^2-1)^n}{2^n.1.2\ldots n}$ donne immédiatement, au moyen de la dérivée $n^{\text{ième}}$ d'un produit, cette expression

$$2^n X_n = \sum n_p^2 (x+1)^{n-p}(x-1)^p \qquad (p = 0, 1, 2, \ldots, n).$$

J'ai trouvé qu'on en tire facilement

$$X_n = 2^n \frac{1}{\pi}\int_0^\pi \cos^n\varphi (x\cos\varphi + i\sin\varphi)^n \, d\varphi,$$

résultat déjà donné par M. Catalan.

275. — *STIELTJES A HERMITE.*

Toulouse, 2 octobre 1890.

Cher Monsieur,

Je suis désolé d'apprendre qu'une méprise de ma part va vous causer peut-être quelques ennuis. Lorsque j'ai reçu l'épreuve de votre article dans les *Mémoires de Bohême,* je ne savais pas que je pouvais la garder pour la faire réimprimer dans nos *Annales;* au contraire, j'ai cru que cette épreuve vous était nécessaire, pour la renvoyer à Prague avec les dernières corrections et le bon à tirer. Je vous l'ai donc *renvoyée* à Vannes, n'est-elle pas arrivée à destination ? En tout cas, me voilà dans la nécessité de vous demander, soit cette épreuve, soit votre manuscrit, si on vous l'a renvoyé et que vous l'ayez gardé. Je le remettrai aussitôt à M. Baillaud qui doit rentrer aussi ces jours-ci ; en attendant, je griffonnerai aussi ce que vous me demandez.

Pour ne pas laisser cette lettre sans le signe $\int$, je remarque que

$$Q^n(x) = \frac{1}{2}\int_{-1}^{+1} \frac{P^n(u)}{x-u} du$$

donne, $\psi(x)$ étant un polynome du degré n au plus,

$$\psi(x)\,Q^n(x) = \frac{1}{2}\psi(x)\int_{-1}^{+1}\frac{P^n(u)}{x-u}\,du, \tag{1}$$

$$\psi(x)\,Q^n(x) = \frac{1}{2}\int_{-1}^{+1}\frac{P^n(u)\,\psi(u)}{x-u}\,du, \tag{1'}$$

car la différence des seconds membres

$$= \frac{1}{2}\int_{-1}^{+1} P^n(u)\,\frac{\psi(x)-\psi(u)}{x-u}\,du = 0,$$

De là, je conclus que si l'on a

$$\psi(u)\,P^n(u) = a_0 P^0 + a_1 P^1 + \ldots + a_k P^k(u), \tag{2}$$

les $a_0, \ldots, a_k$ étant des constantes, on a en même temps

$$\psi(x)\,Q^n(x) = a_0 Q^0 + a_1 Q^1 + \ldots + a_k Q^k(x). \tag{2'}$$

Il suffit de multiplier (2) par $\frac{1}{2}\frac{du}{x-u}$ et d'intégrer entre les limites ± 1.

Voici une autre remarque : le polynome

$$Y = a_1 P^1(x) + a_2 P^2(x) + \ldots + a_{2n} P^{2n}(x),$$

où $a_1, a_2, \ldots, a_{2n}$ sont des constantes quelconques, mais dont la dernière a_{2n} *n'est pas nulle,* ne peut jamais être divisible par $P^n(x)$. En effet, si c'était possible, on aurait

$$Y = \psi(x)\,P^n(x),$$

$\psi(x)$ étant un polynome du degré n effectivement et qu'on pourrait mettre sous la forme

$$\psi(x) = c\,P^n(x) + R_{n-1},$$

c étant une constante *différente de zéro* et R_{n-1} un polynome du degré $n-1$ au plus.

Or on aurait $\int_{-1}^{+1} Y\,dx = 0$ d'après la définition même de Y et, d'autre part,

$$\int_{-1}^{+1} Y\,dx = \int_{-1}^{+1} P^n(x)[c\,P^n(x) + R_{n-1}]\,dx = c\int_{-1}^{+1} P^n(x)^2\,dx,$$

ce qui implique contradiction.

Si l'on écrit que Y s'annule pour les racines $x = x_1 = \ldots = x_n$ de $P^n(x) = 0$, on obtient n équations linéaires homogènes entre les $2n - 1$ constantes

$$a_1, \quad a_2, \quad \ldots, \quad a_{n-1}, \quad a_{n+1}, \quad a_{n+2}, \quad \ldots, \quad a_{2n}$$

et, malgré l'abondance de ces constantes, il est, d'après ce qui précède, impossible de les satisfaire sans poser $a_{2n} = 0$. Algébriquement on en conclut qu'un grand nombre de déterminants doivent s'annuler.

Comme ces déterminants sont formés par des expressions en x_1, x_2, ..., x_n, il semblerait au premier abord qu'on trouverait de cette façon certaines relations entre les racines de l'équation $P_n = 0$, ce qui serait extrêmement intéressant; mais cela n'est pas, les racines se détruisent mutuellement et l'on n'a que de pures identités, ce qui semblait bien probable, *a priori*, du reste. A cette occasion, je me suis demandé : n'est-il pas extrêmement probable que deux équations

$$P^m(x) = 0, \qquad P^n(x) = 0$$

n'ont jamais une racine commune (excepté la racine 0 lorsque m et n sont impairs)? Et peut-être cette proposition n'est-elle qu'un corollaire de ce fait (?) que l'équation $P^n(x) = 0$ ou, lorsque n est impair, l'équation $\frac{P^n(x)}{x} = 0$ est irréductible. Mais je ne vois pas de moyen d'aborder cette dernière question et je me bornerai à penser d'abord de temps en temps à cette propriété probable des deux équations $P^m = 0$, $P^n = 0$.

Veuillez bien me pardonner, cher Monsieur, l'ennui qui résulte pour vous de ma méprise et me croire toujours votre bien dévoué.

276. — *HERMITE A STIELTJES.*

Paris, 8 novembre 1890.

MON CHER AMI,

J'essaie, après avoir été bien dérangé, de me remettre à l'ouvrage et je viens vous formuler un peu plus clairement mon algorithme pour l'approximation par des fractions de même dénominateur de deux fonctions que je représente sous forme de séries ordonnées suivant les puissances croissantes de la variable. Soient S et T ces deux séries, je me propose d'obtenir les polynomes A, A', A'' des degrés $2n$, $2n-1$, $2n-1$, B, B', B'' des degrés $2n-1$, $2n$, $2n-1$, et C, C', C'' des degrés $2n-1$, $2n-1$, $2n$, de manière à avoir

$$\begin{aligned} AS - A' &= x^{3n}U, & AT - A'' &= x^{3n}U', \\ BS - B' &= x^{3n}V, & BT - B'' &= x^{3n}V', \\ CS - C' &= x^{3n}W, & CT - C'' &= x^{3n}W', \end{aligned}$$

U, V, ..., étant de même des séries entières en x.

Mon but est d'y parvenir au moyen d'une relation de récurrence, en liant, comme je vais vous le dire, le système de ces neuf polynomes à neuf autres de même nature où l'on a changé n en $n+1$ et que je désigne par A_1, A'_1, A''_1; B_1, B'_1, B''_1; C_1, C'_1, C''_1. Nous aurons par conséquent les conditions

$$\begin{aligned} A_1S - A'_1 &= x^{3n+3}U_1, & A_1T - A''_1 &= x^{3n+3}U'_1, \\ B_1S - B'_1 &= x^{3n+3}V_1, & B_1T - B''_1 &= x^{3n+3}V'_1, \\ C_1S - C'_1 &= x^{3n+3}W_1, & C_1T - C''_1 &= x^{3n+3}W'_1. \end{aligned}$$

Cela posé, je dis qu'on a en premier lieu

$$(a)\qquad \begin{cases} A_1 = \lambda A + \mu B + \nu C, \\ A'_1 = \lambda A' + \mu B' + \nu C', \\ A''_1 = \lambda A'' + \mu B'' + \nu C'', \end{cases}$$

λ étant du second degré, μ et ν du premier degré en x. C'est ce qu'on tire des expressions de ces coefficients par les formules

$$\lambda = \frac{(A_1BC)}{(ABC)}, \qquad \mu = \frac{(AA_1C)}{(ABC)}, \qquad \nu = \frac{(ABA_1)}{(ABC)}.$$

On a en effet

$$(ABC) = \begin{vmatrix} A & A' & A'' \\ B & B' & B'' \\ C & C' & C'' \end{vmatrix} = \begin{vmatrix} A & x^{3n}U & x^{3n}U' \\ B & x^{3n}V & x^{3n}V' \\ C & x^{3n}W & x^{3n}W' \end{vmatrix};$$

le déterminant étant du degré $6n$, on en conclut $(ABC) = gx^{6n}$, g étant une constante. Nous obtenons pareillement

$$(A_1BC) = \begin{vmatrix} A_1 & A'_1 & A''_1 \\ B & B' & B'' \\ C & C' & C'' \end{vmatrix} = \begin{vmatrix} A_1 & x^{3n+3}U_1 & x^{3n+3}U'_1 \\ B & x^{3n}V & x^{3n}V' \\ C & x^{3n}W & x^{3n}W' \end{vmatrix};$$

mais le déterminant est du degré $6n + 2$, il contient encore x^{6n} comme facteur, λ est donc bien du second degré en x. Considérons encore (AA_1C), c'est-à-dire

$$(AA_1C) = \begin{vmatrix} A & A' & A'' \\ A_1 & A'_1 & A''_1 \\ C & C' & C'' \end{vmatrix} = \begin{vmatrix} A & x^{3n}U & x^{3n}U' \\ A_1 & x^{3n+3}U_1 & x^{3n+3}U'_1 \\ C & x^{3n}W & x^{3n}W' \end{vmatrix}.$$

Vous voyez que le déterminant est du degré $6n + 1$ et qu'il est encore divisible par x^{6n}; par conséquent, μ est du premier degré et de même ν.

Ce point établi, je dis qu'en posant en second lieu

$$B_1 = \lambda'A + \mu'B + \nu'C,$$
$$B'_1 = \lambda'A' + \mu'B' + \nu'C',$$
$$B''_1 = \lambda'A'' + \mu'B'' + \nu'C'',$$

λ', μ', ν' seront des degrés 1, 2, 1; on le verrait, comme tout à l'heure, et vous reconnaîtrez que si l'on fait

$$C_1 = \lambda''A + \mu''B + \nu''C,$$
$$C'_1 = \lambda''A' + \mu''B' + \nu''C',$$
$$C''_1 = \lambda''A'' + \mu''B'' + \nu''C'',$$

λ'', μ'', ν'' seront des degrés 1, 1, 2. J'ajoute, en considérant λ, μ, ν, que ces quantités se déterminent comme conséquence des relations (a) par la condition qu'on ait

$$\lambda U + \mu V + \nu W = x^3 U_1,$$
$$\lambda U' + \mu V' + \nu W' = x^3 U'_1.$$

Les premiers membres doivent donc manquer du terme constant, des termes en x et en x^2, d'où six conditions auxquelles il est en effet possible de satisfaire, puisque λ, μ, ν donnent sept coefficients arbitraires sous forme homogène. Et de même avec

$$\lambda' U + \mu' V + \nu' W = x^3 V_1,$$
$$\lambda' U' + \mu' V' + \nu' W' = x^3 V'_1,$$

Dans l'espérance d'avoir bientôt de vos nouvelles, croyez-moi toujours votre bien affectueusement dévoué.

277. — STIELTJES A HERMITE.

Toulouse, 11 novembre 1890.

CHER MONSIEUR,

Je ne peux pas attendre plus longtemps pour vous donner de mes nouvelles, mais pour dire quelque chose de réfléchi sur votre algorithme je dois vous prier de m'accorder encore une huitaine de jours. Le fait est qu'en ce moment je suis à corriger des copies du baccalauréat et trois ou quatre jours me seront pris encore par la fatigante besogne des examens oraux de la licence et du baccalauréat, et je reprends mon cours.

Heureusement je peux vous donner les meilleures nouvelles de ma famille, la petite Madeleine se porte très bien et amuse beaucoup les autres enfants. Je suis aussi bien disposé pour le travail. Dans mon article sur la théorie des nombres dont j'ai donné quelques Chapitres à M. Baillaud, j'ai résumé quelques-uns de vos anciens travaux $\left(\text{déterminer les déterminants } \begin{vmatrix} a_1 & b_1 & c_1 & \ldots & l_1 \\ \ldots & \ldots & \ldots & \ldots & \ldots \\ a_n & b_n & c_n & \ldots & l_n \end{vmatrix} = \pm 1 \text{ en nombres entiers, etc.}\right)$. Ce qui, je crois, sera le plus utile dans ces premiers Chapitres de mon travail, c'est de faire connaître le beau travail de M. Smith sur les systèmes linéaires indéterminés et sur les systèmes de congruences linéaires. Il a traité à fond cette question. Un de ses principaux résultats c'est que, un déterminant

$$\begin{vmatrix} a_1 & b_1 & c_1 & \ldots & l_1 \\ \ldots & \ldots & \ldots & \ldots & \ldots \\ a_n & b_n & c_n & \ldots & l_n \end{vmatrix} = |A|$$

étant donné en nombres entiers, on peut déterminer toujours deux déterminants $|\Theta| = \pm 1$ et $|\Theta'| = \pm 1$ de manière que

$$|\Theta| \times |A| \times |\Theta'| = \begin{vmatrix} e_1 & 0 & 0 & \ldots & 0 \\ 0 & e_2 & 0 & \ldots & 0 \\ 0 & 0 & e_3 & \ldots & 0 \\ \ldots & \ldots & \ldots & \ldots & \ldots \\ 0 & 0 & 0 & \ldots & e_n \end{vmatrix},$$

où e_k divise e_{k+1}. Ces nombres $e_1, e_2, \ldots, e_n$ sont de véritables invariants arithmétiques.

J'ai vu justement que M. Kronecker, dans le dernier fascicule de son Journal que j'ai vu, est revenu sur cette question. Mais il l'attribue à tort à M. Frobenius dont le Mémoire date de 1879; M. Smith avait déjà à peu près épuisé cette matière dans un Mémoire publié en 1861 dans les *Philosophical Transactions*. En terminant, je vous renouvelle ma demande de m'accorder un sursis pour examiner à tête reposée votre algorithme. Je vous en parlerai bientôt. C'est avec tristesse que j'ai appris vos ennuis et désagréments dont j'avais eu quelques soupçons, par ce que m'avait dit M. Baillaud.

Veuillez me croire toujours, cher Monsieur, votre très dévoué.

278. — *HERMITE A STIELTJES.*

Paris, 15 novembre 1890.

MON CHER AMI,

Je viens de m'apercevoir et je vais vous montrer qu'il n'y a pas à vous occuper, comme vous me l'avez bienveillamment offert, de mon second algorithme, le premier qui est plus simple, comme n'employant que des quantités du premier degré, dans la relation de récurrence, suffit à tout. Considérez les relations

$$\begin{aligned} AS + A'S' + A''S'' &= x^{3n} S_n, \\ BS + B'S' + B''S'' &= x^{3n} S'_n, \\ CS + C'S' + C''S'' &= x^{3n} S''_n, \end{aligned}$$

où les coefficients sont des polynomes dont les degrés sont indiqués comme il suit :

$$\begin{array}{ccc|ccc} A & A' & A'' & n & n-1 & n-1, \\ B & B' & B'' & n-1 & n & n-1, \\ C & C' & C'' & n-1 & n-1 & n. \end{array}$$

En posant

$$\begin{aligned} \mathcal{A} &= (B'C''), & \mathcal{A}' &= (B''C), & \mathcal{A}'' &= (BC'), \\ \mathcal{B} &= (C'A''), & \mathcal{B}' &= (C''A), & \mathcal{B}'' &= (CA'), \\ \mathcal{C} &= (A'B''), & \mathcal{C}' &= (A''B), & \mathcal{C}'' &= (AB'), \end{aligned}$$

on en tire, si l'on élimine successivement S′ et S″, de toutes les manières possibles,

$$\mathfrak{C}S'' - \mathfrak{C}''S = x^{3n}\Sigma, \qquad \mathfrak{C}S' - \mathfrak{C}'S = x^{3n}\Sigma',$$
$$\mathfrak{A}S'' - \mathfrak{A}''S = x^{3n}\Sigma_1, \qquad \mathfrak{A}S' - \mathfrak{A}'S = x^{3n}\Sigma'_1,$$
$$\mathfrak{B}S'' - \mathfrak{B}''S = x^{3n}\Sigma_2, \qquad \mathfrak{B}S' - \mathfrak{B}'S = x^{3n}\Sigma'_2.$$

Soit donc $S = 1$, on aura les relations

$$\mathfrak{A}S' - \mathfrak{A}' = x^{3n}\Sigma'_1, \qquad \mathfrak{B}S' - \mathfrak{B}' = x^{3n}\Sigma'_2, \qquad \mathfrak{C}S' - \mathfrak{C}' = x^{3n}\Sigma',$$
$$\mathfrak{A}S'' - \mathfrak{A}'' = x^{3n}\Sigma_1, \qquad \mathfrak{B}S'' - \mathfrak{B}'' = x^{3n}\Sigma_2, \qquad \mathfrak{C}S'' - \mathfrak{C}'' = x^{3n}\Sigma;$$

les degrés des polynomes qui y figurent étant

$$\begin{array}{ccc|ccc} \mathfrak{A} & \mathfrak{A}' & \mathfrak{A}'' & 2n & 2n-1 & 2n-1 \\ \mathfrak{B} & \mathfrak{B}' & \mathfrak{B}'' & 2n-1 & 2n & 2n-1 \\ \mathfrak{C} & \mathfrak{C}' & \mathfrak{C}'' & 2n-1 & 2n-1 & 2n; \end{array}$$

on a bien obtenu l'ordre d'approximation *maximum* et c'est le même calcul qui donne à la fois l'approximation de la fonction linéaire unique

$$A + A'S' + A''S''$$

et l'approximation simultanée de S′ et S″ par des fractions rationnelles de même dénominateur.

Les théorèmes de Smith sur les systèmes linéaires à coefficients entiers m'intéressent beaucoup, et je me réjouis de lire l'article que vous donnerez aux *Annales* sur ce sujet. Vous pourrez voir dans mon ancien Mémoire sur la transformation des intégrales hyperelliptiques de première classe que je l'avais donné et employé dans un cas particulier.

C'est sans doute du voyage en ballon de mon pauvre neveu que vous aura parlé M. Baillaud.

. . . .

Avec l'espoir que votre petite Madeleine va toujours bien et vous priant de me croire toujours votre affectueusement dévoué.

279. — *HERMITE A STIELTJES.*

Paris, 3 décembre 1890.

MON CHER AMI,

Permettez-moi d'appeler votre attention sur une proposition que je viens vous faire et que je désirerais vivement vous convenir et vous voir accepter. Depuis plusieurs années, vous avez produit un grand nombre d'excellents travaux qui vous ont placé à un rang élevé dans la Science et mérité la plus haute estime de tous les géomètres. Le moment est venu où cette estime doit franchir le petit cercle des amis de l'Analyse et recevoir une consécration officielle qui vous place à un rang en rapport avec votre beau talent et les services que vous avez rendus à la Science. C'est dans cette intention que je viens vous demander de concourir pour le grand prix des Sciences mathématiques que l'Académie décerne chaque année.

....

Permettez-moi, mon cher ami, d'espérer une réponse favorable en vous priant de me faire connaître vos intentions, d'ici lundi prochain, la Commission chargée de proposer les questions pour les deux prix des Sciences mathématiques étant convoquée pour lundi à 2^h, et veuillez agréer la nouvelle assurance de mes sentiments de la plus sincère affection.

Un de mes élèves de l'École Polytechnique, M. Vallier, capitaine d'Artillerie attaché à la Commission d'expériences de Gâvres (près Lorient), m'a communiqué, en me demandant de la vérifier, une formule d'approximation pour les quadratures semblable à celle de Gauss, et donnant exactement le même ordre de l'erreur commise, mais où l'on emploie les valeurs de la fonction aux limites de l'intégrale. Le résultat, qui est parfaitement exact, est celui-ci :

$$\int_{-1}^{+1} F(x)\,dx = \frac{1}{n(n+1)} \sum \frac{F(a)}{P_n^2(a)},$$

la somme s'étendant à toutes les racines a, de l'équation

$$P_{n+1}(x) - P_{n-1}(x) = 0,$$

parmi lesquelles $+1$ et -1, comme vous voyez. Vous rendriez, je crois, grand service à ceux qui emploieront cette formule, pour les expériences de balistique, en tirant de vos méthodes l'expression approchée de ces racines, qu'elles doivent donner aisément, l'équation revenant à $(x^2-1)P'_n(x)=0$, puisque l'on a

$$\frac{2n+1}{n(n+1)}(x^2-1)P'_n(x)=P_{n+1}(x)-P_{n-1}(x).$$

Et, si je ne me trompe, vous devez aussi pouvoir de la même manière obtenir l'expression approchée de $P_n(a)$. Je vous enverrai, au cas où la chose pourrait vous intéresser, la communication de M. Vallier. Avez-vous corrigé les épreuves d'Halphen, pages 177 à 225, qu'on vient de m'envoyer?

280. — *STIELTJES A HERMITE.*

Toulouse, 4 décembre 1890.

CHER MONSIEUR,

Nous avons été pendant cette dernière semaine dans une vive inquiétude à cause de notre fille aînée, Édith; heureusement, elle est remise maintenant à peu près. C'est ainsi que je n'ai guère eu la liberté d'esprit de penser à autre chose.

Maintenant, Monsieur, votre proposition me touche vivement, mais laissez-moi vous expliquer pourquoi il m'est à peu près impossible de répondre à votre invitation. Vous savez que je prépare un article bibliographique sur la théorie des nombres, et je me suis engagé formellement à en donner la première Partie avant les vacances d'août 1891. M. Gauthier-Villars veut le faire paraître à part, cela renfermera pour ainsi dire la partie élémentaire de la théorie des nombres; pourtant, comme mon plan d'ensemble est plus vaste, il y aura des Chapitres qui n'y seront mis qu'en vue de ce qui doit suivre. Mais la rédaction de cela est très laborieuse et parfois les livres me manquent ici, en sorte que je compte venir à Paris dans les vacances de Pâques pour fouiller les bibliothèques.

Vous voyez, Monsieur, que je suis entièrement pris par ce travail, qui, je l'espère, aura son utilité. Et aussi, dans la suite, j'espère bien aborder les applications des fonctions elliptiques à l'Arithmétique, la fonction ζ et la distribution des nombres premiers. A vrai dire donc, j'ai déjà commencé le grand travail que vous voudriez me voir entreprendre et je crois qu'il ne perdra rien à être préparé ainsi. Mais l'expérience m'a montré que je dois me défier beaucoup de mes forces pour le travail, et il faut y mettre du temps.

Quant à la question de M. Vallier, je me rappelle que M. Radau, dans son Mémoire sur les quadratures dans le *Journal de Liouville* (vers 1880 à 1881, je crois) a traité la formule qu'il veut appliquer. M. Radau a donné les valeurs numériques des racines de $P'_n(x) = 0$ et des coefficients correspondants, je crois que le calculateur ne peut rien demander de plus, il a poussé les calculs jusqu'à $n = 11$, si je ne me trompe pas. Mais je vais calculer aussi les valeurs approchées. Depuis que je vous ai envoyé à Vannes des épreuves d'Halphen, je n'ai plus rien reçu.

Veuillez bien, cher Monsieur, ne pas être fâché de ce que je viens d'écrire. Véritablement je ne me fais point d'illusions sur mes forces, et si j'espère pouvoir faire de temps en temps quelque travail utile, je ne me figure pas devoir aspirer à la haute distinction dont vous parlez. Au fond, Monsieur, ce qu'il y a de plus utile dans cette sorte de choses, n'est-ce pas d'engager les travailleurs à attaquer une grande et difficile question. Or, sur ce point, ce que je me propose de faire sur la théorie des nombres est de cette nature-là. Naturellement, dans cette première Partie, rédigée surtout en vue des boursiers d'agrégation, mon travail se borne presque à un travail d'arrangement, mais la suite demandera beaucoup de recherches personnelles.

J'espère donc, Monsieur, que vous voudrez bien accorder qu'au fond je réponds à votre invitation bien que sous une autre forme.

Veuillez bien me croire votre très dévoué.

281. — *STIELTJES A HERMITE.*

Toulouse, 10 décembre 1890.

CHER MONSIEUR,

Voici ce que j'ai trouvé en examinant, au point de vue que vous m'avez indiqué, la formule de quadrature dont s'occupe M. Vallier.

Je pose, en changeant légèrement la notation de M. Heine,

$$(1 - 2\alpha x + \alpha^2)^{\frac{1-p}{2}} = \sum_0^\infty P^n(p, x)\alpha^n,$$

en sorte que pour $p = 2$ on retrouve X_n, et pour $p = 0$ les polynomes qui interviennent dans la quadrature dont se sert M. Vallier, et qui admettent les racines ± 1 ($n \geqq 2$). Je trouve le développement

$$P^n(p, \cos u) = C_n \left\{ \frac{\cos\left(nu + \frac{p-1}{2}\alpha\right)}{\sqrt{(2\sin u)^{p-1}}} + \frac{3-p.p-1}{2.2n+p+1}\,\frac{\cos\left(nu + \frac{p+1}{2}\alpha\right)}{\sqrt{(2\sin u)^{p+1}}} + \frac{3-p.5-p.p-1.p+1}{2.4.2n+p+1.2n+p+3}\,\frac{\cos\left(nu + \frac{p+3}{2}\alpha\right)}{\sqrt{(2\sin u)^{p+3}}} + \frac{3-p.5-p.7-p.p-1.p+1.p+3}{2.4.6.2n+p+1.2n+p+3.2n+p+5}\,\frac{\cos\left(nu + \frac{p+5}{2}\alpha\right)}{\sqrt{(2\sin u)^{p+5}}} + \ldots\ldots \right\},$$

où

$$\alpha = u - \frac{\pi}{2}, \qquad C_n = \frac{2\Gamma(n+p-1)}{\Gamma\left(\frac{p-1}{2}\right)\Gamma\left(n + \frac{p+1}{2}\right)}.$$

Ce développement est convergent tant que u est compris entre $\frac{\pi}{6}$ et $\frac{5\pi}{6}$; en dehors de cet intervalle ($0 < u < \pi$ toujours) on a une expression asymptotique lorsque n est très grand. Indépendamment du cas $p = 2$, j'ai encore une vérification pour $p = 3$, alors

$$P^n(3, \cos u) = \frac{\sin(n+1)u}{\sin u}.$$

En général, lorsque p est impair positif, la formule (A) se réduit à une identité. Posons maintenant $p = 0$, pour revenir au cas qui doit nous occuper

$$P^n(0, \cos u) = C_n\sqrt{2\sin u}\left[\cos\left(nu - \frac{\alpha}{2}\right) - \frac{3}{2(2n+1)}\,\frac{\cos\left(nu + \frac{\alpha}{2}\right)}{2\sin u}\cdots\right].$$

Le terme

$$\cos\left(nu - \frac{\alpha}{2}\right) = \cos\left[\left(n - \frac{1}{2}\right)u + \frac{\pi}{4}\right]$$

s'annule pour

$$u = \frac{4k-3}{4n-2}\pi \qquad (k = 1, 2, \ldots, n),$$

c'est-à-dire n fois dans l'intervalle $(0, \pi)$, tandis que $P^n(0, \cos u)$ ne s'annule que $n-2$ fois dans cet intervalle. Ce sont certainement les racines extrêmes, répondant à $k = 1$, $k = n$ qui doivent être rejetées, car c'est surtout pour les valeurs extrêmes de u que l'erreur de l'expression approchée est sensible. Je prends donc pour expression approchée des racines

$$1 > x_1 > x_2 > \ldots > x_{n-2} > -1$$

de $P^n(0, x) = 0$ la valeur

$$x_k = \cos\frac{4k+1}{4n-2}\pi,$$

et puis, plus exactement,

$$x_k = \left[1 + \frac{3}{2(2n-1)^2}\right]\cos\left(\frac{4k+1}{4n-2}\pi\right) \qquad (k = 1, 2, \ldots, n-2).$$

En calculant avec des logarithmes à 6 décimales, je trouve ainsi pour $n = 10$,

	Valeur approchée.	Corrections.
x_1	0,919 410	+ 0,000 124
x_2	0,738 782	— 0,000 008
x_3	0,477 926	— 0,000 001
x_4	0,165 278	+ 0,000 001

Pour x_3, x_4 les corrections sont insensibles, leur signe reste même, douteux car il peut y avoir une erreur de 1 ou 2 unités dans les valeurs approchées. C'est une question difficile de savoir si l'on ne pourrait pas trouver des séries représentant exactement les racines. Quelques tentatives que j'ai faites dans le cas de l'équation $X_n = 0$ ne m'ont pas appris beaucoup. L'expression $y = P^n(p, x)$ satisfait à

$$(1 - x^2)\frac{d^2y}{dx^2} - px\frac{dy}{dx} + n(n + p - 1)y = 0$$

qui ne change pas en remplaçant n par $-n - p + 1$. C'est pour cela que j'ai introduit dans la valeur de x_k le terme $1+\frac{3}{2(2n-1)^2}$ qui ne change pas en remplaçant n par $-n+1$. On obtient ainsi une approximation bien plus grande que si l'on avait pris, par exemple, $1+\frac{3}{8n^2}$. J'ai tout lieu de croire que l'approximation est maintenant de l'ordre $\frac{1}{(2n-1)^4}$. Je n'ai pas encore examiné le terme complémentaire de (A), cela doit devenir un peu moins simple que dans le cas de X_n.

Je reviens maintenant à la formule de quadrature

$$\int_{-1}^{+1} F(x)\,dx = \frac{2}{n(n-1)}\sum\frac{F(a)}{P_{n-1}^2(a)}.$$

J'ai restitué le facteur 2 et changé n en $n-1$ pour avoir n racines de $P^n - P^{n-2} = 0$, qui sont $x_1 > x_2 > \ldots > x_{n-2}$ et $x_0 = 1$, $x_{n-1} = -1$.

Tout calcul fait, j'obtiens approximativement

$$A_k = \frac{2}{n(n-1)}\,\frac{1}{P^{n-1}(x_k)^2} = \frac{(2n-1)\pi}{2n(n-1)}\sin\frac{(4k+1)\pi}{4n-2} \qquad (k=1, 2, \ldots, n-2).$$

Pour $k=0$, $k=n-1$ les facteurs sont naturellement $\frac{2}{n(n-1)}$.

Dans le cas $n=10$, j'ai

	Valeur approchée.	Corrections.
A_1	0,13321	+ 0,00010
A_2	0,22459	+ 0,00030
A_3	0,29164	+ 0,00040
A_4	0,32709	+ 0,00045

Mais j'ai introduit dans l'expression approchée de A_k le nombre π, peut-être vaut-il mieux laisser les factorielles. C'est aussi la raison pour laquelle les corrections sont plus grandes pour A_4 que pour A_1. Si l'on multipliait par $1+\frac{1}{2(2n-1)^2}$, l'erreur devient insensible pour A_3, A_4. Du reste c'est bien là l'ordre d'approximation de ma formule, la vraie valeur doit être

$$\frac{(2n-1)\pi}{2n(n-1)}\sin\frac{(4k+1)\pi}{4n-2}\times T, \qquad T = 1+\frac{\lambda}{(2n-1)^2}+\ldots.$$

Le calcul exact de λ serait bien compliqué; *a priori*, λ pourrait renfermer

$$\cot \frac{(4k+1)\pi}{4n-2},$$

mais, d'après le calcul numérique que j'ai fait, cela ne m'étonnerait pas si l'on avait simplement $\lambda = +\frac{1}{2}$.

J'ai reçu les feuilles de Halphen, pages 177 à 225; après correction je les ai retournées à Gauthier-Villars puisque vous les aviez vues déjà. Il va sans dire que vous pouvez communiquer à M. Vallier tout ce que vous croirez pouvoir l'intéresser.

Veuillez bien me croire, cher Monsieur, votre très respectueux et dévoué.

282. — *HERMITE A STIELTJES.*

Paris, 18 décembre 1890.

Mon cher Ami,

Je ne regrette point de vous avoir parlé de la formule d'approximation pour les quadratures de M. le capitaine Vallier, bien qu'elle ait été déjà obtenue et publiée par M. Radau, puisque je vous ai fourni l'occasion de découvrir les résultats extrêmement intéressants que vous m'avez communiqués. Vous donnerez dans les *Annales de Toulouse* la démonstration de l'équation (A) qui est une généralisation de votre premier théorème pour $p = 0$, et je trouverais même bien désirable que vous y ajoutiez, comme complément au Mémoire de M. Radau, sans parler de M. Vallier, venu longtemps après sur la même question, vos expressions approchées, qui sont si remarquables, des racines de $X'_n = 0$ ou $X_{n+1} - X_{n-1} = 0$ ainsi que des coefficients $A = \frac{2}{n(n+1)P^2_{n-1}(a)}$.

J'espère que la santé de l'aînée de vos filles ne vous empêche plus maintenant de vous livrer au travail, et je me fais un plaisir de mettre à profit pour mon instruction arithmétique, aussitôt que vous le publierez, l'exposé des beaux résultats de M. Smith. J'y attache un grand prix, ils me semblent absolument fondamentaux, et trouveront des applications dans le domaine elliptique.

J'ai repris dans la nouvelle édition de mon Cours la théorie de la transformation, mais ce n'est qu'après coup et trop tard pour en profiter, que j'ai rencontré plusieurs choses que j'ai dû ainsi sacrifier. Voici l'une d'elles.

Soient a, b, c, d des entiers quelconques, et $n = ad - bc$ supposé positif, je pose le problème dans les termes suivants :

Déterminer le module transformé l et le multiplicateur M, *par les conditions*

$$\frac{K}{M} = aL + ibL', \qquad \frac{iK'}{M} = cL + idL',$$

où L *et* L' *se rapportent à l et l'.*

Je trouve, en effet, préférable de se donner *a priori* a, b, c, d plutôt que de les conclure ou de tenter bien difficilement de le faire, des formules analytiques de la transformation, comme l'indique Jacobi, dans les *Fundamenta,* § 32. Cela posé, soit

$$\Theta\left(\frac{x}{M}, l\right) e^{\frac{i\pi b x^2}{4KLM}} = \Phi(x),$$

je puis faire

$$\operatorname{sn}\left(\frac{x}{M}, l\right) = \frac{\Pi(x)}{\Phi(x)}, \qquad \operatorname{cn}\left(\frac{x}{M}, l\right) = \frac{\Pi_1(x)}{\Phi(x)}, \qquad \operatorname{dn}\left(\frac{x}{M}, l\right) = \frac{\Phi_1(x)}{\Phi(x)},$$

les fonctions Φ, Φ_1, Π, Π_1 étant holomorphes. Elles donnent les formules de transformation très facilement comme vous allez voir.

Ayant, en effet,

$$\Theta\left(\frac{x}{M}, l\right) = \sum (-1)^m e^{\frac{mi\pi x}{LM} - \frac{m^2 \pi L'}{L}},$$

je puis écrire

$$\Phi(x) = \sum (-1)^m e^{i\pi\varphi(x, m)},$$

en faisant

$$\varphi(x, m) = \frac{bx^2}{4KLM} + \frac{mx}{LM} + \frac{im^2 L'}{L}.$$

Cela étant, je remarque que l'on a

$$\varphi(x, m) = \frac{b}{4KLM}\left(x + \frac{2mK}{b}\right)^2 - \frac{m^2 a}{b}.$$

C'est ce qu'on obtient en remplaçant $\frac{iL'}{L}$ par $\frac{K}{LMb} - \frac{a}{b}$ et de là on conclut *sans calcul :*

$$\varphi(x+2K, m) - \varphi(x, m+b) = \frac{a}{b}[(m+b)^2 - m^2],$$

d'où

$$\varphi(x+2K, m) = \varphi(x, m+b) + a(2m+b)$$

et par suite

$$\Phi(x+2K) = (-1)^{ab+b}\Phi(x).$$

En second lieu et semblablement, j'emploie l'identité

$$\varphi(x, m) = \frac{(dx+2imK')^2}{4idK'LM} - \frac{m^2c}{d} - \frac{nx^2}{4iKK'}.$$

Elle me donne la relation

$$\varphi(x+2iK', m) = \varphi(x, m+d) + c(2m+d) - \frac{n(x+iK')}{K},$$

d'où

$$\Phi(x+2iK') = (-1)^{cd+d}\lambda^n\Phi(x), \qquad \lambda = e^{-\frac{i\pi}{K}(x+iK)}.$$

La périodicité de $\operatorname{sn}\left(\frac{x}{M}, l\right)$ et des autres conduit immédiatement aux équations semblables pour $\Phi_1(x)$, $\Pi(x)$, $\Pi_1(x)$, et il suffit de remarquer que les quotients $\frac{\Phi(x)}{\Theta''(x)}$, $\frac{\Pi(x)}{\Theta''(x)}$, $\frac{\Phi_1(x)}{\Theta''(x)}$, $\frac{\Pi_1(x)}{\Theta''(x)}$ sont, à l'égard de $2K$ et $2iK'$, des fonctions doublement périodiques de première ou seconde espèce, avec le seul pôle $x = iK'$, pour atteindre au but.

Veuillez me dire si cette théorie, convenablement développée, ne pourrait pas être reproduite dans les *Annales* et croyez-moi toujours votre bien affectueusement dévoué.

283. — *STIELTJES A HERMITE.*

Toulouse, 19 décembre 1890.

Cher Monsieur,

J'ai sous les yeux les *Comptes rendus* du 8 décembre dernier où se trouve la Communication de M. Sylvester sur le nombre π. Je dois vous avouer que je ne comprends pas et je veux vous soumettre ma difficulté.

M. Sylvester se propose de démontrer que, Θ étant une racine de

$$\Theta^n + B\Theta^{n-1} + \ldots + L = 0,$$

il est impossible que Θ tang $\theta = \tau(\Theta)$ soit une expression rationnelle en Θ. Pour cela, il prend (p. 869) un nombre entier k tel que $k\tau(\Theta)$ soit une fonction linéaire de Θ, Θ^2, ..., Θ^{n-1}. Jusqu'ici je n'ai point de difficulté. Mais dans l'analyse qui suit (p. 869) il me semble que M. Sylvester *suppose* ceci :

Soit Θ une racine *déterminée* de $\Theta^n + B\Theta^{n-1} + \ldots + L = 0$ et pour cette valeur *déterminée* de Θ

$$k\tau(\Theta) = p + q\Theta + r\Theta^2 + \ldots + t\Theta^{n-1},$$

alors on a aussi pour toute *autre* racine Θ_i de

$$\Theta^n + B\Theta^{n-1} + \ldots + L = 0,$$
$$k\tau(\Theta_i) = p + q\Theta_i + r\Theta_i^2 + \ldots + t\Theta_i^{n-1}.$$

Or c'est là, à ce qu'il me semble, une supposition entièrement gratuite, et je ne vois pas comment tourner cette difficulté.

Il est, à vrai dire, encore prématuré de discuter sur ce sujet, puisque M. Sylvester promet (p. 869, ligne 4) de longs développements. Mais je vous avoue que j'ai quelques doutes sur la validité de cette démonstration, puisque les développements que nous promet M. Sylvester semblent porter sur un autre point. Ayant autrefois longuement réfléchi sur cette question, j'avais dû reconnaître la difficulté que j'ai indiquée. Dans la démonstration de MM. Lindemann et Weierstrass elle est surmontée, mais je ne vois pas encore comment on peut l'éviter en suivant la marche indiquée par M. Sylvester. Il est probable que je me trompe, et dans le cas où il en est ainsi vous me feriez un grand plaisir en me tirant de mon erreur et en m'ouvrant les yeux.

284. — *STIELTJES A HERMITE.*

Toulouse, 19 décembre 1890.

Cher Monsieur,

Je suis heureux de pouvoir vous dire que notre Edith est tout à fait rétablie maintenant, quoique encore un peu affaiblie par les fortes fièvres dont elle a souffert. Vous ne pourrez guère nous faire un plus grand plaisir que de rédiger votre nouvelle manière d'exposer la théorie de la transformation des fonctions elliptiques dont nous ornerons nos *Annales*. La publication en est un peu en retard en ce moment, j'ai donné 90 pages de mon article bibliographique, qui doit commencer, je crois, dans le 3e fascicule (t. IV), mais on n'a pas encore reçu des épreuves des Mémoires qui doivent former le 2e fascicule.

Quant à la question des fonctions sphériques, il est un peu plus simple de poser

$$[1-2\alpha x+\alpha^2]^{-k}=\sum_0^\infty \mathrm{P}^n(k,x)\alpha^n,$$

alors la formule (A) peut s'obtenir à l'aide de

$$\mathrm{P}^n(k,\cos\theta)=\mathrm{P.\,R.}\ \frac{2}{\pi}\sin k\pi\,\frac{e^{(n\theta+k\alpha)i}}{(2\sin\theta)^k}\int_0^1\frac{(1-u)^{n+2k-1}}{[u(1-tu)]^k}\,du,$$

$$t=\frac{e^{i\alpha}}{2\sin\theta},\qquad \alpha=\theta-\frac{\pi}{2}.$$

C'est là la généralisation de la formule (6') de mon Mémoire $\left(k=\frac{1}{2}\right)$, mais vous voyez qu'il faut supposer $k<1$, sans cela l'intégrale n'aurait pas de sens. Cependant le développement *en série* (A) n'est pas assujetti à cette restriction. C'est pour cela que j'ai déduit cette formule d'une façon toute différente, mais qu'il serait trop long à expliquer. On rencontre souvent de pareils faits et je ne sais pas encore si l'on ne pourrait pas remédier à cette difficulté inhérente à l'emploi d'intégrales définies.

Quant à cette question difficile des racines de $\mathrm{P}^n(k,x)=0$ qui sont à peu près

$$x_r=\left[1-\frac{k(1-k)}{2(n+k)^2}\right]\cos\frac{(2r-1+k)}{2n+2k}\pi\qquad (r=1,2,\ldots,n),$$

sur laquelle j'ai réfléchi depuis bien des années déjà, le seul moyen que je dois essayer encore est le suivant. Ces racines sont des fonctions algébriques de k, et satisfont par conséquent à une équation différentielle linéaire que M. Tannery nous a appris à former dans sa Thèse. Peut-être pourra-t-on tirer quelque chose de cette équation différentielle qu'il faudra obtenir d'abord. Mais pour le moment je ne travaille qu'Arithmétique et je dois porter là tous mes efforts.

C'est ce matin, après mon Cours, que j'ai vu à la Faculté l'article de M. Sylvester sur le nombre π. Maintenant que j'y ai réfléchi encore et que les choses me reviennent, je dois vous avouer que je suis de plus en plus convaincu que M. Sylvester n'a point vu la véritable difficulté du problème.

J'ai été engagé dans la même voie.

. . . .

Il est parfaitement dans son droit de remplacer pour une *seule* racine Θ

$$k\tau(\Theta) \quad \text{par} \quad p + q\Theta + \ldots + t\Theta^{n-1},$$

mais, pour les autres racines, NON, car si l'on voulait admettre cela, on pourrait démontrer la proposition en trois lignes et sans avoir besoin de la fraction continue.

A cet égard, je me rappelle avoir lu dans les *Acta mathematica* un article intéressant d'un géomètre allemand, dont j'ai oublié le nom. Permettez-moi de vous en dire deux mots.

Soit

$$(1) \qquad ax^n + bx^{n-1} + \ldots + l = 0$$

une équation (à coefficients entiers) irréductible. On sait alors que si une racine x_1 de cette équation satisfait à

$$(2) \qquad a'x^{n'} + b'x^{n'-1} + \ldots + t' = 0,$$

les autres racines $x_2, \ldots, x_n$ satisfont aussi à (2). L'auteur se demandait alors si cette propriété a lieu encore, si l'on remplace (2) par une équation transcendante telle que

$$(3) \qquad p + qx + rx^2 + sx^3 + \ldots = 0,$$

le premier membre étant une fonction holomorphe, $p, q, r, s, \ldots$ des nombres commensurables. Par un exemple, l'auteur montre qu'il n'en est PAS ainsi, et il ajoute avec raison que dans le cas contraire on aurait pu en conclure immédiatement que π est transcendant. Car supposons π racine de (1) et de

$$(4) \qquad x - \frac{x^3}{1.2.3} + \frac{x^5}{1.2.3.4.5} - \ldots = 0;$$

toutes les racines de (1) seraient des racines de (4), mais (4) n'a pas d'autres racines que $k\pi$, (1) ne pourrait donc avoir que des racines de la forme $k\pi$. Or, cela est impossible, car il s'ensuivrait par les formules de Newton, par exemple, que π^2 est commensurable.

J'ajoute qu'il me semble bien que M. Sylvester remplace $k\tau(\Theta)$ aussi pour les *autres* racines Θ_i par $p + q\Theta_i + \ldots + t\Theta_i^{n-1}$, car, seulement de cette manière, il peut obtenir les nombres entiers réels dont il parle et qui seraient en nombre infini et décroissants, ce qui est impossible. Mais pour moi, et jusqu'à ce que l'on m'ait tiré de mon erreur, je ne vois pas ces nombres entiers; ils n'existent pas.

J'incline à croire qu'on ne peut pas arriver ainsi au but; c'est votre idée de considérer les fractions au même dénominateur qui donnent par approximation *plusieurs* quantités en même temps, qui me semblent toujours être le germe de tout ce qu'on a pu faire sur ce sujet. Mais voilà une lettre bien longue, je n'espère rien de mieux que d'avoir tort sur cette question du nombre π.

Vous voudrez bien me croire toujours, cher Monsieur, votre bien dévoué.

285. — *HERMITE A STIELTJES.*

Paris, 22 décembre 1890.

MON CHER AMI,

C'est en 1835 que M. Sylvester s'est fait connaître au monde mathématique par sa belle découverte de l'expression des fonctions de Sturm : $\frac{V_1}{V} = \sum \frac{1}{x-a}$, $\frac{V_2}{V} = \sum \frac{(a-b)^2}{(x-a)(x-b)}$, $\ldots$; on doit donc supposer qu'il a près ou plus de 80 ans, et accueillir avec quelque indulgence ce qu'il produit encore à un âge si avancé. Vos objections sur la démonstration de la transcendance de π me semblent extrêmement fondées, et je dois vous avouer qu'il m'a été impossible de me décider à lire attentivement son article et que je n'ai pu que le parcourir des yeux. J'ai en ce moment d'autres soucis et il ne faut rien moins pour m'en distraire que vos beaux résultats sur les fonctions $P^n(k, \cos\theta)$. Vous pensez que je suis aussi préoccupé que vous de la supposition $k < 1$

qui s'impose dans votre formule

$$P^n(k, \cos\theta) = \frac{2 \sin k\pi}{\pi} \text{P. R.} \frac{e^{(n\theta+k\alpha)i}}{(2 \sin\theta)^k} \int_0^1 \frac{(1-u)^{n+2k-1}}{[u(1-tu)]^k} du,$$

et j'ai songé au moyen suivant de lever la restriction. Il consiste à remarquer que l'on a

$$\int_0^1 \frac{(1-u)^{n+2k-1}}{[u(1-tu)]^k} du = \frac{\Gamma(1-k)\Gamma(n+2k)}{\Gamma(1+n+k)} F(1-k, k, 1+n+k, t),$$

de sorte qu'on peut écrire, C étant un facteur constant,

$$P^n(k, \cos\theta) = C\,\text{P.R.}\, t^{\frac{n}{2}+k}(1-t)^{-\frac{n}{2}} F(1-k, k, 1+n+k, t).$$

Cette relation me semble pouvoir se démontrer au moyen de l'équation différentielle du second ordre à laquelle satisfait la fonction de quatre éléments, en prouvant que la substitution $t = \frac{1+i\cot\theta}{2}$ conduit à l'équation semblable concernant $P^n(k, \cos\theta)$. La condition de prendre la partie réelle s'introduit facilement, parce que l'équation différentielle en t a ses coefficients réels.

Votre formule pour l'expression approchée des racines

$$P^n(k, x) = 0,$$

$$x_r = \left[1 - \frac{k(1-k)}{2(n+k)^2}\right] \cos\frac{(2r-1+k)\pi}{2n+2k} \qquad (r = 1, 2, \ldots, n)$$

est extrêmement remarquable, mais comment former l'équation différentielle linéaire de M. Tannery? Peut-être vaut-il mieux renoncer à creuser plus avant la question de l'approximation à cause des difficultés énormes qu'elle présente.

Au moment où je vous écris, je crois voir que de l'équation (15) de l'article 7 du premier Mémoire de Gauss *Sur la série de quatre éléments,* donnant une relation linéaire entre les quantités $F(1-k, k, 1+n+k, t)$ qui correspondent à $n-1$, n, $n+1$, on doit pouvoir en conclure une équation correspondante entre $P^{n-1}(k, \cos\theta)$, $P^n(k, \cos\theta)$ et $P^{n+1}(k, \cos\theta)$, de sorte qu'il suffirait de vérifier qu'elle coïncide avec la relation connue entre ces trois fonctions.

Je reviens aux fonctions elliptiques, je prends la liberté de vous envoyer les dernières pages de mon Cours où est traitée la théorie de la transformation; vous me direz, en toute sincérité, si vous jugez qu'elles vaillent la peine d'être reproduites dans les *Annales* avec les corrections et additions nécessaires. Je songe à tirer parti du théorème de M. Smith, pour ramener au moyen de la transformation du premier ordre appliquée au module proposé k, puis au module transformé l, le cas le plus général aux cas particuliers simples où l'on a

$$\frac{K}{M} = \varepsilon_1 L, \qquad \frac{K'}{M} = \varepsilon_2 L' \qquad \text{avec} \qquad \varepsilon_1 \varepsilon_2 = n.$$

J'ajouterai aussi la remarque que voici. Soit

$$J_1 = \int_0^L l^2 \, \mathrm{sn}^2\left(\frac{x}{M'} l\right) dx, \qquad i J_1' = \int_L^{L + iL'} l^2 \, \mathrm{sn}^2\left(\frac{x}{M'} l\right) dx$$

les fonctions complètes de seconde espèce, qui correspondent à J et à J' de M. Weierstrass, on aura, en désignant par σ la dérivée seconde de $S(x)$, pour $x = 0$

$$\frac{i J_1'}{M} = -c J + ia J' + \frac{\sigma}{n}(-c K + ia K'),$$

$$\frac{J_1}{M} = \quad d J - ib J' + \frac{\sigma}{n}(\quad d K - ib K).$$

Dans ces relations σ est une fonction algébrique du module k. Tous mes vœux pour la santé de Mlle Edith et de vos autres enfants, en vous renouvelant, mon cher ami, l'assurance de toute mon affection.

286. — *STIELTJES A HERMITE*.

Toulouse, 30 décembre 1890.

CHER MONSIEUR,

Après avoir lu les dernières pages de votre Cours, que vous avez eu la bonté de m'envoyer, je peux déclarer en toute sincérité que nous les accueillerons très volontiers dans les *Annales* avec les additions que vous voudrez bien ajouter. D'après le théorème de M. Smith, dans la substitution

$$\frac{K}{M} = \varepsilon_1 L, \qquad \frac{K'}{M} = \varepsilon_2 L' \qquad (\text{avec } \varepsilon_1 \varepsilon_2 = n)$$

on peut supposer que ε_1 divise ε_2, mais je ne crois pas que cette circonstance joue un rôle dans la question de la transformation, à votre point de vue.

Pour revenir un moment sur les polynomes $P^n(k, x)$, je dois vous dire que le problème de trouver l'équation différentielle des racines x de $P^n(k, x) = 0$ en fonction de k ne me semble pas inabordable du tout. Cela pourra être un calcul plus ou moins long, mais j'estime qu'avec un peu de persévérance on arrivera certainement au but, et, connaissant le discriminant de l'équation, on peut même se faire une idée de la forme de l'équation. Mais je serai beaucoup moins affirmatif quant à la question de savoir ce qu'on pourra tirer de cette équation différentielle.

Je tire de l'équation de définition

$$(1 - 2x\alpha + \alpha^2)^{-k} = \sum_0^\infty P^n(k, x)\alpha^n,$$

ou plutôt

$$(1 - 2x\alpha + \alpha^2)^{-k} = \frac{1}{\alpha^{2k}} + \frac{P_1}{\alpha^{2k+1}} + \ldots + P^n(k, x)\alpha^{-n-2k} + \ldots,$$

d'abord

$$P^n(k, x) = \frac{1}{2\pi i}\int_C \alpha^{n+2k-1}(1 - 2x\alpha + \alpha^2)^{-k}\,d\alpha$$

et de là je tire, à peu près comme dans mon Mémoire imprimé,

$$P^n(k, \cos\theta) = \frac{2\sin k\pi}{\pi}\,\text{P. R.}\,\frac{e^{(n\theta+k\alpha)i}}{(2\sin\theta)^k}\int_0^1 \frac{(1-u)^{n+2k-1}}{[u(1-tu)]^k}\,du.$$

Or je ne me console pas encore de ce fait que cette déduction, qui me paraît la plus directe (bien entendu, en partant de ma définition du polynome) impose la restriction $k < 1$.

Je ne sais pas, mais il me semble presque qu'en s'appuyant sur la définition par l'équation différentielle la détermination des constantes causera encore quelques difficultés.

Un de mes élèves, M. Bourget, qui est actuellement en Allemagne, a fait un petit travail sur une généralisation de la quadrature de Gauss étendue à l'intégrale

$$\int\int F(x, y)\,dx\,dy$$

étendue sur l'aire $x^2+y^2 \leqq 1$. Il rencontre vos polynomes, qui sont les dérivées partielles de $(x^2+y^2-1)^m$. Cependant, je dois l'engager à approfondir encore quelques points, mais je crois que cela fera un joli travail. Cette question peut être envisagée, du reste, sous bien des points de vue différents.

Je prépare toujours ma théorie des nombres; voici une proposition assez curieuse que j'ai rencontrée en étudiant les démonstra-

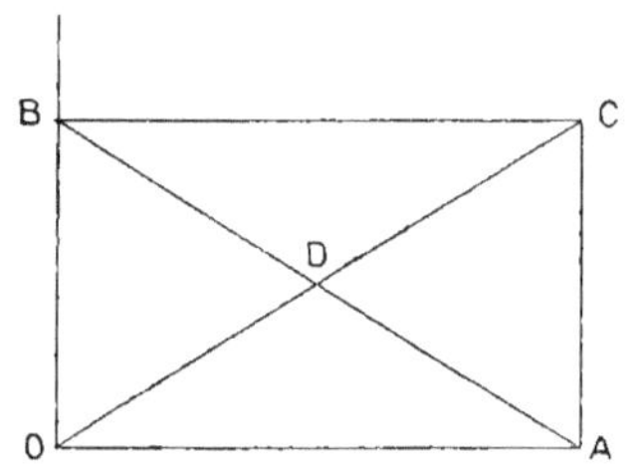

tions de la loi de réciprocité (les diverses modifications qu'on a proposées pour la troisième démonstration de Gauss). Soient OX, OY deux axes rectangulaires; je note les points dont les coordonnées sont entières et qui forment un réseau. Cela étant, soient $OA = \frac{p}{2}$, $OB = \frac{q}{2}$ les côtés d'un rectangle OACB, p et q étant des entiers impairs, premiers entre eux. Traçons les diagonales AB, OC se coupant en D; alors il y a toujours autant de points du réseau à l'intérieur du triangle BDC qu'à l'intérieur du triangle ADC.

Je crois que la démonstration est plus cachée qu'on ne pourrait le croire d'après la simplicité de l'énoncé.

J'ai vu dernièrement qu'on a présenté à l'Académie des Sciences le Tome XIII (ou du moins les premiers fascicules de ce Volume) des *Acta mathematica*, et je crois me rappeler qu'on avait annoncé que ce Volume-là renfermerait les Mémoires couronnés à l'occasion de l'anniversaire du roi de Suède. Nous allons donc avoir enfin ces Mémoires.

Veuillez bien accepter, cher Monsieur, mes meilleurs vœux pour votre bonheur à l'occasion de la nouvelle année qui va commencer et me croire votre très dévoué.

287. — *HERMITE A STIELTJES.*

(Entre le 1er et le 15 janvier 1891) (1).

Mon cher Ami,

Je vous remercie de vos souhaits de bonne année et je vous offre affectueusement mes vœux pour vous, pour Mme Stieltjes et vos chers petits enfants. Puissiez-vous cette année, comme les précédentes, réussir dans vos recherches et continuer de produire les beaux travaux qui vous ont placé au plus haut rang dans l'estime de tous les géomètres. C'est avec grand plaisir que je vois un de vos élèves, M. Bourget, s'engager, sous votre impulsion, dans la question extrêmement intéressante de l'évaluation approchée de l'intégrale $\int\int F(x,y)\,dx\,dy$, relative à l'aire intérieure du cercle $x^2+y^2=1$. Le même sujet a été traité par M. Appell dans un article intitulé : « Sur une classe de polynomes à deux variables et le calcul approché des intégrales doubles », que j'ai seulement parcouru des yeux sans l'étudier à fond, mais les limites sont supposées constantes, ce qui change extrêmement le point de vue; je le tiens à votre disposition, si vous n'en avez pas déjà connaissance. J'ai bien peu travaillé depuis le jour de l'an; je me suis senti comme engourdi par le froid, moralement et physiquement.

. . . .

Je reviens à l'Analyse, je ne vous parlerai point du théorème d'Arithmétique sur le nombre des points contenus dans vos deux triangles, bien que j'y porte grand intérêt; je reviendrai encore à la transformation en prenant pour point de départ les relations

$$\frac{K}{M} = aL + ibL', \qquad \frac{iK'}{M} = cL + idL' \qquad (ad - bc = n).$$

Soit

$$J = \int_0^K k^2\,\mathrm{sn}^2 x\,dx, \qquad iJ' = \int_K^{K+iK'} k^2\,\mathrm{sn}^2 x\,dx,$$

puis

$$J_1 = \int_0^L l^2\,\mathrm{sn}^2\left(\frac{x}{M}, l\right)dx, \qquad iJ'_1 = \int_L^{L+iL'} l^2\,\mathrm{sn}^2\left(\frac{x}{M}, l\right)dx.$$

(1) *Note des éditeurs.* — Cette lettre n'est pas datée, mais il semble bien qu'elle vienne se placer entre le 1er et le 15 janvier.

En désignant par s la valeur, pour $x=0$, de la dérivée seconde de la fonction que j'ai désignée par $S(x)$, on aura à l'égard des intégrales complètes de seconde espèce les relations suivantes :

$$\frac{J_1}{M} = dJ - ibJ' + \frac{s}{n}(dK - ibK'),$$
$$\frac{iJ'_1}{M} = -cJ + iaJ' + \frac{s}{n}(-cK + iaK'),$$

où s est une fonction algébrique du module k. Voici un autre résultat :

Soit pour n impair $y = \frac{U}{V}$ la formule de transformation, qui donne $\frac{dy}{\sqrt{(1-y^2)(1-l^2y^2)}} = \frac{dx}{M\sqrt{(1-x^2)(1-k^2x^2)}}$, j'envisage la relation suivante :

$$A_0 x^{n+1} + A_1 x^{n-1} + A_2 x^{n-3} + \ldots + A_{\frac{n+1}{2}} + \left(B_1 x^{n-2} + B_2 x^{n-4} + \ldots + B_{\frac{n-1}{2}}\right)\sqrt{(1-x^2)(1-k^2x^2)} = 0,$$

où entrent $n+1$ coefficients arbitraires sous forme homogène. On pourra donc en disposer de manière que l'équation proposée admette les n racines de l'équation $y = \frac{U}{V}$; cela étant, j'observe qu'ayant $\sqrt{(1-x^2)(1-k^2x^2)} = \frac{\sqrt{(1-y^2)(1-l^2y^2)}}{M}\frac{dx}{dy}$, les coefficients A_0, A_1, A_2, ... et

$$B_1\sqrt{(1-y^2)(1-l^2y^2)}, \quad B_2\sqrt{(1-y^2)(1-l^2y^2)}, \quad \ldots$$

seront des fonctions rationnelles de la variable y. Il en résulte qu'on peut former une relation de cette forme

$$\varphi(x,y)\sqrt{(1-y^2)(1-l^2y^2)} + \psi(x,y)\sqrt{(1-x^2)(1-k^2x^2)} = 0,$$

où φ et ψ sont rationnelles en x et y, qui soit vérifiée pour toutes les racines x de $y = \frac{U}{V}$.

Mais on a sous forme rationnelle

$$\varphi^2(x,y)(1-y^2)(1-l^2y^2) - \psi^2(x,y)(1-x^2)(1-k^2x^2) = 0,$$

qui ne contient que des puissances paires de x, [dont le premier membre] admettra pour diviseur $U^2 - V^2 y^2$; cette équation du degré $2n+2$ aura en outre une solution $x^2 = \lambda^2(y)$, où vous verrez facilement que $\lambda(y)$ est rationnelle en y. Cette fonction rationnelle donne la substitution *complémentaire* de $y = \frac{U}{V}$, de sorte qu'en écrivant $y = \theta(x)$, l'expression $\theta[\lambda(x)]$ est la formule pour la multiplication de l'argument elliptique par n.

Croyez-moi toujours votre bien sincèrement dévoué.

P.-S. — M. Sylvester a reconnu et avoué son erreur.

288. — *STIELTJES A HERMITE.*

Toulouse, 15 janvier 1891.

CHER MONSIEUR,

Veuillez bien accepter nos meilleurs remercîments pour vos bons souhaits. J'ai vu avec regret que vous supportez mal ces grands froids, mais je ne peux pas me vanter de les supporter mieux. J'éprouve une grande difficulté à respirer et je me sens trop fatigué pour travailler sérieusement. Espérons donc que cela ne durera pas. La Garonne est prise, ce qui ne s'est pas vu depuis l'hiver 1870-1871.

M. Klein, de Göttingue, a obtenu tout récemment un résultat qui m'intéresse beaucoup (il avait publié son résultat seulement déjà dans les *Nachrichte* de Göttingue, août 1890).

Soient $\mathcal{E}(x)$ le nombre entier *plus petit* que x [$\mathcal{E}(x) = 0$ lorsque $x = 1$ ou $x < 1$], ensuite $|a|$ la valeur absolue de a; alors il démontre que le nombre des racines de l'équation transcendante

$$F(\alpha, \beta, \gamma, x) = 1 + \frac{\alpha.\beta}{1.\gamma} x + \frac{\alpha(\alpha+1)\beta(\beta+1)}{1.2.\gamma(\gamma+1)} x^2 + \ldots = 0$$

qui sont comprises entre $x = 0$ et $x = 1$ (excl.) est

$$(1) \qquad \mathcal{E}\left(\frac{|\alpha-\beta| - |1-\gamma| - |\gamma-\alpha-\beta| + 1}{2}\right)$$

lorsque $1 - \gamma$ est négatif ou nul.

Dans le cas où $1-\gamma$ est positif, ce nombre est encore exprimé par (I) lorsque $F(\alpha, \beta, \gamma, x)$ s'annule pour $x=1$, dans le cas contraire ce nombre sera $\mathcal{E}(\ldots)$ ou $\mathcal{E}(\ldots)+1$ et, pour décider entre ces deux valeurs, il suffit de constater le signe de $F(\alpha, \beta, \gamma, x)$ pour $x=1$ (ce qui est facile d'après les formules connues) car, lorsque ce signe est $+$, le nombre des racines est nécessairement pair, et impair dans le cas contraire.

La démonstration de M. Klein est extrêmement intéressante, elle repose entièrement sur la conception des feuilles multiples de Riemann et des considérations géométriques. Cela prouve bien l'utilité de ce mode de représentation, mais je vous dirai que la Géométrie y intervient trop, à mon goût, et il me semble qu'il serait désirable d'avoir une démonstration plus purement analytique. Dès que j'ai vu l'énoncé du théorème je n'ai pu m'empêcher de penser qu'on pourrait y arriver par la méthode de Sturm en s'appuyant sur les relations entre les fonctions F contiguës, etc. Mais il y a encore autre chose et, en partant du résultat de M. Klein, il me semble qu'on pourrait arriver peut-être à déterminer aussi le nombre exact des racines imaginaires d'une branche quelconque de la fonction non uniforme $F(\alpha, \beta, \gamma, x)$, à peu près comme vous avez fait cela dans le cas particulier de la fonction sphérique de seconde espèce.

En tous cas, ce serait une tentative à faire et je regrette beaucoup que je n'aie pas ici quelque élève à qui je pourrais indiquer cette recherche. Voilà notre malheur en province, ceux qui se préparent pour la licence sont trop peu avancés, et les candidats à l'agrégation se bornent nécessairement à travailler pour le concours.

Voilà M. Bourget qui est agrégé maintenant et débarrassé ainsi de tout souci d'examen. On l'a envoyé en Allemagne et il m'écrit qu'il profite beaucoup à Göttingue.

. . . .

Moi, je dois absolument me borner à la théorie des nombres, d'autant plus que j'ai vu dans les *Comptes rendus* le sujet du grand prix pour 1892, qui me donnera beaucoup à faire.

Je crois que vous n'avez pas vu l'article que j'ai rédigé à la suite de votre article sur la fonction sphérique de seconde espèce. J'en ai envoyé l'épreuve corrigée à l'imprimerie il y a trois semaines, à peu près, et je prends la liberté de vous adresser le second exemplaire que j'ai reçu alors, vous voyez que je n'en ai plus besoin; cependant, il est peut-être prudent de ne pas le détruire. Je me rappelle avoir eu à regretter un jour de n'avoir pas conservé le second exemplaire, parce qu'on n'avait pas reçu à l'imprimerie l'épreuve corrigée, qui n'était pas arrivée à destination.

Veuillez bien me croire toujours votre très dévoué.

P.-S. — Si je ne parle pas de la transformation, c'est que j'ai voulu profiter d'un instant de loisir. Je suis pris pour quelques jours encore par des visites à faire, etc.

289. — *HERMITE A STIELTJES.*

Paris, 17 janvier 1891.

MON CHER AMI,

J'apprends avec grand plaisir que vous avez fait un article dans les *Annales de Toulouse* à la suite de ma Note sur l'équation $Q^n(x) = 0$ et je viens vous prier de vouloir bien me réserver des exemplaires du tirage à part, 30 si c'est possible, afin de pouvoir les donner en les joignant aux miens. Le froid redouble, le vent s'y joint; ce matin, il n'y avait pas moins de 8°, et en sortant je me suis senti les oreilles et les doigts gelés. Mais la communication extrêmement intéressante que vous m'avez faite du beau théorème de M. Klein sur le nombre des racines réelles < 1 de l'équation $F(\alpha, \beta, \gamma, x) = 0$ m'arrache à la torpeur qui m'a envahi depuis plusieurs jours. Je vous chicanerai au sujet de votre prétention de le démontrer par la méthode de Sturm, en recourant aux relations que Gauss a données entre les fonctions qu'il nomme *contiguës*. Il me semble que cette méthode n'a jamais été appliquée et n'est applicable qu'aux équations dont le premier membre est un polynome entier, ou du moins faudrait-il, si l'on suppose V_1 une fonction transcendante, que dans la suite

$$\begin{aligned} V &= V_1 Q_1 - V_2, \\ V_1 &= V_2 Q_2 - V_3, \\ &\ldots\ldots\ldots\ldots\ldots\ldots, \\ V_{r-1} &= V_r Q_r - V_{r+1} \end{aligned}$$

il se rencontre une fonction V_{r+1} ne changeant jamais de signe entre les limites où l'on cherche les racines. Je n'ai aucune idée des considérations géométriques employées par M. Klein, et mon ignorance de l'allemand ne me permettra jamais de les connaître; aussi les verrais-je avec grand plaisir, et d'autres que moi certainement, si vous vouliez bien en donner la substance, lorsque vous publierez un article sur la question des racines imaginaires. La grande difficulté du sujet me fait croire que vous devrez vous-même y mettre la main, et ce serait sans doute en étudiant la variation de l'argument, plutôt qu'en recourant, comme je l'ai fait, aux indices de Cauchy, qu'on pourra réussir.

Vous regrettez de n'avoir pas d'élèves à qui confier une question à traiter; hélas! il n'en est pas autrement à la Sorbonne qu'à Toulouse et dans toute Faculté des Sciences de France. Un élève de Clebsch, qui a suivi mes leçons, M. Pasquier, astronome, professeur à Louvain, m'a appris que l'éminent géomètre qui a produit tant de beaux Mémoires travaillait très peu. Les idées lui venaient heureuses et abondantes, il les livrait à de jeunes ouvriers, enchantés de travailler sous ses yeux, avec sa direction, qui lui supprimaient, en faisant les calculs avec grand soin, tout travail matériel, et c'était au grand profit de la Science comme de ses auxiliaires.

. . . .

En vous conviant, mon cher ami, à faire une part dans vos méditations et votre travail à la fonction $\zeta(s)$, puisque c'est moi qui ai proposé la question comme sujet de prix, et en espérant avoir bientôt des nouvelles favorables de votre santé, croyez toujours à mon affection sincère et bien dévouée.

290. — *STIELTJES A HERMITE.*

Toulouse, 19 janvier 1891.

CHER MONSIEUR,

J'ai demandé à M. Gauthier-Villars de vous faire parvenir, dès qu'ils seront prêts, 30 tirages à part de mon petit Mémoire, qui fait suite au vôtre sur les racines de $Q^n(x) = 0$. J'espère que vous aurez reçu maintenant l'épreuve de cet article, que je vous avais envoyée en même temps que ma dernière lettre.

Maintenant, permettez-moi de défendre mon idée de démontrer le théorème de M. Klein à l'aide de la méthode de Sturm. Soit $y = F(\alpha, \beta, \gamma, x)$, $y' = \frac{\alpha\beta}{\gamma} F(\alpha+1, \beta+1, \gamma+1, x)$; je considère simplement l'équation différentielle

$$y = \frac{\gamma - (\alpha+\beta+1)x}{\alpha\beta} y' + x(1-x)\frac{y''}{\alpha\beta},$$

de même

$$y' = \frac{\gamma+1-(\alpha+\beta+3)x}{(\alpha+1)(\beta+1)} y'' + x(1-x)\frac{y'''}{(\alpha+1)(\beta+1)},$$

$$y'' = \frac{\gamma+2-(\alpha+\beta+5)x}{(\alpha+2)(\beta+2)} y''' + x(1-x)\frac{y^{\text{IV}}}{(\alpha+2)(\beta+2)},$$

$$\ldots\ldots\ldots\ldots\ldots\ldots\ldots\ldots,$$

en posant

$$\begin{aligned}
y &= V,\\
y' &= V_1,\\
y'' &= -\alpha\beta V_2,\\
y''' &= -(\alpha+1)(\beta+1)V_3,\\
y^{\text{IV}} &= +\alpha(\alpha+2)\beta(\beta+2)V_4,\\
y^{(5)} &= +(\alpha+1)(\alpha+3)(\beta+1)(\beta+3)V_5,\\
y^{(6)} &= -\alpha(\alpha+2)(\alpha+4)\beta(\beta+2)(\beta+4)V_6,\\
y^{(7)} &= -(\alpha+1)(\alpha+3)(\alpha+5)(\beta+1)(\beta+3)(\beta+5)V_7,\\
&\ldots\ldots\ldots\ldots\ldots\ldots\ldots\ldots,
\end{aligned}$$

j'ai

$$\begin{aligned}
V &= Q_1 V_1 - x(1-x)V_2,\\
V_1 &= Q_2 V_2 - x(1-x)V_3,\\
V_2 &= Q_3 V_3 - x(1-x)V_4,\\
V_3 &= Q_4 V_4 - x(1-x)V_5,\\
&\ldots\ldots\ldots\ldots\ldots;
\end{aligned}$$

ces fonctions $V_1, V_2, V_3, \ldots$ peuvent donc servir à déterminer le nombre des racines dans l'intervalle $(0, 1)$. On a, en écrivant $F(k)$

au lieu de $F(\alpha+k, \beta+k, \gamma+k, x)$,

$$
\begin{aligned}
V &= F(0),\\
V_1 &= \frac{\alpha\beta}{\gamma}F(1),\\
V_2 &= -\frac{(\alpha+1)(\beta+1)}{\gamma(\gamma+1)}F(2),\\
V_3 &= -\frac{\alpha(\alpha+2)\beta(\beta+2)}{\gamma(\gamma+1)(\gamma+2)}F(3),\\
V_4 &= +\frac{(\alpha+1)(\alpha+3)(\beta+1)(\beta+3)}{\gamma\ldots(\gamma+3)}F(4),\\
V_5 &= +\frac{\alpha(\alpha+2)(\alpha+4)\beta(\beta+2)(\beta+4)}{\gamma\ldots(\gamma+4)}F(5),\\
V_6 &= \ldots\ldots\ldots\ldots\ldots\ldots\ldots\ldots,\\
&\ldots\ldots\ldots\ldots\ldots\ldots\ldots\ldots\ldots\ldots
\end{aligned}
$$

Il faut évidemment pousser jusqu'à ce qu'on arrive à une fonction $F(k)$ telle que $\alpha+k$, $\beta+k$, $\gamma+k$ soient positifs; il est clair alors que $V_k=0$ n'a plus de racines dans l'intervalle $(0, 1)$.

Pour $x=0$ on a immédiatement les valeurs de $V, V_1, V_2, \ldots$. Considérons la valeur $x=1$. Le coefficient de x^n dans $F(\alpha, \beta, \gamma, x)$ est

$$
\begin{aligned}
&\frac{\alpha(\alpha+1)\ldots(\alpha+n-1).\beta(\beta+1)\ldots(\beta+n-1)}{1.2\ldots n.\gamma(\gamma+1)\ldots(\gamma+n-1)}\\
&\quad=\frac{\Gamma(\alpha+n)\Gamma(\beta+n)}{\Gamma(1+n)\Gamma(\gamma+n)}\times\frac{\Gamma(1)\Gamma(\gamma)}{\Gamma(\alpha)\Gamma(\beta)},
\end{aligned}
$$

c'est-à-dire à cause de $\Gamma(\alpha+n)=n^\alpha\Gamma(n)(1+\varepsilon)$ (ε très petit pour n grand)

$$
=\frac{\Gamma(1)\Gamma(\gamma)}{\Gamma(\alpha)\Gamma(\beta)}\times\frac{n^{\alpha+\beta-\gamma}}{n}(1+\varepsilon).
$$

Il est clair par là que pour

$$\alpha+\beta-\gamma\geqq 0$$

la série est divergente pour $x=1$, F devient infinie mais AVEC LE SIGNE de $\frac{\Gamma(\gamma)}{\Gamma(\alpha)\Gamma(\beta)}$. Or à cause de

$$
\begin{gathered}
F(\alpha, \beta, \gamma, x)=(1-x)^{\gamma-\alpha-\beta}F(\alpha', \beta', \gamma', x)\\
[\alpha'=\gamma-\alpha, \quad \beta'=\gamma-\beta, \quad \gamma'=\gamma, \quad \alpha+\beta-\gamma=-(\alpha'+\beta'-\gamma')],
\end{gathered}
$$

on peut se borner à considérer le cas $\alpha+\beta-\gamma\geqq 0$, puisque

$F(\alpha, \beta, \gamma, x) = 0$, $F(\alpha', \beta', \gamma', x) = 0$ ont les mêmes racines comprises entre o et 1. On aura alors aussi $(\alpha + k) + (\beta + k) - (\gamma + k) \gtreqqless 0$ et, pour $x = 1$, on a à compter les variations de signes dans la suite

$$\frac{\Gamma(\gamma)}{\Gamma(\alpha)\Gamma(\beta)},$$

$$\frac{\alpha.\beta}{\gamma}\,\frac{\Gamma(\gamma+1)}{\Gamma(\alpha+1)\Gamma(\beta+1)} = \frac{\Gamma(\gamma)}{\Gamma(\alpha)\Gamma(\beta)},$$

$$-\frac{(\alpha+1)(\beta+1)}{\gamma(\gamma+1)}\,\frac{\Gamma(\gamma+2)}{\Gamma(\alpha+2)\Gamma(\beta+2)} = -\frac{\Gamma(\gamma)}{\Gamma(\alpha+1)\Gamma(\beta+1)},$$

$$-\frac{\alpha(\alpha+2)\beta(\beta+2)}{\gamma(\gamma+1)(\gamma+2)}\,\frac{\Gamma(\gamma+3)}{\Gamma(\alpha+3)\Gamma(\beta+3)} = -\frac{\alpha\beta\,\Gamma(\gamma)}{\Gamma(\alpha+2)\Gamma(\beta+2)},$$

$$+\frac{(\alpha+1)(\alpha+3)(\beta+1)(\beta+3)}{\gamma\ldots(\gamma+3)}\,\frac{\Gamma(\gamma+4)}{\Gamma(\alpha+4)\Gamma(\beta+4)} = +\frac{(\alpha+1)(\beta+1)\Gamma(\gamma)}{\Gamma(\alpha+3)\Gamma(\beta+3)},$$

$$+\frac{\alpha(\alpha+2)(\alpha+4)\beta(\beta+2)(\beta+4)}{\gamma\ldots(\gamma+4)}\,\frac{\Gamma(\gamma+5)}{\Gamma(\alpha+5)\Gamma(\beta+5)} = +\frac{\alpha(\alpha+2)\beta(\beta+2)\Gamma(\gamma)}{\Gamma(\alpha+4)\Gamma(\beta+4)}$$

ou, si l'on divise par $\frac{\Gamma(\gamma)}{\Gamma(\alpha)\Gamma(\beta)}$, la suite

$$1,\quad 1,\quad -\frac{1}{\alpha\beta},\quad -\frac{\alpha\beta}{\alpha(\alpha+1)\beta(\beta+1)},\quad +\frac{(\alpha+1)(\beta+1)}{\alpha(\alpha+1)(\alpha+2)\beta(\beta+1)(\beta+2)},$$
$$+\frac{\alpha(\alpha+2)\beta(\beta+2)}{\alpha(\alpha+1)(\alpha+2)(\alpha+3)\beta(\beta+1)(\beta+2)(\beta+3)}.$$

et, puisqu'il ne s'agit que des signes, j'ai enfin la suite

$$1,\quad 1,\quad -\alpha\beta,\quad -(\alpha+1)(\beta+1),\quad +\alpha(\alpha+2)\beta(\beta+2),$$
$$+(\alpha+1)(\alpha+3)(\beta+1)(\beta+3),\quad -\alpha(\alpha+2)(\alpha+4)\beta(\beta+2)(\beta+4),\quad \ldots,$$

tandis que, pour $x = 0$, on a la suite

$$1,\quad \frac{\alpha\beta}{\gamma},\quad -\frac{(\alpha+1)(\beta+1)}{\gamma(\gamma+1)},\quad -\frac{\alpha(\alpha+2)\beta(\beta+2)}{\gamma(\gamma+1)(\gamma+2)},$$
$$+\frac{(\alpha+1)(\alpha+3)(\beta+1)(\beta+3)}{\gamma(\gamma+1)(\gamma+2)(\gamma+3)},\quad +\ldots.$$

Il reste une discussion à faire, plusieurs cas sont à distinguer. Je ne l'ai pas complètement faite, mais, dans les cas que j'ai examinés, j'ai trouvé des résultats conformes à la règle de M. Klein.

Je reviendrai plus tard sur la question des racines imaginaires. En ce moment je ne peux guère que réfléchir vaguement et faire des projets, mais je dois renoncer à serrer les difficultés de près.

Mon plus grand souci est toujours d'avoir terminé vers juin ou juillet les sept premiers Chapitres de ma théorie des nombres, embrassant la partie élémentaire. Je pourrai respirer alors plus librement et m'abîmer dans l'étude de la fonction ζ et des nombres premiers.

Pendant la journée d'hier le thermomètre a marqué jusqu'à -13°, cette nuit il est allé jusqu'à -16°.

En faisant les meilleurs vœux pour votre santé, je vous prie de vouloir bien me croire votre tout dévoué.

291. — *HERMITE A STIELTJES.*

Paris, 27 janvier 1891.

Mon cher Ami,

Les épreuves de la vie n'épargnent point les algébristes et je suis encore sous l'impression d'une mort survenue dans ma famille la semaine dernière, mais je ne dois pas tarder plus longtemps à vous dire que votre démonstration du beau résultat de M. Klein est extrêmement remarquable et vous fera grand honneur. Une partie de votre analyse, l'emploi des dérivées successives de l'équation différentielle du second ordre de la série de Gauss, s'était présentée à mon esprit, en me rappelant un passage de l'*Algèbre* de Serret, où est établie la réalité des racines de $X_n = 0$ au moyen de

$$(x^2 - 1)X_n'' + 2xX_n' = n(n+1)X_n;$$

mais je n'ai fait qu'entrevoir, sans le suivre, le chemin qui vous a si bien conduit au but. Quant aux racines imaginaires je n'aperçois rien, je suppose seulement que vous ferez usage de l'expression par une intégrale définie $\int_0^1 z^{\alpha-1}(1-z)^{-\alpha-\gamma-1}(1-zx)^{\beta}\,dz$ qui vous donnera, comme on dit, du fil à retordre.

Je vous fais également mon compliment sur votre article des *Annales* dont l'épreuve m'a été envoyée et qui concerne $Q^n(x) = 0$. Vous avez jeté une vive lumière sur la nature analytique de la fonction de seconde espèce, et tandis que j'ai esquivé les difficultés, par l'emploi d'une substitution, vous les avez abordées et surmontées en ne craignant point de les regarder en face. Je serai très content de joindre votre article au mien en l'envoyant à mes amis mathématiques, qui le liront avec le plus grand intérêt.

Permettez-moi de revenir sur l'équation

$$\varphi(x, y)\sqrt{(1-y^2)(1-l^2y^2)} - \psi(x, y)\sqrt{(1-x^2)(1-k^2x^2)} = 0,$$

où je pose

$$\varphi(x, y) = A_0 x^{n+1} + A_1 x^{n-1} + A_2 x^{n-3} + \ldots + A_{\frac{n+1}{2}},$$

$$\psi(x, y) = B_1 x^{n-2} + B_2 x^{n-4} + B_3 x^{n-6} + \ldots + B_{\frac{n-1}{2}} x,$$

en déterminant les coefficients par la condition qu'elle admette les n racines de la formule de transformation $y = \frac{U}{V}$. Ces coefficients seront donc des fonctions rationnelles de y, et l'équation

$$\varphi^2(x, y)(1-y^2)(1-l^2y^2) - \psi^2(x, y)(1-x^2)(1-k^2x^2) = 0,$$

ne contenant que des puissances paires de x, contiendra le facteur $y^2 - \frac{U^2}{V^2}$. On peut donc écrire

$$\begin{aligned}&\varphi^2(1-y^2)(1-l^2y^2) - \psi^2(1-x^2)(1-k^2x^2)\\ &= A_0^2(U^2 - V^2y^2)[x^2 - \theta^2(y)](1-y^2)(1-l^2y^2),\end{aligned}$$

en admettant, comme on le peut, que le coefficient de x^n dans U soit égal à l'unité.

Soit maintenant $x = 0$, ce qui donne

$$A_{\frac{n+1}{2}}^2(1-y^2)(1-l^2y^2) = (1-y^2)(1-l^2y^2)A_0^2 V_0^2 y^2 \theta^2(y),$$

V_0 étant la valeur de U pour $x = 0$, on voit ainsi que $\theta(y)$ est une fonction rationnelle de y; c'est cette fonction que je veux obtenir. Je pose à cet effet $y = \operatorname{sn}\left(\frac{u}{M}, l\right)$, les racines x deviennent donc $\operatorname{sn}^2 u$, $\operatorname{sn}^2(u + 4\omega)$, $\operatorname{sn}^2[u + 4(n-1)\omega]$ où ω est la quantité $\frac{mK + m'iK'}{n}$, et le théorème d'Abel, qui s'applique à l'équation considérée, donne, pour l'argument de la racine cherchée, la somme $u + u + 4\omega + u + 8\omega + \ldots$, c'est-à-dire nu, abstraction faite des périodes. Il est donc démontré que la substitution dont j'ai fait usage $y = \operatorname{sn}\left(\frac{u}{M}, l\right)$ a pour conséquence que l'on a $x = \operatorname{sn}(nu)$ et qu'en faisant $y = \theta_1(x)$ la formule $x = \theta(y)$ est la substitution complémentaire.

Ce point établi, soit l_1 le module relatif à la substitution complémentaire, en changeant l en l_1, nous aurons

$$\begin{aligned} &\varphi_1^2(x,y)(1-y^2)(1-l_1^2y^2) - \psi_1^2(x,y)(1-x^2)(1-k^2x^2) \\ &\quad = g[y^2 - \theta^2(x)][x^2 - \theta_1^2(y)], \end{aligned}$$

où le second membre est le même que dans l'équation précédente sauf la permutation de x et y. On parvient ainsi à cette singulière conclusion, au point de vue algébrique, que l'expression

$$\varphi^2(x,y)(1-y^2)(1-l^2y^2) - \psi^2(x,y)(1-x^2)(1-k^2x^2),$$

où les coefficients ont été déterminés par la condition d'admettre les racines de $y = \frac{U}{V}$, *se reproduit* en changeant l en l_1, et permutant x et y.

Les cahiers des *Acta* comprenant les Mémoires de Poincaré et d'Appell ont tous les deux paru; ce sont, à mon avis, deux chefs-d'œuvre qui jettent le plus vif éclat sur l'Analyse française.

. . . .

Croyez-moi toujours, mon cher ami, votre bien affectueusement dévoué.

292. — *STIELTJES A HERMITE.*

Toulouse, 9 février 1891.

CHER MONSIEUR,

Veuillez bien accepter mes très sincères remercîments pour le beau cadeau que vous venez de me faire en m'envoyant la quatrième édition de votre Cours à la Sorbonne. Malheureusement, quoique j'étudie beaucoup, je n'ai rien d'achevé sous la main pour vous témoigner d'une manière plus sérieuse ma vive reconnaissance, et à ma grande honte je dois l'avouer. Dans cette pénurie, permettez-moi de dire seulement quelques mots sur la proposition de M. Tchebycheff concernant les minima de l'expression

$$x - ay - \alpha.$$

Il s'agit de satisfaire aussi exactement que possible à la condition

$$x - ay - \alpha = 0.$$

Remplaçons a par une de ses fractions convergentes $\frac{m}{n}$, on aura

$$nx - my - n\alpha = 0$$

ou bien, si je pose comme vous $n\alpha = N + \varpi$ $\left(|\omega| < \frac{1}{2}\right)$ et si je néglige encore ϖ,

$$nx - my = N,$$

m et n étant premiers entre eux, cette équation indéterminée est toujours possible et la solution générale est

$$x = x_0 + mt, \qquad y = y_0 + nt \qquad (t = 0, \pm 1, \pm 2, \pm 3, \ldots).$$

En disposant de t on obtient donc toujours une solution x, y telle que

$$|y| \leqq \frac{n}{2}.$$

Cela étant, il vient, si l'on pose

$$a = \frac{m}{n} + \frac{\lambda}{n^2} \qquad (|\lambda| < 1),$$

$$nx - my = n\alpha - \varpi,$$

$$x - ay - \alpha = -\frac{\varpi}{n} - \frac{y\lambda}{n^2},$$

d'où l'on conclut

$$|x - ay - \alpha| < \frac{1}{n},$$

tandis que

$$|y| \leqq \frac{n}{2}, \qquad \frac{1}{n} \leqq \frac{1}{|2y|}.$$

Remarque. — Si la différence entre α et le nombre entier le plus voisin était $< \frac{1}{2n}$, N serait divisible par n et $y = 0$. Mais cela n'arrivera donc jamais si l'on prend n suffisamment grand

Au fond, il n'y a pas une grande différence avec votre démonstration; tandis que je détermine x et y par la seule relation $nx - my = N$, vous les déterminez par

$$nx - my = N, \qquad n'x - m'y = N'.$$

Peut-être ai-je retrouvé ainsi la méthode de M. Tchebycheff, je ne saurais le dire. Quoi qu'il en soit, vous voudrez bien considérer ceci comme une tentative, faite pour me rendre compte de l'origine de votre analyse et pour la retrouver. En effet, lorsque je n'avais pas votre texte sous la main, j'avais constaté une difficulté (chez moi) pour retrouver vos formules.

M. Hurwitz a remarqué comme moi (et avant moi) que le théorème de M. Klein sur les racines de $F(a, b, c, x) = 0$ s'obtient aisément à l'aide de la méthode de Sturm. Son travail est à l'impression, et j'attendrai donc pour voir s'il s'est occupé aussi des racines imaginaires. C'est à l'aide de la méthode de M. Klein elle-même que je crois voir comment il faudra préciser cette question des racines imaginaires. Mais je suis bien convaincu que tout ce qu'on pourra obtenir sera accessible aussi par la méthode qui consiste à calculer le nombre des racines à l'aide de la variation de l'argument. Il faudra recourir aux formules qui donnent la continuation de la fonction dans les diverses parties du plan. Quant à la représentation de $F(a, b, c, x)$ par l'intégrale définie dont vous parlez dans votre lettre, elle n'a lieu que sous certaines restrictions [et par exemple dans ce cas $F(a, b, c, x) = 0$ n'a aucune racine réelle entre 0 et 1]. Cette circonstance me fait croire, sauf erreur, que l'intégrale définie en question ne pourra pas être bien utile dans ce cas. J'ai vu avec le plus grand intérêt le beau théorème d'Arithmétique de M. Minkowski (¹) dans les *Comptes rendus*.

Veuillez bien me croire votre très dévoué.

293. — *STIELTJES A HERMITE.*

Toulouse, 13 février 1891.

Cher Monsieur,

Permettez-moi de faire une petite remarque sur la proposition de M. Tchebycheff concernant le signe de l'expression

$$\mathfrak{L} = (a' - a)\int_a^{a'} \varphi(x)\psi(x)\,dx - \int_a^{a'} \varphi(x)\,dx \times \int_a^{a'} \psi(x)\,dx$$

(votre Cours, p. 47).

(¹) *Note des éditeurs.* — Le théorème auquel il est fait allusion est le théorème de M. Minkowski sur les facteurs premiers critiques des discriminants. (*Comptes rendus*, t. CXII, p. 209.)

A cause de

$$\int_a^{a'} \varphi(x)\,dx = (a'-a)\,\varphi(u),$$

c'est-à-dire

(1) $$\int_a^{a'} [\varphi(x)-\varphi(u)]\,dx = 0,$$

on a

$$\mathfrak{L} = (a'-a)\int_a^{a'} \psi(x)[\varphi(x)-\varphi(u)]\,dx$$

ou encore

(2) $$\mathfrak{L} = (a'-a)\int_a^{a'} [\psi(x)-\psi(u)][\varphi(x)-\varphi(u)]\,dx,$$

d'où l'on conclut la proposition de M. Tchebycheff. On peut dire aussi : L'expression $\mathfrak{L}$ ne change pas en remplaçant $\varphi(x)$ par $\varphi(x)+C$, $\psi(x)$ par $\psi(x)+C'$. Donc on peut remplacer $\varphi(x)$ par $\varphi(x)-\varphi(u)$, $\psi(x)$ par $\psi(x)-\psi(u)$. Si l'on prend soin de déterminer u par la relation (1) on obtient ainsi la formule (2).

Veuillez bien me croire votre bien dévoué.

294. — *HERMITE A STIELTJES.*

Flanville par Noiseville (Lorraine), 16 février 1891.

Mon cher Ami,

J'ai été appelé en Lorraine par la mort d'une de mes tantes, la dernière qui me restait et qui emporte avec elle les plus anciens souvenirs de ma vie, ceux de ma première enfance.

En revenant du service mortuaire pour passer quelques jours en famille à Flanville, j'ai reçu la nouvelle désolante de la mort de Mme Kovalewski, qui a été enlevée le 10 à 4^h du matin, par une pleuro-pneumonie. Il y a à peu près quinze jours, je l'avais vue en pleine santé à son passage à Paris, lorsqu'elle revenait à Stockholm, faire son Cours à l'Université, après avoir passé à Cannes les vacances de Noël. Je vous ferai connaître ce qu'on ne manquera pas de m'apprendre sur ses derniers moments, et ce qu'on fera sans doute pour honorer sa mémoire. Mais cette perte déplorable pour la Science ne sera pas malheureusement la seule; je suis informé que M. Weierstrass, depuis longtemps malade, est maintenant dans un état déplorable et qu'on ne conserve plus d'espoir de le conserver. Je ressens le contre-coup de tant d'atteintes : *sunt lacrymæ rerum et mentem mortalia tangunt.*

Votre étude bibliographique sur la théorie des nombres est excellente; rien de plus clair et de plus simple que votre exposition. J'éprouve, en vous lisant, le rare plaisir de voir apparaître, sous un jour extrêmement élémentaire, des notions nouvelles et importantes, et je ne serai point seul à vous savoir grand gré d'avoir tiré des travaux de M. Smith, pour la mettre au jour ainsi qu'elle le mérite, la notion des systèmes réduits.

Mais j'ai surtout le devoir de vous remercier de lire ma nouvelle édition, et de me faire part des remarques que vous suggère cette lecture. Les inadvertances et les erreurs n'y manquent point, parce que j'ai été paresseux et inattentif, et aussi à cause de l'impossibilité de faire des corrections sur des épreuves en lithographie. Quand je ferai le second Volume de mon Cours j'espère réussir à faire disparaître ces défauts, en même temps que je donnerai place aux communications excellentes que je reçois de vous. L'introduction de $\varphi(u)$, dans la démonstration de Tchebycheff, est tout à fait neuve et inattendue, j'en profiterai pour mon Cours de cette année.

Avez-vous lu dans les *Acta* les beaux Mémoires de Poincaré et d'Appell?

....

En vous priant, mon cher ami, de croire toujours à mon affection bien dévouée.

295. — *STIELTJES A HERMITE.*

Toulouse, 19 février 1891.

CHER MONSIEUR,

J'ai été douloureusement impressionné par votre dernière lettre m'annonçant le nouveau deuil qui vous a frappé, et la mort si regrettable de Mme de Kovalewski. Dans un journal qu'on m'envoie de la Hollande, j'ai trouvé quelques détails sur sa vie, elle n'avait que 38 ans et, ce que j'ignorais, il paraît qu'elle s'es occupée aussi de travaux littéraires. Je recueille avec piété tout ce qui a trait à elle, qui joignait à une modestie extrême tant de mérite.

Le Mémoire de Poincaré sur le problème des trois corps est entre mes mains depuis un mois à peu près, et je l'étudie. Comme je le prévoyais, c'est en grande partie à l'aide des méthodes originales qu'il a développées dans ses beaux Mémoires sur les courbes définies par les équations différentielles (dans le Journal de Jordan) qu'il obtient ses principaux résultats, mais il y a beaucoup de choses nouvelles et j'ai été surtout frappé par la belle manière dont il établit maintenant l'existence des solutions périodiques. Cela est bien plus facile et clair que la méthode qu'il avait d'abord suivie dans le Bulletin de Tisserand. Mais je n'ai pas encore approfondi tout le Mémoire, j'avance seulement peu à peu. J'allais presque dire là, nous avançons peu à peu, car mon excellent ami et collègue, M. Cosserat, l'étudie également et nous discutons souvent sur les points difficiles que nous rencontrons. Vous voyez, Monsieur, que je suis bien loin de vouloir critiquer quelque chose dans ce beau Mémoire; j'apprends et je cherche à en profiter le mieux qu'il m'est possible.................................

....

Je ne dissimulerai point que j'ai été très content lorsque vous avez trouvé clair mon Chapitre sur la divisibilité des nombres. C'est en effet la seule chose que je puis chercher à atteindre.

Je viens justement de recevoir votre objection contre ma démonstration de la proposition de M. Tchebycheff [1]. Vous vous serez aperçu certainement déjà qu'elle n'est point fondée, après avoir posé

$$\int_a^{a'} \varphi(x)\,dx = (a'-a)\,\varphi(u) \qquad (a < u < a').$$

Je n'ai nullement besoin de la quantité analogue à

$$\int_a^{a'} \psi(x)\,dx = (a'-a)\,\psi(u');$$

[1] *Note des éditeurs.* — Ce passage montre qu'il manque sûrement quelque lettre d'Hermite, écrite entre le 16 et le 19 février.

mais je considère la valeur de $\psi(x)$ pour $x = u$ (non pour $x = u'$). On a d'abord

$$(1) \qquad J = (a' - a) \int_a^{a'} \psi(x) [(\varphi(x) - \varphi(u)] \, dx,$$

mais puisque

$$(2) \qquad 0 = \int_a^{a'} [\varphi(x) - \varphi(u)] \, dx,$$

il vient, en multipliant (2) par $(a' - a)\psi(u)$ et retranchant de (1),

$$J = (a' - a) \int_a^{a'} [\psi(x) - \psi(u)] [\varphi(x) - \varphi(u)] \, dx.$$

En considérant des sommes au lieu d'intégrales, ma démonstration prendrait la forme suivante. Soient

$$\begin{array}{llll} a_1, & a_2, & \ldots, & a_n, \\ b_1, & b_2, & \ldots, & b_n \end{array}$$

deux séries de n nombres, dont chacune est rangée par ordre de grandeur croissante ou décroissante,

$$J = n\left(\sum_1^n a_k b_k\right) - \left(\sum_1^n a_k\right)\left(\sum_1^n b_k\right).$$

Alors en posant

$$\alpha = \frac{a_1 + a_2 + \ldots + a_n}{n},$$

c'est-à-dire

$$\sum_1^n (a_k - \alpha) = 0,$$

on a aussi

$$J = n \sum_1^n a_k b_k - n\alpha \sum_1^n b_k = n \sum_1^n (a_k - \alpha) b_k.$$

Supposons maintenant que α tombe entre a_p et a_{p+1}; prenons alors une quantité β entre b_p et b_{p+1} (lorsque par hasard $\alpha = a_p$, on prendrait aussi $\beta = b_p$). Alors à cause de

$$J = n \sum_1^n (a_k - \alpha) b_k, \qquad 0 = n \sum_1^n (a_k - \alpha) \beta,$$

on peut écrire

$$J = n\sum_1^n (a_k - \alpha)(b_k - \beta);$$

mais $a_k - \alpha$ et $b_k - \beta$ ont toujours même signe lorsque les séries des a_i et des b_i sont toutes les deux croissantes ou décroissantes, et $a_k - \alpha$ et $b_k - \beta$ ont toujours signes contraires, lorsque l'une des séries est croissante, l'autre décroissante. Vous voyez que l'introduction de cette quantité β [ou $\psi(u)$] est un point essentiel. L'identité analogue pour la démonstration de M. Franklin, qui se sert d'intégrales doubles, serait

$$\sum_1^n\sum_1^n (a_i - a_k)(b_i - b_k) = 2n\sum_1^n (a_i b_i) - 2\left(\sum_1^n a_i\right)\left(\sum_1^n b_i\right)$$
$$(i, k = 1, 2, \ldots, n).$$

Veuillez bien accepter, cher Monsieur, la nouvelle assurance de mes sentiments très dévoués.

P.-S. — Vous trouverez à Paris les 30 tirages à part sur $Q_n(x)$.

296. — *HERMITE A STIELTJES.*

Paris, 23 février 1891.

Cher Ami,

Je vous accuse réception des tirages à part des 30 exemplaires de votre article sur la fonction sphérique de seconde espèce, que je me ferai un plaisir d'envoyer avec le mien aussitôt que j'aurai reçu mon tirage à part qui ne m'a pas été donné jusqu'ici.

Je vous ai déjà dit combien votre méthode et vos résultats m'intéressent; la relation à laquelle vous parvenez en dernier lieu,

$$\int_{-1}^{+1} \frac{F^2(u)\,du}{x-u} = F(x)\,Q^n(x),$$

est extrêmement belle, et en elle-même et parce qu'elle montre que pour une valeur imaginaire $x = a + ib$ le coefficient de i dans le produit $F(x)\,Q^n(x)$ est toujours de signe contraire à b.

Cela ressemble à la propriété d'une importance capitale de $\frac{iK'}{K}$, où le coefficient de i est toujours positif pour $K^2 = a + ib$.

. . . .

Ai-je besoin de vous déclarer que vous avez mille fois raison contre moi, et que mon objection à votre démonstration est sans aucun fondement, mais ce ne sera pas un motif pour que je vous écrive sans suffisamment réfléchir. Je n'ai pu encore me remettre au travail, et j'attends que le goût m'en revienne sans savoir s'il arrivera. Il me faudrait cependant terminer . . . . une nouvelle rédaction de ma Note elliptique, de la 6e édition de l'Ouvrage élémentaire de Lacroix, que j'ai commencée et interrompue sans l'avoir achevée. Je ferai tous mes efforts pour m'y mettre, les fonctions elliptiques étant encore, ce qui me semble, en ce moment le plus facile à aborder. J'ai été pendant longtemps le collègue de Serret comme examinateur d'admission à l'École Polytechnique, et je me sens tourmenté comme par un reproche de ne point m'acquitter de ce que je dois à son souvenir. Permettez-moi, pour me mettre en train, de vous demander s'il y aurait lieu de suivre cette idée qui m'a traversé l'esprit : Je considère la relation entre les modules pour la transformation du second ordre

$$l = \frac{2\sqrt{k}}{1+k}.$$

Si l'on pose

$$\omega = \frac{iK'}{K} \qquad \text{et} \qquad k = \varphi^4(\omega),$$

elle devient

$$\varphi^4\left(\frac{\omega}{2}\right) = \frac{2\varphi^2(\omega)}{1+\varphi^4(\omega)}.$$

Or, il m'a semblé voir qu'une telle relation ne peut être satisfaite, si l'on suppose que $\varphi(\omega)$ soit une fonction uniforme dans tout le plan. D'où cette conséquence non inutile à remarquer que la présence d'une coupure rend possibles des relations d'une certaine forme, d'une nature et d'un caractère de grande importance.

J'ai su aussi que Mme Kovalewski s'était occupée de travaux littéraires et avait composé un Ouvrage du plus grand intérêt dans lequel elle fait, sous un pseudonyme, le récit de sa propre vie; cet Ouvrage devrait être traduit en français. Je vous ferai savoir, puisque vous l'avez connue et appréciée comme elle méritait de l'être, ce que j'apprendrai d'elle par M. Mittag-Leffler qui a été son ami le plus proche.

Avec tous mes vœux pour votre santé et celle de votre famille, car l'influenza semble devoir revenir, et a même effleuré, sans gravité heureusement, Picard et ses petits-enfants, et en vous priant de me croire toujours votre bien affectueusement dévoué.

297. — *STIELTJES A HERMITE.*

Toulouse, 26 février 1891.

CHER MONSIEUR,

M. Poincaré a, le premier, appelé l'attention sur le fait suivant : si l'on a une série trigonométrique dont on a démontré la convergence, il ne s'ensuit *nullement* que la fonction qui est représentée par la série ne puisse croître au delà de toute limite. Ainsi, par exemple, la série

$$f(x) = \sum_{1}^{\infty} 2^n \sin\left(\frac{x}{3^n}\right)$$

est évidemment convergente pour toute valeur de x, mais la fonction $f(x)$ peut croître au delà de toute limite, elle fait des oscillations qui finissent par devenir infiniment grandes.

C'est tout autre chose de démontrer la convergence d'une série, que d'étudier la marche de la fonction représentée par cette série. Cette dernière question est ordinairement beaucoup plus difficile.

. . . .

Permettez-moi de vous signaler comment cette même difficulté se présente dans une autre occasion. Soit $F(x)$ quelque fonction numérique croissant indéfiniment (par exemple, le nombre des nombres premiers inférieurs à x) et supposons qu'à l'aide des méthodes de Riemann on ait obtenu un développement

$$F(x) = li(x) + \sum_{1}^{\infty} \varphi_n(x), \tag{1}$$

les $\varphi_n(x)$ étant des fonctions oscillantes. Supposons qu'on ait démontré rigoureusement la *convergence* de la série et ainsi l'*exactitude* de cette relation (1). Ce sera certainement un résultat fort intéressant, mais *on ne saurait en conclure encore* RIEN *sur la* MARCHE *de la fonction* $F(x)$, *pas même en conclure que* $li(x)$ *est la valeur asymptotique de* $F(x)$, *c'est-à-dire*

$$\lim \frac{F(x)}{li(x)} = 1 \qquad (x = \infty).$$

En effet, on a bien démontré la *convergence* de la série

$$\sum_{1}^{\infty} \varphi_n(x),$$

mais la somme de cette série est une fonction qui finit par faire des oscillations dont l'amplitude croît au delà de toute limite, il faudrait les évaluer à peu près, ou au moins démontrer que

$$\lim \frac{\sum\limits_{1}^{\infty} \varphi_n(x)}{li(x)} = 0 \qquad (x = \infty).$$

Mais cette recherche me paraît hérissée de difficultés *infiniment plus grandes* que la démonstration de la convergence de la série $\sum\limits_{1}^{\infty} \varphi_n(x)$; je crains qu'elle soit à peu près inabordable. Je crois que pour trouver vraiment la valeur *asymptotique* de $F(x)$ il faut abandonner la voie suivie par Riemann et chercher ailleurs. Riemann s'est proposé le problème fort difficile d'obtenir une expression analytique exacte de $F(x)$ et il l'a résolu en effet. Mais en se proposant le but plus modeste d'obtenir simplement l'expression asymptotique de $F(x)$, je crois qu'on peut obtenir des résultats, qui, au point de vue de la marche de $F(x)$, vont plus loin, car enfin, *rigoureusement parlant,* je ne vois pas qu'on puisse rien conclure de l'expression de Riemann, à moins de la compléter par des recherches qui me paraissent extrêmement difficiles. Naturellement tout ce qui précède n'empêche pas qu'il y a grand intérêt à démontrer rigoureusement la formule de Riemann (quoiqu'on n'en puisse, suivant moi, rien conclure), surtout à cause de la connaissance plus approfondie de la fonction $\zeta(s)$ qu'elle exigera.

J'apprends avec plaisir que l'on prépare une nouvelle édition du Livre de Lacroix; votre Note sur les fonctions elliptiques qui la termine me semble toujours le résumé le plus clair de cette théorie et je crois que je finirai à peu près par l'apprendre par cœur. Il est certain que certaines relations ne sont possibles que pour des fonctions admettant des coupures. Pour la relation

$$(1) \qquad \varphi^4\left(\frac{\omega}{2}\right) = \frac{2\varphi^2(\omega)}{1+\varphi^4(\omega)},$$

je vois bien d'abord que $\varphi(\omega)$ ne saurait être holomorphe dans tout le plan, car $\varphi(\omega)$ ne pourrait prendre aucune des quatre valeurs $(-1)^{\frac{1}{4}}$. Ensuite, si ω_1 est un pôle, $\frac{\omega_1}{2}$ est un zéro, par conséquent $\frac{\omega_1}{2}, \frac{\omega_1}{4}, \frac{\omega_1}{8}, \ldots$ sont aussi des zéros, donc nécessairement $\omega = 0$ est un point singulier essentiel. Cependant, en ce moment, je ne vois pas plus loin, et je ne sais pas conclure la nécessité d'une ligne essentielle seulement de la relation (1). Mais n'y faites pas attention, car je n'ai pas réfléchi suffisamment sur la question.

Vous donnez, dans votre Cours, la relation élégante (p. 116)

$$\frac{1.3.5\ldots 2n-1}{2.4.6\ldots 2n} = \sqrt{\frac{1}{\pi(n+\varepsilon)}} \qquad \left(0<\varepsilon<\frac{1}{2}\right).$$

En posant

$$\frac{1.3.5\ldots 2n-1}{2.4.6\ldots 2n} = \frac{1}{\sqrt{\pi n\,\varphi(n)}},$$

je trouve qu'on a

$$\varphi(n) = 1 + \cfrac{2}{8n-1+\cfrac{1.3}{8n+\cfrac{3.5}{8n+\cfrac{5.7}{8n+\cfrac{7.9}{8n+\ldots}}}}},$$

$$\varphi(n) = n\left[\frac{\Gamma(n)}{\Gamma(n+\frac{1}{2})}\right]^2$$

(aussi lorsque n n'est pas entier).

Pour $n=1$, $\varphi(1) = \frac{4}{\pi} = 1,27324\ldots,$

Réduites.	Corrections.
1	+ 0,27 324
1,28 571	— 0,01 247
1,27 119	+ 0,00 205
1,27 383	— 0,00 059
1,27 301	+ 0,00 023
1,27 334	— 0,00 010
1,27 319	+ 0,00 005
1,27 327	— 0,00 003

On a aussi

$$\left[\frac{\Gamma(x+\frac{1}{4})}{\Gamma(x+\frac{3}{4})}\right]^2 = \cfrac{4}{4x+\cfrac{1^2}{8x+\cfrac{3^2}{8x+\cfrac{5^2}{8x+\cfrac{7^2}{8x+\ldots}}}}}$$

J'obtiens ces formules en prenant $a = \frac{1}{2}$ et $a = 0$ dans ces formules plus générales

$$\frac{\Gamma\left(x-\frac{a}{2}+\frac{1}{4}\right)\Gamma\left(x+\frac{a}{2}+\frac{3}{4}\right)}{\Gamma\left(x+\frac{a}{2}+\frac{1}{4}\right)\Gamma\left(x-\frac{a}{2}+\frac{3}{4}\right)} = 1+\cfrac{2a}{4x-a+\cfrac{1-a^2}{4x+\cfrac{2^2-a^2}{4x+\cfrac{3^2-a^2}{4x+\cfrac{4^2-a^2}{4x+\ldots}}}}},$$

$$\frac{\Gamma\left(x+\frac{a}{2}+\frac{1}{4}\right)\Gamma\left(x-\frac{a}{2}+\frac{1}{4}\right)}{\Gamma\left(x+\frac{a}{2}+\frac{3}{4}\right)\Gamma\left(x+\frac{a}{2}+\frac{3}{4}\right)} = \cfrac{4}{4x+\cfrac{1^2-4a^2}{8x+\cfrac{3^2-4a^2}{8x+\cfrac{5^2-4a^2}{8x+\cfrac{7^2-4a^2}{8x+\ldots}}}}}$$

J'en donnerai la déduction dans une Note que je vais rédiger.

Je viens de recevoir les dernières feuilles de Halphen, j'espère vous les renvoyer ce soir.

En faisant mes meilleurs vœux pour le prompt rétablissement de M. Picard et de sa famille, je vous renouvelle, cher Monsieur, l'assurance de mon entier dévouement.

298. — *HERMITE A STIELTJES.*

Paris, 3 mars 1891.

Mon cher Ami,

....

.......M. Weierstrass qui s'était réservé l'étude du Mémoire de Poincaré et avait revendiqué l'honneur d'écrire le rapport comme ayant proposé la question, est malheureusement hors d'état de s'occuper de mathématiques et je ne puis rien lui demander. Mme Kovalewski l'a vu en passant par Berlin quand elle est retournée en Suède, et a fait savoir à M. Mittag-Leffler qu'elle l'avait trouvé dans un état pitoyable, plus malheureux et plus malade que jamais. C'était elle, hélas, qui était menacée et devait mourir la première. Vous verrez, par la traduction ci-jointe d'un journal suédois, les honneurs qui lui ont été justement rendus; M. Mittag-Leffler m'informe aussi qu'on se propose de publier une édition de ses œuvres et d'élever un monument pour perpétuer sa mémoire.

Vos réflexions au sujet de la formule obtenue par Riemann pour représenter $F(x)$ sont extrêmement justes et accablantes malheureusement pour ces fonctions oscillantes d'un si continuel usage. Je vous demanderai toutefois si cette formule ne serait pas susceptible de fournir un résultat numérique qu'il serait très intéressant de rapprocher des évaluations du nombre des nombres premiers faites il y a peu d'années par M. Glaisher et je crois aussi par M. Meissel (1). J'ai le souvenir parfaitement précis que Riemann, quand je l'ai vu à Paris, me disait que, sans un travail excessif, sa formule pouvait être mise en nombres; là-dessus, il n'y a point meilleur juge que vous.

Je suis enchanté de vos développements en fractions continues d'où vous tirez, en particulier, le calcul de $\frac{4}{\pi}$, bien que l'approximation semble marcher bien lentement, d'après les valeurs des

(1) *Note des éditeurs.* — Les travaux de Meissel sont contenus dans les Tome II et III des *Math. Annalen* et ceux de Glaisher dans l'année 1880 des *Cambridge Philos. Societ. Proceedings.*

réduites que vous me donnez. Mais je n'ai aucune idée de la voie qui mène aux résultats d'une grande élégance que vous avez découverts; lord Brouncker dit, je crois, que son développement en fraction continue n'est qu'une transformation identique de la formule de Wallis; feriez-vous usage des produits infinis?

J'ai bien de la peine à me remettre à l'ouvrage, les idées ne me viennent point, j'abandonne mon projet d'étudier la relation $\varphi^4\left(\frac{\omega}{2}\right) = \frac{2\varphi^2(\omega)}{1+\varphi^4(\omega)}$, afin de m'occuper de ma Note de Lacroix, mais je le fais avec ennui et sans goût.

En vous remerciant de votre bon intérêt pour la santé des petits Picard, qui vont maintenant on ne peut mieux, en vous envoyant mes vœux pour les vôtres, dont je vous demanderai les noms, et avec l'assurance de mon affection la plus sincère et la plus dévouée.

J'ai reçu dimanche les épreuves d'Halphen.

299. — *STIELTJES A HERMITE.*

Toulouse, 4 mars 1891.

CHER MONSIEUR,

Mille remercîments pour votre lettre et la traduction du Journal suédois, que je retournerai dans quelques jours. Mais je dois surtout vous demander de considérer comme non avenu l'envoi des feuilles corrigées d'Halphen. M. Jordan, en effet, vient de m'envoyer le manuscrit et les feuilles précédentes. La semaine dernière, je n'avais ni l'un ni l'autre et, dans ces conditions, une correction sérieuse s'étendant à l'exactitude de toutes les formules était impossible. J'avais complètement oublié la signification de certains symboles, et ma revision ne pouvait porter que sur la forme plutôt que sur le fond. Dans quelques jours, je vous adresserai donc de nouveau ces feuilles; cette fois-ci je pourrai garantir l'exactitude du texte.

Je dois ajouter quelques mots sur la formule de Riemann. La comparaison de cette formule avec les tables (en négligeant les termes oscillants) a montré le plus grand accord; ainsi, toute personne qui a fait ces calculs, sera, pour ainsi dire, *moralement convaincue* que $li(x)$ est l'expression asymptotique de $F(x)$ ou mieux de

$$G(x) = F(x) + \frac{1}{2}F\left(x^{\frac{1}{2}}\right) + \frac{1}{3}F\left(x^{\frac{1}{3}}\right) + \ldots.$$

Mais, si vous me demandez si c'est là une *démonstration*, dans le sens rigoureux du mot, la réponse ne peut être que *non;* rien n'est prouvé de cette manière. Et, pour modérer aussi un peu le degré de confiance qu'on peut accorder à de tels calculs, j'ajouterai que l'accord observé est presque trop grand; car on peut démontrer rigoureusement que le rapport

$$(\mathrm{A}) = \frac{G(x) - li(x)}{x^s},$$

où s est un nombre fixe, *plus petit que* $\frac{1}{2}$ $\Big($mais pouvant différer de $\frac{1}{2}$ aussi peu que l'on voudra$\Big)$, ne peut *pas rester fini* pour $x = \infty$, mais *doit croître* nécessairement *au delà de toute limite*. Or, d'après les calculs que l'on a faits, on ne s'en douterait pas et l'on pourrait croire que ce rapport reste très petit ou même tendrait vers zéro. Cependant, cela n'est pas vrai et ce que j'ai dit plus haut est absolument certain.

Les termes oscillants de la série infinie de Riemann sont chacun séparément de l'ordre $x^{\frac{1}{2}}$. Si l'on *admet* que la *somme* de la série, elle aussi, n'est pas d'un ordre supérieur, il s'ensuivrait que le rapport (A) tendrait vers zéro lorsque s est $> \frac{1}{2}$. Les calculs faits donnent beaucoup de vraisemblance à cette supposition; en effet, j'ai dit déjà que l'accord est tel que l'on ne se douterait pas que le rapport doit croître au delà de toute limite, dès que s est un peu plus petit que $\frac{1}{2}$. Mais il n'est pas *démontré* que

$$\lim(\mathrm{A}) = 0 \qquad \text{lorsque} \qquad s > \frac{1}{2}.$$

En 1885, je n'ai pu aller que jusqu'à voir que certainement

$$\lim(\mathrm{A}) = 0 \qquad \text{lorsque} \qquad s > \frac{3}{4}.$$

J'ai vainement cherché alors à abaisser la limite $\frac{3}{4}$ à $\frac{1}{2}$, mais je ne doutais pas un instant alors (sur la foi des calculs numériques) que cette réduction ne fût possible et que, effectivement, on a

$$\lim(A) = 0, \qquad \text{pour} \qquad s > \frac{1}{2}.$$

En ce moment, sans avoir repris encore mes recherches, il me paraît presque que ma confiance d'alors était peut-être exagérée. En fin de compte, les raisons qui plaident pour la limite $\frac{1}{2}$ ne sont pas très sérieuses; j'admets volontiers que ma limite $\frac{3}{4}$ n'est pas la vraie limite, mais cette vraie limite, on n'en sait rien, elle est incommensurable peut-être? c'est là un grand mystère. J'espère que dans un an j'en saurai un peu plus.

J'obtiens mes fractions continues à l'aide d'intégrales définies; je les ai rencontrées en faisant des calculs un peu au hasard. Ces résultats ont un certain intérêt pour moi, car je rassemble le plus grand nombre possible de fractions continues de loi simple, surtout pour étudier leur convergence dans le cas des valeurs imaginaires. Dans quelques cas d'un caractère assez général, j'ai réussi; l'intérêt des exemples nouveaux est que ma méthode n'y paraît *pas* applicable, en sorte qu'il faudra chercher une méthode nouvelle. Il me semble cependant extrêmement probable, d'après ce que j'ai vu dans d'autres cas, que les formules

$$x\left(\frac{\Gamma(x)}{\Gamma(x+\frac{1}{2})}\right)^2 = 1 + \cfrac{2}{8x - 1 + \cfrac{1.3}{8x - \dots}},$$

$$\left(\frac{\Gamma(x+\frac{1}{4})}{\Gamma(x+\frac{3}{4})}\right)^2 = \cfrac{4}{4x + \cfrac{1^2}{8x + \cfrac{3^2}{8x + \dots}}}$$

ont lieu tant que la partie réelle de x est positive. Vous remarquerez que, pour $x = 1$, la convergence est bien lente, mais, dès que x est un peu grand, la convergence devient bien rapide, c'est comme pour la série de Stirling, mais ici, il y a toujours *convergence* tant que x est réel et > 0. Du reste, la série de Stirling, elle-même, devient convergente si on la réduit en fraction continue, mais je crois bien vous l'avoir dit déjà.

Il est assez singulier que lord Brouncker rattache sa formule

$$\frac{4}{\pi} = 1 + \cfrac{1^2}{2 + \cfrac{3^2}{2 + \cfrac{5^2}{2 + \cfrac{7^2}{2 + \dots}}}}$$

à la formule de Wallis

$$\frac{4}{\pi} = \frac{3.3.5.5.7.7}{2.4.4.6.6.8},$$

car la transformation semble assez cachée, tandis que l'identité d'Euler

$$\frac{1}{a_1} - \frac{1}{a_2} + \frac{1}{a_3} - \dots + \frac{(-1)^{n-1}}{a_n} = \cfrac{1}{a_1 + \cfrac{a_1^2}{a_2 - a_1 + \cfrac{a_2^2}{a_3 - a_2 + \dots + \cfrac{a_{n-1}^2}{a_n - a_{n-1}}}}}$$

donne immédiatement

$$\frac{\pi}{4} = \frac{1}{1} - \frac{1}{3} + \frac{1}{5} - \frac{1}{7} + \dots = \cfrac{1}{1 + \cfrac{1^2}{2 + \cfrac{3^2}{2 + \cfrac{5^2}{2 + \dots}}}},$$

ce qui est au fond la formule de Brouncker, mais qui paraît résulter ainsi plus immédiatement de la série de Leibnitz.

Mes formules donnent aussi

$$\operatorname{tang}\frac{\pi x}{4} = \cfrac{x}{1 + \cfrac{1 - x^2}{2 + \cfrac{3^2 - x^2}{2 + \cfrac{5^2 - x^2}{2 + \dots}}}}$$

Pour $x = 0$ on a la formule de Brouncker, et je constate que, lorsque x est entier impair, la fraction continue reproduit exactement la valeur ± 1 qu'il faut. Je ne me rends pas bien compte de la nature analytique de cette formule, peut-être qu'elle représente $\operatorname{tang}\frac{\pi x}{4}$ pour toute valeur réelle ou imaginaire de x, à peu près comme la décomposition en fractions simples. J'ajoute que la formule de votre Cours (p. 293)

$$\cos\frac{a\pi}{2} = 1 - \frac{a^2}{1.2} + \frac{a^2(a^2-4)}{1.2.3.4} - \ldots,$$

ou

$$\cos(\pi\sqrt{x}) = 1 - \frac{2^2}{1.2}x + \frac{2^4}{1.2.3.4}x(x-1^2) - \frac{2^6}{1.2.3.4.5.6}x(x-1^2)(x-2^2) + \ldots$$

ne met pas en évidence les zéros de la fonction comme la formule pour le sinus, mais la somme des n premiers termes de la série est le polynome de degré $n-1$ qui pour

$$x = k^2 \quad \text{prend la valeur } (-1)^k \quad [k = 0, 1, 2, \ldots, (n-1)].$$

Il y a quelque chose d'analogue, si l'on considère les réduites de la fraction continue pour tang $\frac{\pi x}{4}$. Vous voyez qu'on serait ainsi conduit à considérer la question de déterminer une fonction entière, non par ses zéros, comme dans la formule de M. Weierstrass, mais en se donnant les valeurs qu'elle prend pour une série infinie de valeurs de la variable. Je vois que la question a été traitée déjà par un géomètre suédois (Bendixson?) dans les *Acta*. Mais je me laisse aller à un bavardage qui doit vous fatiguer. Heureusement je peux vous donner de bonnes nouvelles de ma famille. Antoine et Edith se rappellent toujours Paris, et certain chat qui jouait du violon a fait une profonde impression sur leur esprit.

Votre bien dévoué.

300. — *HERMITE A STIELTJES.*

Paris, 6 mars 1891.

CHER AMI,

Il me faut avouer n'avoir en moi aucune lumière sur la question si difficile qui vous occupe de déterminer s de manière que le rapport (A) soit nul pour x infini, et je ne puis aucunement soupçonner de quelle manière vous établissez qu'il croît indéfiniment pour $s > \frac{1}{2}$. Et c'est un autre mystère que l'étonnante approximation donnée par $li(x)$ qui est je crois $\int_1^x \frac{dx}{\log x}$; en vous suivant avec tant de plaisir et si facilement sur d'autres routes, je vous laisse avec regrets suivre tout seul votre chemin vers une contrée où tout m'est inconnu, mais je me dédommage avec les fractions continues. Je me permets de vous demander si vous avez considéré, dans ces beaux développements

$$\frac{\Gamma\left(x-\frac{a}{2}+\frac{1}{4}\right)\Gamma\left(x+\frac{a}{2}+\frac{3}{4}\right)}{\Gamma\left(x+\frac{a}{2}+\frac{1}{4}\right)\Gamma\left(x-\frac{a}{2}+\frac{3}{4}\right)}=1+\cfrac{2a}{4x-a+\cfrac{1-a^2}{4x+\dots}}$$

et

$$\frac{\Gamma\left(x+\frac{a}{2}+\frac{1}{4}\right)\Gamma\left(x-\frac{a}{2}+\frac{1}{4}\right)}{\Gamma\left(x+\frac{a}{2}+\frac{3}{4}\right)\Gamma\left(x+\frac{a}{2}+\frac{3}{4}\right)}=\cfrac{4}{4x+\cfrac{1-4a^2}{8x+\dots}},$$

le cas particulier de $x=\frac{a}{2}$ qui conduit aux expressions $\frac{\Gamma(a+\frac{3}{4})}{\Gamma(a+\frac{1}{4})}$ $\frac{\Gamma(a+\frac{1}{4})}{\Gamma(a+\frac{3}{4})}$ inverses l'une de l'autre et qui se ramènent au fond à $\frac{\Gamma(a)}{\Gamma(a+\frac{1}{2})}$.

Je vous réclamerai aussi l'expression sous forme de fraction continue de la série de Stirling que vous ne m'avez pas communiquée; je suis curieux de voir si en conquérant la convergence pour toute valeur de la variable, une impitoyable, une inéluctable fatalité ne vous l'a point livrée inutile, insuffisante et comme mourante. C'est dans le Cours de la Sorbonne de Serret, Calcul différentiel et intégral, que sera reproduite mon ancienne Note de Lacroix, où elle sera mieux à sa place. J'ai modifié la page 45, au sujet de l'expression du module en fonction de $\omega=\frac{iK'}{K}$, en remarquant que si l'on pose (¹) $J=\int_0^1 \frac{dx}{\sqrt{1-x^4}}$ et $\frac{\omega-i}{\omega+i}=\frac{\pi\xi}{4J^2}$, on obtient des séries dont les coefficients sont commensurables, à savoir

$$k^2=\frac{1}{2}-\xi+\xi^3-\frac{13}{15}\xi^5+\frac{3}{5}\xi^7-\dots,$$

(¹) *Note de Stieltjes.* — La valeur de J, $\omega=i\frac{K'}{K}$ n'est pas la même ici que dans les formules de Jacobi.

puis celle-ci

$$k^2k'^2 = \frac{1}{4} - \xi^2 + 2\xi^4 - \frac{41}{15}\xi^6 + \frac{44}{15}\xi^8 - \ldots,$$

qui offre la propriété suivante. Changeons ω en $\frac{\omega - 1}{\omega + 1}$, ξ devient $i\xi$ comme on voit aisément, mais en même temps $k^2k'^2$ se change en $\frac{1}{16k^2k'^2}$, de sorte que

$$\frac{1}{16k^2k'^2} = \frac{1}{4} + \xi^2 + 2\xi^4 + \frac{41}{15}\xi^6 + \frac{44}{15}\xi^8 + \ldots.$$

C'est une certaine ressemblance avec la série exponentielle, mais ce qui m'intéresse très vivement, ce sont les coefficients numériques de ces développements, que je suis tenté de rapprocher des nombres de Bernoulli. Je les obtiens par une voie extrêmement lente et pénible en partant des formules du § 29 des *Fundamenta*

$$\mathrm{K} = \mathrm{J}\left(1 + \frac{q^2}{2.4} + \frac{5^2 q^4}{2.4.6.8} + \ldots\right) - \frac{\pi}{2\mathrm{J}}\left(\frac{q}{2} + \frac{3^2.q^3}{2.4.6} + \ldots\right),$$

$$\mathrm{K}' = \mathrm{J}\left(1 + \frac{q^2}{2.4} + \qquad + \ldots\right) + \frac{\pi}{2\mathrm{J}}\left(\frac{q}{2} + \frac{3^2.q^3}{2.4.6} + \ldots\right),$$

où $q = 1 - 2k^2$ et recourant à la méthode humiliante du retour des suites. Vous voyez qu'on aurait aussi K et K′ au moyen de cette même variable ξ.

Vous nous avez rendu le plus grand service en renvoyant les épreuves d'Halphen, mais je suis extrêmement content que votre travail qui vous a donné tant de peine ait pris fin, et que vous puissiez vous occuper plus librement de $G(x)$ et de l'exposant s.

En vous renouvelant l'assurance de ma plus sincère affection.

301. — *STIELTJES A HERMITE.*

Toulouse, 9 mars 1891.

CHER MONSIEUR,

Votre remarque que la série

$$4k^2k'^2 = 1 - 4\xi^2 + 8\xi^4 - \frac{164}{3.5}\xi^6 + \frac{176}{3.5}\xi^8 - \frac{1868}{5^2.7}\xi^{10} + \frac{13544}{3^2.5^2.7}\xi^{12} + \ldots,$$

donne la valeur inverse en remplaçant ξ^2 par $-\xi^2$ m'a fait considérer la série $\log(4k^2k'^2)$ qui ne doit renfermer que les puissances ξ^{4n+2}. En posant

$$-\log(4k^2k'^2) = \alpha\xi^2 + \beta\xi^6 + \gamma\xi^{10} + \delta\xi^{14} + \varepsilon\xi^{18} + \ldots,$$

on a

$$\alpha = 4, \qquad \beta = \frac{4}{3.5}, \qquad \gamma = \frac{4}{3.5^2.7},$$

et j'ai calculé encore

$$\delta = \frac{4.9^7}{3^3.5^2.7.11.13},$$

et de là, on pourrait conclure encore les coefficients de ξ^{14} et ξ^{16}, dans le développement de $4k^2k'^2$; mais j'ai trouvé plus facile de calculer directement α, β, γ, δ, ..., sans passer par la série qui donne $4k^2k'^2$. Il semble bien que les coefficients α, β, γ, δ, ..., ont des valeurs plus simples que les coefficients dans le développement de $4k^2k'^2$. Mais le procédé pour calculer les coefficients de ces développements est bien humiliant comme vous le dites et ne donne aucune lumière sur leur valeur. Ainsi il semble que les coefficients de $\frac{1}{4k^2k'^2}$ et de $\log\left(\frac{1}{4k^2k'^2}\right)$ soient tous positifs. Mais je ne vois aucun moyen pour le démontrer.

Les séries procédant suivant les puissances de ξ sont convergentes sous la condition

$$|\xi| < \frac{4J^2}{\pi} \qquad J = \int_0^1 \frac{dx}{\sqrt{1-x^4}},$$

c'est-à-dire

$$|\xi| < 2,1884,$$
$$|\xi^2| < 4,7893,$$
$$|\xi^4| < 22,9371.$$

Il est donc à présumer que le rapport de deux coefficients consécutifs doit tendre vers $\frac{1}{4,7893}$ ou vers $\frac{1}{22,9371}$, mais il faudrait pousser beaucoup plus loin les calculs, semble-t-il, pour que cette tendance se manifeste. Cependant, aussi sous ce rapport, le développement de $\log(4k^2k'^2)$ paraît plus régulier.

Je n'avais pas songé du tout à poser $x = \frac{a}{2}$ dans mes fractions continues, pour avoir le développement de $\frac{\Gamma(a+\frac{3}{4})}{\Gamma(a+\frac{1}{4})}$; les expressions que l'on obtient ainsi ne rentrent pas dans les types de fractions continues que j'ai étudiées jusqu'ici et demanderont un nouvel examen.

Je vous adresse en même temps les feuilles corrigées d'Halphen, je ne crois pas qu'il reste encore des fautes. Enfin, je remets à une autre fois pour vous parler plus amplement des fractions continues et de la série de Stirling. Croyez-moi bien votre très dévoué.

P.-S. — Méthode de calcul pour les coefficients $\alpha, \beta, \gamma, \delta, \ldots$. On a d'après vos notations

$$2\xi = \frac{q\,\mathfrak{F}(\frac{3}{4}, \frac{3}{4}, \frac{3}{2}, q^2)}{\mathfrak{F}(\frac{1}{4}, \frac{1}{4}, \frac{1}{2}, q^2)} \qquad (q^2 = 1 - 2k^2).$$

Or, d'après des formules de transformation de la série hypergéométrique [Goursat, *Thèse*, p. 120 (form. 45)]

$$\alpha = \beta = \frac{3}{4}, \qquad \mathfrak{F}\left(\frac{3}{4}, \frac{3}{4}, \frac{3}{2}, q^2\right) = \left(1 - \frac{q^2}{2}\right)^{-\frac{3}{4}} \mathfrak{F}\left[\frac{3}{8}, \frac{7}{8}, \frac{5}{4}, \left(\frac{q^2}{2-q^2}\right)^2\right],$$

$$\alpha = \beta = \frac{1}{4}, \qquad \mathfrak{F}\left(\frac{1}{4}, \frac{1}{4}, \frac{1}{2}, q^2\right) = \left(1 - \frac{q^2}{2}\right)^{-\frac{1}{4}} \mathfrak{F}\left[\frac{1}{8}, \frac{5}{8}, \frac{3}{4}, \left(\frac{q^2}{2-q^2}\right)^2\right];$$

donc en posant

$$r^2 = \frac{q^2}{2 - q^2}$$

il vient

$$\xi\sqrt{2} = r\,\frac{\mathfrak{F}(\frac{3}{8}, \frac{7}{8}, \frac{5}{4}, r^4)}{\mathfrak{F}(\frac{1}{8}, \frac{5}{8}, \frac{3}{4}, r^4)} = \eta,$$

$$\eta = r + \frac{19}{2^3.3.5}r^5 + \frac{641}{2^7.3^2.7}r^9 + \frac{1429151}{2^{10}.3^3.7.11.13}r^{13} + \ldots,$$

d'où

$$(1) \qquad r = \eta - \frac{19}{2^3.3.5}\eta^5 + \frac{1849}{2^7.3^2.5.7}\eta^9 - \frac{9939011}{2^{10}.3^3.5^2.7.11.13}\eta^{13}.$$

Or

$$r^2 = \frac{q^2}{2-q^2} = \frac{1 - 4k^2k'^2}{1 + 4k^2k'^2},$$

$$4k^2k'^2 = \frac{1 - r^2}{1 + r^2} (= 1 - 2r^2 + 2r^4 - 2r^6 + 2r^8 - 2r^{10} + \ldots),$$

$$(2) \qquad -\log(4k^2k'^2) = 2r^2 + \frac{2}{3}r^6 + \frac{2}{5}r^{10} + \frac{2}{7}r^{14} + \ldots,$$

et il ne reste qu'à substituer les valeurs

$$r^2 = \eta^2 + c\eta^6 + e\eta^{10} + \ldots,$$
$$r^6 = \eta^6 + f\eta^{10} + \ldots,$$
$$r^{10} = \eta^{10} + \ldots,$$

obtenues à l'aide de (1) et finalement d'introduire ξ au lieu de η. J'écrirai encore les coefficients de ξ^{14} et ξ^{16} dans le développement de $4k^2k'^2$

$$4k^2k'^2 = 1 - 4\xi^2 + \ldots - \frac{4\,256\,068}{3^3.5^2.7.11.13}\xi^{14} + \frac{14\,429\,024}{3^3.5^3.7.11.13}\xi^{16}.$$

302. — *HERMITE A STIELTJES.*

Paris, 11 mars 1891.

Cher Ami,

Vos calculs m'ont fait le plus grand plaisir, jamais l'idée ne me serait venue d'introduire la série de Gauss et de faire usage des belles relations de Goursat, et puis vous êtes *calculo indefessus!* Votre remarque que $\log(4k^2k'^2)$ n'a que des termes de la forme ξ^{4n+2} est excellente : α, β, γ sont merveilleusement simples, mais δ commence à faire regretter la confiance que les premiers coefficients pourraient donner. C'est une déception que j'ai eue, dans un calcul tout voisin comme vous allez voir. Soit S et S' les séries de Jacobi dans le § 29 des *Fundamenta* qui donnent

$$K = S - \frac{\pi}{2J}S', \qquad K' = JS + \frac{\pi}{4J}S'.$$

On aura, je le remarque d'abord,

$$\frac{K'-K}{'+K} = \frac{\pi}{4J^2}\frac{S'}{S} = \frac{\pi\xi}{2J^2}$$

ou bien

$$\frac{\omega - i}{\omega + i} = \frac{\pi\xi}{2J^2},$$

et la condition qu'en faisant $\omega = \alpha + i\beta$, β soit positif donne

$$\text{mod}^2\frac{\pi\xi}{2J^2} = \frac{\alpha^2 + (\beta-1)^2}{\alpha^2 + (\beta+1)^2},$$

donc

$$\text{mod}\frac{\pi\xi}{2J^2} < 1 \qquad \text{ou} \qquad |\xi| < \frac{2J^2}{\pi},$$

tandis que vous trouvez $\frac{4J^2}{\pi}$. Mais voici le point qui m'a intéressé et bien attristé. Ayant $S' = S\xi$, il vient

$$K = \left(J - \frac{\pi}{2J}\right)S, \qquad K' = \left(J + \frac{\pi}{2J}\right)S,$$

ce qui conduit à exprimer S au moyen de ξ, or je trouve

$$S = 1 + \frac{\xi^2}{2} + \frac{\xi^4}{24} + \frac{\xi^6}{80} - \frac{3053}{360}\xi^8 - \dots.$$

En présence de cet horrible terme $-\frac{3053}{360}\xi^8$, j'ai refait mes calculs, espérant qu'il y avait quelque erreur, mais en vain, et je crois décidément qu'il faut, quoi qu'il en coûte, le subir.

Je crois fermement que tous vos numérateurs, dans le développement de $4k^2k'^2$, sont divisibles par 4 : partagez-vous mon espoir, à un degré si faible qu'il soit, que ces coefficients auront un rôle? Dans ce cas, j'aimerais extrêmement que vos résultats soient l'objet d'une Note, et que je ne sois pas seul à en profiter et à m'en délecter. En me réservant d'y revenir après y avoir de nouveau réfléchi, je vous renouvelle, mon cher ami, l'assurance de tout mon dévouement.

303. — *HERMITE A STIETJES.*

(*Carte Postale.*)

Paris, 11 mars 1891.

Cher Ami,

En posant $k^2 = f(\xi)$ et désignant par $a + ib$ un entier complexe, l'équation modulaire pour la transformation d'ordre $a^2 + b^2$ donne une relation algébrique entre $f(\xi)$ et $f\left(\frac{a+ib}{a-ib}\xi\right)$.

304. — *STIELTJES A HERMITE.*

Toulouse, 12 mars 1891.

Cher Monsieur,

En réfléchissant encore sur vos séries si singulières qui procèdent suivant les puissances de ξ, je suis devenu un peu pessimiste, et il me semble peu probable qu'on puisse approfondir la loi des coefficients.

Mais d'abord, il n'y a, entre nous, aucune différence quant au rayon de convergence. Dans votre première Lettre vous avez employé la lettre J dans deux sens différents, en écrivant d'abord

$$J = \int_0^1 \frac{dx}{\sqrt{1-x^4}}, \qquad \frac{\omega - i}{\omega + i} = \left(\frac{K' - K}{K' + K}\right) = \frac{\pi\xi}{4J^2} \qquad (J = 1,31103\ldots),$$

et en écrivant ensuite les formules de Jacobi,

$$K = J(1+\ldots) - \frac{\pi}{2J}\left(\frac{q}{2}+\ldots\right),$$
$$K' = J(1+\ldots) + \frac{\pi}{2J}\left(\frac{q}{2}+\ldots\right),$$

mais ici

$$J = \int_0^{\frac{\pi}{2}} \frac{d\varphi}{\sqrt{1-\frac{1}{2}\sin^2\varphi}} = \sqrt{2} \times \int_0^1 \frac{dx}{\sqrt{1-x^4}}.$$

Dans ma Lettre, j'avais accepté votre première définition de $J = \int_0^1 \frac{dx}{\sqrt{1-x^4}}$ et de là la différence entre nous, qui n'est qu'apparente. Les données numériques

$$|\xi| < 2,1884, \qquad |\xi^2| < 4,7893, \qquad |\xi^4| < 22,9371$$

restent exactes.

Si je considère maintenant la série

$$\frac{1}{4k^2k'^2} = 1 + 4\xi^2 + 8\xi^4 + \frac{164}{15}\xi^6 + \ldots,$$

il semble bien que les coefficients soient tous positifs, du moins c'est constaté jusqu'au terme en ξ^{16} inclusivement. Mais cette série représente une fonction qui n'existe *pas* en dehors du cercle de convergence, et cela me fait croire maintenant qu'il pourrait très bien arriver que le rapport de deux coefficients consécutifs, au lieu de tendre vers $\frac{1}{4,7893}$, est tantôt plus grand, tantôt plus petit que $\frac{1}{4,7893}$ ... *sans tendre vers une limite*. Dans les séries

$$1 + 2x + 2x^4 + 2x^9 + \ldots,$$
$$x + x^{1.2} + x^{1.2.3} + x^{1.2.3.4} + \ldots,$$

qui, elles aussi, représentent des fonctions qui n'existent que pour $|x| < 1$, vous voyez que ce rapport $c_{n+1} : c_n$ n'a aucun sens. En présence donc de séries si singulières, et d'une nature si différente de celles qu'on rencontre ordinairement, il me semble prudent de réserver mon opinion. Je me propose de pousser encore un peu plus loin les calculs lorsque j'aurai un peu de loisir.

Votre déception à l'égard de la série

$$S = 1 + \frac{\xi^2}{2} + \frac{\xi^4}{24} + \frac{\xi^6}{80} - \frac{3053}{360}\xi^8 \ldots$$

montre bien qu'il faut être bien réservé; après tout, il se pourrait que dans le développement de $\frac{1}{4k^2k'^2}$ il y ait des coefficients négatifs. Je vous avouerai même que je ne serais pas fâché d'en rencontrer un, car, dans le cas contraire, je serai toujours tenté de croire qu'ils sont tous positifs et désolé de ne pouvoir le démontrer.

Quant au rôle que ces coefficients peuvent avoir, je n'ose vraiment exprimer aucune opinion. Ayant

$$2\xi = \frac{q\,\mathfrak{F}(\frac{3}{4}, \frac{3}{4}, \frac{3}{2}, q^2)}{\mathfrak{F}(\frac{1}{4}, \frac{1}{4}, \frac{1}{2}, q^2)},$$

ou, en posant

$$q^2 = x, \qquad 2\xi = \frac{x^{\frac{1}{2}}\mathfrak{F}(\frac{3}{4}, \frac{3}{4}, \frac{3}{2}, x)}{\mathfrak{F}(\frac{1}{4}, \frac{1}{4}, \frac{1}{2}, x)},$$

je remarque que $x^{\frac{1}{2}}\mathfrak{F}\left(\frac{3}{4}, \frac{3}{4}, \frac{3}{2}, x\right)$ est aussi une intégrale de l'équation différentielle linéaire

$$(1) \qquad (x - x^2)\frac{d^2y}{dx^2} + \left(\frac{1}{2} - \frac{3}{2}x\right)\frac{dy}{dx} - \frac{1}{16}y = 0,$$

à laquelle satisfait $\mathfrak{F}\left(\frac{1}{4}, \frac{1}{4}, \frac{1}{2}, x\right)$. Donc ξ est le quotient de deux solutions de (1) $\frac{y_1}{y_2}$.

D'après les calculs de M. Schwarz (*Œuvres*, t. II, p. 218-220) on a donc

$$(2) \qquad \frac{2\frac{d\xi}{dx}\frac{d^3\xi}{dx^3} - 3\left(\frac{d^2\xi}{dx^2}\right)^2}{2\left(\frac{d\xi}{dx}\right)^2} = \frac{3}{8x^2} + \frac{3}{8x(1-x)} + \frac{1}{2(1-x)^2},$$

et l'intégrale générale est

$$\frac{ay_1+by_2}{cy_1+dy_2}.$$

Si l'on prend ξ comme variable indépendante on trouve

$$(3)\qquad \frac{2\dfrac{dx}{d\xi}\dfrac{d^3x}{d\xi^3}-3\left(\dfrac{d^2x}{d\xi^2}\right)^2}{2\left(\dfrac{dx}{d\xi}\right)^2}=-\left(\frac{dx}{d\xi}\right)^2\left[\frac{3}{8x^2}+\frac{3}{8x(1-x)}+\frac{1}{2(1-x)^2}\right].$$

On pourrait se servir de (3) pour obtenir le développement

$$q^2=x=4\xi^2-8\xi^4+\ldots=1-4k^2k'^2,$$

mais les calculs sont atroces. Au contraire, le développement de ξ

$$\xi=\frac{1}{2}\sqrt{x}+\alpha\sqrt{x^3}+\beta\sqrt{x^5}+\ldots=\frac{1}{2}q+\alpha q^3+\beta q^5+\ldots$$

pourrait s'obtenir sans trop de difficulté à l'aide de (2), en imitant le procédé de M. Schwarz (*Œuvres*, t. II, p. 226-228). On reconnaît ainsi que tous les coefficients α, β, γ, ... sont *positifs*, ce qu'on ne voit pas *a priori* en divisant les deux séries hypergéométriques. Mais ce n'est pas cela [ce] qu'il faut et, en désespoir, j'abandonne ce sujet trop difficile. Je me bornerai à calculer quelques coefficients nouveaux dans le développement de $4k^2k'^2$ en passant par le pont de l'âne.

Vous aurez certainement reçu maintenant les épreuves de Halphen; pour toute sécurité j'en ai gardé encore un exemplaire.

Votre bien dévoué.

P.-S. — Je me suis amusé à quelques vérifications numériques dont voici une :

$$-\log(4k^2k'^2)=4\xi^2+\frac{4\xi^6}{3.5}+\ldots.$$

En posant $k=\sin\alpha$, il vient

$$-\frac{1}{2}\log\sin 2\alpha=\xi^2+\frac{\xi^6}{3.5}+\frac{\xi^{10}}{3.5^2.7}+\frac{97\xi^{14}}{3^3.5^2.7.11.13}+\ldots.$$

Pour $k=\sin 15^\circ$, j'ai

$$\mathrm{K}':\mathrm{K}=\sqrt{3}=\operatorname{tang}60^\circ,$$
$$\frac{\mathrm{K}'-\mathrm{K}}{\mathrm{K}'+\mathrm{K}}=2-\sqrt{3}=\operatorname{tang}15^\circ;$$

d'où

$$\log \xi = 9,7681870 - 10,$$

à quelques unités du 8e ordre près, j'ai

$$\begin{array}{rr} \xi^2 = & 0,343\,853\,94 \\ \xi^6 : 15 = & 2\,710\,38 \\ \xi^{10} : 3.5^2.7 = & 9\,16 \\ 97\xi^{14} : 3^3.5^2.7.11.13 = & 8 \\ \hline & 0,346\,573\,56 \end{array}$$

d'autre part

$$-\frac{1}{2}\log \sin 2\alpha = \frac{1}{2}\log 2 = 0,346\,573\,59\ldots.$$

Peut-être, dans ma Lettre, je n'ai pas exprimé assez clairement mon opinion qui est celle-ci : la circonstance que les fonctions n'existent pas en dehors du cercle de convergence pourrait bien se traduire par des *singularités extrêmes* dans la loi des coefficients des séries.

305. — *STIELTJES A HERMITE.*

Toulouse, 13 mars 1891.

Cher Monsieur,

Mille remercîments pour votre énoncé. Comme vous allez voir, il m'a été bien utile. J'avais fait le raisonnement suivant. En cherchant une transformation

$$\omega_1 = \frac{a\omega + b}{c\omega + d},$$

qui fait correspondre $\omega_1 = i$ à $\omega = i$, on est conduit à poser

$$\omega_1 = \frac{a\omega + b}{-b\omega + a} \qquad (\text{déterm. } a^2 + b^2);$$

d'où

$$\frac{\omega_1 - i}{\omega_1 + i} = \left(\frac{a + bi}{a - bi}\right)\left(\frac{\omega - i}{\omega + i}\right).$$

C'est là naturellement aussi votre raisonnement. Mais j'ai été arrêté, voici comment. La quantité ξ et la quantité $\xi_1 = \frac{a + bi}{a - bi}\xi$

s'annulent en même temps. Il faudrait donc que, pour $k^2 = \frac{1}{2}$, l'un des modules transformés donnât aussi $k^2 = \frac{1}{2}$ $\Big($ou tout au moins une des valeurs $\frac{1}{2}$, 2, -1 qui se déduisent de $\frac{1}{2}$ par une substitution linéaire$\Big)$. Or, je ne sais pourquoi (peut-être par un vague souvenir de quelque calcul numérique mais qui a dû être faux) cela ne me paraissait pas vrai. Je croyais savoir que, pour $k^2 = \frac{1}{2}$, il n'est *pas* vrai qu'une des valeurs l^2 est $= \frac{1}{2}$. Donc, malgré la simplicité du raisonnement, j'ai cru à quelque erreur et j'ai laissé les choses dans cet état. Si forte était ma prévention que, lorsque j'ai reçu votre énoncé, j'avais d'abord de forts doutes. Mais vous m'avez obligé à examiner la question et je viens de reconnaître que j'étais complètement dans l'erreur et vous avez raison. Effectivement, pour $k^2 = \frac{1}{2}$, l'équation entre $\sqrt{k}$ et $\sqrt{l}$ donne pour $\sqrt{l}$ deux racines égales à $\sqrt{k}$ et cela s'explique maintenant aisément; la transformation correspond alors à la multiplication complexe par $a \pm bi$. Aussi M. Joubert (*Sur les équations, etc.*, 1876) remarque que pour $k^2 = \frac{1}{2}$, $\omega = i$ l'équation du *multiplicateur* a deux racines $a \pm bi$ et les autres deviennent égales deux à deux (p. 102). Déjà cette remarque se trouve en germe chez Jacobi pour le cas $a^2 + b^2 = 5$ (*Œuvres*, t. I, p. 254).

Du reste, à l'aide de la formule

$$\sqrt{k} = \frac{2q^{\frac{1}{4}} + 2q^{\frac{9}{4}} + 2q^{\frac{25}{4}} + \ldots}{1 + 2q + 2q^4 + 2q^9 + \ldots},$$

j'ai vérifié que pour

$$q = \varepsilon e^{-\frac{\pi}{5}}, \qquad q = \varepsilon^4 e^{-\frac{\pi}{5}} \qquad \left(\varepsilon = \cos\frac{2\pi}{5} + i\sin\frac{2\pi}{5}\right),$$

on obtient

$$\sqrt{k} = \sqrt[4]{\frac{1}{2}} \qquad \text{(positif réel)},$$

et généralement cela doit arriver pour deux valeurs de r en posant

$$q = \varepsilon^r e^{-\frac{\pi}{p}}, \qquad p = a^2 + b^2 \text{ premier}, \qquad \varepsilon = \cos\frac{2\pi}{p} + i\sin\frac{2\pi}{p}.$$

Il serait intéressant de connaître ces valeurs de r; on les trouvera, je crois, sans difficulté; je pense que ce seront les valeurs $r = \pm b$ (b impair, $p = a^2 + b^2$).

Mais vous allez certainement éclaircir toutes les questions qui se présentent ici; cette relation entre $f(\xi)$ et $f\left(\frac{a+bi}{a-bi}\xi\right)$ donnera-t-elle les coefficients du développement de $f(\xi)$ ou donnera-t-elle seulement des identités. Peut-être cette dernière alternative est plus probable, la connaissance du développement de $f(\xi)$ pourrait alors servir réciproquement à déterminer les coefficients dans la relation entre $f(\xi)$ et $f(\xi_1)$. En tout cas la décomposition de l'équation modulaire dans ce cas $k^2 = \frac{1}{2}$ sera intéressante à connaître. Mais je dois me remettre à ma théorie des nombres; tout en regrettant d'avoir à abandonner ce sujet si intéressant. J'espère que vous voudrez bien continuer à me communiquer les résultats que vous obtiendrez, et qui, je crois l'avoir assez démontré, m'intéressent extrêmement.

Votre bien dévoué.

306. — *STIELTJES A HERMITE.*

(*Carte postale.*)

14 mars 1891.

MON CHER AMI,

Il y a évidemment une inadvertance dans ma lettre. Si l'on introduit dans la relation algébrique entre $f(\xi)$ et $f(\xi_1)$ la série

$$f(\xi) = \frac{1}{2} + \alpha\xi + \beta\xi^3 + \gamma\xi^5 + \ldots,$$

le résultat ne peut pas être identiquement nul, mais on doit obtenir des relations entre α, β, γ, ... qui peut-être détermineront ces coefficients. Vous avez fait peut-être ce calcul dans le cas le plus simple de la relation entre $f(\xi)$ et $f\left(\frac{1+2i}{1-2i}\xi\right)$. Quelles choses singulières!

307. — *HERMITE A STIELTJES.*

Paris, le 14 mars 1891.

Cher Ami,

La correction des feuilles d'Halphen dont je vous accuse réception et que je vais donner à M. Gauthier-Villars a dû vous donner une peine extrême, et c'est un service signalé que vous aurez rendu en vous y consacrant avec tant de conscience et de soins. Je ne puis m'empêcher de penser qu'il sera bien peu lu à cause de la complication de ses calculs et de ses notations malheureuses; j'ai surtout des doutes sur la prééminence qu'il a voulu à jamais consacrer de ω et ω' et de $\wp(u)$ sur les symboles de Jacobi, auquels, je vous l'avoue, je reste à jamais fidèlement attaché. Tisserand ne m'a point caché que les formules du Traité d'Halphen ne lui disaient rien, je l'ai éprouvé moi-même, et ce n'est qu'au prix d'un effort réel que j'ai compris des points très beaux que ses notations laissaient dans l'ombre. De ma variable ξ je n'ai plus rien à vous dire, en ce moment, elle m'échappe; je sors du collège Stanislas, où j'ai interrogé sur les génératrices de l'hyperboloïde, la génération de l'ellipsoïde, l'équation en s, etc. et je suis excédé, d'autant plus que ce matin j'ai eu à la Faculté des Lettres une séance d'examen de baccalauréat.

J'observe cependant que, dans les dénominateurs des coefficients du développement de $k^2k'^2$, tous les nombres premiers figurent comme facteurs, et que les exposants des plus simples 3, 5, etc. vont en grandissant d'un terme à l'autre.

Ne serait-ce pas l'aurore d'une forme arithmétique nouvelle, caractéristique d'une nouvelle forme analytique? Mais il faut restreindre son imagination et, pour ce faire, je prends les relations absolument terre à terre que voici

$$\operatorname{sn} 2x = \frac{2 \operatorname{sn} x \operatorname{cn} x \operatorname{dn} x}{1 - k^2 \operatorname{sn}^4 x},$$

$$\operatorname{cn} 2x = \frac{1 - 2 \operatorname{sn}^2 x + k^2 \operatorname{sn}^4 x}{1 - k^2 \operatorname{sn}^4 x},$$

$$\operatorname{dn} 2x = \frac{1 - 2k^2 \operatorname{sn}^2 x + k^2 \operatorname{sn}^4 x}{1 - k^2 \operatorname{sn}^4 x}.$$

On a bien remarqué que

$$1 - \operatorname{cn} 2x = \frac{2 \operatorname{sn}^2 x \operatorname{dn}^2 x}{1 - k^2 \operatorname{sn}^4 x}, \qquad 1 - \operatorname{dn} 2x = \frac{2k^2 \operatorname{sn}^2 x \operatorname{dn}^2 x}{1 - k^2 \operatorname{sn}^4 x},$$

dont les numérateurs sont des carrés, mais à ces formules j'ajoute

$$1 + \operatorname{sn} 2x \quad = \frac{(\operatorname{cn} x + \operatorname{sn} x \operatorname{dn} x)^2}{1 - k^2 \operatorname{sn}^4 x},$$

$$1 + k \operatorname{sn} 2x = \frac{(\operatorname{dn} x + k \operatorname{sn} x \operatorname{cn} x)^2}{1 - k^2 \operatorname{sn}^4 x}.$$

On en conclut que $\sqrt{(1 + \operatorname{sn} 2x)(1 + k \operatorname{sn} 2x)}$ est une fonction uniforme, à savoir

$$\frac{(1 + k) \operatorname{sn} x}{1 + k \operatorname{sn}^2 x} + \frac{\operatorname{cn} x \operatorname{dn} x}{1 - k \operatorname{sn}^2 x}.$$

Elle a la périodicité de $\operatorname{sn} x$, et peut s'écrire ainsi

$$\sqrt{k}\left[\operatorname{sn}\left(x + \frac{i\mathrm{K}'}{2}\right) + \operatorname{sn}\left(x + \mathrm{K} + \frac{i\mathrm{K}'}{2}\right)\right] + \operatorname{sn}\left(x - \frac{i\mathrm{K}'}{2}\right) + \operatorname{sn}\left(x + \mathrm{K} - \frac{i\mathrm{K}'}{2}\right),$$

J'entrevois quelques conséquences à en tirer, mais point maintenant, où je ne suis plus bon à rien.

En vous renouvelant, mon cher ami, mes remercîments pour vos coefficients qui me donnent tant à penser, et en vous priant de me croire votre affectionné.

308. — *HERMITE A STIELTJES.*

Paris, 15 mars 1891.

Cher Ami,

C'est bien comme vous l'avez jugé, pour tenter d'obtenir quelque lumière sur les coefficients de la série $f(\xi) = \frac{1}{2} + \alpha\xi + \beta\xi^3 + \ldots$ que j'ai songé à l'emploi de la relation entre $f(\xi)$ et $f\left(\frac{a + bi}{a - bi}\xi\right)$, que donne la théorie des équations modulaires. On a aussi en posant $\mathrm{U} = \sqrt[4]{kk'}$, $\mathrm{V} = \sqrt[4]{\lambda\lambda'}$ des équations dont le P. Joubert a fait le calcul, dans plusieurs cas; pour le cinquième ordre en particulier, il obtient celle-ci :

$$\mathrm{V}^6 - 16\mathrm{U}^5\mathrm{V}^5 + 15\mathrm{U}^2\mathrm{V}^4 + 5\mathrm{U}^4\mathrm{V}^2 + 4\mathrm{U}\mathrm{V} + \mathrm{U}^6 = 0.$$

Mais pour en faire usage, il serait nécessaire de former la racine 8ième de votre expression, je veux dire de prendre pour point de départ les formules

$$U = \frac{1}{\sqrt[4]{2}}(1 - a\xi^2 + b\xi^4 - c\xi^6 + \ldots),$$

$$V = \frac{1}{\sqrt[4]{2}}\left[1 - a\left(\frac{1+2i}{1-2i}\right)^2\xi^2 + b\left(\frac{1+2i}{1-2i}\right)^4\xi^4 + \ldots\right],$$

et j'ai reculé, je l'avoue, devant la complication des calculs que demande la substitution, ne me sentant pas encouragé par une suffisante espérance dans le résultat. N'attendez donc point que je vous apporte quelque contribution sur la question; c'est en vous, en vous seul, que je mets mon espoir, le temps me manque et avant tout il me faut terminer la rédaction de la Note qu'attend l'éditeur pour la prochaine édition du *Cours de Calcul différentiel et intégral de Serret*. La nécessité me contraint donc de renoncer à ξ, et je ne songe en ce moment qu'aux formules de la duplication dont je vous ai déjà parlé. Voici les conséquences que je voudrais en tirer. En premier lieu, de la relation

$$1 + \operatorname{sn} 2x = \frac{(\operatorname{cn} x + \operatorname{sn} x \operatorname{dn} x)^2}{1 - k^2 \operatorname{sn}^4 x}$$

on conclut

$$1 + \operatorname{sn} x = \frac{k'}{k}\,\frac{(\Theta H_1 + H\Theta_1)^2}{H^4 - \Theta^4}$$

et, par conséquent,

$$1 + \operatorname{sn} x = \frac{P^2(x)}{\Theta(x)},$$

ce qui conduit absolument à étudier de près cette quantité

$$P(x) = \Theta\left(\frac{x}{2}\right) H_1\left(\frac{x}{2}\right) + H\left(\frac{x}{2}\right) \Theta_1\left(\frac{x}{2}\right).$$

On a ensuite

$$1 - \operatorname{cn} 2x = \frac{2\operatorname{sn}^2 x \operatorname{dn}^2 x}{1 - k^2 \operatorname{sn}^4 x} = g\,\frac{(H\Theta_1)^2}{H^4 - \Theta^4},$$

$$1 - \operatorname{dn} 2x = \frac{2k^2 \operatorname{sn}^2 x \operatorname{dn}^2 x}{1 - k^2 \operatorname{sn}^4 x} = h\,\frac{(HH_1)^2}{H^4 - \Theta^4},$$

d'où

$$1 - \operatorname{cn} x = \frac{Q^2(x)}{\Theta(x)}, \qquad 1 - \operatorname{dn} x = \frac{R^2(x)}{\Theta(x)}, \qquad \ldots.$$

Je mets d'autant plus d'intérêt à cette étude qu'elle ouvre la voie pour obtenir, dans la théorie de la transformation, les résultats fondamentaux de Jacobi dans le paragraphe 10 des *Fondamenta*

$$\begin{aligned} V + U &= (1 + x)A^2, \\ V - U &= (1 - x)B^2, \\ V + \lambda U &= (1 + kx)C^2, \\ V - \lambda U &= (1 - kx)D^2, \end{aligned}$$

résultats que jusqu'ici j'ai négligés.

Et que d'autres choses je néglige par indolence, nonchalance, par mollesse et paresse, par lâcheté, etc.

En vous félicitant de votre ardeur au travail que j'envie et vous renouvelant l'assurance de mes meilleurs sentiments.

309. — *STIELTJES A HERMITE.*

Toulouse, 12 avril 1891.

Cher Monsieur,

Voulant, un de ces jours, exposer à mes élèves la théorie du développement d'une fonction arbitraire en une série de polynomes de Legendre

$$f(x) = \Sigma A_n X_n \qquad (-1 \leqq x \leqq +1),$$

j'ai été conduit à examiner la fonction

$$X_{n+1} - X_{n-1} = (2n+1)\int_{-1}^{x} X_n\,dx = \frac{2n+1}{n(n+1)}(x^2-1)\frac{dX_n}{dx},$$

et je me suis rappelé alors que M. Beltrami, l'année dernière, remarqua l'intérêt qu'il y aurait à trouver une limite supérieure pour n très grand. A l'aide des méthodes de mon article sur les polynomes de Legendre je trouve que pour $-1 \leqq x \leqq +1$ la valeur absolue de $X_{n+1} - X_{n-1}$ reste toujours inférieure à

$$\frac{\Gamma(n)}{\Gamma(n+\frac{1}{2})}\sqrt{\frac{8}{\pi}} < \frac{4}{\sqrt{\pi(2n-1)}}.$$

Mais je viens de reconnaître qu'on peut obtenir une limitation de ce genre par un moyen très simple. En posant $x = \cos\theta$ e retranchant les formules élémentaires

$$X_{n+1} = \frac{1.3\ldots(2n+1)}{2.4\ldots(2n+2)}\left[\cos(n+1)\theta + \frac{1(n+1)}{1(2n+1)}\cos(n-1)\theta + \ldots\right],$$

$$X_{n-1} = \ldots\ldots\ldots\ldots\ldots\ldots\ldots\ldots\ldots\ldots\ldots\ldots,$$

il vient

$$\begin{aligned} X_{n+1} - X_{n-1} \\ = \frac{1.3\ldots(2n+1)}{2.4\ldots(2n+2)}\Big[\cos(n+1)\theta &- \frac{n+1}{2n-1}\cos(n-1)\theta \\ &- \frac{(n+1)n}{1.2(2n-1)(2n-3)}\cos(n-3)\theta \\ &- \frac{4.3(n+1)n(n-1)}{1.2.3(2n-1)(2n-3)(2n-5)}\cos(n-5)\theta - \ldots\Big], \end{aligned}$$

où il faut prolonger la série jusqu'à ce qu'on rencontre un terme nul. Au lieu de cela on peut, pour n *pair*, prolonger la série jusqu'au terme en $\cos\theta$, puis doubler.

Pour n impair, on peut aller jusqu'à $\cos 2\theta$, ajouter la moitié du terme suivant, puis doubler. Soit n pair, on a

$$\frac{1.3\ldots(2n+1)}{2.4\ldots(2n+2)}\{2[\cos(n+1)\theta - \alpha\cos(n-1)\theta - \ldots - \lambda\cos\theta]\},$$

où α, β, ..., λ sont *positifs*.

Pour $\theta = 0$, il vient

$$1 - \alpha - \beta - \ldots - \lambda = 0, \qquad \text{donc} \qquad 1 + \alpha + \beta + \lambda = \ldots = 2;$$

d'où l'on conclut

$$|X_{n+1} - X_{n-1}| < 4\,\frac{1.3\ldots(2n+1)}{2.4\ldots(2n+2)}.$$

On arrive au même résultat pour n impair. En écrivant

$$|X_{n+1} - X_{n-1}| < 4\,\frac{\Gamma(n+\frac{3}{2})}{\Gamma(\frac{1}{2})\Gamma(n+2)},$$

on a

$$\frac{\Gamma(n+\frac{3}{2})}{\Gamma(n+2)} < \frac{1}{\sqrt{n+1}},$$

donc

$$|X_{n+1} - X_{n-1}| < \frac{4}{\sqrt{\pi(n+1)}}.$$

La limite supérieure, obtenue précédemment, est plus petite

dans le rapport de 1 à $\sqrt{2}$ à peu près, mais pour l'application qu'on a à faire du résultat, cela n'a aucune importance, et à cause de son caractère si élémentaire, je préfère la déduction que je viens de donner.

On conclut facilement de ce résultat que, dans le cas où $f(x)$ est une fonction à variation limitée dans l'intervalle $(-1, +1)$,

$$\sqrt{n}\,A_n = \sqrt{n}\,\frac{2n+1}{2}\int_{-1}^{+1} f(x)\,X_n\,dx$$

reste constamment inférieur à un nombre fixe.

Je n'ai pas encore entrepris l'application de la relation algébrique entre $f(\xi)$ et $f\left(\frac{a+bi}{a-bi}\xi\right)$ aux développements suivant les puissances de ξ. En effet, je dois pour cela chercher d'abord une transformée aussi simple que possible de l'équation modulaire pour $n=5$. La relation que vous m'avez communiquée comme obtenue par le P. Joubert s'est montrée inexacte. Du reste je dois avoir encore d'autres transformées, mais avant de me lancer dans ces calculs assez pénibles, je dois chercher à la bibliothèque ce qu'on a fait déjà sur ce sujet.

Je dois vous demander pardon d'avoir gardé si longtemps l'article sur Mme de Kowalewski que vous avez bien voulu m'envoyer, mais je l'avais communiqué à un ami de Hollande. Pendant les vacances de Pâques je me suis trouvé assez souffrant et je n'ai presque pu rien faire, ce qui m'a été une grande déception. Mais avec le temps plus doux que nous avons maintenant, je vais beaucoup mieux et le goût du travail me reprend. J'espère vivement, cher Monsieur, apprendre de bonnes nouvelles de votre santé.

Veuillez bien me croire toujours votre très dévoué.

310. — *HERMITE A STIELTJES.*

Paris, 14 avril 1891.

Mon cher Ami,

Vous êtes un magicien, vous traitez avec une merveilleuse simplicité des questions extrêmement difficiles et importantes et je ne puis assez vous dire avec quel plaisir j'ai vu la relation $|X_{n+1} - X_{n-1}| < \frac{4\Gamma(n+\frac{3}{2})}{\Gamma(\frac{1}{2})\Gamma(n+1)}$ d'où vous concluez

$$|X_{n+1} - X_{n-1}| < \frac{4}{\sqrt{\pi(n+1)}}.$$

Où et quand publierez-vous ce que vous venez d'obtenir, qui intéressera vivement les amis des fonctions sphériques? Mais ménagez-vous, n'abusez pas de votre puissance de travail, surtout par ce temps qui amène un si grand nombre d'indispositions et de maladies.

Ce matin, quand je suis sorti, la neige tombait et le soir, à la maison, nous faisons encore du feu. Je poursuis la Note elliptique destinée à l'Ouvrage de Serret, avec la grande ambition qu'elle puisse vous servir de guide-âne grâce aux formules que j'y accumule, mais j'avance lentement. En ce moment, je rédige la multiplication de l'argument par un nombre entier et en établissant pour n impair les formules $\operatorname{sn}(nx) = \frac{T}{S}$, $\operatorname{cn}(nx) = \frac{U}{S}$, etc., j'ai cru nécessaire de démontrer la relation $S - T = (1 \pm \operatorname{sn} x)T_0^2, \ldots$, ce qui est facile. Vient après une recherche dont je me réserve de vous entretenir, et qui me demandera beaucoup d'efforts, elle concerne les polynomes relatifs à la transformation, sur lesquels je crois qu'il y a encore grandement à découvrir. Combien Jacobi a eu de bonheur avec ses découvertes elliptiques! . . . .

. . . .

Croyez-moi toujours, mon cher ami, votre bien affectueusement dévoué.

311. — *STIELTJES A HERMITE.*

Toulouse, 14 juillet 1891.

Cher Monsieur,

Vous voudrez bien, je l'espère, me pardonner les lignes suivantes, malgré la chaleur et l'ennui des examens qui approchent. Soit

$$P_n = x^n + \frac{n(n-1)}{2.2}x^{n-2} + \frac{n(n-1)(n-2)(n-3)}{2.2.4.4}x^{n-4} + \ldots,$$

alors

$$\frac{d^{n+1}\arcsin x}{dx^{n+1}} = 1.2\ldots n\frac{P_n}{(1-x^2)^{n+\frac{1}{2}}},$$

et ce polynome P_n satisfait à la relation

$$(1) \qquad (1-x^2)\frac{d^2y}{dx^2}+(2n-1)x\frac{dy}{dx}-n^2y=0$$

(*Recueil* de Tisserand, p. 31-37).

Je me propose d'étudier la seconde intégrale

$$(2) \qquad Q_n = P_n\int\frac{(1-x^2)^{n-\frac{1}{2}}}{P_n^2}\,dx = P_n\int\frac{(1-x^2)^n}{P_n^2}\,\frac{dx}{\sqrt{1-x^2}}.$$

Pour cela, je décompose en fractions simples

$$\frac{(1-x^2)^n}{P_n^2} = (-1)^n + \sum\left[\frac{p_\alpha}{(x-\alpha)^2}+\frac{q_\alpha}{x-\alpha}\right].$$

Les racines $\alpha, \beta, \ldots, \lambda$ de $P_n = 0$ sont des racines simples, et ± 1 n'est pas une racine. On trouve

$$p_\alpha = \frac{(1-\alpha^2)^n}{P_n'(\alpha)^2}, \qquad q_\alpha = -\frac{(1-\alpha^2)^n}{P_n'(\alpha)^2}\left[\frac{2n\alpha}{1-\alpha^2}+\frac{P_n''(\alpha)}{P_n'(\alpha)}\right],$$

mais, d'après (1),

$$\frac{P_n''(\alpha)}{P_n'(\alpha)} = -\frac{(2n-1)\alpha}{1-\alpha^2},$$

donc

$$\frac{(1-x^2)^n}{P_n^2} = (-1)^n + \sum\frac{(1-\alpha^2)^{n-1}}{P_n'(\alpha)^2}\left[\frac{1-\alpha^2}{(x-\alpha)^2}-\frac{\alpha}{x-\alpha}\right],$$

puis

$$\int\frac{(1-x^2)^{n-\frac{1}{2}}}{P_n^2}\,dx = (-1)^n \arcsin x + \sum\int\frac{(1-\alpha^2)^{n-1}}{P_n'(\alpha)^2}\left[\frac{1-\alpha^2}{(x-\alpha)^2}-\frac{\alpha}{x-\alpha}\right]\frac{dx}{\sqrt{1-x^2}},$$

$$\int\left[\frac{1-\alpha^2}{(x-\alpha)^2}-\frac{\alpha}{x-\alpha}\right]\frac{dx}{\sqrt{1-x^2}} = -\frac{\sqrt{1-x^2}}{x-\alpha},$$

$$\int\frac{(1-x^2)^{n-\frac{1}{2}}}{P_n^2}\,dx = (-1)^n \arcsin x - \sqrt{1-x^2}\sum\frac{(1-\alpha^2)^{n-1}}{P_n'(\alpha)^2}\,\frac{1}{x-\alpha}.$$

Il est clair que

$$(3) \qquad \sum\frac{(1-\alpha^2)^{n-1}}{P_n'(\alpha)^2}\,\frac{1}{x-\alpha} = \frac{R_n}{P_n},$$

R_n étant un polynome du degré $n-1$ en x, donc finalement

$$(4) \qquad Q_n = (-1)^n P_n \arcsin x - R_n\sqrt{1-x^2}.$$

Il reste à désirer seulement une expression plus commode et plus explicite de ce polynome R_n, je n'ai pas pu surmonter encore cette difficulté.

Vous voyez que la question a quelque analogie avec l'analyse des X_n de Legendre; cependant, si l'on cherche à intégrer (1) par une série suivant les puissances descendantes de x et commençant par un terme en x^k, on obtient pour déterminer k

$$(n-k)^2 = 0.$$

Il y a ainsi un racine double $k=n$, et une série (P_n), mais la seconde série renferme des logarithmes; c'est là ce qui fait une différence essentielle avec le cas des X_n, où il y a une seconde solution de la forme

$$c_n x^{-n-1} + c_{n+1} x^{-n-3} + \ldots.$$

Cela me fait penser que la détermination de ce polynome R_n exigera quelque nouvel artifice. Mais, en terminant, je vous avouerai que j'ai écrit surtout cette lettre dans l'espoir d'avoir de bonnes nouvelles de vous et de votre famille.

Nous allons passer la plus grande partie de nos vacances en Hollande et comptons partir vers la fin du mois.

Veuillez bien me croire, cher Monsieur, votre très dévoué.

312. — *HERMITE A STIELTJES.*

Paris, 16 juillet 1891.

Mon cher Ami,

J'apprends avec grand plaisir que vous allez en Hollande profiter des vacances et je viens vous informer qu'aussitôt les examens finis je me rendrai à Barèges, comme l'année dernière, ayant grand besoin de changer d'air et de me reposer. La maladie nous a visités cette année : Madame Hermite a eu une bronchite et a dû garder le lit, puis Jeanne Picard qui a eu une inflammation d'entrailles; mais, grâce à Dieu, toute la famille est maintenant en bonne santé. J'étudierai, quand je serai dans les Pyrénées, votre polynome P_n; mais, en attendant, j'ai recours à vous au sujet de K et K' considérés comme fonction de k^2, pour établir les importantes propositions de M. Fuchs, que j'ai énoncées page 248 de mon Cours, en vous demandant si l'on peut procéder comme il suit : En premier lieu, la série

$$K = \frac{\pi}{2}\left[1 + \left(\frac{1}{2}\right)^2 k^2 + \left(\frac{1.3}{2.4}\right)^2 k^4 + \ldots\right]$$

montre que K ne change point lorsque k^2 tourne autour du point $k^2 = 0$. J'emploie ensuite la relation

$$K' = \frac{2K}{\pi}\log\frac{4}{k} - \ldots,$$

en l'écrivant sous cette forme

$$K' = S - \frac{K}{\pi}\log k^2,$$

où S est une série entière en k^2. On voit alors qu'en tournant autour du même point $k^2 = 0$, $\log k^2$ s'augmente de $2i\pi$ de sorte que K' se change en $K' - 2iK$ et, par conséquent, iK' en $iK' + 2K$. Enfin, je remarque qu'en remplaçant k par k', on a

$$K = S' - \frac{K'}{\pi}\log k'^2 = S' - \frac{K'}{\pi}\log(1 - k^2).$$

Si l'on tourne autour du point $k^2 = 1$, $\log(1 - k^2)$ s'augmente encore de $2i\pi$, par suite K devient $K - 2iK'$; ce sont les théorèmes de M. Fuchs; la démonstration pourrait-elle être donnée dans la nouvelle édition de ma note elliptique?

La fonction holomorphe $\frac{1}{\Gamma(x)}$ me semble friser de bien près la discontinuité, $\Gamma(-n)$ étant nul pour n entier, $\Gamma(-n-\xi)$ étant extrêmement grand, si petit que soit ξ. C'est ce qu'on voit, pour ainsi dire sans calcul, au moyen de la relation $\Gamma(a)\Gamma(1-a) = \frac{\pi}{\sin a\pi}$.

Faites, en effet, $a = n + 1 + \xi$, on en tire

$$\frac{(-1)^{n+1}}{\Gamma(-n-\xi)} = \frac{\sin\pi\xi}{\pi}\Gamma(n+1+\xi),$$

puis, en changeant ξ en $1 - \xi$,

$$\frac{(-1)^{n+1}}{\Gamma(-n-1+\xi)} = \frac{\sin\pi\xi}{\pi}\Gamma(n+2-\xi).$$

Les seconds membres, en supposant $\xi < 1$, sont plus grands tous les deux que $\frac{\sin \pi\xi}{\pi}\Gamma(n+1)$; or on a : $\sin x > \frac{x}{2}$ pour $x < \frac{\pi}{3}$, $\sin x > \frac{x}{\sqrt{3}}$ pour $x < \frac{\pi}{4}$, ... et, en prenant la première inégalité, on obtient la quantité $\frac{1}{2}\xi\Gamma(n+1)$, comme limite inférieure. Pour $\xi = \frac{1}{n}$, cette limite est donc $\frac{1}{2}\Gamma(n)$, ce qui montre la prodigieuse hauteur de l'arceau que forme la courbe $y = \frac{1}{\Gamma(x)}$ entre deux intersections consécutives avec l'axe des abscisses. Qu'il serait intéressant d'avoir une expression analytique simple qui mettrait de telles circonstance en évidence !

Les coefficients de $P_n(x)$ ne contiennent en diviseurs que des puissances de 2, comme le montre la formule

$$2^n P_n(x) = \Sigma n_p^2 (x+1)^{n-p} (x-1)^p,$$

où

$$n_p = \frac{n(n-1)\dots(n-p+1)}{1.2\dots p}, \qquad (p = 0, 1, 2, \dots, n),$$

conséquence immédiate de l'égalité

$$P_n(x) = \frac{D_x^n (x^2-1)^n}{2.4\dots 2n}.$$

J'ai remarqué que la formule de Jacobi

$$P_n(x) = \frac{1}{\pi}\int_0^\pi (x + \cos\varphi\sqrt{x^2-1})^n \, d\varphi$$

le met également en évidence, car on en tire

$$\begin{aligned} P_n(x) = x^n &+ \frac{n_1(n-1)_1}{2^2} x^{n-2}(x^2-1) \\ &+ \frac{n_2(n-2)_2}{2^4} x^{n-4}(x^2-1)^2 \\ &+ \dots\dots\dots\dots\dots\dots \\ &+ \frac{n_p(n-p)_p}{2^{2p}} x^{n-2p}(x^2-1)^p, \end{aligned}$$

le dernier terme correspondant à $p = \frac{n}{2}$ ou $p = \frac{n-1}{2}$, suivant que n est pair ou impair; *nugæ analyticæ!*

En vous souhaitant un bon et heureux voyage dans votre patrie chérie et vous priant à l'occasion, et si vous le jugez convenable, de me rappeler au bon souvenir de M. Bierens de Haan, de M. Bakhuyzen, je reste, mon cher ami, votre bien affectueusement dévoué.

313. — *STIELTJES A HERMITE.*

Toulouse, 22 juillet 1891.

CHER MONSIEUR,

J'ai appris avec peine que vous avez été éprouvé dans votre famille par des maladies sérieuses; heureusement que tout est passé maintenant. Puisse le séjour à Barèges vous procurer le repos nécessaire.

Je ne trouve rien de plus naturel, en donnant les développements en séries

$$K = \frac{\pi}{2}\left[1 + \left(\frac{1}{2}\right)^2 k^2 + \ldots\right],$$

$$K' = \frac{2K}{\pi}\log\left(\frac{4}{k}\right) + \text{série entière},$$

que d'en déduire, comme vous le faites, les théorèmes de M. Fuchs, indiquant la manière dont se comporte K lorsque k^2 décrit un contour fermé autour des points critiques 0, 1. Ainsi, ces développements en série (le second est dû à Legendre d'après Enneper) *contiennent* les théorèmes de Fuchs, mais, si je peux m'exprimer ainsi, ils contiennent plus que cela. Au point de vue de la doctrine, il semble qu'il doit être plus *facile* d'obtenir les théorèmes de Fuchs que les développements en séries, c'est aussi ce qui résulte des démonstrations de Laguerre et de Goursat que vous donnez dans votre Cours.

J'étudie ces jours-ci votre article sur la transformation des fonctions elliptiques dans le *Bulletin de Palerme* (1), mais, pour le moment, je n'ai pas encore suffisamment réfléchi sur ce sujet.

J'ai généralisé ainsi l'analyse de ma dernière lettre : n étant

(1) *Note des éditeurs.* — *Voir* t. V des *Rendiconti* (1890).

entier positif, l'équation différentielle

$$(1)\qquad (x^2-1)y''-2(n+k-1)xy'+n(n+2k-1)y=0$$

admet comme intégrale le polynome

$$(2)\quad P_n=x^n+\frac{n(n-1)}{2.2k+1}x^{n-2}+\frac{n(n-1)(n-2)(n-3)}{2.4.2k+1.2k+3}x^{n-4}+\ldots$$

On rencontre ce polynome en cherchant la dérivée d'ordre n de $(1-x^2)^{-k}$

$$(3)\quad D_n\frac{1}{(1-x^2)^k}=2k(2k+1)(2k+2)\ldots(2k+n-1)\frac{P_n}{(1-x^2)^{k+n}}.$$

J'étudie maintenant la *seconde* solution de (1)

$$(4)\qquad Q_n=P_n\int\frac{(x^2-1)^{n+k-1}}{P_n^2}dx.$$

Pour réduire l'intégrale

$$\int\frac{(x^2-1)^{n+k-1}}{P_n^2}dx=\int\frac{(x^2-1)^n}{P_n^2}(x^2-1)^{k-1}dx,$$

je décompose en fractions simples

$$\frac{(x^2-1)^n}{P_n^2}=1+\sum\left[\frac{p_\alpha}{(x-\alpha)^2}+\frac{q_\alpha}{x-\alpha}\right].$$

Les racines α, β, ..., λ de $P_n=0$ sont des racines simples et $P_n(\pm 1)\neq 0$. En posant $x=\alpha+h\ldots$, il vient

$$p_\alpha=\frac{(\alpha^2-1)^n}{P'_n(\alpha)^2},\qquad q_\alpha=\frac{(\alpha^2-1)^n}{P'_n(\alpha)^2}\left[\frac{2n\alpha}{\alpha^2-1}-\frac{P''_n(\alpha)}{P'_n(\alpha)}\right],$$

mais, d'après (1),

$$\frac{P''_n(\alpha)}{P'_n(\alpha)}=\frac{2(n+k-1)\alpha}{\alpha^2-1},$$

donc

$$(5)\qquad \frac{(x^2-1)^n}{P_n(x)^2}=1+\sum\frac{(\alpha^2-1)^{n-1}}{P'_n(\alpha)^2}\left[\frac{\alpha^2-1}{(x-\alpha)^2}-\frac{2(k-1)\alpha}{x-\alpha}\right].$$

Je remarque l'identité

$$D\frac{(x^2-1)^k}{x-\alpha}=(x^2-1)^{k-1}\left[2k-1-\frac{\alpha^2-1}{(x-\alpha)^2}+\frac{2(k-1)\alpha}{x-\alpha}\right],$$

ce qui me conduit à écrire au lieu de (5)

$$(6)\quad \frac{(x^2-1)^n}{P_n(x)^2} = 1 + \sum (2k-1)\frac{(\alpha^2-1)^{n-1}}{P'_n(\alpha)^2} + \sum \frac{(\alpha^2-1)^{n-1}}{P'_n(\alpha)^2}\left[1 - 2k + \frac{\alpha^2-1}{(x-\alpha)^2} - \frac{2(k-1)\alpha}{x-\alpha}\right];$$

multipliant par $(x^2-1)^{k-1}\,dx$ et intégrant, il vient

$$\int \frac{(x^2-1)^{n+k-1}}{P_n(x)^2}\,dx = \left[1 + (2k-1)\sum\frac{(\alpha^2-1)^{n-1}}{P'_n(\alpha)^2}\right]\int (x^2-1)^{k-1}\,dx - (x^2-1)^k \sum \frac{(\alpha^2-1)^{n-1}}{P'_n(\alpha)^2}\,\frac{1}{x-\alpha}.$$

En introduisant donc une constante

$$(7)\quad \mathcal{A} = 1 + (2k-1)\sum\frac{(\alpha^2-1)^{n-1}}{P'_n(\alpha)^2}$$

et un polynome du degré $n-1$

$$(8)\quad R_n = \sum \frac{(\alpha^2-1)^{n-1}}{P'_n(\alpha)^2}\,\frac{P_n(x)}{x-\alpha},$$

il vient

$$(9)\quad Q_n(x) = \mathcal{A}\,P_n(x)\int (x^2-1)^{k-1}\,dx - (x^2-1)^k R_n(x),$$

ce qui est bien l'expression la plus simple et la plus explicite de la seconde intégrale. Il reste à désirer seulement une méthode simple pour obtenir le polynome $R_n(x)$ dont les coefficients doivent être rationnels en k. Mais cela paraît assez difficile.

Je remarque en ce moment que, pour $k=-n$, P_n diffère seulement par un facteur constant de X_n; ainsi, dans ce cas, Q_n doit être (à un facteur constant près) la fonction sphérique de seconde espèce. La formule (9) donne alors une nouvelle expression de cette fonction.

J'aurais voulu offrir à vous et à M. Picard la première partie de mon article sur la théorie des nombres qui a paru. Mais je n'ai point de tirages à part et je ne les aurai peut-être que lorsque toute la partie élémentaire (résidus et formes quadratiques) sera terminée.

J'étudie beaucoup, non seulement la théorie des nombres, mais les fonctions modulaires, fonctions fuchsiennes; tous ces sujets, vous le savez, sont intimement liés et j'espère que je trouverai quelque chose ou, du moins, à exposer *simplement* ce qu'on sait déjà.

Veuillez bien me croire toujours votre très dévoué.

314. — *STIELTJES A HERMITE.*

Toulouse, 27 novembre 1891.

Cher Monsieur,

Voilà bien longtemps que je n'ai point eu des nouvelles de vous et des vôtres, et c'est dans l'espoir d'en recevoir de bonnes que je vous donnerai les miennes. J'ai passé, avec ma famille, de bonnes vacances en Hollande, et nous sommes revenus vers le milieu d'octobre en traversant Paris seulement. Mais, si le séjour a été agréable, je n'ai guère travaillé. On m'a dit pourtant de ne point regretter le temps ainsi perdu, et je dois reconnaître moi-même que, si je n'ai pas travaillé, je suis revenu, du moins, avec de bonnes dispositions pour le travail, tandis que j'étais très fatigué au mois d'août.

J'ai donc repris mon cours, mon travail sur la théorie des nombres et je pense aussi aux nombres premiers. Sur ce dernier sujet; il me faudra bien prendre une décision d'ici peu de temps. Si je rédige seulement ce que je sais en ce moment, cela constituerait bien un progrès (la loi du logarithme intégral se trouvant démontrée); mais, d'autre part, je n'aurais pas répondu à la partie du programme qui concerne la fonction ζ.

Permettez-moi d'indiquer une application que j'ai faite d'un théorème de Laplace à la théorie de la fonction Γ.

Vous avez appliqué souvent le théorème dont je parle, mais, pour mon but, j'en modifie un peu l'énoncé en l'exprimant ainsi :

$$(\mathrm{A}) \qquad \lim_{m=\infty} \sqrt{m}\int_a^\infty f(x)\,\varphi(x)^m\,dx = \sqrt{\frac{\pi}{\alpha}}\,f(b).$$

Je suppose ici que $\varphi(x)$ reste positif $\leqq 1$ et atteint son maximum $\varphi(b) = +1$ seulement pour $x = b$, tandis que dans le voisinage de $x = b$, pour des valeurs suffisamment petites de t, on a

$$\varphi(b+t) = 1 - \alpha t^2(1+\varepsilon),$$

α étant une constante positive, ε une fonction de t qui tend vers zéro avec t.

Si l'on ajoute encore la condition que

$$\int_a^\infty \varphi(x)^p\,dx$$

a une valeur finie pour une certaine valeur positive de p, et que la valeur absolue de

$$f(x)\,\varphi(x)^q$$

reste inférieure à un nombre fixe M (q étant un nombre positif convenablement choisi) et que

$$\lim f(b+h) = f(b) \qquad (h=0),$$

alors on peut démontrer d'une façon absolument rigoureuse la relation (A).

Vous voyez qu'on aura ordinairement

$$\varphi''(b) = -2\alpha,$$

en sorte que la limite est aussi

$$\sqrt{-\frac{2\pi}{\varphi''(b)}}\,f(b),$$

ce qui est l'expression de Laplace.

Dans le cas $\varphi(x) = x\,e^{1-x}$ on a $\alpha = \frac{1}{2}$, $b = 1$

$$\text{(B)} \qquad \lim_{m=\infty} \sqrt{m}\int_0^\infty f(x)x^m e^{m-mx}\,dx = \sqrt{2\pi}\,f(1).$$

Soit maintenant

$$\Gamma(a) \quad = \int_0^\infty x^{a-1}e^{-x}\,dx,$$

$$\Gamma(a+1) = a\,\Gamma(a);$$

si l'équation $\Gamma(a) = 0$ avait une racine $\alpha + \beta i$ (nécessairement imaginaire), elle en aurait une infinité $\alpha + m + \beta i$ (m étant un entier quelconque). On aurait ainsi

$$\int_0^\infty x^{\alpha+m-1}e^{-x}\cos(\beta\log x)\,dx = 0,$$

$$\int_0^\infty x^{\alpha+m-1}e^{-x}\sin(\beta\log x)\,dx = 0,$$

ou, remplaçant x par mx,

$$\int_0^\infty x^{\alpha+m-1} e^{-mx} \frac{\cos}{\sin} (\beta \log x + \beta \log m)\, dx = 0.$$

En multipliant par $\frac{\cos}{\sin}(\beta \log m)$ et ajoutant

$$\int_0^\infty x^{\alpha+m-1} e^{-mx} \cos(\beta \log x)\, dx = 0,$$

donc aussi, en multipliant par $\sqrt{m} e^m$,

$$\sqrt{m} \int_0^\infty x^{\alpha-1} \cos(\beta \log x) x^m e^{m-mx}\, dx = 0.$$

Or cela est impossible, car, d'après le théorème (B), le premier membre tend, pour $m = \infty$, vers la valeur positive $\sqrt{2\pi}$.

Donc $\Gamma(a)$ *ne s'annule pour aucune valeur finie de* a, $\frac{1}{\Gamma(a)}$ *est holomorphe.*

Veuillez bien agréer, cher Monsieur, avec mes meilleurs vœux pour votre santé et celle des vôtres, la nouvelle expression de mon dévoûment.

P.-S. — Si la fonction $\varphi(x)$ atteignait plusieurs fois (k fois) sa valeur maximum $+1$ et si

$$\varphi(b_i + t) = 1 - \alpha_i t^2 (1 + \varepsilon_i) \qquad (i = 1, 2, \ldots, k),$$

on aurait, au lieu de (A),

$$\lim_{m=\infty} \sqrt{m} \int_a^\infty f(x) \varphi(x)^m\, dx = \sqrt{\pi} \sum_1^k \frac{f(b_i)}{\sqrt{\alpha_i}}.$$

Pour k fini, cela est bien démontré, mais pour $k = \infty$ l'exactitude n'est pas démontrée. J'ai vérifié, toutefois, la formule dans un tel cas en remarquant que

$$\int_0^\infty \sin^{2n} x\, e^{-ax}\, dx = \frac{1.2\ldots(2n)}{a(a^2+2^2)(a^2+4^2)\ldots[a^2+(2n)^2]}.$$

Si $\varphi(x) = \sin^2 x$, $\alpha_i = 1$, en multipliant par $\sqrt{n}$ la limite est bien

$$\sqrt{\pi}\left(e^{-\frac{\pi a}{2}} + e^{-\frac{3\pi a}{2}} + e^{-\frac{5\pi a}{2}} + \ldots\right) = \frac{\sqrt{\pi}}{e^{\frac{\pi a}{2}} - e^{-\frac{\pi a}{2}}}.$$

315. — *HERMITE A STIELTJES.*

Paris, 30 novembre 1891.

Mon cher Ami,

Je n'ai aucune idée des moyens que vous employez pour obtenir cette belle relation

$$\lim_{m=\infty} \sqrt{m} \int_0^\infty f(x)\,\varphi^m(x)\,dx = \sqrt{\frac{\pi}{\alpha}}\,f(b),$$

dont les applications que vous m'avez indiquées montrent l'importance. Vous publierez, j'espère, un mémoire dans lequel je pourrai connaître par quelle voie vous pénétrez audacieusement et si heureusement dans le mystère de l'infini, et je me réserve d'appeler votre attention sur des questions de même nature qui se rapportent à l'Arithmétique.

En ce moment, je m'empresse de vous faire savoir que le terme réglementaire pour la clôture du concours au prix de l'Académie des Sciences est le mois de juin de l'année prochaine, mais que vous pouvez parfaitement, après avoir envoyé un mémoire, adresser un supplément pourvu qu'il parvienne au secrétariat de l'Institut avant le mois de novembre. Vous avez, par conséquent, du temps devant vous et, si l'Académie ne recevait aucune pièce, ou, du moins, aucun travail ayant une valeur suffisante, je crois pouvoir vous assurer que l'espérance d'obtenir un mémoire de vous déciderait la Commission à remettre une seconde fois la même question au concours. Les eaux de Barèges m'ont peu réussi, je suis arrivé en Lorraine mal disposé pour le travail et, pendant les deux mois que j'y suis resté, je n'ai pu faire grand'-chose. Il m'a fallu cependant faire effort pour répondre à une demande de M. Craig, qui veut un article pour son Journal, et j'avais préparé une étude de l'intégrale $J = \int_0^\pi \sin^a x\,\varphi(x)\,dx$, dont je vous parlerai une autre fois. Mais le dernier numéro du *Bulletin* de M. Darboux m'a donné une autre direction, en me faisant connaître une forme intéressante de l'intégrale de l'équation $\frac{d\lambda}{\sqrt{F(\lambda)}} + \frac{d\mu}{\sqrt{F(\mu)}} = 0$ obtenue par M. Astor. Si l'on pose

$$F(x) = (x-a)(x-b)(x-c)(x-d)$$

cette intégrale est

$$(1)\quad \sqrt{A(a-\lambda)(a-\mu)} + \sqrt{B(b-\lambda)(b-\mu)} + \sqrt{C(c-\lambda)(c-\mu)} = 0,$$

A, B, C étant des constantes liées par la condition

$$A(a-b)(a-c)(a-d) + B(b-a)(b-c)(b-d) + C(c-a)(c-b)(c-d) = 0$$

et dans le cas de $F(x) = (x-a)(x-b)(x-c)$

$$A(a-b)(a-c) + B(b-a)(b-c) + C(c-a)(c-b) = 0 \text{ (1)}.$$

La vérification est alors bien facile; qu'on prenne $a = 0$, $b = 1$ $c = \frac{1}{k^2}$, puis $\lambda = \operatorname{sn}^2 x$, $\mu = \operatorname{sn}^2 y$, l'équation (1) devient

$$(2)\quad \sqrt{A}\operatorname{sn}x\operatorname{sn}y + \sqrt{B}\operatorname{cn}x\operatorname{cn}y + \frac{1}{k^2}\sqrt{C}\operatorname{dn}x\operatorname{dn}y = 0$$

avec

$$(3)\quad Ak^2 - Bk^2k'^2 + Ck'^2 = 0.$$

Rapprochons (2) de la relation connue

$$k'^2\operatorname{sn}x\operatorname{sn}y + \operatorname{dn}(x+y)\operatorname{cn}x\operatorname{cn}y - \operatorname{cn}(x+y)\operatorname{dn}x\operatorname{dn}y = 0.$$

Vous voyez qu'en posant

$$\sqrt{\frac{B}{A}} = \frac{\operatorname{dn}(x+y)}{k'^2}, \qquad \frac{1}{k^2}\sqrt{\frac{C}{A}} = -\frac{\operatorname{cn}(x+y)}{k'^2},$$

c'est-à-dire

$$\frac{B}{A} = \frac{\operatorname{dn}^2(x+y)}{k'^4}, \qquad \frac{C}{A} = \frac{k^4\operatorname{cn}^2(x+y)}{k'^4},$$

la condition (3), ou bien

$$1 - \frac{Bk'^2}{A} + \frac{Ck'^2}{Ak^2} = 0,$$

---

(1) *Note manuscrite de Stieltjes. — Voir* Darboux, *Leçons sur la théorie générale des surfaces*, t. I, p. 142-143.

devient

$$1 - \frac{\operatorname{dn}^2(x+y)}{k'^2} + \frac{k^2 \operatorname{cn}^2(x+y)}{k'^2} = 0,$$

qui est identique.

En passant au cas général, il est nécessaire, si l'on veut encore s'affranchir des radicaux, de recourir à la transformation du second ordre. J'emploierai, dans ce but, la formule suivante, qui se démontre aisément,

$$(4) \qquad \operatorname{sn}\left[i(1+k)x, \frac{1-k}{1+k}\right] = \frac{1 + k \operatorname{sn}^2\left(x + i\frac{K'}{2}\right)}{1 - k \operatorname{sn}^2\left(x + i\frac{K'}{2}\right)};$$

on a, en effet (Cayley, *An elementary treatise*, etc., p. 75),

$$\operatorname{sn}\left(x + i\frac{K'}{2}\right) = \frac{1}{\sqrt{k}} \frac{(1+k)\operatorname{sn} x + i \operatorname{cn} x \operatorname{dn} x}{1 + k \operatorname{sn}^2 x},$$

puis, par le changement de x en $-x$,

$$\operatorname{sn}\left(x - i\frac{K'}{2}\right) = \frac{1}{\sqrt{k}} \frac{(1+k)\operatorname{sn} x - i \operatorname{cn} x \operatorname{dn} x}{1 + k \operatorname{sn}^2 x}.$$

Remarquant ensuite que

$$\operatorname{sn}\left(x - i\frac{K'}{2}\right) = \frac{1}{k \operatorname{sn}\left(x + i\frac{K'}{2}\right)},$$

on obtient

$$\frac{1}{\operatorname{sn}\left(x + \frac{iK'}{2}\right)} = \sqrt{k}\, \frac{(1+k)\operatorname{sn} x - i \operatorname{cn} x \operatorname{dn} x}{1 + k \operatorname{sn}^2 x}$$

et, par conséquent,

$$k \operatorname{sn}\left(x + \frac{iK'}{2}\right) + \frac{1}{\operatorname{sn}\left(x + \frac{iK'}{2}\right)} = 2\sqrt{k}\, \frac{(1+k)\operatorname{sn} x}{1 + k \operatorname{sn}^2 x},$$

$$k \operatorname{sn}\left(x + \frac{iK'}{2}\right) - \frac{1}{\operatorname{sn}\left(x + \frac{iK'}{2}\right)} = 2\sqrt{k}\, \frac{i \operatorname{cn} x \operatorname{dn} x}{1 + k \operatorname{sn}^2 x}.$$

On conclut de là, en divisant membre à membre,

$$\operatorname{sn}\left[i(1+k)x, \frac{1-k}{1+k}\right] = \frac{i(1+k)\operatorname{sn} x}{\operatorname{cn} x \operatorname{dn} x}.$$

C'est l'une des relations du tableau que j'ai donné autrefois (*Comptes rendus*, t. LX, 12 octobre 1863). Ce point établi, voici les conséquences de la formule (3). Soit, pour abréger, $l=\frac{1-k}{1+k}$, ..., $\xi=i(1+k)\left(x-\frac{iK'}{2}\right)$, ce qui permet d'écrire sous la forme la plus simple

$$\operatorname{sn}(\xi, l)=\frac{1+k\operatorname{sn}^2 x}{1-k\operatorname{sn}^2 x},$$

on tire de là

$$1+\operatorname{sn}(\xi, l)=\frac{2}{1-k\operatorname{sn}^2 x}, \qquad 1-\operatorname{sn}(\xi, l)=\frac{-2k\operatorname{sn}^2 x}{1-k\operatorname{sn}^2 x},$$

$$1+l\operatorname{sn}(\xi, l)=\frac{2}{1+k}\,\frac{\operatorname{dn}^2 x}{1-k\operatorname{sn}^2 x}, \qquad 1-l\operatorname{sn}(\xi, l)=\frac{2}{1+k}\,\frac{\operatorname{cn}^2 x}{1-k\operatorname{sn}^2 x}.$$

Voici, par suite, ce que devient la relation (1). Prenons $a=1$, $b=-1$, $c=\frac{1}{l}$, $d=-\frac{1}{l}$, et soit $\lambda=\operatorname{sn}(\xi, l)$, $\mu=\operatorname{sn}(\zeta, l)$, où je fais $\zeta=i(1+k)\left(y-\frac{iK'}{2}\right)$, on obtient, suppression faite d'un facteur,

$$k\sqrt{A}\operatorname{sn}x\operatorname{sn}y+\sqrt{B}+\frac{k}{l(1+k)}\sqrt{C}\operatorname{cn}x\operatorname{cn}y=0$$

et l'on trouve pour la condition entre les constantes A, B, C

$$l(A-B)-C=0.$$

Maintenant il suffit de comparer avec la relation

$$\operatorname{dn}(x+y)\operatorname{sn}x\operatorname{sn}y+\operatorname{cn}(x+y)=\operatorname{cn}x\operatorname{cn}y\ldots.$$

C'est un fait important dans la théorie de la transformation que les numérateurs de $1\pm\operatorname{sn}\xi$, $1\pm l\operatorname{sn}\xi$ soient des carrés de fonctions holomorphes, mais il faut finir.

Quel dommage, mon cher ami, que je n'aie pu vous voir et vous avoir à dîner chez nous avec Mme Stieltjes et vos enfants !

Croyez-moi toujours votre bien affectueusement dévoué.

316. — *STIELTJES A HERMITE.*

Toulouse, 2 décembre 1891.

CHER MONSIEUR,

Je vous dois mille remercîments pour les informations concernant le prix de l'Académie. La possibilité d'envoyer encore après le mois de juin un supplément pourrait bien avoir une grande influence sur le parti que je vais prendre.

J'ai vu avec beaucoup d'intérêt votre vérification de la formule de M. Astor, dans le cas général. En effet, la transformation du second ordre vous permet d'éviter un calcul long et ennuyeux. De cette façon, les radicaux disparaissent comme par enchantement dans un facteur dont on peut faire abstraction.

Dans le cas où $F(\lambda)$ est du troisième degré, M. Darboux donne, sans aucune indication, une formule identique, que j'avais vérifiée dans le temps, à peu près comme vous (*Leçons sur la Théorie des surfaces*, t. I, p. 142-143). Je n'ai pas vu encore l'article de M. Astor.

Ma formule

$$\lim_{m=\infty} \sqrt{m}\int_a^\infty f(x)\,\varphi^m(x)\,dx = \sqrt{\frac{\pi}{\alpha}}\,f(b)$$

est de très humble et modeste extraction. En appliquant la méthode de Laplace (*Théorie analytique des Probabilités*), on obtient comme valeur approchée de

$$\int_a^\infty f(x)\,\varphi^m(x)\,dx,$$

dans le cas où m est excessivement grand, l'expression

$$\sqrt{-\frac{2\pi}{m\,\varphi''(b)}}\,f(b).$$

Pour préciser l'énoncé, je n'ai fait que multiplier par $\sqrt{m}$ et ensuite j'ai pu indiquer avec plus d'exactitude les hypothèses qu'il faut faire sur $\varphi(x)$ et $f(x)$ pour que le théorème soit à l'abri de toute objection.

Vous vous rappelez peut-être le théorème de M. Tchebycheff sur le signe de l'expression

$$(b-a)\int_a^b f(x)\,\varphi(x)\,dx - \int_a^b f(x)\,dx\int_a^b \varphi(x)\,dx,$$

f et φ étant des fonctions qui varient constamment dans un sens dans l'intervalle (a, b).

Voici une généralisation. Soit

$$\mathfrak{L} = \int_a^b \psi(x)\,dx \int_a^b f(x)\,\varphi(x)\,dx - \int_a^b \varphi(x)\,dx \int_a^b f(x)\,\psi(x)\,dx$$

où $f(x)$ est une fonction qui *varie toujours dans un sens*, $\psi(x)$ une fonction qui *reste positive*, tandis que le *rapport* $\frac{\varphi(x)}{\psi(x)}$ *varie aussi toujours dans un sens*. Cela étant, on a

$$\mathfrak{L} > 0$$

lorsque f et $\frac{\varphi}{\psi}$ sont toutes les deux croissantes ou toutes les deux décroissantes et

$$\mathfrak{L} < 0$$

lorsque l'une de ces fonctions est croissante et l'autre décroissante. Pour $\psi(x) = 1$, on retombe sur le théorème de M. Tchebycheff. Voici ma démonstration. On a

$$(1) \qquad \int_a^b f(x)\,\psi(x)\,dx = f(\xi) \int_a^b \psi(x)\,dx \qquad (a < \xi < b).$$

Substituons cette valeur dans l'expression $\mathfrak{L}$; on peut mettre en facteur l'intégrale $\int_a^b \psi(x)\,dx$ et il vient

$$(2) \qquad \mathfrak{L} = \int_a^b \psi(x)\,dx \int_a^b [f(x) - f(\xi)]\,\varphi(x)\,dx.$$

Or, d'après (1),

$$\int_a^b [f(x) - f(\xi)]\psi(x)\,dx = 0,$$

le second facteur au second membre de (2) peut donc s'écrire

$$\int_a^b [f(x) - f(\xi)][\varphi(x) - C\psi(x)]\,dx,$$

C étant une constante quelconque. Prenons $C = \frac{\varphi(\xi)}{\psi(\xi)}$, on aura

$$\mathfrak{L} = \int_a^b \psi(x)\,dx \int_a^b \psi(x)\,[f(x) - f(\xi)]\left[\frac{\varphi(x)}{\psi(x)} - \frac{\varphi(\xi)}{\psi(\xi)}\right] dx.$$

Or, si les deux fonctions f et $\frac{\varphi}{\psi}$ varient dans le même sens

$f(x)-f(\xi)$ et $\frac{\varphi(x)}{\psi(x)}-\frac{\varphi(\xi)}{\psi(\xi)}$ ont toujours le même signe, et si ces deux fonctions varient en sens inverse $f(x)-f(\xi)$ et $\frac{\varphi(x)}{\psi(x)}-\frac{\varphi(\xi)}{\psi(\xi)}$ auront toujours signe contraire. D'où la proposition énoncée. Je crois qu'on doit attribuer cette proposition à M. Jensen. En effet, dans le *Bulletin* de Darboux (juin 1888) il y a une Note : *Sur une généralisation d'une formule de M. Tchebycheff*, par M. Jensen, qui commence ainsi :

« Soient $u_1, u_2 \ldots$; $v_1, v_2 \ldots$; $w_1, w_2 \ldots$, trois suites de grandeurs positives, et telles que l'on ait

$$u_1 \geqq u_2 \geqq u_3 \geqq \ldots \qquad \text{et} \qquad \frac{v_1}{w_1} \geqq \frac{v_2}{w_2} \geqq \frac{v_3}{w_3} \geqq \ldots,$$

on aura toujours

$$\frac{\sum_1^n u_k v_k}{\sum_1^n v_k} > \frac{\sum_1^n u_k w_k}{\sum_1^n w_k}.$$

Suit la démonstration. Ainsi, si $[f(x), u]$, $[\varphi(x), v]$, $[\psi(x), w]$ sont trois fonctions positives telles que $f(x)$ et $\frac{\varphi(x)}{\psi(x)}$ soient constamment décroissantes, on a

$$\frac{\int_a^b f(x)\varphi(x)\,dx}{\int_a^b \varphi(x)\,dx} > \frac{\int_a^b f(x)\psi(x)\,dx}{\int_a^b \psi(x)\,dx}.$$

Vous voyez, par ma démonstration, qu'on peut élargir un peu les conditions imposées ici aux fonctions f, φ et ψ. Mais j'abuse de votre temps et il faut finir. Veuillez bien me croire toujours votre très dévoué.

317. — *HERMITE A STIELTJES.*

Paris, 4 décembre 1891.

Mon cher Ami,

Je suis bien confus, humilié et très repentant de m'être si mal souvenu de la formule de Laplace, que je n'ai point vu, comme je l'aurais dû, la provenance de votre résultat. Mais, au risque de tomber dans l'impénitence finale, je vous avouerai que la relation qui me semble extrêmement intéressante

$$\lim \sqrt{m} \int_0^\infty f(x)\, \varphi^m(x)\, dx = \sqrt{\pi} \sum \frac{f(bi)}{\sqrt{\alpha_i}}$$

m'échappe entièrement. Il n'en est pas de même, grâce à votre excellente démonstration, de la formule par laquelle vous généralisez le théorème de Tchebycheff, et vous pouvez compter qu'elle figurera dans mon *Cours* si j'en fais un jour une nouvelle édition.

Maintenant, un mot sur l'équation de M. Astor :

$$\sqrt{A(a-\lambda)(a-\mu)} + \sqrt{B(b-\lambda)(b-\mu)} + \sqrt{C(c-\lambda)(c-\mu)} = 0.$$

En posant

$$X = A(a-\lambda)(a-\mu), \qquad Y = B(b-\lambda)(b-\mu), \qquad Z = C(c-\lambda)(c-\mu),$$

elle devient $\sqrt{X} + \sqrt{Y} + \sqrt{Z} = 0$ et, par suite, sous forme rationnelle,

$$(1) \qquad X^2 + Y^2 + Z^2 - 2YZ - 2ZX - 2XY = 0.$$

On voit qu'elle est du second degré en λ et μ, symétrique par rapport à ces deux quantités, de sorte qu'elle donne la relation

$$\frac{d\lambda}{\sqrt{F(\lambda)}} + \frac{d\mu}{\sqrt{F(\mu)}} = 0,$$

où $F(\lambda)$ est le discriminant de l'équation quadratique en μ. Cela étant, je remarque qu'en faisant $\lambda = a, b, c$ l'équation (1) se réduit à un carré parfait; $F(\lambda)$ contient donc les facteurs $\lambda - a$, $\lambda - b$, $\lambda - c$.

J'exprime qu'il en est de même pour $\lambda = d$, en calculant le discriminant de (1) quand on prend $X = A(a-d)(a-\mu)$, $Y = B(b-d)(b-\mu)$, $Z = C(c-d)(c-\mu)$.

Ce discriminant s'obtient au moyen de la forme adjointe de (1), qui est

$$2(YZ + ZX + XY),$$

lorsqu'on met, au lieu de X, Y, Z, les déterminants fournis par la matrice : $\begin{vmatrix} A(a-d)a, & -A(a-d) \\ B(b-d)b, & -B(b-d) \\ C(c-d)c, & -C(c-d) \end{vmatrix}$ en supprimant successivement la première, la deuxième et la troisième ligne.

On a ainsi

$$X = BC(b-c)(b-d)(c-d),$$
$$Y = CA(c-a)(c-d)(a-d),$$
$$Z = AB(a-b)(a-d)(b-d)$$

et en divisant par $ABC(a-d)(b-d)(c-d)$, on trouve bien la condition de M. Astor.

Totus tuus devotissimus.

P.-S. — Je vais écrire mon article d'exportation avec des remarques sur les formules pour la transformation du second ordre; *plus laboris quam artis!*

318. — *STIELTJES A HERMITE.*

Toulouse, 6 décembre 1891.

CHER MONSIEUR,

Donc, d'après votre lettre, si l'on a la forme quadratique

$$F = \sum_1^n \sum_1^n a_{i,k} x_i x_k,$$

et la forme adjointe

$$\Phi = \sum_1^n \sum_1^n \alpha_{ik} x_i x_k,$$

et que l'on substitue dans F

$$x_i = b_{i,1} y_1 + b_{i,2} y_2 + \ldots + b_{i,n-1} y_{n-1} \qquad (i = 1, 2, \ldots, n),$$

le discriminant de la forme quadratique des y_i ainsi obtenu sera

$$D' = \Phi(\gamma_1, \gamma_2, \ldots, \gamma_n)$$

en posant

$$\begin{vmatrix} X_1 & b_{1,1} & b_{1,2} & \ldots & b_{1,n-1} \\ X_2 & b_{2,1} & b_{2,2} & \ldots & b_{2,n-1} \\ \ldots & \ldots & \ldots & \ldots & \ldots \\ X_n & b_{n,1} & b_{n,2} & \ldots & b_{n,n-1} \end{vmatrix} = X_1\gamma_1 + X_2\gamma_2 + \ldots + X_n\gamma_n.$$

Je ne connaissais pas cette proposition et je suis bien aise que vous me l'ayez fait connaître.

J'ai fabriqué une démonstration pour mon usage personnel et j'ai goûté beaucoup l'application que vous faites de cette proposition. Le calcul devient ainsi extrêmement simple et élégant. On aurait pu laisser x au lieu de d, on voit alors que

$$F(x) = -4\,ABC(a-x)(b-x)(c-x)[A(a-b)(a-c)(a-x)+\ldots],$$

mais c'est une modification qui n'a rien d'essentiel.

Voici une nouvelle démonstration de la relation

$$B(a, b) = \frac{\Gamma(a)\,\Gamma(b)}{\Gamma(a+b)}.$$

J'ai essayé d'éviter la réversion de l'ordre des intégrations dans une intégrale double, dans le cas où les limites sont infinies, opération toujours sujette à caution. Soit

$$\varphi(x, a) = \int_0^x u^{a-1} e^{-u}\, du = \int_0^1 x^a u^{a-1} e^{-xu}\, du \qquad (x > 0,\ a > 0)$$

$$\frac{\partial \varphi(x, a)}{\partial x} = x^{a-1} e^{-x}.$$

En remplaçant a par $b\ldots$, il vient

$$\varphi(x, a)\frac{\partial \varphi(x, b)}{\partial x} + \varphi(x, b)\frac{\partial \varphi(x, a)}{\partial x} = \int_0^1 (u^{a-1} + u^{b-1})\, x^{a+b-1} e^{-x(1+u)}\, du.$$

Or, on a

$$\frac{\partial}{\partial x}\varphi[x(1+u),\ a+b] = x^{a+b-1}(1+u)^{a+b} e^{-x(1+u)},$$

en sorte qu'on peut écrire

$$\varphi(x, a)\frac{\partial \varphi(x, b)}{\partial x} + \varphi(x, b)\frac{\partial \varphi(x, a)}{\partial x}$$
$$= \int_0^1 \frac{u^{a-1} + u^{b-1}}{(1+u)^{a+b}}\,\frac{\partial}{\partial x}\varphi[x(1+u),\ a+b)\, du,$$

d'où, en intégrant entre les limites 0, x,

$$\varphi(x, a)\,\varphi(x, b) = \int_0^1 \frac{u^{a-1} + u^{b-1}}{(1+u)^{a+b}}\,\varphi[x(1+u),\ a+b]\, du,$$

donc θ étant un nombre compris entre o et 1

$$\varphi(x, a)\,\varphi(x, b) = \varphi[x(1+\theta), a+b] \int_0^1 \frac{u^{a-1} + u^{b-1}}{(1+u)^{a+b}}\, du.$$

En faisant croître x indéfiniment, j'en conclus la relation cherchée

$$\Gamma(a)\,\Gamma(b) = \Gamma(a+b) \int_0^1 \frac{u^{a-1} + u^{b-1}}{(1+u)^{a+b}}\, du.$$

Mais je vois que la démonstration ordinaire, telle que vous la donnez dans votre Cours, ne prête point à une objection sérieuse. Car les fonctions sous le signe $\int\int$ ne changeant point de signe, il ne peut pas exister de doute sérieux sur la légitimité d'une réversion de l'ordre des intégrations. Ce qui précède, il ne faut le considérer que comme un jeu d'esprit.

D'après certaines biographies, Legendre doit être né à *Toulouse*, du moins c'est ce que je croyais et M. Baillaud également. Cependant, en d'autres endroits, on dit, et j'ai trouvé cela copié dans mes Notes, que Legendre serait né le 18 septembre 1752 à *Paris*. Où est la vérité? J'ai vainement cherché ici à la bibliothéque quelque notice ou biographie sur sa vie. Si, par hasard, vous pouviez donner quelque lumière sur cette question, je vous serais bien reconnaissant de vouloir bien indiquer l'endroit où l'on trouve quelque renseignement. — Si j'abuse de votre bonté vous voudrez bien le pardonner encore une fois à votre très dévoué.

319. — *HERMITE A STIELTJES.*

Paris, 8 décembre 1891.

Mon cher Ami,

Considérez la substitution $x = \begin{vmatrix} a & a' & a'' \\ b & b' & b'' \\ c & c' & c'' \end{vmatrix} (X, Y, Z)$, et soit en désignant par $f(x, y, z)$ une forme quadratique ternaire :

$$f(x, y, z) = F(X, Y, Z).$$

Entre les formes adjointes $g(x, y, z)$ et $G(X, Y, Z)$, on aura, au moyen de la substitution adjointe,

$$x = \begin{vmatrix} A & A' & A'' \\ B & B' & B'' \\ C & C' & C'' \end{vmatrix} (X, Y, Z),$$

la relation correspondante $g(x, y, z) = G(X, Y, Z)$, les quantités A, B, C, ... étant les dérivées du déterminant par rapport à a, b, c,.... Soit maintenant $X = 0$, $Y = 0$, $Z = 1$, on en conclut $g(A'', B'', C'') = G(0, 0, 1)$, où le second membre est le déterminant de la forme $F(x, y, 0)$.

Consultez d'ailleurs les *Disquisitiones arithmeticæ. Digressio continens tractatum de formis ternariis.*

Votre démonstration du théorème $B(a, b) = \dfrac{\Gamma(a)\Gamma(b)}{\Gamma(a+b)}$ m'a tout à fait charmé et, encore que vous la jugiez un *ludicrum analyticum*, je vous promets bien qu'elle fera le sujet d'une de mes Leçons. En la lisant, je me suis rappelé des tentatives sans succès que j'ai faites autrefois pour obtenir la dérivée de la fonction $P(a) = \int_0^1 x^{a-1} e^{-x}\, dx$. Je suis sûr que si la question vous tentait vous réussiriez là où j'ai complètement échoué.

M. Élie de Beaumont a prononcé, comme Secrétaire perpétuel, à la séance publique de l'Académie des Sciences en 1858 ou 1859 l'éloge de Legendre. Permettez-moi de vous engager à le lire dans les Mémoires de l'Académie, vous y trouverez une étude intéressante et détaillée de la vie du grand géomètre, et sans doute les renseignements que vous désirez sur son lieu de naissance. Je dois aussi vous dire que j'ai recueilli de la bouche de M. Terquem, qui était très érudit, qu'une circonstance mystérieuse planait sur cette naissance et qu'il avait lieu de penser qu'il en était de Legendre comme de d'Alembert.

De M. Duhamel, je tiens ce fait extrêmement honorable que Legendre étant sous l'Empire examinateur de sortie à l'École Polytechnique a reçu du gouverneur de l'École, M. de Cessac, l'avis de ne point porter sur sa liste de classement le nom d'un élève qu'il lui faisait connaître, et qu'en arrivant à la séance du Conseil où devait être arrêtée cette liste, Legendre commençant la lecture s'était arrêté subitement, laissant toute l'assistance dans l'étonnement. Et, après une attente suffisante, il déclara d'un ton froid et absolu qu'il n'irait pas plus loin, M. le Gouverneur lui ayant fait défense de porter sur son classement le nom de l'élève auquel il s'était arrêté. « Je ne le nommerai point, ni lui ni aucun de ceux qui suivent. » Et force a été de laisser sur la liste l'élève que le gouvernement de l'Empereur voulait exclure.

En vous félicitant de votre titre de correspondant de l'Académie des Sciences d'Amsterdam, et en vous reprochant de m'en avoir laissé faire la découverte, je vous renouvelle, mon cher Ami, l'assurance de toute mon affection.

320. — *STIELTJES A HERMITE.*

Toulouse, 17 décembre 1891.

Cher Monsieur,

J'ai lu avec le plus grand intérêt l'éloge de Legendre par Élie de Beaumont. Mais il ne dit pas où est né Legendre ; voici comment il s'exprime :

« Adrien-Marie Legendre naquit, le 18 septembre 1752, dans une situation qui lui laisse la gloire de devoir à son propre mérite tout ce qu'il pourrait être un jour. Il termina, de bonne heure, au Collège Mazarin, des études classiques très solides ».... Les biographes qui disent qu'il est né à Paris, l'ont conclu peut-être un peu prématurément de la circonstance qu'il fit ses études au Collège Mazarin et, d'après ce que vous m'écrivez, il semble presque que son lieu de naissance n'est pas connu. On va faire ici des recherches dans les registres des paroisses ; M. Roschach, l'archiviste de la ville et grand érudit, va nous aider dans cette recherche. Ce ne sera peut-être pas très facile, car M. Roschach dit qu'il règne un grand désordre dans ces registres (1). Voici maintenant pourquoi cette question nous intéresse. M. Baillaud a pensé qu'on pourrait, après la publication des œuvres de Fourier, Abel, Jacobi, faire la même chose pour Legendre. Dans le cas où Legendre serait né à

(1) M. Thorlet, archiviste de la Seine, a communiqué à M. E. Cartailhac l'extrait suivant des actes de l'État civil reconstitués de Paris. Paroisse de Bonne-Nouvelle. L'an 1752, le 18 septembre, a été baptisé Adrien-Marie, né de ce jour, fils légitime d'Adrien Legendre, domestique, demeurant rue de Cléry, et de Marie-Anne Charlotte Rifau son épouse (*Note de la Réd.*).

Toulouse, il espérait bien pouvoir obtenir de la municipalité un subside.

Je considère le volume V compris à l'intérieur d'une surface fermée S

$$(1)\qquad V = \int\int\int dx\,dy\,dz,$$

on peut exprimer V aussi par une intégrale de surface

$$(2)\qquad V = \int\int_{(S)} z\,dx\,dy$$

étendue sur la surface *extérieure*. Si l'on introduit de nouvelles variables u, v, w, on a

$$V = \int\int\int \frac{\partial(x, y\, z)}{\partial(u, v, w)}\,du\,dv\,dw.$$

Ici

$$\begin{aligned}\frac{\partial(x, y, z)}{\partial(u, v, w)} &= \frac{\partial z}{\partial u}\frac{\partial(x, y)}{\partial(v, w)} + \frac{\partial z}{\partial v}\frac{\partial(x, y)}{\partial(w, u)} + \frac{\partial z}{\partial w}\frac{\partial(x, y)}{\partial(u, v)}\\ &= A\frac{\partial z}{\partial u} + B\frac{\partial z}{\partial v} + C\frac{\partial z}{\partial w},\end{aligned}$$

$$A = \frac{\partial(x, y)}{\partial(v, w)},\qquad B = \frac{\partial(x, y)}{\partial(w, u)},\qquad C = \frac{\partial(x, y)}{\partial(u, v)}.$$

On voit facilement que

$$\frac{\partial A}{\partial u} + \frac{\partial B}{\partial v} + \frac{\partial C}{\partial w} = 0,$$

donc aussi

$$\frac{\partial(x, y, z)}{\partial(u, v, w)} = \frac{\partial}{\partial u}(Az) + \frac{\partial}{\partial v}(Bz) + \frac{\partial}{\partial w}(Cz),$$

$$V = \int\int\int\left[\frac{\partial}{\partial u}(Az) + \frac{\partial}{\partial v}(Bz) + \frac{\partial}{\partial w}(Cz)\right]du\,dv\,dw,$$

l'intégrale étant étendue à l'intérieur d'une surface S' par rapport aux axes Ou, Ov, Ow, S' étant la transformée de S. Par le procédé connu on en conclut aussi

$$V = \int\int z(A\,dv\,dw + B\,dw\,du + C\,du\,dv),$$

c'est-à-dire on a exprimé V par une intégrale de surface étendue sur S'

$$(3)\qquad V = \int\int z\left[\frac{\partial(x, y)}{\partial(v, w)}dv\,dw + \frac{\partial(x, y)}{\partial(w, u)}dw\,du + \frac{\partial(x, y)}{\partial(u, v)}du\,dv\right].$$

C'est donc là ce que devient l'intégrale de surface

$$V = \int\int z\,dx\,dy, \tag{2}$$

par l'introduction des variables u, v, w. Ce résultat particulier m'a engagé à considérer la question suivante :

Étant donnée une intégrale de surface quelconque

$$I = \int\int F(x, y, z)\,dx\,dy,$$

étendue sur une surface S

$$z = \varphi(x, y),$$

je suppose qu'on introduit de nouvelles variables

$$x = f(u, v, w), \qquad y = f_1(u, v, w) \qquad z = f_2(u, v, w).$$

La surface S *se transformera en une surface* S′, *par rapport aux axes* Ou, Ov, Ow *et l'intégrale* I *s'exprime par l'intégrale suivante, étendue sur la surface* S′,

$$\text{(A)} \quad \int\int_{(S)} F(x, y, z)\,dx\,dy$$
$$= \int\int_{(S')} F(x, y, z)\left[\frac{\partial(x, y)}{\partial(v, w)}\,dv\,dw + \frac{\partial(x, y)}{\partial(w, u)}\,dw\,du + \frac{\partial(x, y)}{\partial(u, v)}\,du\,dv\right].$$

Dans le cas particulier où la surface S correspond à une valeur constante de w, $w = c$, il est clair que la surface S′ se réduit à une certaine partie du *plan* $w = c$ et $dw = 0$. L'intégrale de surface au second membre de (A) se réduit alors à une intégrale double ordinaire et l'on retrouve la formule connue

$$\int\int_S F(x, y, z)\,dx\,dy = \int\int F(x, y, z)\frac{\partial(x, y)}{\partial(u, v)}\,du\,dv.$$

[Picard, *Traité d'Analyse*, p. 112, 113, formules (9) et (12).]

La déduction de cette formule (A) n'offre aucune difficulté et tout géomètre déduira cette formule dès qu'il en aura besoin. Si j'ai cru pouvoir vous en parler, c'est que je ne l'ai rencontrée nulle part. Si l'on substitue au lieu de z sa valeur $z = \varphi(x, y)$, l'intégrale de surface $\int\int_S F(x, y, z)\, dx\, dy$ devient une intégrale double ordinaire $\int\int F\, dx\, dy$ étendue sur le domaine (D). En posant

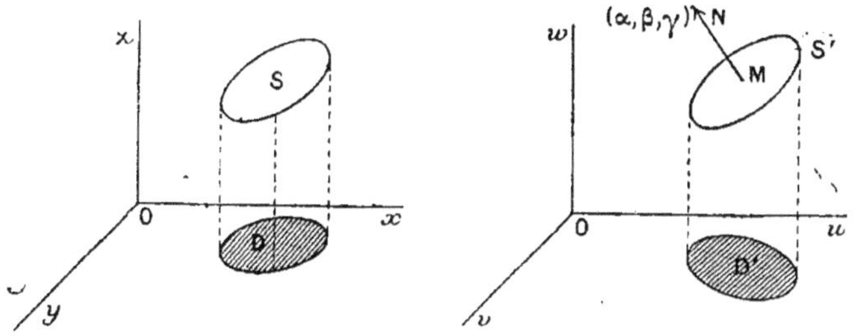

maintenant

$$x = f\,(u, v, w),$$
$$y = f_1(u, v, w),$$
$$z = f_2(u, v, w),$$

on peut prendre u et v comme variables indépendantes tandis que w est une fonction de u et de v en vertu de la relation $f_2 = \varphi(f, f_1)$ et il est clair que la représentation géométrique de cette fonction w de u et de v donnera précisément la surface S′ transformée de S. On a donc

$$\frac{\partial x}{\partial u} = \frac{\partial f}{\partial u} + \frac{\partial f}{\partial w}\frac{\partial w}{\partial u}, \qquad \frac{\partial x}{\partial v} = \frac{\partial f}{\partial v} + \frac{\partial f}{\partial w}\frac{\partial w}{\partial v},$$
$$\frac{\partial y}{\partial u} = \frac{\partial f_1}{\partial u} + \frac{\partial f_1}{\partial w}\frac{\partial w}{\partial u}, \qquad \frac{\partial y}{\partial v} = \frac{\partial f_1}{\partial v} + \frac{\partial f_1}{\partial w}\frac{\partial w}{\partial v},$$

$$\begin{vmatrix} \frac{\partial x}{\partial u} & \frac{\partial x}{\partial v} \\ \frac{\partial y}{\partial u} & \frac{\partial y}{\partial v} \end{vmatrix} = \frac{\partial(f, f_1)}{\partial(u, v)} + \frac{\partial(f, f_1)}{\partial(w, v)}\frac{\partial w}{\partial u} + \frac{\partial(f, f_1)}{\partial(u, w)}\frac{\partial w}{\partial v},$$
$$= \frac{\partial(x, y)}{\partial(u, v)} - \frac{\partial(x, y)}{\partial(v, w)}\frac{\partial w}{\partial u} - \frac{\partial(x, y)}{\partial(w, u)}\frac{\partial w}{\partial v},$$

$$\int\int_{(D)} F\, dx\, dy = \int\int_{(D')} F\left[\frac{\partial(x, y)}{\partial(u, v)} - \frac{\partial(x, y)}{\partial(v, w)}\frac{\partial w}{\partial u} - \frac{\partial(x, y)}{\partial(w, u)}\frac{\partial w}{\partial v}\right] du\, dv.$$

Soit $d\sigma$ un élément de la surface S′, α, β, γ les angles que fait la normale avec les axes Ou, Ov, Ow; on a

$$d\sigma \cos\gamma = du\, dv,$$
$$\cos\alpha : \cos\beta : \cos\gamma = -\frac{\partial w}{\partial u} : -\frac{\partial w}{\partial v} : 1,$$

donc

$$d\sigma \cos\alpha = -\frac{\partial w}{\partial u}\,du\,dv, \qquad d\sigma \cos\beta = -\frac{\partial w}{\partial v}\,du\,dv,$$

et il vient

$$\int\int_{(D)} F\,dx\,dy = \int\int F\left[\frac{\partial(x,y)}{\partial(u,v)}\cos\gamma + \frac{\partial(x,y)}{\partial(v,w)}\cos\alpha + \frac{\partial(x,y)}{\partial(w,u)}\cos\beta\right]d\sigma.$$

Or, au second membre, on a précisément l'intégrale de surface

$$\int\int_{(S')} F\left[\frac{\partial(x,y)}{\partial(v,w)}\,dv\,dw + \frac{\partial(x,y)}{\partial(w,u)}\,dw\,du + \frac{\partial(x,y)}{\partial(u,v)}\,du\,dv\right] \qquad \text{C. Q. F. D.}$$

J'étudie avec le plus grand intérêt et profit le premier volume du beau *Traité d'Analyse* de M. Picard. Ne s'est-il pas glissé un petit *lapsus* page 190 dans ce passage :

« Faisons encore la remarque importante que la densité ρ d'une couche sans action sur un point intérieur ne peut s'annuler en aucun point de la surface convexe S. C'est ce que montre l'équation fonctionnelle de M. Robin.... »

La proposition est vraie, même sans supposer que la surface soit convexe, mais elle semble demander une démonstration toute différente. Je ne vois en aucune façon comment on peut la conclure de la formule invoquée.

Veuillez bien agréer, cher Monsieur, la nouvelle assurance de mon dévouement bien sincère.

321. — *STIELTJES A HERMITE.*

Toulouse, 17 décembre 1891.

Cher Monsieur,

Je dois faire amende honorable, j'ai mal compris le passage cité du Traité de M. Picard.

C'est un théorème connu, que, si l'on distribue de l'électricité positive sur un conducteur, soustrait à une influence extérieure, la distribution de l'électricité sur la surface est telle que partout la densité superficielle ρ est positive ou, plus précisément, ρ n'est jamais négatif. Cela découle immédiatement de la formule

$$\rho = -\frac{1}{4\pi}\frac{dV}{dn} \qquad \text{(Picard, p. 180).}$$

Mais M. Picard n'énonce pas cette proposition d'une façon explicite. Elle reste vraie, que la surface soit convexe ou non.

En lisant le passage cité, j'avais donc cru qu'il visait cette proposition-là, mais je reconnais maintenant que M. Picard y suppose la proposition dont je viens de parler. Et il veut évidemment seulement la préciser encore, dans le cas particulier où la surface est convexe, en ajoutant qu'alors la densité ne peut pas même s'annuler en aucun point.

Vous voyez donc d'où vient ma méprise; en lisant, je croyais que la relation

$$\rho \geqq 0$$

n'était point connue encore, mais devait être démontrée, tandis qu'elle était supposée connue. On démontre seulement que le cas $\rho = 0$ même est impossible.

En parlant de ce sujet, je ne résiste point au désir de vous sou-

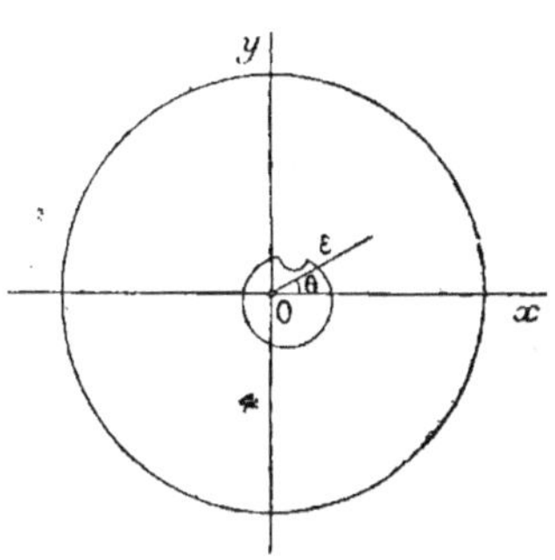

mettre une difficulté qui m'inquiète terriblement depuis un mois. Peut-être que si M. Picard veut y faire attention un moment, il dissipera tous mes doutes. Il s'agit de l'attraction qu'exerce une couche répandue sur une surface. Supposons que le point attiré soit sur la surface même, et considérons la composante de l'attraction suivant une direction située dans le plan tangent. Suivant moi, cette composante *n'a aucun sens,* est tout à fait indéterminée. Or, M. Duhem, pour lequel j'ai la plus grande estime, veut dans ses

Leçons sur l'Électricité que cette composante ait une valeur finie. Voyez, page 83, où cette proposition est énoncée nettement avec force détails sur la continuité de cette composante (?). Mais je suppose que la surface S_1 de M. Duhem se réduise à un cercle de rayon R. La densité sera $=1$, le point attiré *au centre*. J'exclus ce point par une petite courbe dont le rayon vecteur $=\varepsilon$, la composante de l'attraction suivant Ox est alors

$$X = \int\int \frac{\cos\theta}{r}\,dr\,d\theta = \int_0^{2\pi}\cos\theta\,d\theta\int_\varepsilon^R \frac{dr}{r}$$
$$= \int_0^{2\pi}\log\left(\frac{R}{\varepsilon}\right)\cos\theta\,d\theta = \int_0^{2\pi}\log\left(\frac{1}{\varepsilon}\right)\cos\theta\,d\theta.$$

Or, je peux prendre pour ε une fonction quelconque de θ assujettie seulement à ces conditions

$$\varepsilon = f(\theta) > 0, \qquad f(0) = f(2\pi),$$

et de devenir infiniment petite à la limite. Si je prends $\varepsilon = \text{const.}$, j'ai $X = 0$, mais supposons que je prenne $\varepsilon = c\,e^{\cos\theta}$, c étant une constante infiniment petite, il vient

$$X = -\int_0^{2\pi}\cos^2\theta\,d\theta = -\pi,$$

et il est clair qu'on peut obtenir tel résultat qu'on voudra en changeant la forme de la petite courbe autour de l'origine. Donc, suivant moi, X n'a aucun sens, et il me semble bien que cet exemple remplit bien toutes les conditions de M. Duhem, car la courbure de ma surface est nulle, par conséquent finie. Du reste, M. Jordan aussi dans son *Cours d'Analyse,* t. II, p. 212, dit : « Enfin, l'on reconnaît sans peine que, sur la surface attirante, les intégrales X et Y sont indéterminées. »

Je ne vois donc pas moyen d'échapper à la conclusion que les énoncés de M. Duhem doivent être rejetés, mais je viens justement de faire l'expérience combien je suis sujet à me tromper, et je ne serai guère tranquille avant que la question n'ait été examinée de nouveau.

Votre très dévoué.

322. — HERMITE A STIELTJES.

Paris, 29 décembre 1891.

CHER AMI,

Voilà déjà quelques jours que j'aurais dû vous faire parvenir la réponse que je vous envoie de M. Picard aux difficultés qui sont en dehors de mon domaine ordinaire et qui vous ont occupé sur les composantes de l'attraction qu'exerce une couche de matière répandue sur une surface. En restant dans mon horizon restreint et borné aux fonctions elliptiques, j'ai un peu étendu mes précédentes recherches en considérant, au lieu des quantités $\alpha + \operatorname{sn} x$, $\beta + \operatorname{cn} x$, $\gamma + \operatorname{dn} x$, dans le cas où toutes leurs racines sont doubles, les expressions suivantes :

$$A + B \operatorname{cn} x + C \operatorname{dn} x, \quad A + B \operatorname{sn} x + C \operatorname{dn} x,$$
$$A + B \operatorname{sn} x + C \operatorname{cn} x, \quad A \operatorname{sn} x + B \operatorname{cn} x + C \operatorname{dn} x.$$

Elles contiennent une indéterminée qui subsiste, en les assujettissant à remplir la même condition, et voici les résultats auxquels je suis parvenu, non sans un peu de travail.

$$\operatorname{dn} 2a \operatorname{dn} 2x - k^2 \operatorname{cn} 2a \operatorname{cn} 2x - k'^2 = \frac{2k^2 k'^2 (\operatorname{sn}^2 a - \operatorname{sn}^2 x)^2}{(1 - k^2 \operatorname{sn}^4 a)(1 - k^2 \operatorname{sn}^4 x)},$$

$$1 - \operatorname{sn} 2a \operatorname{sn} 2x - \operatorname{cn} 2a \operatorname{cn} 2x = \frac{2(\operatorname{cn} a \operatorname{sn} x \operatorname{dn} x - \operatorname{sn} a \operatorname{dn} a \operatorname{cn} x)^2}{(1 - k^2 \operatorname{sn}^4 a)(1 - k^2 \operatorname{sn}^4 x)},$$

$$1 - k^2 \operatorname{sn} 2a \operatorname{sn} 2x - \operatorname{dn} 2a \operatorname{dn} 2x = \frac{2k^2 (\operatorname{dn} a \operatorname{sn} x \operatorname{cn} x - \operatorname{sn} a \operatorname{cn} a \operatorname{dn} x)^2}{(1 - k^2 \operatorname{sn}^4 a)(1 - k^2 \operatorname{sn}^4 x)},$$

$$\operatorname{dn} 2a \operatorname{dn} 2x - \operatorname{cn} 2a \operatorname{cn} 2x - k'^2 \operatorname{sn} 2a \operatorname{sn} 2x = \frac{2k'^2 (\operatorname{sn} a \operatorname{cn} x \operatorname{dn} x - \operatorname{cn} a \operatorname{dn} a \operatorname{sn} x)^2}{(1 - k^2 \operatorname{sn}^4 a)(1 - k^2 \operatorname{sn}^4 x)}.$$

La démonstration est on ne peut plus facile; les seconds membres ne contiennent en effet que les quantités qui s'expriment immédiatement par l'argument double, en x et en a, à savoir :

$$\frac{2 \operatorname{sn} x \operatorname{cn} x \operatorname{dn} x}{1 - k^2 \operatorname{sn}^4 x} = \operatorname{sn} 2x, \qquad \frac{1}{1 - k^2 \operatorname{sin}^4 x} = \frac{k'^2 + \operatorname{dn} 2x - k^2 \operatorname{cn} 2x}{2k'^2},$$

$$\frac{\operatorname{sn}^2 x}{1 - k^2 \operatorname{sn}^4 x} = \frac{\operatorname{dn} 2x - \operatorname{cn} 2x}{2k'^2}, \qquad \frac{\operatorname{sn}^4 x}{1 - k^2 \operatorname{sn}^4 x} = \frac{\operatorname{dn} 2x - k^2 \operatorname{cn} 2x - k'^2}{2k^2 k'^2},$$

$$\frac{\operatorname{cn}^2 x \operatorname{dn}^2 x}{1 - k^2 \operatorname{sn}^4 x} = \frac{\operatorname{dn} 2x + \operatorname{cn} 2x}{2}, \qquad \frac{\operatorname{sn}^2 x \operatorname{dn}^2 x}{1 - k^2 \operatorname{sn}^4 x} = \frac{1 - \operatorname{cn} 2x}{2},$$

$$\frac{\operatorname{sn}^2 x \operatorname{cn}^2 x}{1 - k^2 \operatorname{sn}^4 x} = \frac{1 - \operatorname{dn} 2x}{2k^2}.$$

Je n'ai pas non plus renoncé à me servir de la transformation du second ordre; ainsi, en introduisant le module $l = \frac{2\sqrt{k}}{1+k}$ et posant $(1+k)x = \xi$, $(1+k)a = \alpha$, je trouve sous une forme plus simple

$$1 - l^2 \operatorname{sn}(\alpha, l)\operatorname{sn}(\xi, l) - \operatorname{dn}(\alpha, l)\operatorname{dn}(\xi, l) = \frac{2k(\operatorname{sn} a - \operatorname{sn} x)^2}{(1+k\operatorname{sn}^2 a)(1+k\operatorname{sn}^2 x)}.$$

Soit ensuite,

$$l = \frac{1-k'}{1+k'} \quad \text{et} \quad (1+k')x = \xi, \qquad (1+k')a = \alpha,$$

on aura

$$\operatorname{dn}(\alpha, l)\operatorname{dn}(\xi, l) - \operatorname{cn}(\alpha, l)\operatorname{cn}(\xi, l) - l'^2 \operatorname{sn}(\alpha, l)\operatorname{sn}(\xi, l) = \frac{2k'(\operatorname{sn} a \operatorname{cn} x - \operatorname{cn} a \operatorname{sn} x)^2}{(1+k\operatorname{sn}^2 a)(1+k\operatorname{sn}^2 x)}, \quad \cdots\cdot$$

J'entrevois des applications de ces résultats, et je me réserve de vous en parler quand j'y aurai suffisamment réfléchi.

En saisissant l'occasion du jour de l'an pour vous envoyer tous mes vœux ainsi qu'à Mme Stieltjes pour votre bonheur et celui de vos chers enfants, et vous renouvelant, mon cher ami, l'assurance de mon affection bien sincère et bien dévouée.

Le Mémoire de M. Astor où se trouve l'intégrale de l'équation d'Euler sous forme irrationnelle est intitulé : *Sur quelques propriétés du mouvement d'un point matériel assujetti à rester sur une surface du second ordre*, et a paru dans les *Annales de l'Enseignement supérieur de Grenoble*, t. I, n° 2.

323. — *STIELTJES A HERMITE*

Toulouse, 31 décembre 1891.

Cher Monsieur,

Permettez-moi de vous exprimer, à l'occasion du jour de l'an, mes meilleurs vœux pour la nouvelle année qui va commencer. Puisse-t-elle ne vous apporter que du bonheur!

Je vais vous entretenir de quelques calculs que j'ai faits; puisqu'il y entre les fonctions elliptiques, j'espère qu'ils trouveront grâce à vos yeux. En posant

$$(1)\qquad S_n = \int_0^\infty e^{-xu}\,\mathrm{sn}^n u\,du,$$

et en intégrant par parties deux fois, on obtient une relation récurrente entre S_{n-2}, S_n, S_{n+2}, la voici :

$$(2)\qquad [x^2 + n^2(1+k^2)]S_n = n(n-1)S_{n-2} + n(n+1)k^2 S_{n+2}.$$

Cela suppose $n > 1$, mais la relation reste vraie, même pour $n = 1$, à condition de remplacer alors $n(n-1)S_{n-2}$ par l'unité. Soit

$$\frac{S_n}{n(n-1)S_{n-2}} = \varphi(n) \qquad [\varphi(1) = S_1],$$

alors la relation récurrente s'écrit

$$\varphi(n) = \frac{1}{x^2 + n^2(1+k^2) - n(n+1)^2(n+2)k^2\varphi(n+2)}.$$

On en déduit un développement en fraction continue de $\varphi(n)$, en particulier pour $n = 1, 2$,

$$\varphi(1) = \int_0^\infty e^{-xu}\,\mathrm{sn}\,u\,du = \cfrac{1}{x^2+1^2.l - \cfrac{1.2^2.3.k^2}{x^2+3^2.l - \cfrac{3.4^2.5.k^2}{x^2+5^2.l - \ldots}}},$$

$$\varphi(2) = \frac{x}{2}\int_0^\infty e^{-xu}\,\mathrm{sn}^2 u\,du = \cfrac{1}{x^2+2^2.l - \cfrac{2.3^2.4.k^2}{x^2+4^2.l - \cfrac{4.5^2.6.k^2}{x^2+6^2.l - \ldots}}}$$

$$(l = 1 + k^2).$$

J'obtiens des résultats analogues en posant

$$C_n = \int_0^\infty e^{-xu}\,\mathrm{sn}^n u\,\mathrm{cn}\,u\,du, \qquad D_n = \int_0^\infty e^{-xu}\,\mathrm{sn}^n u\,\mathrm{dn}\,u\,du.$$

Une intégration par parties donne

$$x C_n = n D_{n-1} - (n+1)D_{n+1}, \qquad x D_n = n C_{n-1} - (n+1)k^2 C_{n+1}$$

(pour $n = 0$, il faut remplacer $n D_{n-1}$, $n C_{n-1}$ par l'unité).

Posons

$$\frac{C_n}{n D_{n-1}} = p_n, \qquad \frac{D_n}{n C_{n-1}} = q_n,$$

on aura

$$p_n = \frac{1}{x + (n+1)^2 q_{n+1}}, \qquad q_n = \frac{1}{x + (n+1)^2 k^2 p_{n+1}},$$

puis

$$p_n = \cfrac{1}{x + \cfrac{(n+1)^2}{x + \cfrac{(n+2)^2 k^2}{x + \cfrac{(n+3)^2}{x + \cfrac{(n+4)^2 k^2}{x + \dots}}}}}, \qquad q_n = \cfrac{1}{x + \cfrac{(n+1)^2 k^2}{x + \cfrac{(n+2)^2}{x + \cfrac{(n+3)^2 k^2}{x + \cfrac{(n+4)^2}{x + \dots}}}}},$$

et, pour $n = 0$,

$$\int_0^\infty e^{-xu} \operatorname{cn} u \, du = \cfrac{1}{x + \cfrac{1^2}{x + \cfrac{2^2 . k^2}{x + \cfrac{3^2}{x + \dots}}}},$$

$$\int_0^\infty e^{-xu} \operatorname{dn} u \, du = \cfrac{1}{x + \cfrac{1^2 . k^2}{x + \cfrac{2^2}{x + \cfrac{3^2 . k^2}{x + \dots}}}}.$$

Les intégrales définies n'ont un sens qu'en supposant que la partie réelle de x soit positive. Mais en substituant, au lieu des fonctions elliptiques, leurs développements en séries périodiques, on reconnaît que ce sont des fonctions uniformes de x n'admettant que des pôles simples, ainsi, par exemple,

$$\int_0^\infty e^{-xu} \operatorname{sn} u \, du = \frac{2\pi}{kK} \left[\frac{\sqrt{q}}{1-q} \frac{2K\pi}{(2Kx)^2 + \pi^2} + \frac{\sqrt{q^3}}{1-q^3} \frac{6K\pi}{(2Kx)^2 + 3^2 . \pi^2} + \frac{\sqrt{q^5}}{1-q^5} \frac{10K\pi}{(2Kx)^2 + 5^2 . \pi^2} + \dots \right],$$

et j'ai pu démontrer que la fraction continue

$$\cfrac{1}{x^2 + 1^2 . l - \cfrac{1 . 2^2 . 3 . k^2}{x^2 + 3^2 . l - \dots}}$$

représente la fonction transcendante de x, pour toute valeur réelle ou imaginaire de la variable. Il faut excepter seulement le cas où x serait purement imaginaire, il se peut qu'alors la fraction continue ne soit pas convergente, je ne sais pas ce qui arrive. Si l'on se borne au cas où x est *réel,* il n'y a aucune difficulté et la convergence des fractions continues peut se déduire de la déduction même que je viens d'indiquer.

Autrefois j'ai donné une démonstration de ces formules, toute différente, dans les *Annales de Toulouse.*

Je ne crois pas que je vous ai jamais parlé de l'algorithme suivant dont je me suis occupé déjà étant étudiant à Delft. En partant de deux nombres a et b, je pose

$$a_1 = \frac{a+b}{2}, \qquad b_1 = \frac{a^2+b^2}{a+b},$$
$$a_2 = \frac{a_1+b_1}{2}, \qquad b_2 = \frac{a_1^2+b_1^2}{a_1+b_1},$$
$$\ldots\ldots\ldots\ldots, \qquad \ldots\ldots\ldots\ldots;$$

alors on voit facilement que a_n et b_n tendent vers une limite $M(a, b)$. Mais je n'ai éprouvé que des déboires en cherchant une expression analytique de $M(a, b)$. Pour vous en donner une idée, je dirai qu'on peut construire une série

$$f(x) = \sum_0^\infty a_n x^n$$

à coefficients entiers

$$\begin{array}{lll} a_0 = 1, & a_n = a_{2n} \text{ toujours}, & \\ a_1 = -2, & a_9 = 6, & a_{17} = 32, \\ a_3 = +2, & a_{11} = 0, & a_{19} = 52, \\ a_5 = 4, & a_{13} = 4, & a_{21} = 120, \\ a_7 = 0, & a_{15} = 12, & a_{23} = 272, \end{array}$$

de manière qu'on ait

$$M[f(x), f(-x)] = 1,$$

ainsi

$$M(a, b) = \frac{a}{f(x)} = \frac{b}{f(-x)},$$

en déterminant x par

$$\frac{a}{b} = \frac{f(x)}{f(-x)}.$$

La question serait ainsi ramenée à l'étude de cette fonction $f(x)$. Mais voici une circonstance fâcheuse : le rayon de convergence de la série $\sum_0^\infty a_n x^n$ se réduit à *zéro*, ainsi j'ai vu s'écrouler tout cet échafaudage. Et cependant lorsque x est petit $\left(x = \frac{1}{10}\text{ par exemple}\right)$ on peut fort bien employer la série pour des calculs numériques. Il me semble que cette transcendante $\mathrm{M}(a, b)$ doit être d'une nature bien singulière, mais je ne sais pas si j'en saurai jamais quelque chose.

Veuillez bien me croire toujours votre très dévoué.

P.-S. — Je rouvre pour vous dire que je viens de recevoir votre lettre. Mille remercîments à M. Picard pour sa Note qui me met à l'aise.

324. — *HERMITE A STIELTJES.*

Paris, 28 janvier 1892.

Mon cher Ami,

Vos belles formules pour le développement en fractions continues des intégrales $\int_0^\infty e^{-x} \operatorname{sn}^m \xi \, d\xi$, ... m'ont fait le plus grand plaisir. Elles semblent montrer que les quantités qui ont une expression si élégante ont leur place dans le cadre des fonctions analytiques et il y aura lieu sans doute d'en entreprendre l'étude. Mais en ce moment je ne fais d'autre étude que celle de mes prochaines leçons qui n'auront plus pour objet, à la demande de M. Picard, que les intégrales eulériennes et les fonctions elliptiques. J'ai accepté avec empressement la diminution, éprouvant un peu d'ennui à répéter, depuis tant d'années, le théorème de M. Mittag-Leffler, les facteurs primaires, etc., et en pensant aux intégrales eulériennes, je viens de m'occuper des nombres de Bernoulli. Permettez-moi de vous en dire quelques mots.

Ayant posé

$$\frac{x}{e^x - 1} = 1 - \frac{x}{2} + \frac{B_1 x^2}{1.2} - \frac{B_2 x^4}{2.3.4} + \ldots,$$

le premier point est d'obtenir les relations qui servent à leur calcul. Soit, à cet effet, λ une indéterminée; j'observe que le second membre peut se représenter par l'exponentielle $e^{\lambda x}$ en convenant de remplacer les puissances $\lambda, \lambda^2, \lambda^3, \ldots$, par $-\frac{1}{2}$, o, B_1, o, $-B_2, \ldots$. Or le produit

$$(e^x - 1)e^{\lambda x} = e^{(\lambda+1)x} - e^{\lambda x} = \sum \frac{(\lambda+1)^n - \lambda^n}{1.2\ldots n} x^n;$$

les relations cherchées se trouvent donc au moyen de ce changement effectué dans l'égalité $(\lambda+1)^n - \lambda^n = 0$ ou $= 1$ pour $x = 1$.

Cela étant, soit

$$F(x) = A_1 x + A_2 x^2 + \ldots + A_n x^n;$$

on aura de la même manière et plus généralement

$$F(\lambda+1) - F(\lambda) = A_1$$

ou plutôt

$$F(\lambda+1) - F(\lambda) = F'(0).$$

Si l'on applique cette relation au polynome $F(x-1)$, on en tire

$$F(\lambda) - F(\lambda-1) = F'(-1)$$

et, par suite,

$$F(\lambda+1) - F(\lambda-1) = F'(0) + F'(-1),$$

d'où, pour $F(x) = x^n$, l'égalité donnée dans mon cours. En employant $F(x+a)$ au lieu de $F(x)$, on trouve

$$F(x+a+1) - F(x+a) = F'(a),$$

puis, pour $a = -\frac{1}{2}$,

$$F\left(x+\frac{1}{2}\right) - F\left(x-\frac{1}{2}\right) = F'\left(\frac{1}{2}\right)$$

et dans le cas de $F(x) = x^n$, après avoir multiplié par 2^n,

$$1 + 4n_2 B_1 - 4^2 n_4 B_2 + \ldots = n,$$

en supposant n pair.

Tout cela est archi-connu, mais j'ai songé aux égalités données par M. Malmsten dans son Mémoire sur la formule sommatoire. Elles se tirent de

$$\frac{1}{e^x - 1} = \frac{1}{x} - \frac{1}{2} + \frac{B_1 x}{2} - \frac{B_2 x^3}{2.3.4} + \ldots$$

en posant encore $\frac{1}{e^x - 1} = \frac{1}{x} - \frac{1}{2} e^{\lambda x}$, sous les conditions

$$\lambda = -B_1, \quad \lambda^2 = 0, \quad \lambda^3 = \frac{1}{2} B_2, \quad \ldots, \quad \lambda^{2k} = 0, \quad \lambda^{3k-1} = \frac{(-1)^k B_k}{k}.$$

Multipliant par $e^x - 1$, il vient en effet

$$1 = \sum \frac{x^n}{1.2\ldots(n+1)} - \frac{1}{2} \sum \frac{(\lambda+1)^n - \lambda^n}{1.2\ldots n} x^n,$$

d'où en identifiant

$$\text{(A)} \qquad (\lambda+1)^n - \lambda^n = \frac{2}{n+1} \qquad (n = 1, 2, 3, \ldots).$$

Donc, pour $n = 2m$,

$$(2m)_1 B_1 - \frac{(2m)_3 B_2}{2} + \frac{(2m)_5 B_3}{3} + \ldots + (-1)^m 2 B_m = \frac{2m-1}{2m+1}$$

et, pour $n = 2m+1$,

$$(2m+1) B_1 - \frac{(2m+1)_3 B_2}{2} + \ldots + (-1)^m \frac{(2m+1)_2}{m} B_m = \frac{m}{m+1},$$

ce qui est le résultat de Malmsten.

Je remarque encore qu'en remplaçant le second membre de (A) par $2\int_0^1 x^n \, dx$ et faisant

$$F(x) = A_1 x + A_2 x^2 + \ldots + A_n x^n,$$

on a

$$F(\lambda+1) - F(\lambda) = 2\int_0^1 F(x) \, dx.$$

Soit en particulier, pour $n = 2m$, $F(x) = x^m(x-1)^m$ et $J_m = \int_0^1 x^m(1-x)^m \, dx$, on aura, pour $m = 2p$,

$$B_m - \frac{m_3 B_{m-1}}{m-1} + \frac{m_5 B_{m-2}}{m-2} + \ldots + (-1)^{p+1} \frac{(2p)_{2p-1} B_{p+1}}{p+1} = J_{2p},$$

puis, pour $m = 2p-1$,

$$B_m - \frac{m_3 B_{m-1}}{m-1} + \frac{m_5 B_{m-2}}{m-2} + \ldots + (-1)^p \frac{B_p}{p} = J_{2p-1}.$$

Ces relations me semblent nouvelles; *paulo majora canamus;* arrivons au théorème de Staudt.

Je pars de la formule qu'a donnée M. Bertrand dans son premier volume; elle se tire de $\frac{x}{e^x - 1}$ en posant $e^x - 1 = \xi$, d'où $x = \log(1 + \xi)$ et, par conséquent,

$$\frac{x}{e^x - 1} = \frac{1}{\xi}\log(1 + \xi) = 1 - \frac{1}{2}(e^x - 1) + \frac{1}{3}(e^x - 1)^2 - \ldots,$$

mais je pense inutile d'employer les expressions $\Delta_0^n p$; il suffit d'écrire

$$(e^x - 1)^n = e^{nx} - n_1 e^{(n-1)x} + n_2 e^{(n-2)x} - \ldots$$

pour avoir facilement

$$(-1)^{m-1}B_m = -\frac{a_{2m,1}}{2} + \frac{a_{2m,2}}{3} - \ldots + \frac{a_{2m,2m}}{2m+1};$$

si l'on pose

$$a_{m,n} = n^m - n_1(n-1)^m + n_2(n-2)^m - \ldots + (-1)^{n-1} n_{n-1}.$$

Ces nombres $a_{m,n}$ donnent lieu à une première remarque. Soit

$$(e^x - 1)^n = \sum A_{m,n} x^m$$

il est clair que $A_{m,n} = 0$ pour $m < n$, $A_{n,n} = 1$ et $A_{m,1} = \frac{1}{1.2\ldots m}$. De l'équation posée on tire

$$ne^x(e^x - 1)^n = \sum m A_{m,n} x^{m-1}$$

et, retranchant de la première multipliée par n, on en conclut

$$n(e^x - 1)^{n-1} = \sum (m A_{m,n} - n A_{m-1,n}) x^{m-1};$$

l'identification donne donc

$$n A_{m-1,n-1} = m A_{m,n} - n A_{n-1,n} \quad \text{ou} \quad m A_{m,m} = n(A_{n-1,n} + A_{m-1,n-1}),$$

égalité qui détermine tous les coefficients, sachant que $A_{m,m} = 1$ et $A_{m,1} = \frac{1}{1.2\ldots m}$. On passe ensuite aux quantités $a_{m,n}$ d'après la formule $A_{m,n} = \frac{a_{m,n}}{1.2\ldots m}$ et l'on trouve

$$a_{m,n} = n(a_{m-1,n} + a_{n-1,n-1}).$$

Soit encore $a_{m,n} = 1.2.3\ldots n\alpha_{m,n}$, on en conclut

$$\alpha_{m,n} = n\alpha_{m-1,n} + \alpha_{m-1,n-1};$$

donc $\alpha_{m,n}$ est toujours entier, de sorte que $a_{m,n}$ est divisible par $1.2.3\ldots n$.

Il en résulte que dans l'expression de B_m les termes $\frac{a_{2m,n}}{n+1}$ sont entiers lorsque $n+1$ n'est pas un nombre premier.

Supposons $n+1=p$, p étant premier; les coefficients du binome deviennent alors

$$n_1 \equiv -1, \qquad n_2 \equiv +1, \qquad \ldots, \qquad n_i \equiv (-i)^i \qquad (\text{mod}\, p);$$

on a donc

$$a_{2m,n} \equiv n^{2m} + (n-1)^{2m} + (n-2)^{2m} + \ldots + 1^{2m},$$

c'est-à-dire

$$a_{2m,n} \equiv 1^{2m} + 2^{2m} + \ldots + (p-1)^{2m} \qquad (\text{mod}\, p).$$

Or on sait que le second membre est toujours $\equiv 0$, sauf le cas où l'exposant $2m$ est divisible par $p-1$; alors on a

$$a_{2m,n} \equiv -1;$$

d'où le théorème qu'il fallait démontrer.

J'ai été extrêmement ému par la mort de Kronecker, dont la nouvelle m'a été donnée, la veille du jour de l'an, par M. Hensel, privat docent à l'Université de Berlin; j'ai su ensuite, par une lettre de Mme Helmholtz, qu'il avait succombé à une atteinte de l'influenza. Nous avons en ce moment l'épidémie à Paris qui a augmenté de moitié le nombre des décès; en vous souhaitant bien vivement, mon cher ami, qu'elle vous épargne à Toulouse, et dans l'espoir d'avoir bientôt de bonnes nouvelles de votre santé, de celle de Mme Stieltjes et de vos enfants, je vous renouvelle l'assurance de mes sentiments les plus dévoués.

325. — *STIELTJES A HERMITE.*

Toulouse, 30 janvier 1892.

Cher Monsieur,

Je suis bien coupable et j'aurais bien dû vous remercier depuis longtemps pour l'envoi des recherches de M. Sylvester, dont certainement, sans vous, je n'aurais pas eu connaissance. Pour mon excuse, je peux dire que j'ai été très occupé et pris de diverses façons, aussi j'aurais voulu ajouter à mes remercîments quelque chose qui pût vous intéresser.

Votre lettre, par laquelle je vois que les nombres de Bernoulli vous occupent encore une fois, m'a fait penser à un beau résultat de M. Kummer dont je veux vous parler. Si vous le connaissez, vous n'aurez qu'à sauter cette partie de ma lettre. Soit

$$\varphi(x)=\sum_0^\infty a_n e^{qx}(e^{rx}-e^{sx})^n$$

où a_n, q, r, s sont des nombres commensurables, mais dans le dénominateur de ces nombres ne doit point figurer en facteur le nombre premier impair p. Supposons qu'en développant suivant les puissances de x on ait

$$\varphi(x)=\mathrm{A}_0+\mathrm{A}_1x+\frac{\mathrm{A}_2x^2}{1.2}+\ldots=\sum_0^\infty\frac{\mathrm{A}_nx^n}{1.2\ldots n},$$

alors le théorème de M. Kummer consiste dans cette congruence :

$$\mathrm{A}_m-k\mathrm{A}_{m+p-1}+\frac{k(k-1)}{1.2}\mathrm{A}_{m+2(p-1)}-\ldots+(-1)^k\mathrm{A}_{m+k(p-1)}\equiv 0 \pmod{p^k},$$

m et k étant des entiers et $m\geqq k>0$. Il faut interpréter, du reste, cette congruence ainsi : le premier membre n'est pas nécessairement entier, mais, en multipliant par un facteur convenable qui ne renferme pas p, il devient entier et cet entier-là est alors divisible par p^k. La démonstration est facile; on a d'abord

$$\varphi(x)=\sum\sum(-1)^{n'}(n)_{n'}a_ne^{[r(n-n')+sn'+q]x}$$
$$(n=0,1,2,3,\ldots,\quad n'=0,1,2,\ldots,n).$$

En calculant $\varphi^m(0)$, on en conclut

$$\mathrm{A}_m=\sum\sum(-1)^{n'}(n)_{n'}a_n[r(n-n')+sn'+q]^m.$$

Il est clair que, dans cette expression de A_m, les termes avec a_n, où $n>m$ doivent disparaître et cela se vérifie facilement parce que la $n^{\text{ième}}$ différence d'un polynome du degré $m < n$ est identiquement nulle.

Avec cette valeur de A_m il vient maintenant, pour

$$A_m - \frac{k}{1} A_{m+p-1} + \frac{k(k-1)}{1.2} A_{m+2(p-1)} - \ldots + (-1)^k A_{m+k(p-1)},$$

l'expression

$$\sum\sum (-1)^{n'}(n)_{n'}\, a_n [r(n-n') + sn' + q]^m \{1 - [r(n-n') + sn' + q]^{p-1}\}^k$$
$$\begin{bmatrix} n = 0, 1, 2, \ldots, m + k(p-1) \\ n' = 0, 1, 2, \ldots, n \end{bmatrix}.$$

Or, d'après le théorème de Fermat, $1 - [r(n-n') + sn' + q]^{p-1}$ est divisible par p, excepté seulement le cas où $r(n-n') + sn' + q$ serait divisible par p. En supposant donc $m \geqq k$ l'un des deux facteurs

$$[r(n-n') + sn' + q]^m \{1 - [r(n-n') + sn' + q]^{p-1}\}^k$$

sera toujours divisible par p^k, d'où la proposition de M. Kummer. Je l'ai exposée ici sous une forme légèrement généralisée, indiquée par M. Stern (*Journal de Borchardt*, t. 88, p. 90). Kummer lui-même a supposé $q = 0$ (*Journal de Crelle*, t. 41, p. 368). On peut faire une foule d'applications de ce résultat, M. Kummer lui-même l'a appliqué aux nombres de Bernoulli et d'Euler, M. Stern aux coefficients de la tangente. Il y a quelques années, ayant à considérer le développement

$$\frac{2}{\pi} \int_0^{\frac{\pi}{2}} \frac{du}{\sqrt{1 + \left(\frac{e^{2x} - e^{-2x}}{2}\right)^2 \sin^2 u}} = 1 - \frac{2}{1.2} x^2 + \frac{22}{1.2.3.4} x^4 - \ldots$$
$$= c_0 - \frac{c_1}{1.2} x^2 + \frac{c_2}{1.2.3.4} x^4 - \ldots,$$

$$c_1 = 2, \quad c_2 = 22, \quad c_3 = 692, \quad c_4 = 45\,862, \quad c_5 = 5\,276\,732,$$
$$c_6 = 934\,105\,852, \quad c_7 = 235\,299\,461\,672,$$

j'en ai déduit des congruences entre les nombres c_k qui m'ont été très précieuses comme vérifications dans le calcul de ces coefficients (qui sont tous $\equiv 2 \bmod 10$).

C'est à l'occasion de recherches sur les fractions continues que j'ai fait ces remarques; on a

$$\frac{1}{x}-\frac{2}{x^3}+\frac{22}{x^5}-\frac{692}{x^7}+\frac{45\,862}{x^9}-\ldots=\cfrac{1}{x+\cfrac{2}{x+\cfrac{3^2}{x+\cfrac{5^2}{x+\cfrac{7^2}{x+\ldots}}}}};$$

la fraction continue est convergente et représente

$$\frac{1}{8}\left[\frac{\Gamma\left(\frac{x+2}{8}\right)}{\Gamma\left(\frac{x+6}{8}\right)}\right]^2$$

tant que la partie réelle de x est >0. Mais justement, ces jours-ci, j'ai fait sur cette théorie des fractions continues une remarque extrêmement simple et dont j'ose vous entretenir. Soit

$$F=\cfrac{1}{a_1x+\cfrac{1}{a_2+\cfrac{1}{a_3x+\cfrac{1}{a_4+\ldots+\cfrac{1}{a_{2n-1}x+\cfrac{1}{a_{2n}+\ldots}}}}}}$$

une fraction continue où

$$a_1,\quad a_2,\quad a_3,\quad \ldots$$

sont des nombres réels et positifs.

Si x est réel et positif, il est clair que les réduites d'ordre pair

$$\frac{P_{2n}}{Q_{2n}}=\cfrac{1}{a_1x+\ldots+\cfrac{1}{a_{2n}}}$$

tendent, pour $n=\infty$, vers une limite déterminée $F(x)$. De même les réduites d'ordre impair

$$\frac{P_{2n+1}}{Q_{2n+1}}=\cfrac{1}{a_1x+\ldots+\cfrac{1}{a_{2n+1}x}}$$

tendent, pour $n=\infty$, vers une limite déterminée $F_1(x)$ et

$$F_1(x)-F(x)\geqq 0.$$

[Du reste, d'après un théorème de Stern, on a $F_1(x) - F(x) > 0$ lorsque la série

$$a_1 + a_2 + a_3 + a_4 + \ldots$$

est *convergente;* mais, si cette série est *divergente,* on a

$$F_1(x) = F(x).]$$

Le théorème général est celui-ci :

Supposons que x ait une valeur réelle ou imaginaire quelconque, en exceptant seulement les valeurs réelles et négatives, en sorte que la partie négative de l'axe des x est considérée comme une coupure. Alors on aura toujours

$$\lim \frac{P_{2n}(x)}{Q_{2n}(x)} = F(x), \qquad \lim \frac{P_{2n+1}(x)}{Q_{2n+1}(x)} = F_1(x) \qquad (n = \infty)$$

et $F(x)$, $F_1(x)$ sont des fonctions analytiques, uniformes et sans points singuliers dans le domaine considéré.

Je possède depuis longtemps la démonstration de ce théorème, mais elle est très difficile; j'obtiens aussi la forme analytique de ces fonctions $F(x)$, $F_1(x)$. Pour l'indiquer brièvement (quoique cela n'est pas tout à fait exact et demanderait quelques explications), je dis qu'il existe toujours deux fonctions positives $f(u)$, $f_1(u)$ de la variable réelle u, telles que

$$F(x) = \int_0^\infty \frac{f(u)}{x+u}\,du, \qquad F_1(x) = \int_0^\infty \frac{f_1(u)}{x+u}\,du.$$

Dans le cas où la série

$$a_1 + a_2 + a_3 + \ldots$$

est convergente, les fonctions $f(u)$ et $f_1(u)$ ne sont pas identiques, mais on a

$$\int_0^\infty u^k [f(u) - f_1(u)]\,du = 0 \qquad (k = 0, 1, 2, 3, \ldots).$$

L'existence de ces fonctions $\varphi(u)$ qui, sans être nulles, sont telles que

$$\int_0^\infty u^k \varphi(u)\,du = 0 \qquad (k = 0, 1, 2, 3, \ldots)$$

me paraît très remarquable.

Mais voici maintenant la remarque très simple que je viens de faire. Il est extrêmement facile de montrer que

$$\lim \frac{P_{2n}(x)}{Q_{2n}(x)} = F(x), \qquad \lim \frac{P_{2n+1}(x)}{Q_{2n+1}(x)} = F_1(x)$$

en supposant la partie réelle *positive*. Ce n'est pas, vous le voyez, le théorème complet, mais cela en constitue une partie qui n'est pas sans intérêt.

En considérant uniquement les réduites d'ordre pair, on a

$$\frac{P_{2n}(x)}{Q_{2n}(x)} = \frac{\alpha_0}{Q_0 Q_2} + \frac{\alpha_1}{Q_2 Q_4} + \frac{\alpha_2}{Q_4 Q_6} + \ldots + \frac{\alpha_{n-1}}{Q_{2n-2} Q_{2n}},$$

les α_i sont des nombres positifs, $Q_{2n}(x)$ est un polynome de degré n en x dont tous les coefficients sont positifs; toutes les racines de

$$Q_{2n}(x) = 0$$

sont réelles, différentes et négatives

$$Q_{2n}(x) = c(x + x_1)(x + x_2)\ldots(x + x_n) \qquad (x_1, x_2, \ldots, x_n \text{ positifs}).$$

Nous savons donc que la série

$$\frac{\alpha_0}{Q_0 Q_2} + \frac{\alpha_1}{Q_2 Q_4} + \ldots + \frac{\alpha_{n-1}}{Q_{2n-2} Q_{2n}} + \ldots$$

est convergente pour toute valeur $x = a > 0$.

Mais je dis alors qu'elle est aussi convergente et même absolument convergente pour

$$x = a + bi.$$

En effet cela devient évident si l'on remarque que

$$|\, Q_{2n}(a + bi) \,| > Q_{2n}(a),$$

comme cela résulte de

$$Q_{2n}(x) = c(x + x_1)\ldots(x + x_n).$$

La proposition que les racines de $Q_{2n}(x) = 0$, $\dfrac{Q_{2n+1}(x)}{x} = 0$ sont réelles et négatives résulte facilement des relations de récurrence. De la même façon, on voit que $\dfrac{P_{2n+1}(x)}{Q_{2n+1}(x)}$ tend vers une limite déterminée tant que la partie réelle de x est positive.

Cette remarque si simple est toute récente, elle me donne à réfléchir; j'espère simplifier la démonstration de la proposition complète que j'ai énoncée plus haut. Si dans la fraction considérée on remplace x par x^2 et qu'on multiplie par x, on a

$$\cfrac{1}{a_1 x + \cfrac{1}{a_2 x + \cfrac{1}{a_3 x + \cfrac{1}{a_4 x + \dots}}}}$$

qui se rencontre souvent dans les applications. Tant que la partie réelle de x est > 0, les réduites d'ordre pair et aussi d'ordre impair tendent vers une limite qui est une fonction analytique de x. Ces limites sont identiques seulement lorsque la série

$$a_1 + a_2 + a_3 + \dots$$

est divergente.

Vous voyez immédiatement l'application qu'on peut faire de ces résultats à un grand nombre de développements en fraction continue, par exemple à celles obtenues pour

$$\int_0^\infty e^{-ax} \operatorname{cn} x \, dx, \quad \dots.$$

La démonstration de l'existence de ces fonctions positives, $f(u)$, $f_1(u)$, dont j'ai parlé plus haut, est, je crois, ce que j'ai fait de mieux en Analyse. Je les obtiens comme limites de certaines fonctions discontinues. Mais je veux réfléchir encore.

Je comprends aisément, cher Monsieur, la tristesse qu'a dû vous causer la mort encore prématurée de M. Kronecker. Mais son nom restera, seulement on ne remplira pas aisément la place qu'il a laissée vide. Je suis heureux de pouvoir vous donner de bonnes nouvelles de ma famille. Il est vrai que nous n'échappons pas aux vicissitudes de la vie; notre fille aînée a la coqueluche et je crains beaucoup que les autres ne l'aient aussi. Mais c'est une maladie assez bénigne et espérons qu'il n'en résultera pas de mal.

Veuillez bien accepter, cher Monsieur, mes meilleurs vœux pour vous et tous les vôtres; votre très dévoué.

326. — *STIELTJES A HERMITE.*

Toulouse, 12 février 1892.

Cher Monsieur,

En considérant une certaine fraction continue périodique, j'ai obtenu une curieuse relation entre deux intégrales elliptiques et, en même temps, il devint clair qu'on pourrait obtenir une infinité de relations analogues entre des intégrales hyperelliptiques. Comme le raisonnement était fort indirect, une autre méthode pour obtenir ces relations était très désirable. Vous allez voir qu'on y parvient avec la plus grande facilité à l'aide des théorèmes de Cauchy sur les intégrales prises entre des limites imaginaires. Soit

$$Z = \frac{(z-\alpha)(z-\beta)(z-\gamma)}{z},$$

je suppose α, β, γ réels et

$$0 < \alpha < \beta < \gamma,$$

la fonction

$$f(z) = \frac{\sqrt{Z}}{(z-a)(z-x)}$$

est alors uniforme dans le domaine D limité par les courbes C, C_1,

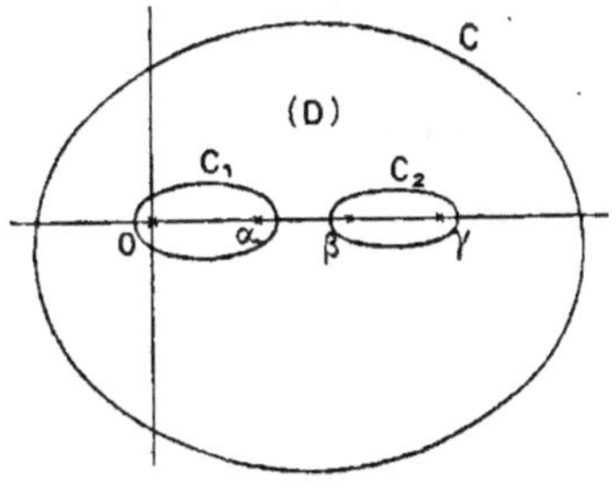

C_2; je suppose a et x appartenant à ce domaine D, et, pour mieux fixer les idées, je les supposerai réels.

Pour fixer le signe du radical je suppose que lorsque mod z est très grand on a

$$\sqrt{Z} = z + \ldots.$$

D'après cela, on constate facilement que lorsque z est *réel*

$\sqrt{Z}$ est *positif* lorsque $z > \gamma$,

$\sqrt{Z}$ est *négatif* lorsque $\alpha < z < \beta$,

$\sqrt{Z}$ est *négatif* lorsque $z < 0$.

Cela étant, on a

$$\int_C f(z)\,dz + \int_{C_1} f(z)\,dz + \int_{C_2} f(z)\,dz = 2\pi i \Sigma \text{ résidus}.$$

Il n'y a que deux pôles (réels) a et x et, d'après ce qui précède, le résidu pour $z = x$ est

$$\frac{\varepsilon\sqrt{X}}{x-a};$$

X étant ce que devient Z en remplaçant z par x, le radical $\sqrt{X}$ est pris *positivement*, $\varepsilon = +1$ lorsque $x > \gamma$ et $\varepsilon = -1$ lorsque x est négatif ou compris entre α et β. En calculant de même le résidu pour $z = a$, on a

$$\int_C f(z)\,dz + \int_{C_1} f(z)\,dz + \int_{C_2} f(z)\,dz = 2\pi i\left(\frac{\varepsilon\sqrt{X} - \varepsilon'\sqrt{A}}{x-a}\right)$$

($\varepsilon' = +1$ lorsque $a > \gamma$, $\varepsilon' = -1$ lorsque a est négatif ou compris entre α et β, $\sqrt{A}$ positif toujours). Or on a

$$\int_C f(z)\,dz = \int_C \left(\frac{1}{z} + \frac{\lambda}{z^2} + \ldots\right) dz = 2\pi i$$

et ensuite on voit avec un peu d'attention que

$$\int_{C_1} f(z)\,dz = -2i\int_0^\alpha \frac{dz}{(z-a)(z-x)}\sqrt{-Z},$$

$$\int_{C_2} f(z)\,dz = +2i\int_\beta^\gamma \frac{dz}{(z-a)(z-x)}\sqrt{-Z},$$

$\sqrt{-Z}$ étant toujours pris avec le signe $+$.

On obtient donc définitivement cette relation

$$\pi\left(\frac{\varepsilon\sqrt{X} - \varepsilon'\sqrt{A}}{x-a} - 1\right) = -\int_0^\alpha \frac{dz}{(z-a)(z-x)}\sqrt{-Z} + \int_\beta^\gamma \frac{dz}{(z-a)(z-x)}\sqrt{-Z},$$

$$Z = \frac{(z-\alpha)(z-\beta)(z-\gamma)}{z}.$$

C'est là précisément, un peu généralisé, le résultat que j'avais obtenu d'abord en considérant une certaine fraction continue périodique.

On aurait pu prendre $f(z) = \dfrac{\sqrt{Z}}{z-a}$ avec le seul pôle $z = a$, dans ce cas

$$\int_C f(z)\,dz = \int_C \left(1 + \frac{2a-\alpha-\beta-\gamma}{2z} + \frac{\lambda}{z^2} + \ldots\right) dz = \pi i(2a-\alpha-\beta-\gamma)$$

et

$$\pi\left(\varepsilon\sqrt{A} - a + \frac{\alpha+\beta+\gamma}{2}\right) = -\int_0^\alpha \frac{dz}{z-a}\sqrt{-Z} + \int_p^\gamma \frac{dz}{z-a}\sqrt{-Z},$$

. . . .

Veuillez bien agréer, cher Monsieur, la nouvelle assurance de mon dévoûment bien sincère.

P.-S. — Je m'aperçois en ce moment que les résultats précédents ont un rapport étroit avec les recherches de Jacobi, Borchardt, Halphen sur la réduction en fraction continue de la racine carrée d'un polynome. *Voir*, par exemple, Halphen, t. II, p. 620 : il réduit en fraction continue $\dfrac{\sqrt{X}-\sqrt{Y}}{x-y}$. Or vous voyez que

$$\text{(A)} \qquad \frac{\varepsilon\sqrt{X} - \varepsilon'\sqrt{A}}{x-a} - 1$$

peut se mettre sous la forme

$$\text{(A')} \qquad \int_p^q F(u)\frac{du}{x-u}$$

[la fonction $F(u)$ s'annulant du reste par intervalles et ayant des expressions différentes dans les intervalles où elle n'est pas nulle]. J'ai étudié précisément la réduction en fraction continue de cette intégrale (A') et le lien avec les recherches antérieures provient justement de ce que cette intégrale (A'), pour une détermination convenable de $F(u)$, se réduit à la quantité algébrique (A). Cette remarque est nouvelle, je crois.

327. — *HERMITE A STIELTJES.*

Paris, 19 février 1892.

Mon cher Ami,

Vos théorèmes sur les fractions continues algébriques constituent toute une théorie d'analyse extrêmement intéressante et dont vous aurez découvert les principes essentiels : c'est un grand et important travail qui s'ajoute à d'autres que vous avez entrepris et que vous conduirez à bonne fin. Mais vous ne vous étonnerez point que j'aie quelque peine à vous suivre, ne voyant que vos résultats, sauf cependant ceux de votre dernière lettre du 12, qui sont d'une nature plus élémentaire et que vous m'avez exposés plus explicitement. Et encore j'aurais besoin, pour m'éviter de faire des efforts, que vous m'aidiez à bien voir comment vous trouvez que votre radical $\sqrt{Z}$ est positif pour $z > \gamma$, négatif lorsque $\alpha < z < \beta$ et négatif pour $z < 0$.

Donc, à l'occasion, lorsque ce ne sera point vous déranger, je vous demande, en faisant $Z = (z-a)(z-b)(z-c)(z-d)$, la détermination des signes à attribuer au radical $\sqrt{Z}$, lorsqu'en cheminant sur l'axe des abscisses de $-\infty$ à $+\infty$, et considérant les circonférences de rayon $|a| < |b| < |c| < |d|$, on se trouve d'abord dans la région du plan extérieure à la plus grande, pour pénétrer successivement dans les couronnes limitées par les rayons (c), (b), (a). Vous verrez en vue de quelle question on peut employer ces déterminations de signes; en attendant, je dois vous dire que, si ma réponse à vos dernières lettres a eu beaucoup de retard, la faute en est surtout à M. Édouard Weyr, qui m'a demandé un article pour le *Bulletin de l'Académie tchèque*. Je me suis mis à l'ouvrage en pensant que les *Annales* voudraient peut-être bien reproduire ma Note, dont voici l'objet. En cherchant dans la théorie de la transformation les relations entre les intégrales elliptiques complètes de seconde espèce, qui correspondent aux relations entre les périodes relatives au module proposé k et au module transformé l, j'ai obtenu les équations suivantes : Soient L et L' les mêmes quantités en l et l' que K et K' en k et k', je me pose le problème de la transformation comme ayant pour but de déterminer le module l, et le multiplicateur M de manière à avoir

$$\frac{K}{M} = aL + ibL', \qquad \frac{iK'}{M} = cL + idL',$$

où a, b, c, d sont des entiers satisfaisant à la condition

$$ad - bc = n,$$

qui est positif et représente l'ordre de la transformation. Cela étant, soit, comme Weierstrass,

$$J = \int_0^K \operatorname{sn}^2 x\, dx, \qquad iJ' = \int_K^{K+iK'} \operatorname{sn}^2 x\, dx,$$

puis semblablement, en considérant le module l,

$$J_1 = \int_0^L \operatorname{sn}^2(x, l)\, dx, \qquad J'_1 = \int_0^{L+iL'} \operatorname{sn}^2(x, l)\, dx.$$

On aura, en désignant par N une fonction algébrique du module,

$$\frac{J_1}{M} = dJ - ibJ' + \frac{N}{n}(dK - ibK'), \qquad \frac{iJ'_1}{M} = -cJ + iaJ' + \frac{N}{n}(-cK + iaK').$$

La quantité N a, ce me semble, un rôle important; ainsi, je trouve que les fonctions $P(x)$, $Q(x)$, $R(x)$, $S(x)$ de la page 280 de mon Cours s'expriment ainsi

$$S(x) = \frac{\operatorname{Al}\left(\frac{x}{M}, l\right) e^{\frac{Nx^2}{2}}}{\operatorname{Al}^n(x, k)}, \qquad P(x) = \frac{\operatorname{Al}\left(\frac{x}{M}, l\right)_1 e^{\frac{Nx^2}{2}}}{\operatorname{Al}^n(x, k)},$$

$$Q(x) = \frac{\operatorname{Al}\left(\frac{x}{M}, l\right)_2 e^{\frac{Nx^2}{2}}}{\operatorname{Al}^n(x, k)}, \qquad R(x) = \frac{\operatorname{Al}\left(\frac{x}{M}, l\right)_3 e^{\frac{Nx^2}{2}}}{\operatorname{Al}^n(x, k)}.$$

Il y a lieu de former les équations entre N et K, tout aussi bien qu'entre M et K, et, comme prélude à cette recherche, j'ai obtenu la relation suivante

$$N = nkk'^2 D_k \log \frac{Mk'}{l'},$$

qui s'ajoute à l'équation, d'une importance capitale, qu'a découverte Jacobi

$$M^2 = \frac{ll'^2\,dk}{nkk'^2\,dl}.$$

Mais il me faudrait votre belle activité pour mener à leur terme ces entreprises; il me faudrait surtout ne plus avoir ni thèses de doctorat, ni examens de licence et de baccalauréat, ni, hélas! de leçons. Je donnerai, mon cher ami, à la Sorbonne votre charmante méthode pour obtenir l'équation $B(a, b) = \frac{\Gamma(a)\Gamma(b)}{\Gamma(a+b)}$, et c'est en vous remerciant encore de votre communication si utile, que je vous renouvelle l'assurance de mon affection bien dévouée.

Vos enfants sont-ils débarrassés de la coqueluche?

328. — *STIELTJES A HERMITE.*

Toulouse, 24 février 1892.

Cher Monsieur,

Mille remercîments pour l'article que vous nous promettez pour nos *Annales* sur la transformation des fonctions elliptiques et particulièrement sur les intégrales complètes de seconde espèce transformées. Nous l'accueillerons avec le plus grand empressement, vous n'aurez qu'à nous envoyer les épreuves du *Bulletin de l'Académie de Prague*.

Permettez-moi maintenant de dire deux mots sur le signe du radical

$$\sqrt{Z}, \qquad Z = (z-a)(z-b)(z-c)(z-d) \qquad (a < b < c < d).$$

En supposant z très grand, on peut prendre $\sqrt{Z} = +z^2$ à peu

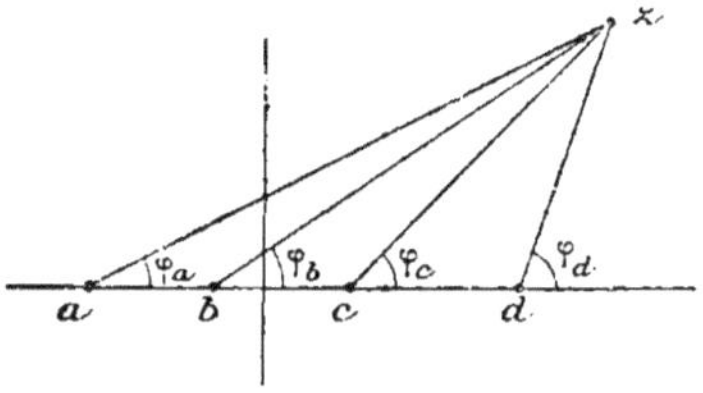

près (et non $= -z^2$).

Soit alors

$$
\begin{aligned}
z - a &= R_a(\cos\varphi_a + i \sin\varphi_a),\\
z - b &= R_b(\cos\varphi_b + i \sin\varphi_b),\\
z - c &= R_c(\cos\varphi_c + i \sin\varphi_c),\\
z - d &= R_d(\cos\varphi_d + i \sin\varphi_d),
\end{aligned}
$$

$$\sqrt{Z} = \sqrt{R_a R_b R_c R_d}(\cos P + i \sin P) \qquad \left(P = \frac{\varphi_a + \varphi_b + \varphi_c + \varphi_d}{2}\right).$$

Lorsque z positif est très grand, φ_a, φ_b, φ_c, φ_d sont nuls; pour avoir pour un point quelconque la valeur de $\sqrt{Z}$ il n'y a qu'à faire varier les arguments $\varphi_a, \ldots, \varphi_d$ d'une façon continue; de cette façon vous voyez par exemple que lorsque z est réel compris entre c et d

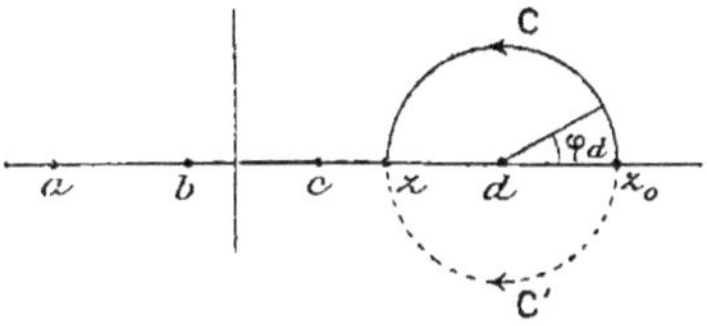

l'argument de $\sqrt{Z}$ sera $+\frac{\pi}{2}$, $\varphi_d = \pi$, $\varphi_a = \varphi_b = \varphi_c = 0$. Lorsque z_0 décrit le chemin C, on aura

$$\sqrt{Z} = +i\sqrt{-Z} \qquad (\sqrt{-Z} > 0).$$

Pour le chemin C′, au contraire, on aurait la valeur

$$\sqrt{Z} = -i\sqrt{-Z} \qquad (\sqrt{-Z} > 0),$$
$$\varphi_a = \varphi_b = \varphi_c = 0, \qquad \varphi_d = -\pi.$$

Supposons $b < z < c$. Si, pour arriver à cette valeur finale, on

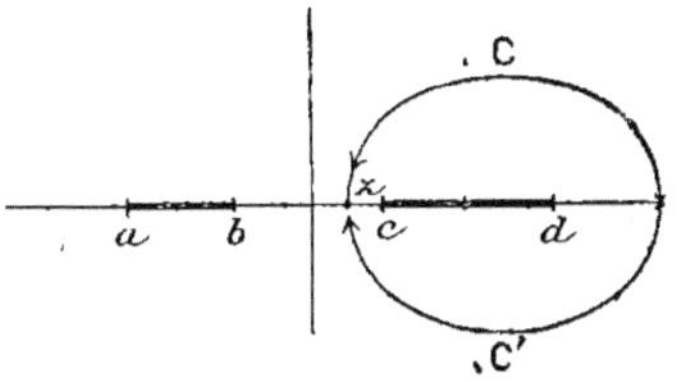

ne traverse ni la coupure (a, b), ni la coupure (c, d), vous voyez que l'argument de $\sqrt{Z}$ devient π, c'est-à-dire $\sqrt{Z}$ doit être pris avec le signe —. Pour le chemin C, par exemple, on a

$$\varphi_a = 0, \qquad \varphi_b = 0, \qquad \varphi_c = \pi, \qquad \varphi_d = \pi, \qquad P = \pi.$$

Pour le chemin C′ on aurait $P = -\pi$, mais cela donne la même valeur que $P = +\pi$ puisque la différence de ces arguments est 2π. Dans tous les cas, la considération de l'argument de $\sqrt{Z}$ indique sans ambiguïté la valeur de $\sqrt{Z}$ qu'il faut adopter. Si le chemin de z passe par un des points a, b, c, d la loi de continuité ne suffit plus pour distinguer entre les diverses branches de $\sqrt{Z}$, et l'on peut faire la continuation d'une façon arbitraire; dans ce cas, rien ne permet de distinguer une branche de l'autre.

Voici une remarque que je viens de faire. Je rappelle la formule

$$\int_0^\infty z^{a-1} e^{-bz} \cos cz \, dz = \frac{\Gamma(a) \cos\left(a \operatorname{arc\,tang} \frac{c}{b}\right)}{(b^2 + c^2)^{\frac{a}{2}}}$$

(*voyez*, par exemple, le *Calcul intégral* de Serret).

Cette formule, du reste, se déduit de $\int_0^\infty z^{a-1} e^{-bz} \, dz = \frac{\Gamma(a)}{b^a}$, en remplaçant b par $b + ci$. Je prends $b = c = 1$, $a = 4n + 2$, n étant entier et positif ou nul, le cosinus dans le second membre est nul, car

$$\cos\left(a \operatorname{arc\,tang} \frac{c}{b}\right) = \cos(4n + 2)\frac{\pi}{4} = 0,$$

donc

$$\int_0^\infty z^{4n+1} e^{-z} \cos z \, dz = 0.$$

En remplaçant z^4 par u, vous constatez qu'en posant

$$\varphi(u) = u^{-\frac{1}{2}} e^{-\sqrt[4]{u}} \cos(\sqrt[4]{u}),$$

l'intégrale

$$\int_0^\infty u^n \varphi(u) \, du \qquad (n = 0, 1, 2, 3, \ldots)$$

est toujours nulle. J'avais reconnu, *a priori*, l'existence de telles fonctions $\varphi(u)$ (en nombre infini) dans mes recherches sur les fractions continues. Vous en avez ici sous les yeux un exemple bien simple.

Voici une objection qu'on est tenté de faire, *a priori*, contre l'existence d'une telle fonction $\varphi(u)$.

D'abord il est clair que $\varphi(u)$ doit changer de signe une infinité de fois, car si $\varphi(u)$ change de signe seulement pour $u = u_k$, $k = 1, 2, \ldots, n$, l'intégrale

$$\int_0^\infty (u-u_1)(u-u_2)\ldots(u-u_n)\,\varphi(u)\,du$$

devrait être nulle parce qu'elle est une somme de la forme

$$\sum_0^n \alpha_k \int_0^\infty u^k \varphi(u)\,du;$$

d'autre part, elle ne peut être nulle, puisque la fonction sous le signe $\int$ ne change pas de signe; il y a là contradiction. Donc $\varphi(u)$ doit changer de signe une *infinité* de fois pour

$$u = u_1, u_2, \ldots, u_n, \ldots.$$

Mais alors on peut, d'après la formule de M. Weierstrass, former une fonction holomorphe $\psi(u)$

$$\psi(u) = \prod_1^\infty \left(1 - \frac{u}{u_n}\right) e^{P_k\left(\frac{u}{u_n}\right)} = \sum_0^\infty a_n u^n,$$

qui doit changer de signe en même temps que $\varphi(u)$. L'intégrale

$$\int_0^\infty \psi(u)\,\varphi(u)\,du$$

n'est pas nulle alors, mais en substituant au lieu de $\psi(u)$ sa valeur $\sum_0^\infty a_n u^n$ et intégrant les termes de la série, on trouverait

$$\int_0^\infty \psi(u)\,\varphi(u)\,du = 0,$$

encore contradiction. Cependant cette objection manque de force, car il n'est pas permis de remplacer $\int_0^\infty \psi(u)\,\varphi(u)\,du$ par $\sum_0^\infty a_n \int_0^\infty u^n \varphi(u)\,du$ sans justification particulière. Mais cela est impossible, vous venez de voir que les fonctions $\varphi(u)$ existent bien réellement.

Veuillez bien me croire toujours votre très dévoué.

329. — *HERMITE A STIELTJES.*

Paris, 25 février 1892.

MON CHER AMI,

Les choses faciles et simples ont souvent plus de prix que des résultats compliqués obtenus après de grands efforts et je ne puis assez vous dire quel prix j'attache à votre équation

$$\int_0^\infty z^{4n+1} e^{-z} \cos z \, dz = 0;$$

mais je désirerais vous voir faire un pas de plus. Vous avez montré avec infiniment de perspicacité que l'égalité, pour toute valeur de n,

$$\int_0^\infty u^n \varphi(u) \, du = 0$$

conduit à une conclusion paradoxale, à savoir

$$\int_0^\infty \psi(u) \varphi(u) \, du = 0,$$

si $\psi(u)$ représente l'expression de $\varphi(u)$ sous forme d'un produit de facteurs primaires.

Puis vous en trouvez l'explication dans cette circonstance qu'on n'est pas absolument en droit de remplacer $\psi(u)$, dans l'intégrale, par son développement en série. C'est ce point important et délicat que je voudrais voir mettre en pleine lumière, au moyen du cas particulier où

$$\varphi(u) = e^{-\frac{1}{2}} e^{-\sqrt[4]{u}} \cos(\sqrt[4]{u}).$$

Qu'arrive-t-il donc de particulier qui empêche d'employer le développement en série? Ce serait extrêmement intéressant de rencontrer ainsi un nouvel avertissement qu'on est à l'égard des intégrales définies, *incedens in cinere doloso*.

Mille bons remercîments pour les explications si complètes et si claires que vous m'avez données pour définir rigoureusement les signes du radical $\sqrt{Z}$. C'est un point de doctrine absolument élémentaire, et j'espère que vous saisirez quelque occasion pour publier les résultats auxquels vous êtes parvenu; et dont je me servirai comme je vous le ferai savoir.

Puisque vous vous intéressez aux relations

$$\frac{J_1}{M} = dJ - ibJ' + \frac{N}{n}(dK - ibK'),$$
$$\frac{iJ'_1}{M} = -cJ + iaJ' + \frac{N}{n}(-cK + iaK'),$$

permettez-moi de vous dire comment j'en conclus l'expression de N.

Je remarque d'abord, en ayant égard à l'égalité $ad - bc = n$, qu'on en tire

$$\frac{aJ_1 + ibJ'_1}{M} = nJ + KN,$$
$$\frac{cJ_1 + idJ'_1}{M} = niJ'_1 + iK'N.$$

Cela posé, soit pour un moment

$$G = aL + ibL', \qquad H = aJ_1 + ibJ'_1,$$

et désignons toujours par l le module transformé. On a ces deux relations

$$ll'^2\frac{dG}{dl} = l^2G - H, \qquad ll'^2\frac{dH}{dl} = l^2(G - H).$$

Je vais les employer pour différentier, par rapport à k, la première de mes égalités me servant de point de départ,

$$\frac{K}{M} = aL + ibL', \qquad \frac{iK'}{M} = cL + idL'.$$

En l'écrivant ainsi $K = (aL + ibL')M = GM$, il vient

$$\frac{dk}{kk'^2}(k^2K + J) = G\,dM + \frac{dl}{ll'^2}(l^2G - H)M.$$

Cela étant, j'exprime le second membre en K et J au moyen des équations

$$G = \frac{K}{M}, \qquad H = (nJ + KN)M,$$

ce qui donne

$$\frac{dk}{kk'^2}(k^2\mathrm{K}-\mathrm{J}) = \frac{\mathrm{K}\,d\mathrm{M}}{\mathrm{M}} + \frac{dl}{ll'^2}\left[\frac{l^2\mathrm{K}}{\mathrm{M}} - (n\mathrm{J}+\mathrm{KN})\mathrm{M}\right]\mathrm{M}.$$

Mais cette égalité se partage en deux autres, on doit égaler séparément à zéro les coefficients de K et J, car autrement $\frac{\mathrm{J}}{\mathrm{K}}$ serait une fonction algébrique de k, ce qu'on sait impossible. On a donc

$$\frac{k\,dk}{k'^2} = \frac{d\mathrm{M}}{\mathrm{M}} + \frac{l\,dl}{l'^2} - \mathrm{NM}^2\frac{dl}{ll'^2}$$

et

$$\frac{dk}{kk'^2} = n\,\mathrm{M}^2\frac{dl}{ll'^2}.$$

Cette seconde équation est celle de Jacobi; elle permet d'écrire la première sous la forme

$$\frac{k\,dk}{k'^2} = \frac{d\mathrm{M}}{\mathrm{M}} + \frac{l\,dl}{l'^2} - \frac{\mathrm{N}}{n}\frac{dk}{kk'^2},$$

d'où la valeur de N.

En vous renouvelant, mon cher ami, l'assurance de toute mon affection.

330. — *STIELTJES A HERMITE.*

Toulouse, 28 mars 1892.

Cher Monsieur,

J'aurais désiré depuis longtemps trouver un peu de loisir pour étudier l'intéressante question de la transformation des intégrales elliptiques de seconde espèce, dont vous m'avez entretenu dans vos dernières lettres; mais, à mon grand regret, je n'ai pas pu jusqu'ici; cependant, d'ici quelques jours, j'espère en arriver là.

Cette année, j'ai donné pour la première fois, dans mon cours, un développement assez complet de toute la partie élémentaire de la théorie des fonctions elliptiques, et, je n'ai pas besoin de le dire, j'ai emprunté beaucoup à votre cours. Pour obtenir les développements trigonométriques de $\mathrm{sn}^2(z)$, $\mathrm{sn}(z)$, $\mathrm{cn}(z)$, $\mathrm{dn}(z)$, j'ai eu l'idée de les exprimer linéairement à l'aide de la fonction Z et de ses dérivées d'après votre théorème; le développement trigonométrique des fonctions Z s'obtient sans difficulté d'une façon très élémentaire. En procédant ainsi, j'ai remarqué quelques identités, se rapportant à la transformation du second ordre. Elles sont assez simples. On a

$$\operatorname{dn}\left[(1+k)u, \frac{2\sqrt{k}}{1+k}\right] = \frac{1-k\operatorname{sn}^2 u}{1+k\operatorname{sn}^2 u},$$

puis, changeant u en $u+\mathrm{K}$,

$$\operatorname{dn}\left[(1+k)(u+\mathrm{K}), \frac{2\sqrt{k}}{1+k}\right] = \frac{1-k}{1+k} \times \frac{1+k\operatorname{sn}^2 u}{1-k\operatorname{sn}^2 u}.$$

En retranchant il vient

$$\operatorname{dn}\left[(1+k)u, \frac{2\sqrt{k}}{1+k}\right] - \operatorname{dn}\left[(1+k)(u+\mathrm{K}), \frac{2\sqrt{k}}{1+k}\right] = \frac{2k}{1+k}\operatorname{cn}(2u, k).$$

A l'aide de cette relation on obtient le développement trigonométrique de $\operatorname{cn}(u, k)$ si l'on connaît celui de $\operatorname{dn}(u, k)$.

Puis on a

$$\mathrm{A} = \operatorname{sn}\left[(1+k)u, \frac{2\sqrt{k}}{1+k}\right] = \frac{(1+k)\operatorname{sn} u}{1+k\operatorname{sn}^2 u},$$

$$\mathrm{B} = \operatorname{sn}\left[(1+k)(u+\mathrm{K}), \frac{2\sqrt{k}}{1+k}\right] = \frac{\operatorname{cn} u \operatorname{dn} u}{1-k\operatorname{sn}^2 u};$$

je trouve que

$$\mathrm{B}^2 - \mathrm{A}^2 = \operatorname{cn}(2u, k)\operatorname{dn}(2u, k)$$

Mais vous avez tant étudié ces choses que probablement je ne vous dis rien de nouveau. Vous voyez que cette dernière relation permet de trouver le développement trigonométrique de $\operatorname{cn} u \operatorname{dn} u$ (et, par conséquent, aussi celui de $\operatorname{sn} u$) si l'on connaît le développement trigonométrique de $\operatorname{sn}^2 u$, qui, d'après la méthode indiquée, s'obtient plus facilement que le développement de $\operatorname{sn} u$.

Nous avons été, Mme Stieltjes et moi, douloureusement affectés par le grand deuil qui frappe M. Picard. Veuillez bien être convaincu de notre sympathie.

Votre bien dévoué.

P.-S. — Heureusement, je peux vous donner maintenant de bonnes nouvelles de mes enfants, qui ne souffrent plus de la coqueluche.

Je vois en ce moment qu'il faudrait rapprocher les formules précédentes de celles que vous donnez dans votre cours (dernière édition, p. 286)

$$\operatorname{dn}\left[(1+k)u, \frac{2\sqrt{k}}{1+k}\right] = \frac{\operatorname{dn}(2u)+k\operatorname{cn}(2u)}{1+k},$$

$$\operatorname{dn}\left[(1+k)(u+K), \frac{2\sqrt{k}}{1+k}\right] = \frac{\operatorname{dn}(2u)-k\operatorname{cn}(2u)}{1+k},$$

. . . .

Au fond, il n'y a qu'à remplacer dans vos formules x par $x+2K$. Donc, comme je le croyais, rien de nouveau !

331. — *HERMITE A STIELTJES.*

Paris, 30 mars 1892.

Mon cher Ami,

J'ai passé bien tristement ces dernières semaines, comme vous pouvez le penser, je n'ai pu que m'occuper de mes leçons à la Sorbonne, sans plus songer aux intégrales elliptiques de seconde espèce, que j'ai oubliées. Mais j'ai mis à profit, pour la donner à mes auditeurs, en leur apprenant votre nom, votre méthode de démonstration de la relation $B(a, b) = \frac{\Gamma(a)\Gamma(b)}{\Gamma(a+b)}$, qui évite l'emploi d'une intégrale double. Je compte aussi faire bientôt une leçon, dont je vais vous indiquer l'objet, en vous priant de vouloir bien, s'il y a lieu, me communiquer vos remarques.

La formule

$$\log\Gamma(a) = \int_{-\infty}^{0}\left[\frac{e^{ax}-e^{x}}{e^{x}-1} - (a-1)e^{x}\right]\frac{dx}{x}$$

donne

$$\log\Gamma\left(a+\frac{1}{2}\right) = \int_{-\infty}^{0}\left[\frac{e^{\left(a+\frac{1}{2}\right)x}-e^{x}}{e^{x}-1} - \left(a-\frac{1}{2}\right)e^{x}\right]\frac{dx}{x},$$

et, en retranchant membre à membre, avec l'intégrale de Raabe :

$$J = \int_{-\infty}^{0}\left[\frac{e^{ax}}{x} - \frac{e^{x}}{e^{x}-1} - \left(a-\frac{1}{2}\right)e^{x}\right]\frac{dx}{x},$$

on obtient

$$J - \log \Gamma\left(a + \frac{1}{2}\right) = \int_{-\infty}^{0} e^{ax}\left(\frac{1}{x} - \frac{e^{\frac{1}{2}x}}{e^{x} - 1}\right)\frac{dx}{x},$$

ou encore, changeant x en $2x$,

$$J - \log \Gamma\left(a + \frac{1}{2}\right) = \int_{-\infty}^{0} e^{2ax}\,\varphi(x)\,dx,$$

si nous posons

$$\varphi(x) = \left(\frac{1}{2x} - \frac{1}{e^{x} - e^{-x}}\right)\frac{1}{x}.$$

Cela étant, on trouve facilement

$$\text{(1)} \quad \varphi(x) = \frac{1}{x^2 + \pi^2} - \frac{1}{x^2 + 4\pi^2} + \frac{1}{x^2 + 9\pi^2} - \ldots = \sum \frac{(-1)^{n-1}}{x^2 + n^2\pi^2},$$

d'où résulte que $\varphi(x)$ est toujours positif et décroît quand x augmente, de sorte que le maximum correspond à $x = 0$ et a pour valeur $\frac{1}{12}$. On a ainsi

$$\log \Gamma\left(a + \frac{1}{2}\right) = a(\log a - 1) + \log\sqrt{2\pi} - \frac{\varepsilon}{24a} \qquad (\varepsilon \text{ étant } < 1).$$

Soit ensuite

$$J(a) = \int_{-\infty}^{0} e^{2ax}\,\varphi(x)\,dx,$$

nous aurons comme conséquence de (1)

$$J(a) = \sum \int_{-\infty}^{0} \frac{(-1)^{n-1} e^{2ax}\,dx}{x^2 + n^2\pi^2} \qquad (n = 1, 2, 3, \ldots)$$

et, en faisant $x = ny$,

$$J(a) = \sum \int_{-\infty}^{0} \frac{dy}{y^2 + \pi^2} \sum \frac{(-1)^{n-1} e^{2any}}{n} \qquad (n = 1, 2, \ldots),$$

c'est-à-dire

$$J(a) = \int_{-\infty}^{0} \frac{\log(1 + e^{2ay})}{y^2 + \pi^2}\,dy.$$

Soit enfin $y = \frac{\pi z}{a}$, on obtient pour le terme complémentaire l'expression

$$J(a) = \frac{1}{\pi}\int_{-\infty}^{0} \frac{a\log(1+e^{2\pi z})}{a^2+z^2}\,dz,$$

qui permet de faire, comme pour la série de Stirling, le développement suivant les puissances descendantes de a, avec le reste sous une forme simple.

Gauss a déjà donné cette modification de la série de Stirling, mais sans s'occuper du reste dans le Mémoire sur la série hypergéométrique; on rencontre en même temps une nouvelle formule pour les nombres de Bernoulli, exprimés par des intégrales.

En vous remerciant de la part que vous prenez à notre deuil, et en vous félicitant bien sincèrement de n'avoir pas eu trop à souffrir de la coqueluche, que nous connaissons pour nous avoir tourmentés pendant longtemps, croyez-moi toujours votre affectueusement dévoué.

332. — *STIELTJES A HERMITE.*

Toulouse, le 1er avril 1892.

Cher Monsieur,

La seule remarque qui s'est présentée à moi à l'occasion de votre formule

$$\text{(I)}\quad \log\Gamma\left(a+\frac{1}{2}\right) = a(\log a - 1) + \log\sqrt{2\pi} - \frac{1}{\pi}\int_{-\infty}^{0}\frac{a\log(1+e^{2\pi x})}{a^2+x^2}\,dx,$$

c'est qu'on peut un peu généraliser votre analyse de manière à obtenir

$$\begin{aligned}\text{(II)}\quad & \frac{1}{2}\log\Gamma(a+b)\Gamma(a+1-b)\\ &= a(\log a - 1)\\ &\quad + \log\sqrt{2\pi} - \frac{1}{2\pi}\int_{-\infty}^{0}\frac{a\log(1-2e^{2\pi x}\cos 2b\pi + e^{4\pi x})}{a^2+x^2}\,dx.\end{aligned}$$

Il faut supposer ici $0 \leqq b \leqq 1$, pour $b = \frac{1}{2}$ on retrouve votre formule (I), pour $b = 0$ la formule ordinaire d'où l'on déduit la série de Stirling.

En effet, en procédant comme vous et désignant toujours par J l'intégrale de Raabe, il vient d'abord

$$J-\frac{1}{2}\log\Gamma(a+b)\Gamma(a+1-b)=\int_{-\infty}^{0}\frac{e^{-ax}\,dx}{x}\left[\frac{1}{x}-\frac{e^{\left(b-\frac{1}{2}\right)x}+e^{-\left(b-\frac{1}{2}\right)x}}{2\left(e^{\frac{1}{2}x}-e^{-\frac{1}{2}x}\right)}\right].$$

On n'a maintenant qu'à employer la formule

$$\frac{1}{x}-\frac{e^{\left(b-\frac{1}{2}\right)x}+e^{-\left(b-\frac{1}{2}\right)x}}{2\left(e^{\frac{1}{2}x}-e^{-\frac{1}{2}x}\right)}=\sum_{1}^{\infty}\frac{2x\cos 2bn\pi}{x^2+4n^2\pi^2},$$

qui suppose $0\leqq b\leqq 1$, pour obtenir

$$J-\frac{1}{2}\log\Gamma(a+b)\Gamma(a+1-b)=\int_{-\infty}^{0}e^{ax}\,dx\sum_{1}^{\infty}\left(-\frac{2\cos 2bn\pi}{x^2+4n^2\pi^2}\right),$$

ou, pour $x=2nz$,

$$J-\frac{1}{2}\log\Gamma(a+b)\Gamma(a+1-b)=\int_{-\infty}^{0}\frac{dz}{z^2+\pi^2}\sum_{1}^{\infty}-\frac{1}{n}\cos 2bn\pi\, e^{2anz}$$

$$=\int_{-\infty}^{0}\frac{dz}{z^2+\pi^2}\,\frac{1}{2}\log(1-2e^{az}\cos 2b\pi+e^{4az}).$$

Pour $az=\pi x$ on obtient la formule (II).

Si dans cette formule on suppose $\frac{1}{4}<b<\frac{3}{4}$, on a

$$\log(1-2e^{2\pi x}\cos 2b\pi+e^{4\pi x})>0,$$

donc, dans ce cas, en développant suivant les puissances négatives de a, on trouve une série qui jouit des mêmes propriétés que la série de Stirling, quant à son terme complémentaire.

De même, si l'on suppose

$$0<b<\frac{1}{6}\qquad\text{ou}\qquad\frac{5}{6}<b<1,$$

on aurait

$$\log(1-2e^{2\pi x}\cos 2b\pi+e^{4\pi x})<0$$

et la même conséquence. Mais, si l'on veut éviter ces distinctions et laisser à b une valeur quelconque comprise entre 0 et 1, il faudra remplacer la formule (II) soit par celle-ci

$$\frac{1}{2}\log\frac{\Gamma(a+b)\Gamma(a+1-b)}{\Gamma(a)\Gamma(a+1)}=-\frac{1}{2\pi}\int_{-\infty}^{0}\frac{a\,dx}{a^2+x^2}\log\left[\frac{1-2e^{2\pi x}\cos 2b\pi+e^{4\pi x}}{(1-e^{-2\pi x})^2}\right],$$

où le logarithme du second membre est toujours positif (c'est la formule (43), p. 440 de mon Mémoire dans le *Journal de Jordan*), soit par

$$\frac{1}{2}\log\frac{\Gamma(a+b)\Gamma(a+1-b)}{\Gamma\left(a+\frac{1}{2}\right)^2} = +\frac{1}{2\pi}\int_{-\infty}^{0}\frac{a\,dx}{a^2+x^2}\log\left[\frac{(1+e^{-2\pi x})^2}{1-2e^{2\pi x}\cos 2b\pi+e^{4\pi x}}\right].$$

Il y a lieu de mettre à côté de cette formule (II) la suivante (c'est la formule (46) de mon Mémoire, p. 443)

$$\text{(III)}\quad \frac{1}{2}\log\frac{\Gamma(a+b)}{\Gamma(a+1-b)}$$
$$= \left(b-\frac{1}{2}\right)\log a + \frac{1}{\pi}\int_{-\infty}^{0}\frac{x\,dx}{a^2+x^2}\operatorname{arc\,tang}\left[\frac{e^{2\pi x}\sin(2b\pi)}{1-e^{2\pi x}\cos(2b\pi)}\right]$$
$$(0 \leqq b \leqq 1).$$

On peut l'obtenir en suivant à peu près la marche indiquée plus haut pour obtenir la formule (II).

J'espère, Monsieur, que vous reviendrez un jour sur vos recherches sur la transformation des intégrales elliptiques de seconde espèce. Je crois que Legendre est le seul auteur qui s'en est occupé dans le premier supplément de son grand Traité, mais à un point de vue bien plus restreint. Je sais pourtant, par expérience, qu'on n'est guère disposé souvent à revenir sur des recherches auxquelles s'attache un souvenir douloureux.

Veuillez bien, cher Monsieur, être toujours assuré de mes sentiments très sincèrement dévoués.

333. — *STIELTJES A HERMITE.*

Toulouse, le 4 avril 1892.

Cher Monsieur,

Je reviens un moment sur la formule

$$\text{(A)}\quad \frac{1}{2}\log\Gamma(a+b)\Gamma(a+1-b)$$
$$= J - \frac{1}{2\pi}\int_{-\infty}^{0}\frac{a\,dx}{a^2+x^2}\log(1-2e^{2\pi x}\cos 2b\pi+e^{4\pi x}) \qquad (0 \leqq b \leqq 1).$$

Le second membre peut s'écrire

$$J - \frac{1}{2\pi}\int_{-\infty}^{0} \frac{dx}{1+x^2}\log(1-2e^{2\pi a x}\cos 2b\pi + e^{4\pi a x}).$$

Vous voyez, sous cette forme, qu'on peut en tirer la valeur de la constante C à laquelle se réduit J pour $a=0$; en effet, il vient, pour $a=0$,

$$\frac{1}{2}\log\Gamma(b)\Gamma(1-b) = C - \frac{1}{2\pi}\,\frac{\pi}{2}\log(2-2\cos 2b\pi) = C - \frac{1}{2}\log(2\sin b\pi),$$

d'où

$$C = \frac{1}{2}\log 2\pi.$$

Mais voici une autre conséquence. Je rappelle que pour

$$\varepsilon = \cos\frac{\pi}{n} + i\sin\frac{\pi}{n}, \qquad \varepsilon_1 = \cos\frac{\pi}{n} - i\sin\frac{\pi}{n},$$

on a

$$t^n + 1 = (t-\varepsilon)(t-\varepsilon^3)(t-\varepsilon^5)\ldots(t-\varepsilon^{2n-1}),$$
$$t^n + 1 = (t-\varepsilon_1)(t-\varepsilon_1^3)(t-\varepsilon_1^5)\ldots(t-\varepsilon_1^{2n-1}),$$

donc

$$(t^n+1)^2 = \left[t^2 - 2t\cos\frac{\pi}{n} + 1\right]\left[t^2 - 2t\cos\frac{3\pi}{n} + 1\right]\ldots\left[t^2 - 2t\cos\frac{(2n-1)\pi}{n} + 1\right].$$

Cela étant, je prends dans la formule (A)

$$b = \frac{1}{2n}, \qquad b = \frac{3}{2n}, \qquad b = \frac{5}{2n}, \qquad \ldots, \qquad b = \frac{2n-1}{2n},$$

et ajoutant on aura

$$(1) \qquad \log\Gamma\left(a+\frac{1}{2n}\right)\Gamma\left(a+\frac{3}{2n}\right)\cdots\Gamma\left(a+\frac{2n-1}{2n}\right) = nJ - \frac{1}{\pi}\int_{-\infty}^{0}\frac{a\,dx}{a^2+x^2}\log(1+e^{2n\pi x}).$$

D'autre part, la formule (A) donne pour $b=\frac{1}{2}$ et remplaçant a par na,

$$(2) \qquad \log\Gamma\left(na+\frac{1}{2}\right) = J_1 - \frac{1}{\pi}\int_{-\infty}^{0}\frac{na\,dx}{n^2a^2+x^2}\log(1+e^{2\pi x}),$$

J_1 étant ce que devient J lorsqu'on remplace a par na. Il est clair que les intégrales définies qui figurent dans les formules (1) et (2) sont identiques, en sorte qu'on obtient en retranchant :

$$\log \frac{\Gamma\left(a+\frac{1}{2n}\right)\Gamma\left(a+\frac{3}{2n}\right)\cdots\Gamma\left(a+\frac{2n-1}{2n}\right)}{\Gamma\left(na+\frac{1}{2}\right)}$$
$$= nJ - J_1 = -na\log n + (n-1)\log\sqrt{2\pi}.$$

$$\Gamma\left(a+\frac{1}{2n}\right)\Gamma\left(a+\frac{3}{2n}\right)\cdots\Gamma\left(a+\frac{2n-1}{2n}\right) = (2\pi)^{\frac{n-1}{2}} n^{-na}\,\Gamma\left(na+\frac{1}{2}\right).$$

C'est le théorème de Gauss, il suffit de remplacer a par $a-\frac{1}{2n}$ pour l'avoir sous la forme usuelle

$$\Gamma(a)\Gamma\left(a+\frac{1}{n}\right)\cdots\Gamma\left(a+\frac{n-1}{n}\right) = (2\pi)^{\frac{n-1}{2}} n^{\frac{1}{2}-an}\,\Gamma(na).$$

Votre bien affectueusement dévoué.

334. — *HERMITE A STIELTJES.*

Paris, 13 avril 1892.

MON CHER AMI,

Un mot à la hâte, au moment de m'en aller à Flanville, sur votre relation, qui m'a vivement intéressé,

$$J - \frac{1}{2}\log\Gamma(a+b)\Gamma(a+1-b) = \int_{-\infty}^{0} e^{ax} f(x)\,dx,$$

où J est l'intégrale de Raabe et

$$f(x) = \frac{2(1-e^x) + x\left[e^{bx} + e^{(1-b)x}\right]}{2x^2(1-e^x)}.$$

Développant $\frac{1}{1-e^x}$, je trouve qu'en faisant

$$\varphi(a) = 1 - a\log\left(a+\frac{1}{a}\right) - \frac{1}{2}\log\left(\frac{a+1}{a+b}\right) - \frac{1}{2}\log\left(\frac{a+1}{a+1-b}\right)$$

on a

$$\int_{-\infty}^{0} e^{ax} f(x)\,dx = \Sigma\,\varphi(a+n) \qquad (n = 0, 1, 2, \ldots).$$

Écrivant ensuite

$$\varphi(a)=\int_0^1 \frac{x\,dx}{a+x}-\frac{1}{2}\int_b^1 \frac{dx}{a+x}-\frac{1}{2}\int_0^b \frac{dx}{a+1-x},$$

je remplace la première intégrale par

$$\int_0^b \frac{x\,dx}{a+x}+\int_b^1 \frac{x\,dx}{a+x},$$

et j'obtiens

$$\varphi(a)=\int_0^b\left(\frac{x}{a+x}-\frac{\frac{1}{2}}{a+1-x}\right)dx+\int_b^1 \frac{x-\frac{1}{2}}{a+x}\,dx.$$

Changeons x en $1-x$ dans la seconde intégrale, elle devient

$$\int_0^{1-b} \frac{\frac{1}{2}-x}{a+1-x}\,dx$$

ou bien, si l'on suppose $b<\frac{1}{2}$,

$$\int_0^b \frac{\frac{1}{2}-x}{a+1-x}\,dx+\int_b^{1-b} \frac{\frac{1}{2}-x}{a+1-x}\,dx,$$

et de là résulte cette nouvelle expression

$$\begin{aligned}\varphi(a)&=\int_0^b\left(\frac{x}{a+x}-\frac{x}{a+1-x}\right)dx+\int_b^{1-b} \frac{\frac{1}{2}-x}{a+1-x}\,dx\\&=\int^b \frac{x(1-2x)\,dx}{(a+x)(a+1-x)}+\int_b^{1-b} \frac{\frac{1}{2}-x}{a+1-x}\,dx.\end{aligned}$$

Cela étant, je change de nouveau x en $1-x$, dans la seconde intégrale, qui devient ainsi

$$\int_b^{1-b} \frac{x-\frac{1}{2}}{a+x}\,dx,$$

de sorte qu'elle peut se remplacer par

$$\frac{1}{2}\int_b^{1-b} \frac{\frac{1}{2}-x}{a+1-x}\,dx+\frac{1}{2}\int_b^{1-b} \frac{x-\frac{1}{2}}{a+x}\,dx=-\int_b^{1-b} \frac{(\frac{1}{2}-x)^2\,dx}{(a+x)(a+1-x)}.$$

Nous avons donc, en définitive.

$$\varphi(a)=\int_0^b \frac{x(1-2x)\,dx}{(a+x)(a+1-x)}-\int_b^{1-b} \frac{(\frac{1}{2}-x)^2\,dx}{(a+x)(a+1-x)},$$

ce qui me donne la satisfaction d'avoir généralisé un des beaux et importants résultats de votre Mémoire sur le développement de $\log\Gamma(a)$, que je viens de relire et d'étudier avec le plus grand fruit. J'y ferais une petite modification, pour l'extension, à tout le plan moins votre coupure, de la formule

$$(1)\qquad \log\Gamma(a) = \mathrm{J} + \int_{-\infty}^{0} e^{ax}\,\frac{e^{x}(x-2)+x+2}{2x^{2}(e^{x}-1)}\,dx.$$

Après avoir établi cette formule, comme dans mon Cours, je me bornerai à dire que l'équation en question ayant lieu le long de la partie positive de l'axe des abscisses, d'après la proposition de Riemann, s'étend dans toute la région du plan où $\log\Gamma(a)$ et $\mathrm{J}(a)$ ont été définis comme fonctions uniformes.

En dernier lieu et pour la fonction de Jacob Bernoulli, je partirai de l'égalité

$$\log\frac{\Gamma(a)}{\Gamma(a+b)} = \int_{-\infty}^{0}\left(\frac{e^{ax}-e^{(a+b)x}}{e^{x}-1} + be^{x}\right)\frac{dx}{x};$$

en ajoutant membre à membre avec

$$b\log a = \int_{-\infty}^{0}\frac{e^{ax}-e^{x}}{x}\,b\,dx,$$

on trouve

$$\log\frac{\Gamma(a)}{\Gamma(a+b)} + b\log a = -\int_{-\infty}^{0} e^{ax} f(x)\,dx,$$

où

$$f(x) = \left(\frac{e^{bx}-1}{e^{x}-1} - b\right)\frac{1}{x} = \varphi_1(b) + \varphi_2(b)\frac{x^2}{1.2} + \varphi_3(b)\frac{x^3}{1.2.3} + \ldots.$$

Excusez mon griffonnage et croyez-moi toujours votre bien affectueusement dévoué.

335. — *HERMITE A STIELTJES.*

Paris, 26 avril 1892.

MON CHER AMI,

A la page 441 ([1]) de votre Mémoire sur le développement de $\log\Gamma(a)$, vous donnez, en vous contentant de l'énoncer, ce résultat qu'en posant $c_n = \int_0^{\infty} x^n f(x)\,dx$, où $f(x)$ est supposée

([1]) Page 441 du *Journal de Mathématiques*, t. V, 4e série.

positive, $\frac{c_{n+1}}{c_n}$ est croissant avec n, puis vous dites, avec l'intention de m'humilier, qu'il est facile de le démontrer. N'ayant pu y parvenir, je viens, en faisant appel à votre charité, vous demander de me sortir d'embarras.

Permettez-moi, en même temps, de profiter de l'occasion pour vous dire comment j'ai donné, dans une leçon, les valeurs des intégrales $\int_0^\infty \frac{t^{a-1}\,dt}{1+t}$ et $\int_0^\infty \frac{t^{a-1}-t^{b-1}}{1-t}\,dt$, peut-être pourrez-vous en faire un sujet d'exercice pour vos élèves.

J'emploie, comme Briot et Bouquet, le contour $S = ABCDEFA$, ABC étant un demi-cercle de rayon R, DEF un autre de rayon ε, et je pose $z = t\,e^{i\varphi}$. On aura ainsi $t = R$, φ croissant de zéro à π,

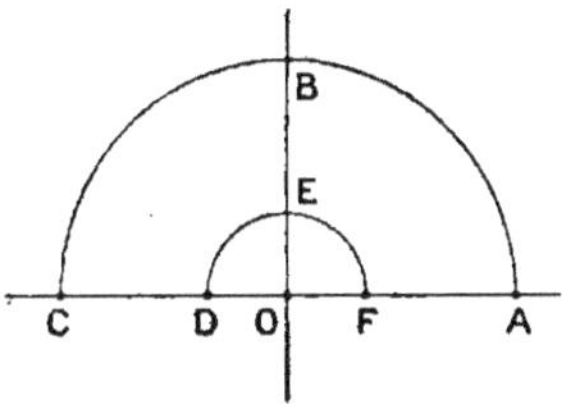

pour ABC, puis $\varphi = \pi$, et t décroissant de R à ε pour CD. Ensuite $t = \varepsilon$, φ décroissant de π à zéro, et, pour FA, $z = t$.

Cela étant, l'intégrale (ABC) est nulle pour R très grand, et supposant $a - 1 < 0$ et $b - 1 < 0$, (DEF) est nulle pour ε infiniment petit et l'on trouve

$$(\mathrm{CD}) = e^{ia\pi}\int_R^\varepsilon \frac{t^{a-1}\,dt}{1+t} - e^{ib\pi}\int_R^\varepsilon \frac{t^{a-1}\,dt}{1+t},$$

$$(\mathrm{FA}) = \int_\varepsilon^R \frac{t^{a-1}-t^{b-1}}{1-t}\,dt.$$

Soit pour un moment

$$A = \int_0^\infty \frac{t^{a-1}\,dt}{1+t}, \qquad B = \int_0^\infty \frac{t^{b-1}\,dt}{1+t}, \qquad J = \int_0^\infty \frac{t^{a-1}-t^{b-1}}{1-t}\,dt;$$

en écrivant que $(S) = 0$, puisque le contour ne renferme aucune discontinuité, on obtient l'égalité

$$-e^{i\pi a}A + e^{i\pi b}B + J = 0$$

ou bien

$$-(\cos a\pi + i\sin a\pi)A + (\cos b\pi + i\sin b\pi)B + J = 0$$

et, par conséquent,

$$A\sin a\pi = B\sin b\pi, \qquad J = A\cos a\pi - B\sin b\pi.$$

La première relation montre que $A\sin a\pi$ est indépendant de a et il suffit de supposer $a = \frac{1}{2}$, pour avoir $A = \frac{\pi}{\sin a\pi}$, d'où

$$J = \pi(\cot a\pi - \cot b\pi).$$

Une remarque encore : on obtient, en changeant t en $\frac{t}{g}$,

$$\int_0^\infty \frac{t^{a-1}\,dt}{1+\frac{t}{g}} = \frac{\pi g^a}{\sin a\pi},$$

ce qui a lieu pour toute valeur réelle et positive de g. Faisons une coupure de la partie négative de l'axe des abscisses, l'intégrale devient une fonction uniforme holomorphe de g, comme le second membre; le théorème de Riemann prouve donc que l'égalité, démontrée seulement pour g réel et positif, a lieu dans tout le plan, moins la coupure. Soit donc $g = \cos\theta + i\sin\theta$; on respectera la coupure, si l'on suppose θ renfermé entre $-\pi$ et $+\pi$, et l'on parvient, sur-le-champ, aux valeurs

$$\int_0^\infty \frac{t^{a-1}(1+t\cos\theta)\,dt}{1+2t\cos\theta+t^2} = \frac{\pi\cos a\theta}{\sin a\pi}, \qquad \int_0^\infty \frac{t^a\sin\theta\,dt}{1+2t\cos\theta+t^2} = \frac{\pi\sin a\theta}{\sin a\pi},$$

données dans les exercices de Calcul intégral de Legendre.

Je ne me suis pas fait faute d'apprendre aussi à mes auditeurs comment, avec la même coupure, vous avez fait une fonction holomorphe de $\log\Gamma(a)$ et $J(a)$.

En Lorraine ou j'ai passé les vacances de Pâques. . . . .
. . . .

Et vous prie de me croire toujours votre bien affectueusement dévoué.

336. — STIELTJES A HERMITE.

Toulouse, 27 avril 1892.

CHER MONSIEUR,

Mille remercîments pour votre élégante déduction de la valeur des intégrales

$$\int_0^\infty \frac{t^{a-1}}{1+t}\,dt, \qquad \int_0^\infty \frac{t^{a-1}-t^{b-1}}{1-t}\,dt$$

et des intégrales de Legendre. Je ne manquerai pas de les exposer à mes élèves. Une autre fois je pourrai vous dire quelques réflexions sur la formule

$$\int_0^\infty \frac{t^{a-1}\,dt}{1+\dfrac{t}{g}} = \frac{\pi g^a}{\sin\pi a},$$

dont je me sers pour discuter le terme complémentaire de certains développements en série.

J'arrive maintenant à votre question sur l'intégrale

$$c_n = \int_0^\infty x^n f(x)\,dx \qquad [f(x) > 0].$$

On a

$$c_n\left(\frac{c_{n+1}}{c_n} - \frac{c_n}{c_{n-1}}\right) = \int_0^\infty \left(x - \frac{c_n}{c_{n-1}}\right)^2 x^{n-1} f(x)\,dx > 0,$$

donc

$$(\alpha) \qquad \frac{c_1}{c_0} < \frac{c_2}{c_1} < \frac{c_3}{c_2} < \ldots < \frac{c_n}{c_{n-1}} < \frac{c_{n+1}}{c_n}.$$

Soit M un nombre positif fixe quelconque, il reste à démontrer que $\frac{c_{n+1}}{c_n}$ finit par surpasser M, ainsi

$$c_{n+1} - \mathrm{M}\,c_n = \int_0^\infty x^n(x-\mathrm{M})f(x)\,dx$$

doit devenir > 0 à partir d'une certaine valeur $n = n'$. Pour le démontrer je prends un second nombre fixe M′ *plus grand* que M et j'écris

$$c_{n+1} - M c_n = \int_{M'}^{\infty} x^n (x - M) f(x)\, dx$$
$$+ \int_{M}^{M'} x^n (x - M) f(x)\, dx - \int_{0}^{M} x^n (M - x) f(x)\, dx,$$
$$c_{n+1} - M c_n = A_n + B_n - C_n,$$

A_n, B_n, C_n étant des quantités *positives* :

$$A_n = \int_{M'}^{\infty} x^n (x - M) f(x)\, dx,$$
$$B_n = \int_{M}^{M'} x^n (x - M) f(x)\, dx,$$
$$C_n = \int_{0}^{M} x^n (M - x) f(x)\, dx.$$

Or, d'après le théorème de la moyenne, il est clair que

$$A_{n+1} > M' A_n, \qquad C_{n+1} < M C_n,$$

donc

$$\frac{A_{n+1}}{C_{n+1}} > \lambda \frac{A_n}{C_n},$$

où $\lambda = \frac{M'}{M}$ est un nombre fixe *plus grand* que l'unité. Il s'ensuit que le rapport $\frac{A_n}{C_n}$ croît *au delà de toute limite;* ainsi, pour $n \geqq n'$, on aura certainement $A_n > C_n$ et, par conséquent,

$$c_{n+1} - M c_n = A_n + B_n + C_n > 0. \qquad \text{C. Q. F. D.}$$

La démonstration suppose essentiellement que $f(x)$ ne s'annule pas identiquement pour toutes les valeurs de x au-dessus d'une certaine limite. S'il en était ainsi, on aurait toujours

$$(\alpha) \qquad \frac{c_1}{c_0} < \frac{c_2}{c_1} < \frac{c_3}{c_2} < \ldots,$$

mais le rapport $\frac{c_{n+1}}{c_n}$, au lieu de croître au delà de toute limite, tendrait vers une limite finie et qui est précisément la valeur à partir de laquelle $f(x)$ s'annule. En effet, si l'on a

$$f(x) = 0 \qquad \text{pour} \qquad x \geqq K$$

[mais pas $f(x) = 0$ pour $K - \varepsilon < x < K$, quelque petite que soit la quantité $\varepsilon > 0$], on pourra appliquer la démonstration précédente en prenant pour M et M' deux nombres $< K$. Le rapport $\frac{c_{n+1}}{c_n}$ peut donc surpasser tout nombre $< K$ sans jamais pouvoir surpasser K (d'après le théorème de la moyenne); donc dans ce cas

$$\lim \frac{c_{n+1}}{c_n} = K.$$

On a, pour exprimer les nombres de Bernoulli, une formule

$$B_n = \int_0^\infty x^n f(x)\,dx \qquad [f(x) > 0],$$

donc

$$\frac{B_2}{B_1} < \frac{B_3}{B_2} < \frac{B_4}{B_3} < \ldots,$$

mais $B_1 = \frac{1}{6}$, $B_2 = \frac{1}{30}$, $B_3 = \frac{1}{42}$, $B_4 = \frac{1}{30}$, donc pour $n = 3$ déjà $\frac{B_{n+1}}{B_n} > 1$, il en est de même pour les valeurs plus grandes, donc ces nombres vont en augmentant à partir de $n = 3$. M. Stern a démontré cela dans le *Journal de Crelle* d'une façon qui me semble moins simple, et je crois que M. Lipschitz est aussi revenu sur ce même sujet.

J'espère bien qu'on reviendra au bon sens et que tout le monde s'apercevra que la liberté illimitée de la parole telle qu'on la pratique est un contresens, si, du moins, on veut conserver l'ordre et la justice.

Veuillez me croire toujours votre affectueusement dévoué.

337. — *HERMITE A STIELTJES.*

Paris, 29 avril 1892.

CHER AMI,

Il faut vous résigner et entendre mes compliments; je suis tout particulièrement émerveillé de l'introduction de M et M', jamais je n'aurais eu une idée si originale et si heureuse, mais pourquoi dire qu'il est facile d'établir des résultats aussi cachés? Permettez-moi de vous indiquer ces légères modifications.

L'intégrale $J = \int_0^\infty (x-\lambda)^2 x^{n-1} f(x)\,dx$, qui est positive pour toute valeur de λ, s'exprime par le trinome $c_{n+1} - 2c_n\lambda + c_{n-1}\lambda^2$. On a donc $c_{n+1}c_{n-1} > c_n^2$, d'où

$$\frac{c_{n+1}}{c_n} > \frac{c_n}{c_{n-1}}.$$

Les relations $A_{n+1} > M'A_n$, $C_{n+1} < MC_n$, que vous concluez du théorème de la moyenne, théorème que j'ignore absolument, résultent des relations

$$\begin{aligned} A_{n+1} - M'A_n &= \int_{M'}^\infty x^n[x(x-M) - M'(x-M)]f(x)\,dx \\ &= \int_{M'}^\infty x^n(x-M)(x-M')f(x)\,dx, \end{aligned}$$

puis

$$\begin{aligned} MC_n - C_{n+1} &= \int_0^M x^n[M(M-x) - x(M-x)]f(x)\,dx \\ &= \int_0^M x^n(M-x)^2 f(x)\,dx. \end{aligned}$$

Avec la prière de me renseigner sur ce théorème de la moyenne afin que je le mette à profit, et en vous renouvelant l'assurance de ma bien sincère affection.

338. — *STIELTJES A HERMITE.*

Toulouse, 1er mai 1892.

CHER MONSIEUR,

Je dois reconnaître que j'ai été peu clair, voici ma pensée. On a d'après le théorème de la moyenne

$$\int_a^b p(x)q(x)\,dx = p(\xi)\int_a^b q(x)\,dx \qquad (a < \xi < b),$$

en supposant que $q(x)$ ne change pas de signe entre a et b. Cela étant, il vient pour

$$a = M', \qquad b = \infty, \qquad p(x) = x, \qquad q(x) = x^n(x-M)f(x),$$
$$A_{n+1} = \xi A_n,$$

où $M' < \xi < \infty$, donc

$$A_{n+1} > M' A_n,$$

de même pour

$$a = 0, \quad b = M, \quad p(x) = x, \quad q(x) = x^n (M - x) f(x),$$
$$C_{n+1} = \xi_1 C_n,$$

où $0 < \xi_1 < M$, donc

$$C_{n+1} < M C_n.$$

Mais voici une modification que je propose à ma démonstration : Après avoir écrit

$$c_{n+1} - M c_n = A_n + B_n - C_n,$$

je remarque que

$$A_n = \int_{M'}^{\infty} x^n (x - M) f(x)\, dx > PM'^n, \qquad P = \int_{M'}^{\infty} (x - M) f(x)\, dx,$$
$$C_n = \int_0^M x^n (M - x) f(x)\, dx < QM^n, \qquad Q = \int_0^M (M - x) f(x)\, dx,$$

donc

$$A_n - C_n > PM'^n - QM^n;$$

si donc on prend n assez grand pour qu'on ait

$$PM'^n > QM^n \qquad \text{c'est-à-dire} \qquad n > \frac{\log\left(\frac{Q}{P}\right)}{\log\left(\frac{M'}{M}\right)},$$

on aura aussi $A_n > C_n$ puis

$$\frac{c_{n+1}}{c_n} > M.$$

Le temps ici est à la pluie, s'il en est de même à Paris, cela pourrait arranger bien des choses pour aujourd'hui.

Votre affectueusement dévoué.

P.-S. — Veuillez bien excuser ces quelques mots, j'aurais bien voulu vous parler d'autres choses encore, mais je suis fatigué et souffre plus que d'ordinaire de ma bronchite chronique. Cela me vient fort mal à propos, car j'ai sur le chantier certaines choses que je voudrais rapidement mener à bonne fin.

339. — *HERMITE A STIELTJES.*

10 mai 1892.

Mon cher Ami,

. . . .

En attendant, mon cher ami, de recevoir de vos nouvelles et en vous envoyant, avec tous mes vœux pour un prompt rétablissement, l'assurance de mon affection la plus sincère et la plus dévouée.

340. — *HERMITE A STIELTJES* (1).

Mon cher Ami,

. . . .

Je me reproche vivement d'avoir pu vous laisser supposer un seul moment que je mettais en doute votre intérêt, qui m'est depuis si longtemps acquis et que je n'ai cessé d'éprouver, pour mon algèbre, mais il faut avouer que mon activité pour le travail est bien médiocre et que je suis atteint d'une maladie que j'appellerai la *pigritie*. Je n'ai que des velléités de recherches, pour des questions faciles, et qui m'attachent si peu qu'elles changent continuellement d'objet. En ce moment, c'est la formule d'Euler

$$f(x+h)-f(x)=\frac{1}{2}h[f'(x+h)-f'(x)]+\frac{B_1 h^2}{1.2}[f''(x+h)-f''(x)]\ldots,$$

avec le reste, qui m'attire. Si je rencontre quelque chose et quand vous irez tout à fait bien, j'aurai recours à vos lumières qui m'ont été toujours si utiles.

341. — *HERMITE A STIELTJES.*

Paris, 7 juin 1892.

Mon cher Ami,

Je viens recourir à votre obligeance et vous prier de m'envoyer, si vous l'avez conservée, une lettre remontant, je crois, à près de six mois, qui concernait les fonctions complètes de première et

(1) *Note des éditeurs.* — Lettre de date incertaine : lundi 16 mai, ou le 23, ou le 30. Il semble qu'il y ait quelque lettre de Stieltjes entre le 10 mai et la lettre 340.

seconde espèce, ainsi que le multiplicateur, dans la théorie de la transformation. Il m'est impossible maintenant de me rappeler comment j'obtenais l'égalité $M^2 = \frac{ll'^2\,dk}{nkk'^2\,dl}$, ni rien de ce qui m'est venu à l'idée, au moment où je vous ai écrit. Je sais seulement que je comptais en faire usage pour un article destiné aux *Annales*, après avoir été en premier lieu à Prague, où je m'étais engagé à envoyer une Note. C'est afin de ne point manquer à ce que j'ai promis que je viens vous prier de me sauver des conséquences de ma négligence, qui me fait complètement perdre de vue et oublier un petit résultat de calcul, obtenu non sans peine, en regrettant ensuite avec amertume de n'y avoir plus pensé.

....

Avec tous mes vœux, mon cher ami, pour votre santé et l'assurance de mon attachement le plus sincère et le plus dévoué.

342. — *STIELTJES A HERMITE.*

Toulouse, 8 juin 1892.

Cher Monsieur,

Je saisis avec empressement l'occasion de vous rendre le petit service que vous me demandez. Je n'ai aucun mérite à cela puisque nos *Annales* en vont profiter. Seulement, comme je tiens beaucoup à garder vos lettres, j'espère que vous voudrez bien vous contenter, au lieu des lettres mêmes, des extraits ci-joints, dont je garantis l'exactitude.

J'avais espéré et cru que votre récent accident n'avait laissé aucune trace et je vois avec douleur qu'il n'en est point ainsi.

Quant à moi, n'ayez aucune inquiétude, je reprends peu à peu mes forces, à ce point de sentir des velléités de reprendre activement le travail, mais je dois me ménager encore un peu, et la préparation de mon Cours, trois leçons par semaine, c'est tout ce que je peux faire pour le moment.

....

Votre expression

$$Q = 2\int_0^k \frac{F(k) - F(z)}{k+z}\,dz$$

m'a intéressé beaucoup, et j'aurais voulu l'étudier de plus près. Il serait surtout intéressant d'obtenir cette expression par une analyse directe, mais cela est probablement assez difficile et caché. J'aurais voulu aussi essayer si une analyse semblable s'applique à l'équation différentielle à laquelle satisfait la série hypergéométrique $\mathfrak{F}(\alpha, \beta, \alpha+\beta, x)$ et dont la seconde intégrale devient aussi infinie comme $\log x$ pour $x = 0$. Mais ce sont des projets vagues seulement et je ne me sens pas assez dispos pour entreprendre ce travail pour le moment.

Votre bien sincèrement dévoué.

343. — *HERMITE A STIELTJES.*

Paris, 12 juin 1892.

Mon cher Ami,

Après avoir passé une semaine dans ma famille à Nancy et à Flanville, d'où j'aurais dû vous écrire, j'ai trouvé à mon retour des affaires sérieuses dont je sens tout le fardeau et qui ne me permettent guère de penser à l'Analyse. C'est à vous, à votre situation de santé que je pense, aux suites du grand et pénible voyage dont vous avez eu à supporter les fatigues pour revenir à Toulouse, et je saisis l'occasion d'une distinction académique dont j'ai à vous faire part pour vous demander de vos nouvelles.

J'en ai été extrêmement content, mais sans avoir aucunement mérité la satisfaction que j'ai éprouvée, et sans avoir l'ombre d'un droit à des remercîments de votre part. Ils doivent s'adresser à d'autres, à ceux qui, d'un mouvement unanime et sans aucune délibération, vous ont, à l'unanimité, décerné pour l'ensemble de vos travaux mathématiques le prix Petit-Dormoy, en mettant votre nom à la suite des noms honorés d'Halphen, d'Appell et de Goursat. Je désirerais bien vivement que vous ressentiez un peu de plaisir à vous trouver dans leur compagnie, et, si j'ose le dire, que Mme Stieltjes éprouve un légitime orgueil, que vous repousserez toujours loin de vous.

En attendant de savoir si vous continuez vos découvertes, qui m'intéressent tant, dans la théorie des fractions continues, je vous confierai qu'à cause des préoccupations, et aussi de la paresse, je ne fais rien qui vaille. Je suffis tout juste au travail d'écolier que mes leçons m'imposent; ainsi, je me suis proposé, ce qui n'est pas monter haut, de démontrer que $\Theta(x) = 1 - 2q\cos\frac{\pi x}{K} + \ldots$ est croissant avec x de $x = 0$ à $x = K$ en supposant, bien entendu, K et K′ réels. En pensant que peut-être vos élèves y trouveront leur profit, voici mon petit raisonnement. On a

$$\frac{Jx}{K} - \int_0^x k^2 \operatorname{sn}^2 x\, dx = \frac{\Theta'(x)}{\Theta(x)};$$

le premier membre s'annule pour $x = 0$ et $x = K$, sa dérivée $\frac{J}{K} - k^2 \operatorname{sn}^2 x$ a donc une racine dans l'intervalle, mais une seule et unique, $\operatorname{sn}^2 x$ allant toujours en croissant avec x. La quantité $\frac{Jx}{K} - \int_0^x k^2 \operatorname{sn}^2 x\, dx$, qui part de zéro pour aboutir à zéro en passant par un seul maximum, est donc toujours de même signe de $x = 0$ à $x = K$. On en conclut que $\frac{\Theta'(x)}{\Theta(x)}$ et, par conséquent, $\Theta'(x)$ ayant toujours le même signe, $\Theta(x)$ varie dans le même sens et, par suite, croît, puisque $\Theta(K)$ est plus grand que $\Theta(0)$.

Je remarque encore que, l'égalité $\operatorname{sn} x = \frac{1}{\sqrt{k}} \frac{H(x)}{\Theta(x)}$ donnant $H(x) = \sqrt{k}\,\Theta(x)\operatorname{sn} x$, on voit que $H(x)$ varie aussi en croissant entre les mêmes limites.

Dans l'espérance, mon cher ami, d'avoir bientôt des nouvelles de votre santé, et de les avoir bonnes, je vous renouvelle, avec mes vives félicitations, l'expression de mon affection la plus sincère et la plus dévouée.

344. — *HERMITE A STIELTJES.*

Paris, 14 juin 1892.

Mon cher Ami,

....

Puisse-t-il réussir à vous rendre toutes vos forces en secondant la disposition favorable dans laquelle vous vous trouvez maintenant!

Combien je voudrais coopérer à la préparation de votre cours et diminuer votre besogne en mettant à votre disposition ce que je fais dans le même but; l'entente me serait, je crois, moins difficile avec vous qu'avec tout autre en raison de notre similitude analytique.

A tout hasard, soit pour maintenant ou plus tard, voici quelque chose de mes dernières leçons, dont je serais très satisfait et très fier que vous puissiez tirer un peu parti. M. Raffy, mon maître de Conférences, m'ayant engagé à donner l'équation différentielle du second ordre pour K et K', j'ai procédé de la manière suivante, pour éviter l'ennui de la différentiation par rapport au module.

Ayant d'abord obtenu la série

$$K = \frac{\pi}{2}(1 + \alpha_1 k^2 + \alpha_2 k^4 + \ldots + \alpha_n k^{2n} + \ldots),$$

où $\alpha_n = \left(\frac{1.3.5\ldots 2n-1}{2.4.6\ldots 2n}\right)^2$, je pose $F(x) = \Sigma\alpha_n x^n$, puis

$$x(1-x)F'(x) = \alpha_1 x + (2\alpha_2 - \alpha_1)x^2 + \ldots + [n\alpha_n - (n-1)\alpha_{n-1}]x^n + \ldots,$$

et je remarque que l'on a

$$n\alpha_n - (n-1)\alpha_{n-1} = \alpha_{n-1}\left(\frac{n\alpha_n}{\alpha_{n-1}} - n + 1\right) = \alpha_{n-1}\left[\frac{n(2n-1)^2}{4n^2} - n + 1\right] = \frac{\alpha_{n-1}}{4n}.$$

On peut donc écrire $4x(1-x)F'(x) = \int_0^x F(x)\,dx$, d'où la relation

$$4\,D_x[x(1-x)F'(x)] = F(x);$$

elle subsiste si l'on change x en $1-x$, d'où l'intégrale

$$y = C\,F(x) + C'\,F(1-x).$$

Le retour à la variable $k^2 = x$ est immédiat et donne la relation cherchée

$$\frac{d(k-k^3)\frac{dy}{dk}}{dk} = ky;$$

mais elle n'est ainsi obtenue qu'en supposant $x < 1$, condition de rigueur. J'en tire l'occasion de parler de coupures et de définir l'intégrale $\int_0^1 \frac{d\xi}{\sqrt{(1-\xi^2)(1-x\xi^2)}}$ comme une fonction uniforme de x dans tout le plan, moins la partie positive de l'axe des abscisses, à partir de $x = 1$. Il s'ensuit que $F(1-x)$ aura, de même, pour coupure la partie négative du même axe, depuis l'origine. J'ajoute que les deux premières dérivées de l'intégrale se trouveront définies de la même manière; cela étant, l'égalité

$$4\,D_x[x(1-x)F'(x)] = F(x)$$

ayant lieu, le long d'un segment de l'axe des x, de grandeur finie, le théorème de Riemann montre qu'elle s'étend à tout le plan, avec les deux coupures.

Demain je veux donner les expressions en produit de $\Theta(x)$, $H(x)$, et je partirai pour cela de la formule dont j'ai précédemment tiré les développements en séries simples de $\operatorname{sn} x$, $\operatorname{cn} x$, $\operatorname{dn} x$ et $\frac{\Theta'(x)}{\Theta(x)}$, à savoir

$$\frac{2K}{\pi}\,\frac{H'(0)\,\Theta(x+\omega)}{H(\omega)\,\Theta(x)} = \sum \frac{\omega^{\frac{ni\pi x}{K}}}{\sin\frac{\pi}{2K}(\omega+2niK')}.$$

J'en tire d'abord ce nouveau résultat : soit

$$F(x) = \frac{2K}{\pi}\,\frac{H'(0)\,H(x+\omega)}{H(\omega)\,H(x)};$$

cette quantité, qui a pour période $2K$, devient infinie pour $x=0$, et n'est pas développable par la formule de Fourier; mais la différence $F(x)-\cot\frac{\pi x}{2K}$, qui a aussi la période $2K$, a pour $x=0$ la valeur finie $\frac{2K}{\pi}\frac{H'(\omega)}{H(\omega)}$. On peut donc poser $F(x)-\cot\frac{\pi x}{2K} = \Sigma A_n e^{\frac{ni\pi x}{K}}$, et ce développement aura lieu dans l'intervalle des deux parallèles aux distances $2K'$ de l'origine. Il est donc permis de changer x en $x+iK'$ et, comme on a

$$\cot\frac{\pi}{2K}(x+iK') = i\,\frac{qe^{\frac{i\pi x}{K}}+1}{qe^{\frac{i\pi x}{K}}-1} = -i\left(1+2qe^{\frac{i\pi x}{K}}+\ldots+2q^n e^{\frac{ni\pi x}{K}}+\ldots\right),$$

puis aussi

$$F(x+iK') = \frac{2K}{\pi}\,\frac{H'(0)\,\Theta(x+\omega)}{H(\omega)\,\Theta(x)}\,e^{-\frac{i\pi\omega}{2K}}$$

et, par conséquent,

$$F(x+iK') = e^{-\frac{i\pi\omega}{2K}} \sum \frac{e^{\frac{ni\pi x}{K}}}{\sin\frac{\pi}{2K}(\omega+2niK')},$$

on obtient, en égalant les coefficients de $e^{\frac{n i \pi x}{\mathrm{K}}}$, ces relations où je suppose n positif

$$\mathrm{A}_n q^n = 2 i q^n + \frac{e^{-\frac{i\pi\omega}{2\mathrm{K}}}}{\sin\frac{\pi}{2\mathrm{K}}(\omega + 2ni\mathrm{K}')},$$

$$\mathrm{A}_0 = i + \frac{e^{-\frac{i\pi\omega}{2\mathrm{K}}}}{\sin\frac{\pi\omega}{2\mathrm{K}}},$$

$$\mathrm{A}_{-n} q^{-n} = \frac{e^{-\frac{i\pi\omega}{2\mathrm{K}}}}{\sin\frac{\pi}{2\mathrm{K}}(\omega - 2ni\mathrm{K}')}.$$

Elles donnent, si l'on désigne par ε, $+1$, 0 ou -1, suivant qu'on a $n > 0$, $n = 0$, $n < 0$,

$$\mathrm{A}_n = \cot\frac{\pi}{2\mathrm{K}}(\omega + 2ni\mathrm{K}') + \varepsilon i,$$

et, cela étant, l'égalité $\mathrm{F}(x) - \cot\frac{\pi x}{2\mathrm{K}} = \Sigma \mathrm{A}_n e^{\frac{n i \pi x}{\mathrm{K}}}$ conduit, en faisant $x = 0$, à la formule qui va me servir

$$\frac{2\mathrm{K}}{\pi}\,\frac{\mathrm{H}'(\omega)}{\mathrm{H}(\omega)} = \sum\left[\cot\frac{\pi}{2\mathrm{K}}(\omega + 2ni) + \varepsilon i\right].$$

Intégrant entre les limites quelconques ω et x, j'en tire d'abord

$$\log\frac{\mathrm{H}(x)}{\mathrm{H}(\omega)} = \sum\left[\log\frac{\sin\frac{\pi}{2\mathrm{K}}(x + 2ni\mathrm{K}')}{\sin\frac{\pi}{2\mathrm{K}}(\omega + 2ni\mathrm{K}')} + \frac{\varepsilon i\pi(x-\omega)}{2\mathrm{K}}\right],$$

d'où, après avoir changé x en $x + \omega$,

$$\frac{\mathrm{H}(x+\omega)}{\mathrm{H}(\omega)} = \prod\left[\frac{\sin\frac{\pi}{2\mathrm{K}}(x + \omega + 2ni\mathrm{K}')}{\sin\frac{\pi}{2\mathrm{K}}(\omega + 2ni\mathrm{K}')}\,e^{\frac{\varepsilon i\pi x}{2\mathrm{K}}}\right].$$

L'exponentielle disparaît dans les produits des facteurs où n a des valeurs égales et de signes contraires ; on trouve, par suite, au moyen de l'égalité $2 \sin a \sin b = \cos(a-b) - \cos(a+b)$,

$$\frac{\mathrm{H}(x+\omega)}{\mathrm{H}(\omega)} = \frac{\sin \frac{\pi}{2\mathrm{K}}(x+\omega)}{\sin \frac{\pi\omega}{2\mathrm{K}}} \prod \left[\frac{\cos \frac{2n\pi i\mathrm{K}'}{\mathrm{K}} - \cos \frac{\pi}{\mathrm{K}}(x+\omega)}{\cos \frac{2n\pi i\mathrm{K}'}{\mathrm{K}} - \cos\omega} \right],$$

et comme on a

$$\cos \frac{2n\pi i\mathrm{K}'}{\mathrm{K}} = \frac{1+q^{4n}}{2q^{2n}},$$

on obtient

$$\frac{\mathrm{H}(x+\omega)}{\mathrm{H}(\omega)} = \frac{\sin \frac{\pi}{2\mathrm{K}}(x+\omega)}{\sin \frac{\pi\omega}{2\mathrm{K}}} \prod \left[\frac{1 - 2q^{2n} \cos \frac{\pi}{\mathrm{K}}(x+\omega) + q^{4n}}{1 - 2q^{2n} \cos \frac{\pi\omega}{\mathrm{K}} + q^{4n}} \right].$$

Etc., etc.

Je ne puis assez vous remercier de la peine que vous avez prise pour me tirer d'embarras et me sortir d'anxiété en me faisant retrouver ce que j'avais perdu et oublié; j'aurais presque envie de vous citer l'Évangile de Saint Luc, Chapitre XV, versets 5 et 6; les *Annales* en profiteront.

En attendant, croyez-moi toujours, mon cher ami, votre bien affectueusement dévoué.

P.-S. — J'ai obtenu que Weierstrass soit sur la liste des candidats pour la place d'Associé étranger; j'ai fait le rapport sur ses travaux.

345. — *HERMITE A STIELTJES.*

Paris, 15 juillet 1892.

MON CHER AMI,

. . . .

Permettez-moi de vous réclamer d'avance de vouloir bien, vous et tous les vôtres, si vous venez à Paris avec Mme Stieltjes, venir dîner à la maison, le premier mardi que vous passerez auprès de nous. Je ne puis vous dire au juste quand je serai revenu de Lorraine, où je vais passer les vacances, sans aller à Barèges, dont je ne me suis pas bien trouvé l'année dernière. Vous savez que le monde scientifique allonge tant qu'il peut ce temps bienheureux des vacances, et c'est à peine si l'on commence à rentrer au commencement d'octobre. L'Académie est déjà délaissée, je ne vois plus M. Brown-Séquard, et il serait maintenant impossible de procéder à l'élection d'Appell, en remplacement de M. Bonnet, le nombre des votants étant bien au-dessous de la limite réglementaire.

Tenez compte, si vous désirez voir vos amis mathématiques et astronomiques, M. Darboux, M. Tisserand, etc., de ce besoin de ne rentrer que le plus tard possible; pour moi, je vous écrirai, de Flanville, ce que je fais, ce que je deviens et à quoi je travaille, si je retrouve un peu de courage pour me mettre à l'ouvrage.

En ce moment, je termine la rédaction, qui a traîné longtemps, d'une Note elliptique pour une nouvelle édition du Cours de la Faculté de Serret, qui m'a été demandée par Mme Serret; j'ai enfin envoyé à Prague un article destiné, en fait, aux *Annales de Toulouse*, grâce à votre bonne obligeance qui m'a permis de retrouver mes idées perdues.

En attendant d'en avoir votre opinion et, s'il y a lieu, vos observations, je vous renouvelle, avec tous mes vœux pour votre retour à une bonne santé et à votre travail, l'assurance de mon affection la plus dévouée.

346. — *HERMITE A STIELTJES.*

Flanville par Noisseville (Lorraine), 14 septembre 1892.

Mon cher Ami,

J'avais espéré apprendre comment vous passez le temps des vacances et savoir par une lettre d'Arcachon que vous avez réalisé votre projet de vous reposer au bord de la mer des fatigues de l'année, en attendant de me donner l'occasion de vous voir à Paris au commencement d'octobre. Mais rien ne m'arrive, et, pour avoir de vos nouvelles, je viens me rappeler à votre souvenir et vous entretenir de moi. C'est cependant peu de choses à vous dire, car je ne fais rien, absolument rien, sous le ciel de la Lorraine, que de lire et de paresser. Je me trouve au milieu des souvenirs de la guerre de 1870, que rappellent sans cesse, dans mes promenades, les multitudes de tombes où les vainqueurs et les vaincus dorment leur dernier sommeil.

. . . .

Mon travail, à peu près nul, ne me distrait pas, je n'ai fait que corriger les épreuves d'un article envoyé à Prague, et tenter quelque chose, toujours dans le domaine elliptique. Mais j'ai encore relu votre Mémoire sur le développement de $\log \Gamma(a)$; vous savez le grand intérêt que j'y attache et je ne manquerai pas de faire ressortir les beaux et importants résultats que vous avez obtenus, dans le rapport sur vos titres, que j'aurai à faire, à l'occasion de la présentation des candidats à la place de M. Ossian Bonnet dans la Section de Géométrie. Jusqu'ici, m'étant surtout préoccupé de la fonction $\Gamma(a)$, je n'avais pas suffisamment étudié le paragraphe 10 de ce Mémoire, d'une portée plus générale et qui me semble extrêmement beau. La formule de Binet, que vous aviez en vue et à laquelle vous parvenez par une méthode si originale, ne sera certainement pas la seule conséquence à tirer de l'expression

$$f(a) = \frac{1}{\pi} \int_{-\infty}^{+\infty} \frac{a f(ui)}{a^2 + u^2} du,$$

qui appartient à la théorie des fonctions, dans le sens analytique le plus étendu.

Et combien d'autres belles choses n'aurais-je pas à faire valoir, sur tant de questions que vous avez traitées, dont plusieurs, comme celle sur la variation de la densité à l'intérieur de la Terre, sont en dehors de ma compétence! Je ne me rappelle pas en ce moment si vous avez publié des articles dans les *Annales de l'École Normale supérieure;* je pense devoir surtout recourir au *Journal de Mathématiques* de M. Jordan, au *Bulletin* de M. Darboux, et aux *Comptes rendus*. En vous priant de m'indiquer ceux de vos Mémoires sur lesquels vous pouvez désirer que j'insiste davantage dans le rapport qui sera lu à l'Académie, et dans l'espoir que je recevrai bientôt de bonnes nouvelles de vous, comme je les désire, je vous envoie, mon cher ami, tous mes vœux pour votre santé, avec l'assurance de mon plus sincère et affectueux dévouement.

347. — STIELTJES A HERMITE.

Arcachon, 13, avenue Saint-Honoré, 19 septembre 1892.

CHER MONSIEUR,

Vous avez bien raison de me reprocher mon long silence et je vais essayer de réagir contre l'espèce de torpeur qui m'a envahi. Pendant les examens du baccalauréat, j'ai été appelé en Hollande par des nouvelles très inquiétantes sur la santé de ma mère. Hélas! je suis arrivé quelques heures trop tard. Cette grande perte était bien imprévue; l'année dernière je l'avais trouvée en assez mauvais état de santé, mais cet hiver et plus tard nous avions toujours reçu de bonnes nouvelles de sa santé. Même à peine quelques semaines avant sa mort, elle avait fait un petit voyage à Maestricht et à Liége pour revoir d'anciens amis, et j'avais compté lui faire plaisir en lui apprenant la décision de l'Académie pour le prix Lecomte. Mais c'était trop tard, le jour même où j'ai écrit elle était frappée par une attaque qui l'a laissée sans connaissance.

J'ai perdu mon père bien avant, en 1878; cette date est, pour moi, la fin d'une jeunesse heureuse; la période qui l'a suivie a été bien plus tourmentée et pas sans difficultés.

J'ai été très touché en apprenant que vous relisez mes Mémoires et que vous croyez que j'ai, à un degré quelconque, des titres à être signalé dans une candidature à l'Académie. Mais vraiment, monsieur, je crains que votre partialité envers moi ne vous entraîne trop; cependant j'y vois une nouvelle marque de votre amitié. Je vous dirai donc, sur votre demande, que j'attache quelque prix à une Note publiée dans les *Acta* (t. VI, je crois) sur les polynomes qui satisfont à une équation linéaire

$$A(x)y'' + 2B(x)y' + C(x)y = 0,$$

$A(x)$, $B(x)$ étant des polynomes donnés des degrés p et $p-1$ respectivement, $C(x)$ étant un polynome convenablement choisi.

C'est M. Heine qui les a introduits et, plus particulièrement, les polynomes de Lamé.

Si je ne me trompe pas, la remarque que j'ai faite a échappé à

M. Kronecker. Vous pouvez lire, en effet, dans le Tome I du Traité de M. Heine sur les fonctions sphériques (2e édition) que M. Kronecker a ajouté une Note à la Communication de M. Heine lorsque celui-ci a présenté son travail à l'Académie de Berlin. Dans cette Note, M. Kronecker cherche aussi à déterminer directement les racines $x_1, x_2, \ldots, x_n$ de $y = 0$ en posant

$$y = C(x - x_1)(x - x_2)\ldots(x - x_n).$$

Il remarque qu'on obtient le système d'équations algébriques

$$(1) \qquad A(x_k)y''_{x_k} + 2B(x_k)y'_{x_k} = 0 \qquad (k = 1, 2, 3, \ldots, n),$$

et ajoute qu'on peut tirer de là quelques-uns des résultats de M. Heine.

Ce que j'ai fait c'est simplement ajouter cette observation qu'en posant

$$\frac{B(x)}{A(x)} = \frac{\alpha_1}{x - \beta_1} + \ldots + \frac{\alpha_p}{x - \beta_p},$$

le système (1) peut s'écrire

$$(1^a) \qquad \frac{\alpha_1}{x_k - \beta_1} + \ldots + \frac{\alpha_p}{x_k - \beta_p} + \frac{1}{x_k - x_1} + \ldots + \frac{1}{x_k - x_{k-1}} + \frac{1}{x_k - x_{k+1}} + \ldots + \frac{1}{x_k - x_n} = 0,$$

puisque pour $x = x_k$

$$\frac{y'}{y} - \frac{1}{x - x_k} = \frac{1}{x - x_1} + \ldots + \frac{1}{x - x_{k-1}} + \frac{1}{x - x_{k+1}} + \ldots + \frac{1}{x - x_n}$$

devient égal à

$$\left(\frac{y''}{2y'}\right)_{x = x_k}.$$

Or le système (1^a) admet une simple interprétation mécanique (position d'équilibre d'un certain système ou, ce qui revient au même, condition de maximum d'un certain potentiel), d'où l'on peut conclure immédiatement l'existence et les propriétés des solutions. Le théorème obtenu ainsi est une généralisation d'un autre que M. Klein avait obtenu auparavant par une méthode toute différente et qui ne s'applique pas à ma généralisation.

Je ne me rappelle pas en ce moment si la Note de M. Kronecker a été imprimée dans les *Monatsberichte* à la suite du travail de M. Heine, je crois que oui; mais, en tout cas, M. Heine l'a rappelée dans son Traité.

J'ai vu ces jours-ci, dans un Cours autographié de M. Klein, dont je dois la connaissance à un de mes anciens élèves, M. Bourget, qui a été à Göttingue pendant 5 mois, que celui-ci a reproduit mon analyse dans son Cours.

....

Je n'ai guère travaillé ici, c'est seulement depuis quelques jours que j'ai réfléchi de nouveau sur ma fraction continue, avec le seul résultat de retrouver, avec un peu de peine et pas tout à fait, ce que je savais déjà et ce que j'ai déjà rédigé à Toulouse. En quittant la Hollande je suis arrivé directement ici sans repasser par Toulouse, en sorte que je n'ai ni mes livres, ni mes papiers.

Nous partirons d'ici le 30 septembre pour rentrer à Toulouse et je me propose de faire ensuite le voyage à Paris dans la seconde moitié du mois d'octobre. J'espère alors vous revoir en bonne santé, c'est là ce que je souhaite le plus.

Veuillez bien me croire votre très affectueusement dévoué.

P.-S. — J'espère que vous n'oublierez pas de nous donner votre article elliptique de Prague pour les *Annales*.

348. — *HERMITE A STIELTJES.*

Flanville par Noisseville (Lorraine), 27 septembre 1892.

Mon cher Ami,

J'ai eu, comme vous, le malheur de perdre ma mère sans avoir pu assister à ses derniers moments, elle nous a été enlevée après une courte maladie qui n'avait pu faire présumer une issue fatale, et c'est avec le souvenir qui me reste toujours de ce grand chagrin que je prends la part la plus sincère au vôtre. Le nom de Monsieur votre père m'avait été connu par un Article publié dans la *Revue des deux Mondes,* où était exposée la grande question du dessèchement des lacs de la Hollande, et à propos du Zuiderzée, si mes souvenirs ne sont pas infidèles. Quel dommage que tous deux n'aient pu vous voir parvenu à la situation scientifique élevée que vos travaux vous ont acquise!

Ne m'attribuez pas un rôle que je n'ai eu à aucun degré, sauf par un consentement donné avec grand plaisir, dans la décision de la section de Géométrie, qui n'a fait qu'un acte de justice en vous mettant au nombre des candidats qu'elle présente à l'Académie des Sciences pour la place vacante par la mort de M. Ossian Bonnet.

. . . .

A la fin de la première semaine d'octobre, je suis revenu à Paris, pour étudier le Mémoire des *Acta* sur les polynomes de Heine, que je vous remercie bien de m'avoir signalé, et tous vos autres travaux; et je vous attends, mon cher ami, aussitôt votre arrivée, en vous requérant de nous donner pour dîner chez Mme Hermite le premier mardi que vous serez à Paris, et en espérant que vous ne serez pas seul. J'espère aussi et désire bien vivement apprendre, en vous voyant, qu'Arcachon vous a rendu vos forces; c'est le vœu que je vous exprime de tout cœur, en vous renouvelant l'assurance de mon affection la plus sincère et la plus dévouée.

349. — *STIELTJES A HERMITE.*

Toulouse, 20 octobre 1892.

Cher Monsieur,

J'ai beaucoup profité de notre séjour à Arcachon et mon médecin a été très satisfait de mon état général aussi bien que de l'état de la poitrine.

. . . .

Mais je ne veux plus parler de ces misères, et je tiens à vous montrer que je ne suis pas encore tout à fait malade et qu'il y reste quelque chose de sain. J'énonce donc cette proposition concernant la fraction continue

$$(1) \qquad \cfrac{1}{a_1 x + \cfrac{1}{a_2 + \cfrac{1}{a_3 x + \cfrac{1}{a_4 + \ldots + \cfrac{1}{a_{2n-1} x + \cfrac{1}{a_{2n} + \ldots}}}}}},$$

où a_1, a_2, a_3, ... sont des nombres réels et positifs tels que la série

$$\sum_1^\infty a_n$$

est convergente. Soient $\frac{P_1(x)}{Q_1(x)} = \frac{1}{a_1 x}$, $\frac{P_2(x)}{Q_2(x)} = \frac{a_2}{a_1 a_2 x + 1}$, ... les réduites. Je dis que l'on a

$$\begin{aligned}
\lim P_{2n}(x) &= p(x) \qquad (n = \infty),\\
\lim Q_{2n}(x) &= q(x) \qquad (n = \infty),\\
\lim P_{2n+1}(x) &= p_1(x) \qquad (n = \infty),\\
\lim Q_{2n+1}(x) &= q_1(x) \qquad (n = \infty),
\end{aligned}$$

$p(x)$, $q(x)$, $p_1(x)$, $q_1(x)$ étant quatre fonctions holomorphes dans tout le plan (x ayant une valeur quelconque réelle ou imaginaire). Identiquement on a

$$p_1(x)\,q(x) - p(x)\,q_1(x) = +1,$$

à cause de l'identité

$$P_{2n-1}(x)\,Q_{2n}(x) - P_{2n}(x)\,Q_{2n-1}(x) = +1.$$

La démonstration est très simple. Considérons d'abord la fonction continue

$$\text{(II)} \qquad \cfrac{1}{b_1 + \cfrac{1}{b_2 + \cfrac{1}{b_3 + \dots}}},$$

où b_n est réel positif. A cause des relations

$$\begin{aligned}
P_{n+1} &= b_{n+1}\,P_n + P_{n-1},\\
Q_{n+1} &= b_{n+1}\,Q_n + Q_{n-1},
\end{aligned}$$

on voit d'abord que

$$\begin{aligned}
&Q_1 < Q_3 < Q_5 < Q_7 \dots \qquad \text{(de même pour les } P_n),\\
&Q_2 < Q_4 < Q_6 < Q_8 \dots,
\end{aligned}$$

puis

$$\begin{aligned}
&P_1 \text{ et } Q_1 < 1 + b_1,\\
&P_2 \text{ et } Q_2 < (1 + b_1)(1 + b_2),\\
&P_3 \text{ et } Q_3 < (1 + b_1)(1 + b_2)(1 + b_3),\\
&\dots\dots\dots\dots\dots\dots\dots\dots
\end{aligned}$$

Or, si $\sum_1^\infty b_n$ est finie, il en est de même de $\prod_1^\infty(1+b_n)$; donc, en supposant la série $\sum_1^\infty b_n$ convergente, Q_{2n}, Q_{2n-1}, tout en augmentant constamment, ne pourront croître au delà de toute limite et tendront vers des limites finies. De même pour P_{2n}, P_{2n-1}.

Si j'applique ceci à la fraction continue (I) je dois supposer d'abord x réel et positif et j'ai alors, par exemple,

$$\lim P_{2n}(x) = p(x) \qquad (n=\infty),$$

mais on peut écrire

$$P_{2n}(x) = P_2(x) + \sum_2^n [P_{2k}(x) - P_{2k-2}(x)]$$

ou

$$P_{2n}(x) = P_2(x) + \sum_2^n b_{2k} P_{2k-1}(x).$$

La question de savoir si $P_{2n}(x)$ (x étant quelconque) tend vers une limite revient donc à savoir si la série

$$(1) \qquad P_2(x) + \sum_2^\infty b_{2k} P_{2k-1}(x)$$

est convergente ou non. Or je dis qu'elle est absolument convergente. En effet, les $P(x)$ sont des polynomes en x à coefficients réels et positifs. Si je remplace x par son module ρ, la série

$$P_2(\rho) + \sum_2^\infty b_{2k} P_{2k-1}(\rho)$$

est certainement convergente, d'après ce qui a été dit plus haut, et la somme est

$$\lim P_{2n}(\rho) = p(\rho).$$

Cette série (1) est donc absolument convergente, et il est facile de voir que dans tout domaine fini elle l'est aussi uniformément. On en conclut en toute rigueur

$$\lim P_{2n}(x) = p(x),$$

et cette fonction $p(x)$ est holomorphe dans tout le plan et peut se mettre sous la forme

$$c_0 + c_1 x + c_2 x^2 + c_3 x^3 + \ldots.$$

Les c_i sont réels positifs, ce sont des sommes de certaines séries formées avec les a_i. De même pour $Q_{2n}(x)$, $P_{2n+1}(x)$, $Q_{2n+1}(x)$.

Une étude plus détaillée montre qu'on a aussi

$$p(x) = C\left(1+\frac{x}{m_1}\right)\left(1+\frac{x}{m_2}\right)\left(1+\frac{x}{m_3}\right)\cdots,$$

$$q(x) = C'\left(1+\frac{x}{n_1}\right)\left(1+\frac{x}{n_2}\right)\left(1+\frac{x}{n_3}\right)\cdots,$$

$$0 < n_1 < m_1 < n_2 < m_2 < n_3 < m_3 < \ldots,$$

$$\frac{p(x)}{q(x)} = \frac{N_1}{x+n_1} + \frac{N_2}{x+n_2} + \frac{N_3}{x+n_3} + \ldots,$$

N_k réel positif. Il y a des formules analogues pour $p_1(x)$, $q_1(x)$.

Votre très sincèrement dévoué.

350. — *HERMITE A STIELTJES.*

Paris, 22 octobre 1892.

Mon cher Ami,

Vous êtes un merveilleux géomètre, les recherches nouvelles sur les fractions continues algébriques que vous me communiquez sont un modèle d'invention et d'élégance; ni Gauss, ni Jacobi ne m'ont jamais causé plus de plaisir, et je vous envoie mes vives félicitations, en vous demandant si je dois publier, dans les *Comptes rendus*, la partie mathématique de votre lettre. Pourquoi, malheureusement, faut-il que je renonce au plaisir de vous voir et de vous avoir pour causer et dîner ensemble avec les enfants et les petits-enfants! Votre grande activité intellectuelle est un témoignage certain de votre force intérieure, et j'ai l'entière confiance que le mal dont vous souffrez sera vaincu sous la nouvelle forme qu'il vient de prendre. J'avais compté vous donner, vous remettre en main, la Note de Prague, que vous m'avez demandée pour les *Annales*, je vous l'envoie, puisque, à mon grand regret, vous ne venez pas. Elle est écourtée, je me suis arrêté à moitié chemin, par paresse, par lâcheté, en remettant à un autre moment la formation par une méthode pareille à celle de Sonke, pour les équations modulaires, des équations entre la quantité que j'ai nommée N et le module.

Peut-être vous ai-je dit qu'à la demande de Mme Serret je réédite mon ancienne Note elliptique, de Lacroix. M. Gauthier-Villars la publiera dans une nouvelle édition du Cours de Calcul différentiel et intégral de Serret; en ce moment j'en termine la rédaction. J'y ai donné le théorème pour l'addition des arguments dans la fonction $\xi = \varphi(x)$, définie par l'égalité

$$x = \int \frac{d\xi}{\sqrt{R(\xi)}},$$

où $R(\xi)$ est un polynome quelconque du quatrième degré, sous cette forme

$$\frac{2\varphi'(a)}{\varphi(x+y)-\varphi(a)} = \frac{\varphi'(a+y)+\varphi'(a)}{\varphi(a+y)-\varphi(a)} + \frac{\varphi'(a-y)+\varphi'(a)}{\varphi(a-y)-\varphi(a)} - \frac{\varphi'(a+y)-\varphi'(x)}{\varphi(a+y)-\varphi(x)} - \frac{\varphi'(a-y)+\varphi'(x)}{\varphi(a-y)-\varphi(x)}.$$

Supposons, par exemple, que $\varphi(x)$ soit une fonction impaire et faisons $a = 0$, les deux premiers termes se détruisent et il vient

$$\frac{2\varphi'(0)}{\varphi(x+y)} = -\frac{\varphi'(y)-\varphi'(x)}{\varphi(y)-\varphi(x)} + \frac{\varphi'(y)+\varphi'(x)}{\varphi(y)+\varphi(x)}.$$

J'ai remarqué qu'on en conclut

$$\frac{2\varphi'(0)}{\varphi(x+y)} = D_x \log\frac{\varphi(x)+\varphi(y)}{\varphi(x)-\varphi(y)} + D_y \log\frac{\varphi(x)+\varphi(y)}{\varphi(x)-\varphi(y)};$$

on a aussi

$$\varphi(x+y) = \frac{\varphi'(0)[\varphi^2(x)-\varphi^2(y)]}{\varphi(x)\varphi'(y)-\varphi'(x)\varphi(y)},$$

et, en supposant,

$$\varphi(x) = \operatorname{sn} x, \quad \frac{\operatorname{sn} x}{\operatorname{cn} x}, \quad \frac{\operatorname{sn} x}{\operatorname{dn} x},$$

on obtient les formules concernant $\operatorname{sn}(x+y)$, $\operatorname{cn}(x+y)$, $\operatorname{dn}(x+y)$. Mais le plus intéressant est d'en tirer $\wp(x+y)$, il faut pour cela prendre a infiniment petit, je trouve ainsi

$$\begin{aligned} &p(x+y)+p(x-y)\\ &\quad = p(x)+p(y)-\frac{1}{2}D_x^2\log[p(x)-p(y)]-\frac{1}{2}D_y^2\log[p(x)-p(y)], \end{aligned}$$

puis

$$p(x+y)-p(x-y) = -D_{xy}^2\log[p(x)-p(y)].$$

Je ne puis sortir du domaine elliptique; là où la chèvre est attachée, dit le proverbe, il faut qu'elle broute.

Dans l'attente des nouvelles de votre santé et avec l'assurance de mon entier dévouement.

351. — *STIELTJES A HERMITE.*

Toulouse, 25 octobre 1892.

CHER MONSIEUR,

J'ai reçu avec la plus grande satisfaction votre Article sur la transformation des fonctions elliptiques et il sera imprimé le plus tôt possible dans nos *Annales*. C'est avec regret que, trop occupé par la rédaction de mon Mémoire sur les fractions continues, je renonce pour le moment à la recherche de la généralisation de votre formule

$$N = -2k^2\,\mathrm{sn}^2\,\frac{2mK+2niK'}{3}$$

dans le cas de la transformation cubique. Puis aussi, comme vous le dites, il y a lieu de chercher des moyens méthodiques pour obtenir l'équation dont dépend N, et les développements suivant les puissances de q.

J'ai vu aussi avec intérêt votre forme générale du théorème d'addition, mais je n'ai pas pu deviner tout de suite la source d'où elle découle et j'attendrai donc votre Mémoire.

En vous écrivant ma dernière lettre, je ne pensais pas le moins du monde à une publication dans les *Comptes rendus*. Aussi l'ai-je écrite un peu vite et je n'oserais pas la publier telle quelle, car la rédaction doit être peu soignée. Mais, comme je ne suis pas moins attaché que vous, je suis bien obligé de revenir à ma fraction continue

$$F = \cfrac{1}{a_1 x + \cfrac{1}{a_2 + \cfrac{1}{a_3 x + \dots + \cfrac{1}{a_{2n-1} x + \cfrac{1}{a_{2n} + \dots}}}}}$$

Je me suis proposé d'élucider complètement la nature de cette fraction continue dans le cas où les a_i sont des nombres réels positifs.

Deux cas sont à distinguer, selon que la série $\sum_1^\infty a_n$ est *convergente* ou *divergente*. Le premier cas est de beaucoup le plus facile à traiter et, dans ma lettre, j'ai donné déjà le résultat essentiel; il y a deux limites

$$\lim \frac{P_{2n}}{Q_{2n}} = \frac{p(x)}{q(x)}, \qquad \lim \frac{P_{2n+1}}{Q_{2n+1}} = \frac{p_1(x)}{q_1(x)},$$

où les p, q, p_1, q_1 sont des fonctions holomorphes

$$p_1(x)\,q(x) - p(x)\,q_1(x) = +1.$$

Dans le second cas, où la série $\sum_1 a_n$ est *divergente*, le résultat est aussi simple, mais, pour l'énoncer dans toute sa simplicité, il faut d'abord quelques préliminaires, il est nécessaire d'élargir un peu la notion de l'intégrale définie. En me réservant d'y revenir dans une autre lettre, je me contenterai de dire que la fraction continue est *convergente* (il n'y a pas lieu de distinguer les réduites d'ordre pair et impair) dans tout le plan, excepté la partie négative de l'axe réel. C'est là, en général, *une ligne singulière*, et il est impossible de continuer la fonction analytique en franchissant cette ligne. Mais ce qui est surtout remarquable c'est la forme analytique sous forme d'intégrale définie qu'on peut donner à cette fonction et dont je parlerai plus loin.

Mais je reviens un instant au premier cas, traité dans ma lettre précédente.

D'abord la différence des deux limites

$$\frac{p_1(x)}{q_1(x)} - \frac{p(x)}{q(x)} = \frac{1}{q(x)\,q_1(x)}$$

est une fonction qui décroît plus rapidement qu'aucune puissance négative de x (supposé réel positif). En effet, $q(x)$ et $q_1(x)$ sont de la forme $\sum_0^\infty c_n x^n$, où $c_n > 0$, et ces fonctions croissent donc plus rapidement que toute puissance positive de x, tout comme e^x. Il s'ensuit que les développements *asymptotiques* de $\frac{p(x)}{q(x)}$ et de $\frac{p_1(x)}{q_1(x)}$, suivant les puissances négatives de x, sont les mêmes, et l'on obtient ce développement directement par le développement de la fraction continue $F = \frac{1}{a_1 x} - \frac{\varepsilon}{x^2} + \frac{\varepsilon'}{x^3} - \ldots$, les coefficients étant des fonctions rationnelles des a_n. De ce fait que $\frac{p(x)}{q(x)}$ et $\frac{p_1(x)}{q_1(x)}$ donnent le *même* développement asymptotique, je conclus l'existence des fonctions $g(x)$ telles que

$$\int_0^\infty g(x)\, x^n\, dx = 0 \qquad (\text{pour } n = 0, 1, 2, \ldots, \infty),$$

dont j'ai parlé une autre fois.

En effet on a (décomposition en fractions simples)

$$\frac{p(x)}{q(x)} = \frac{M_1}{x+m_1} + \frac{M_2}{x+m_2} + \frac{M_3}{x+m_3} + \ldots,$$

$$\frac{p_1(x)}{q_1(x)} = \frac{N_0}{x} + \frac{N_1}{x+n_1} + \frac{N_2}{x+n_2} + \ldots,$$

ce qu'on peut écrire

$$\frac{p(x)}{q(x)} = -\int_0^\infty \frac{d\varphi(u)}{x+u}, \qquad \frac{p_1(x)}{q_1(x)} = -\int_0^\infty \frac{d\varphi_1(u)}{x+u},$$

$\varphi(u)$, $\varphi_1(u)$ étant des fonctions décroissantes discontinues définies ainsi

$$\begin{aligned}
\varphi(u) &= M_1 + M_2 + M_3 + \ldots + M_n + \ldots & (0 < u < m_1),\\
\varphi(u) &= M_2 + M_3 + \ldots + M_n + \ldots & (m_1 < u < m_2),\\
\varphi(u) &= M_3 + \ldots + M_n + \ldots & (m_2 < u < m_3),\\
&\ldots\ldots\ldots\ldots & \ldots\ldots\\
\varphi_1(0) &= N_0 + N_1 + N_2 + \ldots + N_n + \ldots, &\\
\varphi_1(u) &= N_1 + N_2 + \ldots + N_n + \ldots & (0 < u < n_1),\\
\varphi_1(u) &= N_2 + \ldots + N_n + \ldots & (n_1 < u < n_2),\\
&\ldots\ldots\ldots\ldots & \ldots\ldots
\end{aligned}$$

Ici intervient la généralisation de l'intégrale définie à laquelle j'ai fait allusion plus haut : $\varphi(x)$ étant une fonction qui varie toujours dans le même sens (mais qui peut ne pas admettre de dérivée et même avoir des discontinuités dans tout intervalle) on pose

$$\int_a^b f(x)\,d\varphi(x) = \lim \left\{ \begin{aligned} & f(\xi_1)\,[\varphi(x_1) - \varphi(a)] \\ & + f(\xi_2)\,[\varphi(x_2) - \varphi(x_1)] \\ & + f(\xi_3)\,[\varphi(x_3) - \varphi(x_2)] \\ & + \ldots\ldots\ldots\ldots\ldots\ldots \\ & + f(\xi_{n-1})\,[\varphi(x_{n-1}) - \varphi(x_{n-2})] \\ & + f(\xi_n)\,[\varphi(b) - \varphi(x_{n-1})] \end{aligned} \right\}.$$

Ici a, x_1, x_2, ..., x_{n-1}, b vont en croissant de telle manière que les intervalles tendent vers zéro, puis ξ_k est compris entre x_{k-1} et x_k ($x_0 = a$, $x_n = b$).

Maintenant, puisque $\frac{p(x)}{q(x)}$, $\frac{p_1(x)}{q_1(x)}$ donnent le même développement asymptotique, qu'on obtient en chaque cas, en écrivant dans les intégrales

$$\frac{1}{x+u} = \frac{1}{x} - \frac{u}{x^2} + \frac{u^2}{x^3} - \ldots,$$

on en conclut

$$\int_0^\infty u^n\,d\varphi(u) = \int_0^\infty u^n\,d\varphi_1(u) \qquad (n = 0, 1, 2, 3, \ldots).$$

Par une intégration par parties [puisque $u^n\varphi(u)$ s'annule pour $u = \infty$] on en conclut aussi

$$\int_0^\infty u^n\varphi(u)\,du = \int_0^\infty u^n\varphi_1(u)\,du \qquad (n = 0, 1, 2, 3, \ldots),$$

en sorte que $f(u) = \varphi(u) - \varphi_1(u)$ est une fonction telle que

$$\int_0^\infty u^n f(u)\,du = 0 \qquad (n = 0, 1, 2, 3, \ldots).$$

Cette fonction est discontinue, mais si l'on veut avoir une fonction continue il suffit de poser

$$\psi(u) = \int_u^\infty f(u)\,du.$$

Une intégration par parties donnera encore

$$\int_0^\infty u^n \psi(u)\, du = 0,$$

et $\psi(u)$ est une fonction continue.

Puisque j'ai introduit déjà la généralisation de la notion d'intégrale définie, je peux maintenant aussi énoncer le résultat dans le second cas, où la série $\sum_1^\infty a_n$ est divergente. La fraction continue est alors égale à

$$\int_0^\infty \frac{-d\varphi(u)}{x+u},$$

c'est-à-dire, c'est une fonction holomorphe dans tout le plan excepté sur la ligne singulière. $\varphi(u)$ est une fonction décroissante, mais qui, en général, n'admet pas de dérivée et qui aura des discontinuités dans tout intervalle.

Vous voyez que le résultat dans les deux cas est pareil; seulement, dans le premier cas, il y a deux limites, et la fonction $\varphi(u)$ est constante par intervalles, en sorte que l'intégrale se décompose dans une série telle que

$$\frac{M_1}{x+m_1} + \frac{M_2}{x+m_2} + \ldots.$$

Ainsi, à chaque série de nombres positifs

$$a_1 + a_2 + a_3 + \ldots,$$

formant une série divergente, correspond une fonction décroissante $\varphi(u)$ parfaitement déterminée.

Dans une autre lettre je présenterai ce résultat encore sous une autre forme très lucide.

J'ai dit que la partie négative de l'axe des x est une ligne singulière essentielle. Cela est le cas général lorsque les a_n sont, pour ainsi dire, pris au hasard. Malheureusement, dans les exemples, il faut bien adopter pour les a_n quelque loi simple et cela entraîne presque toujours que, au lieu d'une véritable *ligne singulière*, on n'obtient qu'une *coupure artificielle;* cela tient à ce que $\varphi(u)$ ne présente pas le caractère général d'avoir des sauts brusques dans tout intervalle. Prenons, par exemple, la fraction continue périodique

$$\cfrac{p}{x+\cfrac{q}{1+\cfrac{p}{x+\cfrac{q}{1+\cfrac{p}{x+\cfrac{q}{1+\dots}}}}}};$$

on a ici

$$a_1 = \frac{1}{p}, \qquad a_2 = \frac{p}{q},$$
$$a_3 = \frac{q}{p^2}, \qquad a_4 = \frac{p^2}{q^2},$$
$$a_5 = \frac{q^2}{p^3}, \qquad a_6 = \frac{p^3}{q^3};$$

la série $a_1 + a_2 + a_3 + \dots$ est toujours divergente, car, dans le cas $p \leqq q$, la série

$$a_1 + a_3 + a_5 + \dots$$

est divergente et, dans le cas $p \geqq q$, la série

$$a_2 + a_4 + a_6 + \dots$$

est divergente.

Je traiterai ici seulement le cas $p < q$.

Posons

$$\alpha = (\sqrt{q} - \sqrt{p})^2, \qquad \beta = (\sqrt{q} + \sqrt{p})^2$$

et prenons

$$\sqrt{\alpha\beta} = q - p > 0;$$

la fraction continue est égale à

$$\frac{\sqrt{(x+\alpha)(x+\beta)} - \sqrt{\alpha\beta} - x}{2x}$$

et, sous la forme d'intégrale définie d'après le théorème général $\int_0^\infty \frac{-d\varphi(u)}{x+u}$, on a

$$\frac{1}{2\pi}\int_\alpha^\beta \frac{\sqrt{(u-\alpha)(\beta-u)}}{u}\,\frac{du}{x+u}.$$

Vous voyez que $\varphi(u)$ est constante dans les intervalles $(0, \alpha)$,

$(\beta, +\infty)$ et, dans l'intervalle (α, β), elle admet une dérivée

$$-d\varphi(u) = \frac{1}{2\pi}\,\frac{\sqrt{(u-\alpha)(\beta-u)}}{u}\,du.$$

Mais j'abuse de votre patience et vous devez m'avoir laissé depuis longtemps.

La théorie des fonctions elliptiques peut-elle donner un exemple de ma théorie où la fonction $\varphi(u)$ est réellement discontinue dans tout intervalle? C'est ce que j'aurais à examiner, mais j'ai peu d'espoir que cette incursion dans votre domaine soit suivie de succès. Depuis quelques jours, je souffre moins et je me porte mieux.

Croyez-moi toujours votre bien affectueusement dévoué.

352. — *HERMITE A STIELTJES.*

Paris, 26 octobre 1892.

MON CHER AMI,

Je suis tout occupé de vous, du rapport sur vos travaux que je lirai à l'Académie au Comité secret de lundi. La Section de Géométrie présente en première ligne M. Appell et vous êtes avec d'autres en seconde ligne, sans classement, par ordre alphabétique.

J'ai recueilli sur vous des louanges unanimes dont vous me permettrez de me faire l'écho, en vous signalant particulièrement celles que j'ai entendues de M. Poincaré, qui est un bon juge. Il me faut ajourner à un moment où je serai moins occupé à rédiger pour vous parler de votre dernière Communication, qui est au niveau de la précédente et m'a extrêmement intéressé.

Peut-être aurais-je à vous demander plus de détails au sujet de votre expression originale

$$\frac{p(x)}{q(x)} = -\int_0^\infty \frac{d\varphi(u)}{x+u}.$$

Ne doit-on pas lire

$$\frac{p(x)}{q(x)} = -\int_0^\infty d\,\frac{\varphi(u)}{x+u}?$$

Vous avez déjà introduit, et avec le plus grand succès, une fonction discontinue sous un signe d'intégration dans votre démonstration si rapide et si élégante de la transcendance du nombre e, et j'attache le plus grand prix à l'extension que vous donnez à la notion de l'intégrale définie. Mais ne faut-il pas de nouveau écrire $\int_a^b f(x)\varphi(x)\,dx$ au lieu de $\int_a^b f(x)\,d\varphi(x)$? Pardonnez-moi ces requêtes, je ne sais pas donner une suffisante attention à deux objets différents, en même temps; ne doutez pas cependant qu'une fois débarrassé de mon labeur présent, je ne reporte, sur l'étude des notions élémentaires nouvelles que vous a suggérée votre théorie des fractions continues algébriques, toute l'attention dont je suis capable. La coupure artificielle ou essentielle à laquelle vous êtes amené est un fait analytique bien remarquable, et vous aurez certainement fait des fractions continues, comme vous les traitez, un des plus intéressants chapitres de l'Analyse.

. . . .

Dans l'espérance, mon cher ami, que . . . . et en vous renouvelant, avec mes félicitations pour vos nouvelles découvertes, l'assurance de mon plus sincère attachement.

353. — *STIELTJES A HERMITE.*

Toulouse, 13 novembre 1892.

CHER MONSIEUR,

Quoique je n'aie pu m'empêcher de le trouver peu mérité, j'ai été cependant très touché du grand honneur qu'on m'a fait en me présentant en seconde ligne pour la place laissée vacante par la mort de M. Ossian Bonnet. Veuillez bien, si l'occasion se présente, exprimer aussi à vos collègues de la Section de Géométrie ma profonde reconnaissance.

Une des propriétés les plus remarquables des réduites $P_n : Q_n$ de la fraction continue

$$\cfrac{1}{a_1 x + \cfrac{1}{a_2 + \cfrac{1}{a_3 x + \cfrac{1}{a_4 + \ddots}}}} \qquad (a_n > 0)$$

est celle-ci. Considérez une équation $P_n = 0$ ou $Q_n = 0$. Ses racines sont réelles, inégales et toutes négatives; on peut les considérer évidemment comme fonctions des $a_1, a_2, \ldots$. Or, si x_i est une racine, je dis qu'on a toujours $\frac{\partial x_i}{\partial a_n} \geqq 0$.

En général, lorsqu'une équation $f(x) = 0$ du degré n a toutes ses racines réelles, il faut, pour séparer les racines, résoudre une équation du degré $n-1$, $f'(x) = 0$ et quelquefois on peut remplacer cette équation $f'(x) = 0$ par une autre du même degré. Ainsi, dans le cas actuel, les racines de $Q_n = 0$ sont séparées par celles de $P_n = 0$. Mais il est fort remarquable que, dans le cas actuel, on peut simplifier encore. Si l'équation dont on veut séparer les racines est du degré n [comme par exemple $Q_{2n}(x) = 0$], on peut effectuer cette séparation en résolvant *deux équations* dont la somme des degrés est seulement $n-1$. Ainsi, par exemple, les racines de l'équation $Q_{2m+2n}(x) = 0$ du degré $m+n$ sont séparées par les racines de l'équation du degré $m+n-1$

$$Q_{2m}(x)\, P_{2n}^{(2m)}(x) = 0.$$

Ici $Q_{2m}(x)$ est du degré m, puis $P_{2n}^{(2m)}(x)$ du degré $n-1$. Ce polynome $P_{2n}^{(2m)}(x)$ est ce que devient $P_{2n}(x)$ lorsqu'on remplace a_i par a_{2m+i} dans

$$\frac{P_{2n}^{(2m)}(x)}{Q_{2n}^{(2m)}(x)} = \cfrac{1}{a_{2m+1}x + \cfrac{1}{a_{2m+2} + \cdots + \cfrac{1}{a_{2m+2n-1}x + \cfrac{1}{a_{2m+2n}}}}}.$$

C'est à l'aide de ce théorème que l'on démontre la propriété mentionnée d'abord $\frac{\partial x_i}{\partial a_n} \geqq 0$.

J'ai appliqué cela aux polynomes de Legendre. En prenant $a_{2n} = \frac{2}{n}$, $a_{2n+1} = 2n+1$, la fraction continue est [égale à]

$$\int_0^1 \frac{du}{x+u} = \log\left(\frac{x+1}{x}\right) = \frac{1}{x} - \frac{1}{2x^2} + \frac{1}{3x^3} - \cdots$$

et le dénominateur $Q_{2n}(x)$ est égal à $X_n(2x+1)$. Je trouve ainsi que, pour $m > n$, les racines de l'équation $X_m = 0$ sont séparées par celles de $X_m R_{m-n} = 0$, ici R_{m-n} est un polynome du degré $m-n-1$ qu'on peut calculer d'après les formules

$$R_1 = 1, \qquad R_2 = x, \qquad \ldots, \qquad R_{p+1} = x R_p - \frac{m^2}{(2m-1)(2m+1)} R_{p-1}.$$

Lorsque m et n sont impairs, l'équation $X_n R_{m-n} = 0$ a une racine double $x = 0$ et $X_m = 0$ admet cette même valeur comme racine simple. Il faut considérer alors une de ces deux racines $x = 0$ de $X_m R_{m-n} = 0$ comme infiniment petite positive, l'autre comme infiniment petite négative.

Du reste, toute racine commune à $X_m = 0$ et $X_n = 0$ doit être aussi racine de $R_{m-n} = 0$, mais je crois que cela n'arrive que pour $x = 0$ et peut-être, en poussant un peu plus loin cette étude, on pourrait le démontrer. Je n'ai pas encore examiné avec attention ces applications particulières.

Désignons par $\alpha, \alpha', \alpha'', \ldots$ les racines de $Q_{2m}(x) = 0$, par $\beta, \beta', \beta'', \ldots$ les racines de $P_{2n}^{(2m)}(x) = 0$; alors, d'après ce qui a été dit plus haut, on trouve, dans chacun des $m+n-1$ intervalles formés par les racines de $Q_{2m+2n}(x) = 0$, une et une seule racine α ou β. Mais on ne peut pas dire *a priori* comment les racines α et β se distribuent dans les divers intervalles (ce serait trop beau) et, si l'on fait varier les a_i (tout en restant positifs), cette distribution des α ou β peut changer; cependant, jamais deux α ne sont égaux, ni deux β. Ainsi, c'est seulement une racine α qui peut devenir égale à une racine β; mais alors ces deux racines se confondent en même temps avec une racine de $Q_{2m+2n}(x) = 0$. Ainsi, si x_{k-1}, x_k, x_{k+1} sont trois racines consécutives de

$$Q_{2m+2n} = 0,$$

l'intervalle (x_{k-1}, x_k) renfermant une racine α, l'intervalle (x_k, x_{k+1}) une racine β, alors, en faisant varier les a_i, la racine α peut passer dans l'intervalle (x_k, x_{k+1}), mais alors, *en même temps*, la racine β passera dans l'intervalle (x_{k-1}, x_k). A un moment donné, les racines α et β se confondent avec la racine x_k. C'est ce cas exceptionnel qui se présentait tout à l'heure pour la racine zéro dans le cas de $X_m = 0$ . . . .(1).

---

(1) *Note des éditeurs.* — La fin de la lettre manque.

354. — *STIELTJES A HERMITE.*

Toulouse, 15 novembre 1892.

Cher Monsieur,

Permettez-moi de corriger une erreur qui s'est glissée par inadvertance dans ma dernière lettre.

Pour $m > n$, les racines de l'équation $X_m = 0$ sont séparées par celles de l'équation $X_n R_{m-n} = 0$ où R_{m-n} est un polynome du degré $m - n - 1$. Mais la loi de ces polynomes est la suivante

$$R_0 = 1, \quad R_1 = x, \quad \ldots, \quad R_{p+1} = x R_p - \frac{(n+p)^2}{(2n+2p-1)(2n+2p+1)} R_{p-1}$$

et *non*, comme j'avais écrit,

$$R_{p+1} = x R_p - \frac{m^2}{(2m-1)(2m+1)} R_{p-1}.$$

Cette dernière relation, où p ne figure pas dans les coefficients des R, conduirait à une expression simple des R_p, mais elle est erronée.

Veuillez bien me croire toujours votre affectueusement dévoué.

355. — *HERMITE A STIELTJES.*

Paris, 24 novembre 1892.

Mon cher Ami,

Je viens faire appel à votre bonne obligeance et vous renouveler le triste aveu que certaines questions dont je me suis occupé ont fui à une si grande distance que, pour les retrouver, il me faut un effort qui m'effraye et me fait reculer. Je ne vois plus maintenant qu'à travers un brouillard le procédé que j'ai employé pour obtenir le développement de la quantité K′, sous la forme découverte par Legendre, $P \log \frac{4}{k} + Q$, et c'est au nom de la nécessité impérieuse, inéluctable, qu'il me faut vous demander, afin de faire revivre mes souvenirs, ce que je vous ait écrit quand l'idée de la méthode m'est venue. Mais ne vous imposez pas, comme vous l'avez déjà fait dans une occasion semblable, la peine de me transcrire une ancienne lettre; contentez-vous, je vous en prie instamment, de me l'envoyer et veuillez compter bien sûrement qu'elle vous sera fidèlement restituée, après que j'en aurai fait usage. J'ai l'obligation de donner un article aux *Rendiconti* du Cercle mathématique de Palerme, et cette petite question remplirait mon but sans que j'aie à me détourner de ce que je travaille en ce moment. Permettez-moi de vous en dire un mot; il s'agit de ce genre d'expressions comme $1+\operatorname{sn}x$, $1+k\operatorname{sn}x$, $1+\operatorname{dn}x$, ..., qui sont représentées par la formule $\frac{f^2(x)}{\Theta(x)}$, $f(x)$ étant une fonction holomorphe, et voici ce que j'obtiens :

Soit

$$l=\frac{1-k'}{1+k'},\qquad \mathrm{M}=\frac{1}{1+k'},$$

puis

$$\mathrm{L}=\frac{1+k'}{2}\mathrm{K},\qquad \mathrm{L}'=(1+k')\mathrm{K}';$$

on a

$$\frac{2\left[\mathrm{A}\,\Theta\left(\frac{x}{2\mathrm{M}},\,l\right)+\mathrm{B}\,\mathrm{H}\left(\frac{x}{2\mathrm{M}},\,l\right)\right]^2}{\Theta(x)}$$
$$=\sqrt{\frac{2\mathrm{K}}{\pi}}\left[\mathrm{A}^2(1+\operatorname{dn}x)+2k\mathrm{AB}\operatorname{sn}x+\mathrm{C}^2(1-\operatorname{dn}x)\right].$$

D'autres cas conduisent à des expressions d'une nature différente; on a, par exemple,

$$1-\operatorname{cn}x=g\frac{\mathrm{H}^2\left(\frac{x}{2}\right)\Theta_1^2\left(\frac{x}{2}\right)}{\Theta(x)},\qquad 1+\operatorname{cn}x=g\frac{\mathrm{H}_1^2\left(\frac{x}{2}\right)\Theta^2\left(\frac{x}{2}\right)}{\Theta(x)},$$

etc., etc.

Je me ferai un plaisir, si vous pensiez que ce puisse être utile à vos élèves, de vous écrire tout au long comment on parvient à ces résultats; mais ne vous attendez point à y trouver quelque invention, ce n'est qu'une affaire de calcul très élémentaire dont il faut dire, *plus laboris quam artis*.

Veuillez, mon cher ami, me donner de vos nouvelles en m'envoyant la lettre que je vous demande sur le coup d'un besoin pressant et me dire comment vous supportez vos leçons. En espérant et en souhaitant bien vivement que vous ne soyez pas aux prises avec le mal, croyez-moi toujours votre affectueusement dévoué.

356. — *HERMITE A STIELTJES.*

Paris, 13 décembre 1892.

Mon cher Ami,

J'ai reçu, il y a quelques jours, les épreuves à corriger de la réimpression dans vos *Annales* de la Note de Prague et, en même temps, m'est parvenue une lettre de M. Brioschi, qu'il me semblerait très utile de publier à la suite de cette Note. M. Brioschi démontre, en effet, que, dans le cas de n impair, on a l'expression suivante :

$$N = -2k^2 \sum \operatorname{sn}^2(2s\omega, k),$$

où l'on a

$$\omega = \frac{mK + m'iK'}{n}$$

en prenant

$$s = 1, 2, \ldots, \frac{n-1}{2}.$$

Seriez-vous assez bon pour me faire savoir si je puis faire cette addition qui ne prendra pas plus d'une page d'impression?

. . . .

J'ai bien peu travaillé depuis quinze jours, ayant été dérangé par diverses circonstances, et il ne m'a pas encore été possible de rédiger l'article que je voulais écrire sur les développements de K et de K'; je vais, pour m'y mettre, faire tous les efforts dont je suis capable.

En attendant, mon cher ami, de vos nouvelles et en vous renouvelant l'assurance de mon affection la plus sincère et la plus dévouée.

357. — *STIELTJES A HERMITE.*

Toulouse, 14 décembre 1892.

Cher Monsieur,

Je viens d'écrire à M. Berson, le secrétaire du Comité de rédaction de nos *Annales*, pour lui communiquer votre demande. Je reçois à l'instant même sa réponse favorable; il écrira par le courrier d'aujourd'hui à M. Gauthier-Villars à ce sujet, en sorte qu'il n'y a aucune difficulté. Personnellement, je suis bien content aussi de connaître l'expression générale de N, quoique j'aie à me reprocher ma paresse ou mollesse de ne l'avoir pas cherchée moi-même.

Après avoir vu avorter mon projet d'aller à Paris au mois d'octobre, j'avais espéré au moins pouvoir y aller vers la fin de ce mois et avoir achevé alors aussi mon travail sur les fractions continues. Mais il ne faut pas y penser, je suis alité la plus grande partie du temps et, après la faillite de tous ces beaux projets, ce n'est pas le moment d'en faire d'autres.

. . . .

Vous avez bien dû recevoir la lettre que vous m'aviez demandée et qui contient votre méthode pour développer K et K′, n'est-ce pas? Je crois pouvoir interpréter ainsi la fin de votre lettre.

Vous me savez bien être votre très affectueusement dévoué.

358. — *STIELTJES A HERMITE.*

. . . .
. . . .

359. — *HERMITE A STIELTJES.*

Paris, 31 décembre 1892.

Mon cher Ami,

Veuillez agréer mes souhaits de bonne année que je vous offre bien affectueusement et du fond du cœur. Je me permets aussi de les adresser à Mme Stieltjes avec l'expression de ma respectueuse sympathie et l'espérance que ses soins si dévoués triompheront de la maladie et vous rendront à vos recherches et à vos travaux. Quels que soient votre éloignement et votre répugnance pour l'éloge, vous ne m'empêcherez point de me faire un moment l'écho des sentiments que j'ai entendu le Directeur de l'enseignement supérieur, M. Liard, exprimer à votre endroit. J'en ai ressenti un bien vif plaisir et je n'excède pas les limites de la plus stricte vérité en vous disant que sa sympathie vous est acquise au même degré que son estime. . . . .

. . . .

En attendant, vous devez compter que votre congé de trois mois sera renouvelé, s'il est nécessaire, j'en ai reçu l'assurance.

Vous ne nierez point, mon cher ami, qu'il existe une certaine similitude mathématique entre nous, vu qu'il nous est fréquemment arrivé de traiter les mêmes questions, de nous y attacher et de nous y rencontrer. Mais, à d'autres égards, je diffère de vous du tout au tout, et c'est avec la plus grande satisfaction que je reçois les félicitations que vous voulez bien me faire à l'occasion de la fête d'il y a huit jours, qui a été donnée à mes soixante-dix ans.

. . . .

Quelle que soit la résolution que vous prendrez, mes vœux vous suivront partout où vous irez; je vous les envoie de tout cœur et j'y joins mes sentiments de l'affection la plus sincère et la plus dévouée.

360. — *HERMITE A STIELTJES.*

Paris, 17 janvier 1893.

Mon cher Ami,

J'apprends avec le plus grand bonheur que vous êtes à Alger, à l'abri d'un redoutable hiver dont la rigueur se fait sentir jusqu'à Nice et que vous avez vaillamment supporté la traversée de la Méditerranée. Mais il me tarde d'apprendre, lorsque vous pourrez m'en faire le récit, les circonstances de votre odyssée; j'adresse en attendant mes respectueuses félicitations à Mme Stieltjes qui a dû résoudre bien des problèmes et trouver une solution pour mille difficultés dans le cours d'un si long voyage. Je rends grâce à Dieu du succès et j'ai confiance qu'il en arrivera pour vous comme pour bien d'autres auxquels le climat de l'Afrique a rendu une complète santé que toute la science des médecins n'aurait pu obtenir ailleurs.

En ce moment, Paris donne l'image de la Sibérie; partout la neige et la glace avec un froid de 10°. Les approvisionnements font défaut; les viandes et le lait manquent, les chemins de fer étant arrêtés par les neiges; les ménagères sont dans la désolation. Je me figure, mon cher ami, un beau et éclatant soleil qui vous réchauffe et vous réjouit avec l'impression de bien-être que vous donnera un complet repos, avec l'espérance de reprendre ensuite vos belles recherches. J'ai vu dernièrement votre élève M. Bourget dont j'ai été enchanté et qui m'a annoncé son intention de faire une thèse arithmétique, continuation de celle de M. Charve sur une question qui, autrefois, m'a extrêmement occupé. Il s'agit de la réduction continuelle d'une forme quadratique ternaire définie avec un paramètre variable et le but serait d'obtenir un algorithme régulier facilement applicable, autant que le permet la nature des choses pour la recherche des minima successifs du produit

$$(x+ay+a^2z)(x+by+b^2z)(x+cy+c^2z),$$

où a, b, c sont les racines d'une équation du troisième degré à coefficients entiers, dont une seule est supposée réelle. Ce n'est pas sans bien des réserves que j'ai engagé M. Bourget dans cette voie ardue; je me figure cependant que l'étude attentive des formes ambiguës, la recherche patiente des cas critiques où une variation infiniment petite du paramètre fait passer d'une forme réduite à une autre qui ne l'est plus, peuvent conduire à quelques heureuses conséquences. Et peut-être qu'on s'étonnera alors de trouver simple et facile ce qui avait paru absolument inabordable. Si les longs espoirs et les vastes pensées m'étaient encore permis, je me condamnerais à un travail de Mécanique céleste, comme la théorie de la Lune en fait faire, pour tenter la fortune.

Le travail de M. Hadamard qui lui a valu le prix de l'Académie est très court.

....

Vous verrez aussi, dans les *Comptes rendus*, une Note de M. Cahen, élève de M. Picard, qui développe d'intéressantes conséquences des résultats établis par M. Hadamard.

Mme Hermite et moi nous vous envoyons, mon cher ami, tous nos vœux ainsi qu'à Mme Stieltjes, et c'est avec l'espérance de recevoir bientôt de bonnes nouvelles que je vous renouvelle l'assurance de mon affection la plus sincère et la plus dévouée.

361. — *HERMITE A STIELTJES.*

Paris, 25 février 1893.

Mon cher Ami,

Combien j'ai été [heureux] des bonnes nouvelles que j'ai enfin reçues et d'apprendre que le climat de l'Afrique n'a pas trompé mes espérances! ([1]) Je crois vous avoir dit que c'est sur le bienveillant avis de M. Fizeau que j'ai pensé vous conseiller ce voyage; je le verrai demain à l'Académie; je lui ferai savoir à quel point il a été bien inspiré et je suis sûr qu'il s'en réjouira autant que moi. Il en sera de même de tous vos amis, qui avaient partagé mes inquiétudes, MM. Picard, Darboux, Poincaré, etc., et je puis dire aussi de M. Liard, dont la sympathie vous est tout acquise; j'ai pu m'en assurer en m'entretenant avec lui à la Sorbonne, où il est venu le 24 décembre.

Hélas! je vais, la semaine prochaine, y revenir, à la Sorbonne, pour faire mon Cours sur les intégrales eulériennes, et ce sera avec votre assistance que je le commencerai en donnant votre démonstration du théorème $B(a, b) = \frac{\Gamma(a)\Gamma(b)}{\Gamma(a+b)}$. Vous n'y aviez mis aucune importance en me la communiquant; mais elle est restée dans mon esprit, et, par l'effet de notre similitude analytique, j'ai suivi la voie que vous avez ouverte et abandonnée.

Soit toujours $\varphi(a, \xi) = \int_0^\xi x^{a-1} e^{-x}\, dx$; en calculant la quantité $D_\xi[\varphi(a, \xi)\varphi(b, \xi)\varphi(c, \xi)]$, j'ai trouvé, sans rien changer à votre procédé,

$$\varphi(a,\xi)\varphi(b,\xi)\varphi(c,\xi) = \int_0^1\int_0^1 \varphi[a+b+c, \xi(1+x+y)]\frac{Z\, dx\, dy}{(1+x+y)^{a+b+c}},$$

en posant

$$Z = x^{a-1}y^{b-1} + x^{b-1}y^{c-1} + x^{c-1}y^{a-1}.$$

On a donc

$$\int_0^1\int_0^1 \frac{Z\, dx\, dy}{(1+x+y)^{a+b+c}} = \frac{\Gamma(a)\Gamma(b)\Gamma(c)}{\Gamma(a+b+c)},$$

([1]) *Note des éditeurs.* — Ce début montre qu'il existe une lettre de Stieltjes entre le 17 janvier et le 25 février. Elle n'a pas été retrouvée.

ce qui est, sous une nouvelle forme, mettant en évidence la symétrie en a, b, c, la relation connue

$$\int_0^\infty \int_0^\infty \frac{x^{a-1} y^{b-1}\, dx\, dy}{(1+x+y)^{a+b+c}} = \frac{\Gamma(a)\Gamma(b)\Gamma(c)}{\Gamma(a+b+c)}.$$

Mais comment passer de la première intégrale à la seconde et avoir l'équivalent de l'égalité

$$\int_0^\infty \frac{x^{a-1}\, dx}{(1+x)^{a+b}} = \int_0^1 \frac{x^{a-1}+x^{b-1}}{(1+x)^{a+b}}\, dx?$$

Elle résulte de la relation générale

$$\int_0^\infty F(x)\, dx = \int_0^1 \left[F(x) + \frac{1}{x^2} F\left(\frac{1}{x}\right)\right] dx,$$

que j'ai tâché d'étendre aux intégrales doubles, ce qui n'a pas laissé que de me coûter quelque peine; enfin j'ai trouvé que l'on a

$$\int_0^\infty \int_0^\infty F(x, y)\, dx\, dy = \int_0^1 \int_0^1 \Phi(x, y)\, dx\, dy,$$

si l'on pose

$$\Phi(x, y) = F(x, y) + \frac{1}{x^3} F\left(\frac{1}{x}, \frac{y}{x}\right) + \frac{1}{y^3} F\left(\frac{x}{y}, \frac{1}{y}\right).$$

Si l'on suppose $F(x, y) = \frac{x^{a-1} y^{b-1}}{(1+x+y)^{a+b+c}}$, un calcul facile donne la conclusion cherchée, à savoir

$$\int_0^\infty \int_0^\infty \frac{x^{a-1} y^{b-1}\, dx\, dy}{(1+x+y)^{a+b+c}} = \int_0^1 \int_0^1 \frac{x^{a-1}y^{b-1}+x^{b-1}y^{c-1}+x^{c-1}y^{a-1}}{(1+x+y)^{a+b+c}}\, dx\, dy.$$

Je me suis contenté avec les intégrales doubles; mais il me paraît absolument certain que l'on aurait de même

$$\int_0^\infty \int_0^\infty \int_0^\infty F(x, y, z)\, dx\, dy\, dz = \int_0^1 \int_0^1 \int_0^1 \Phi(x, y, z)\, dx\, dy\, dz,$$

si l'on prend

$$\Phi(x, y, z) = F(x, y, z) + \frac{1}{x^4} F\left(\frac{1}{x}, \frac{y}{x}, \frac{z}{x}\right) + \frac{1}{y^4} F\left(\frac{x}{y}, \frac{1}{y}, \frac{z}{y}\right) + \frac{1}{z^4} F\left(\frac{x}{z}, \frac{y}{z}, \frac{1}{z}\right).$$

Ma démonstration est extrêmement facile; elle consiste à décomposer le champ de l'intégration yOx en menant la bissectrice

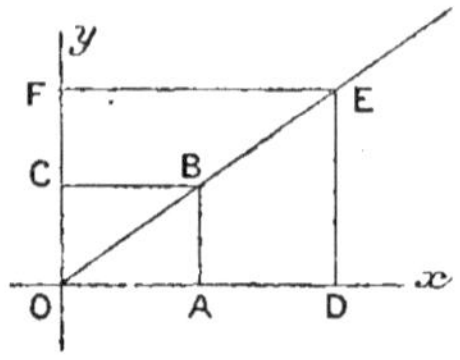

OBE de l'angle droit, en trois parties, le carré OABC dont le côté est pris égal à l'unité, puis les deux espaces infinis xOE, yOE; un changement de variable qui s'offre de lui-même donne le résultat.

En vous priant, mon cher ami, de demander à Mlle Stieltjes d'embrasser, pour Mme Hermite et pour moi, M. Antoine et Mlle Edith, ...

. . . .

. . . . . . .en vous conseillant la prolongation du repos mathématique et vous renouvelant l'assurance de mon affection la plus sincère et la plus dévouée.

362. — *STIELTJES A HERMITE.*

Alger, Hôtel Dario, Mustapha. 1er mars 1893.

Cher Monsieur,

Votre formule

$$\int_0^\infty\int_0^\infty\int_0^\infty F(x,y,z)\,dx\,dy\,dz = \int_0^1\int_0^1\int_0^1 \Phi(x,y,z)\,dx\,dy\,dz,$$

où

$$\Phi(x,y,z) = F(x,y,z) + \frac{1}{x^4}F\left(\frac{1}{x},\frac{y}{x},\frac{z}{x}\right) + \frac{1}{y^4}F\left(\frac{x}{y},\frac{1}{y},\frac{z}{y}\right) + \frac{1}{z^4}F\left(\frac{x}{z},\frac{y}{z},\frac{1}{z}\right),$$

m'a semblé bien intéressante. Voici comment je l'établis, sans m'appuyer sur aucune considération géométrique, en sorte qu'on peut raisonner de la même façon pour un nombre quelconque de variables. C'est là aussi la seule excuse que je peux invoquer pour vous parler de choses si élémentaires. L'intégrale donnée s'étend sur un domaine D comprenant l'ensemble des systèmes de valeurs positives de x, y, z. Je décompose D d'abord en deux domaines A et B, A comprenant les systèmes de valeurs où x, y, z ne surpassent pas l'unité, B se composant de ce qui reste alors de D. L'intégrale sur A est $\int_0^1\int_0^1\int_0^1 F(x, y, z)\,dx\,dy\,dz$. Je décompose le domaine B en trois domaines B_x, B_y, B_z de cette façon : un point (x, y, z) appartenant à B appartiendra à B_x lorsque x est le plus grand des trois nombres x, y, z; à B_y lorsque y est le plus grand des trois nombres x, y, z; de même pour B_z. Alors, d'après la définition de B, il est clair que dans B_x, x variera de 1 à ∞, tandis que, pour une valeur fixe $x = a > 1$, y et z varieront entre 0 et a. Considérons maintenant l'intégrale $\int\int\int F(x, y, z)\,dx\,dy\,dz$ étendue sur ce domaine B_x. En la transformant par la substitution $x = \frac{1}{x'}$, $y = \frac{y'}{x'}$, $z = \frac{z'}{x'}$, il est clair d'abord que x' variera de 0 à 1 et ensuite que y' et z' varieront aussi de 0 à 1. Puisque enfin on a, en valeur absolue,

$$\left|\frac{\partial(x, y, z)}{\partial(x', y', z')}\right| = \frac{1}{x'^4},$$

il vient

$$\underset{\text{Domaine } B_x}{\int\int\int} F(x, y, z)\,dx\,dy\,dz = \int_0^1\int_0^1\int_0^1 \frac{1}{x^4} F\left(\frac{1}{x}, \frac{y}{x}, \frac{z}{x}\right) dx\,dy\,dz.$$

Les intégrales sur B_y, B_z donnent les autres termes de votre formule. Dans le cas actuel, les différents domaines à considérer se définissent par l'arithmétique d'une façon si simple qu'il n'y a aucun avantage à invoquer la représentation géométrique.

En lisant votre travail sur la formule de Stirling, j'ai été heureux de constater que vous avez rappelé le nom de M. Bourguet, qui, en effet, a, le premier, donné une formule pour $J(a)$ valable dans tout le plan, après que vous aviez appelé l'attention sur ce fait (dans le *Journal de Borchardt*) que la formule de Binet ne jouit pas de la même propriété.

Je crois qu'on pourrait appliquer votre méthode aussi à l'expression

$$\log \frac{\Gamma(a+1-\xi)}{\Gamma(a+\xi)},$$

et, sans doute, on serait conduit à une intégrale analogue à celle de la page 586 (ligne 4) mais où le logarithme serait remplacé par un arc tang. Cette formule, que j'ai déjà donnée dans mon travail, me paraît être une sœur légitime de la première.

Vous voyez, cher monsieur, que l'Analyse commence à exercer son attrait sur moi. C'est en me promenant, cet après-midi, dans un joli bois tout près d'ici que j'ai réfléchi sur ce que je viens de vous écrire. Sous cette forme modérée, je ne crois pas qu'un peu d'occupation puisse me faire du mal; au contraire, c'est plutôt une distraction pour l'esprit.

Vous ne m'aviez pas dit auparavant que c'est M. Fizeau qui avait recommandé un séjour à Alger. Quoique je n'aie pas l'honneur de le connaître, vous voudrez bien lui dire que je lui suis très reconnaissant pour son bon conseil. Je suis ici loin des Facultés et je ne descends guère dans la ville. Cela fait que je n'ai vu depuis bien longtemps les *Comptes rendus*, et que je ne sais pas les péripéties des candidatures pour la place laissée vacante par M. Mouchez. M. Callandreau a-t-il de la chance? Je sais que c'est un de vos anciens élèves, et avec qui je suis toujours très lié. Mais vous allez reprendre votre Cours et être bien occupé ainsi, tandis que moi je ne suis pas sans un peu de remords de ne pas faire le mien et d'en laisser la charge à d'autres.

Veuillez bien, cher monsieur, me croire toujours votre affectueusement dévoué.

363. — *HERMITE A STIELTJES.*

Paris, 4 mars 1893.

MON CHER AMI,

Votre démonstration de ma formule est excellente; je n'en aurais jamais eu l'idée et, à suivre la voie à laquelle je songeais, je me serais égaré et perdu dans mille embarras; en tout cas, l'attention que vous lui avez donnée est la meilleure récompense du travail qu'elle m'a demandé. Des intégrales eulériennes, bien que ce soit l'objet de mes leçons, je suis très loin en ce moment; une autre question me préocupe. Je vous envoie un article que j'ai reçu de M. David Hilbert sur la transcendance des nombres e et π, qui vous intéressera certainement au plus haut point et qui me plonge dans un abîme de perplexités; je ne puis me résoudre à croire que l'éminent géomètre a commis une erreur, et je ne serai aucunement surpris, ni mécontent de reconnaître que je suis en faute; mais il me faut en appeler devant un juge impartial et vous me rendrez grand service en me montrant en quoi je me suis sans doute trompé.

En me bornant au nombre e et supposant, pour plus de simplicité, $n = 1$, l'auteur veut établir que le nombre entier

$$P_1 = a\int_0^{\infty} z^{\rho}(z-1)^{\rho+1} e^{-z}\,dz + a_1 e\int_1^{\infty} z^{\rho}(z-1)^{\rho+1} e^{-z}\,dz$$

est différent de zéro, ce qui est le point essentiel dans sa méthode. On peut écrire, en changeant z en $z+1$ dans la seconde intégrale,

$$P_1 = a\int_0^{\infty} z^{\rho}(z-1)^{\rho+1} e^{-z}\,dz + a_1\int_0^{\infty} (z+1)^{\rho} z^{\rho+1} e^{-z}\,dz,$$

ce qui montre bien que P_1 est entier. Vous voyez aussi que l'on a

$$P_1 = a.1.2\ldots\rho(1+\alpha) + a_1.1.2\ldots(\rho+1)(1+\alpha_1),$$

où α et α_1 sont entiers comme a et a_1. De là résulte

$$\frac{P_1}{1.2\ldots\rho} = a(1+\alpha) + a_1(\rho+1)(1+\alpha_1),$$

et il faut prouver que le second membre est différent de zéro. Pour cela, M. Hilbert se contente de dire qu'il faut prendre ρ divisible par a; or, je ne vois pas du tout pourquoi, en faisant $\rho = a\sigma$, on n'aurait point

$$a(1+\alpha) + a_1(1+a\sigma)(1+\alpha_1) = 0.$$

Cette égalité peut encore s'écrire

$$a[1+\alpha+a_1\sigma(1+\alpha_1)] + a_1(1+\alpha_1) = 0.$$

Mais, de quelque manière que je la retourne, ce qui est évident pour l'auteur m'échappe. C'est sans nul doute ma faute, et je vous serai on ne peut plus reconnaissant de m'amener à le reconnaître et en faire une sincère pénitence.

En vous suppliant en grâce de ne point gâter le plaisir de vos promenades en pensant à votre cours, et de vous donner la complète satisfaction de vivre à la façon des zoophytes, je rétablis votre correspondance avec le monde extérieur en vous apprenant que M. Callandreau, il y aura après-demain déjà quinze jours, a été élu, à la presque unanimité, membre de l'Académie des Sciences. Le seul concurrent sérieux qu'il aurait pu avoir, M. Radau, ne s'est point présenté personnellement aux Académiciens et n'a pas entamé la lutte; on songe sérieusement à lui, cependant, pour une élection prochaine.

Je n'ai pu parler lundi dernier à M. Fizeau qui a quitté la salle des séances lorsque j'y arrivais; j'espère le voir prochainement, lui donner de vos nouvelles et le féliciter d'avoir si heureusement donné le conseil de votre séjour sur la terre d'Afrique.

Dans l'espérance, mon cher ami, d'apprendre que vous allez de mieux en mieux, et en vous renouvelant l'assurance de mon bien affectueux dévoûment.

364. — *STIELTJES A HERMITE.*

Alger, 8 mars 1893. Hôtel Dario, Mustapha.

Cher Monsieur,

Mille remercîments pour la communication du travail de M. Hilbert que j'ai lu et admiré avec un très vif plaisir. J'ai eu le bonheur de faire connaissance avec l'auteur en 1886, lorsqu'il a passé quelques mois à Paris, et il m'envoie régulièrement ses travaux, en sorte que je trouverai certainement à Toulouse le Mémoire que je [vous] renvoie. Quant à la petite difficulté qui vous a arrêté, je dirai, pour le cas où vous n'auriez pas saisi l'intention de l'auteur, que dans les formules de votre lettre

$$P_1 = a\int_0^\infty z^\rho (z-1)^{\rho+1} e^{-z}\,dz + a_1 e\int_1^\infty z^\rho (z-1)^{\rho+1} e^{-z}\,dz,$$

$$P_1 = a\int_0^\infty z^\rho (z-1)^{\rho+1} e^{-z}\,dz + a_1\int_0^\infty (z+1)^\rho z^{\rho+1} e^{-z}\,dz,$$

$$P_1 = a.1.2\ldots\rho(1+\alpha) + a_1.1.2\ldots(\rho+1)(1+\alpha_1),$$

α *est divisible par* $\rho+1$, ce qui est le point essentiel.

$$\frac{P_1}{1.2\ldots\rho} = a(1+\alpha) + a_1(\rho+1)(1+\alpha_1)$$

ne peut donc être nul, car a devrait être divisible par $\rho+1$, tandis que a est plus petit que ρ et diviseur de ρ, ce qui est absurde.

En général, ayant

$$\frac{P_1}{1.2\ldots\rho} \equiv \pm a(1.2\ldots n)^{\rho+1} \qquad (\text{mod } \rho+1),$$

M. Hilbert dit qu'en prenant pour ρ un multiple de $a(1.2\ldots n)$ P_1 ne saurait s'annuler. En effet, il faudrait que $a(1.2\ldots n)^{\rho+1}$ fût divisible par $\rho+1$. Or, soit p un facteur premier de $\rho+1$, p diviserait encore $a(1.2\ldots n)^{\rho+1}$ et par conséquent aussi $a(1.2\ldots n)$ et enfin aussi ρ, qui est multiple de $a(1.2\ldots n)$; p divisant ρ et $\rho+1$, cela est absurde.

On pourrait déterminer ρ aussi un peu autrement par la condition que $\rho+1$ est *premier* et *plus grand* que $a(1.2\ldots n)$, puis toujours $\times \dfrac{K^\rho}{1.2\ldots\rho} < 1$. En effet, de cette façon on voit aussi que P_1 ne peut pas s'annuler, car

$$\frac{P_1}{1.2\ldots\rho} \equiv \pm a(1.2\ldots n)^{\rho+1} \equiv \pm a(1.2\ldots n) \qquad (\text{mod } \rho+1),$$

d'après le théorème de Fermat. $\rho+1$ ne peut pas diviser $a(1.2\ldots n)$, puisque $\rho+1 > a(1.2\ldots n)$ d'après l'hypothèse. De même, page 4, on pourrait prendre $\rho+1$ premier et plus grand que $ab^M b_M$; on aurait encore

$$\frac{P_1}{1.2\ldots\rho} \equiv ab^{\rho M+M} b_M^{\rho+1} \equiv ab^M b_M \qquad (\text{mod } \rho+1), \qquad \ldots.$$

C'est grâce à cette intervention de quelques vérités arithmétiques que M. Hilbert obtient une démonstration si simple. Dans quelques années, je pense que les candidats à l'École Polytechnique devront savoir démontrer l'impossibilité de la quadrature du cercle. Mais justement à cause de cela, il me semble que l'auteur aurait bien dû insister sur le raisonnement qu'il a supprimé; car, jusqu'à présent, on n'avait pas encore appelé en aide l'arithmétique jusqu'à ce point dans cette question. Je crois qu'elle est vidée maintenant; peut-être pourra-t-on simplifier encore un peu la partie analytique en renforçant la partie qui est du domaine de la théorie des nombres.

J'ai été bien heureux d'apprendre l'élection de M. Callandreau et aussi la justice qu'on rend à M. Radau, que je ne connais pas, mais qui m'a inspiré toujours beaucoup d'estime.

Je peux vous donner toujours de bonnes nouvelles de ma santé. Le domaine où je fais mes promenades s'étend peu à peu. Veuillez bien me conserver votre amitié, qui constitue une partie sensible de mon bonheur.

Votre dévoué.

P. S. — J'ouvre ma lettre encore une fois parce que je n'ai pas exprimé assez mon admiration pour le principe nouveau, je crois, qui sert de fondement à la démonstration de M. Hilbert et qui lui permet d'arriver au but sans avoir besoin des formules de réduction pour les intégrales indéfinies de la forme

$$\int f(z)\,\mathrm{F}(z)^n e^{-z}\,dz.$$

J'ai besoin, du reste, de réfléchir encore sur cette démonstration pour en bien pénétrer l'esprit et bien voir en quoi elle se distingue de celles proposées jusqu'à ce jour.

365. — *HERMITE A STIELTJES.*

Paris, 15 mars 1893.

MON CHER AMI,

Vous avez aperçu, au premier coup d'œil, ce qui m'avait si complètement échappé et, grâce à vous, le nuage s'étant dissipé, j'ai pu partager pleinement votre sentiment d'admiration pour la démonstration de M. Hilbert. En vous remerciant de votre bonne assistance, je viens vous apprendre qu'un autre éminent géomètre, M. Hurwitz, y a également droit. Dans une lettre qui vient de m'arriver, M. Hurwitz me dit avoir lui-même appelé l'attention de M. Hilbert sur la simplification que vous avez apportée à la démonstration de la transcendance du nombre e : c'est donc votre travail qui a été l'origine de ses recherches. Il ajoute qu'il est parvenu à une démonstration encore plus simple que celle de M. Hilbert, qui sera publiée dans les *Nachrichten* de Göttingue, et il a la bonté de me la communiquer. Comme je ne puis douter que vous y prendrez grand intérêt, je vous la transcris textuellement :

« Je pars de l'identité

$$D_x[e^{-x}F(x)] = -e^{-x}f(x),$$

en posant, pour abréger,

$$F(x) = f(x) + f'(x) + \ldots + f^{(r)}(x),$$

$f(x)$ désignant une fonction entière de degré r. En appliquant l'équation connue

$$\varphi(x) - \varphi(0) = x\varphi'(\theta x) \qquad (0 < \theta < 1)$$

je trouve

$$\text{(A)} \qquad F(x) - e^x F(0) = -xe^{(1-\theta)x}f(\theta x).$$

» Supposons maintenant que l'équation

$$\text{(B)} \qquad C_0 + C_1 e + C_2 e^2 + \ldots + C_n e^n = 0$$

subsiste, C_0, C_1, ..., C_n étant des nombres entiers et C_0 étant positif et différent de zéro. En désignant par p un nombre premier plus grand que C_0 et que n, je fais

$$f(x) = \frac{1}{1.2\ldots p-1} x^{p-1}(1-x)^p(2-x)^p\ldots(n-x)^p,$$

et j'applique la formule (A) pour $x = 1, 2, \ldots, n$. Ainsi j'obtiens

$$F(k) - e^k F(0) = \varepsilon_k \qquad (k = 1, 2, \ldots, n),$$

les nombres ε_k devenant infiniment petits si l'on fait croître p, et $F(0)$, $F(1)$, ..., $F(n)$ étant des entiers dont le premier n'est pas divisible par p, tandis que tous les autres sont divisibles par p. Or, de l'équation (B) on tire

$$C_0 F(0) + C_1 F(1) + \ldots + C_n F(n) = 0,$$

si p est supérieur à une certaine limite. Mais la dernière équation implique contradiction, tous les termes étant divisibles par p, excepté le premier qui ne l'est pas. »

Vous auriez bien certainement fait cette belle démonstration, et je ne serais pas surpris que M. Hurwitz, avec qui vous vous êtes déjà rencontré autrefois à l'occasion de la décomposition en cinq carrés des entiers qui sont des carrés, vous ait prévenu; mais comme je me trouve distancé et dépassé sur cette question!

C'est avec bonheur que j'apprends à quel point vous est favorable le climat de l'Afrique, j'espère aussi que vous avez toujours de bonnes nouvelles de vos petits enfants. Les nôtres ont, en ce moment, les oreillons, ce qui les fait souffrir un peu et met notre maison à l'index, à cause du caractère contagieux de cette affection. A notre époque, la médecine est inhumaine à force d'humanité; elle préserve de la maladie en conseillant de fuir les malades.

De mes leçons je ne vous dis rien, si ce n'est que j'ai échoué complètement en essayant de développer $\frac{\Gamma'(a)}{\Gamma(a)}$ en partant de la formule

$$\frac{\Gamma'(a)}{\Gamma(a)} = \int_0^\infty \left[e^{-x} - \frac{1}{(1+x)^a}\right] \frac{dx}{x}.$$

J'ai bien vu qu'en retranchant membre à membre avec

$$\log a = \int_0^\infty (e^{-x} - e^{-ax}) \frac{dx}{x},$$

on trouve

$$\frac{\Gamma'(a)}{\Gamma(a)} = \int_0^\infty [e^{-ax} - (1+x)^{-a}] \frac{dx}{x},$$

ou encore

$$\frac{\Gamma'(a)}{\Gamma(a)} = \int_0^\infty \left[e^{-x} - \left(1 + \frac{x}{a}\right)^{-a}\right] \frac{dx}{x},$$

quantité nulle pour a infini, et qu'on a

$$1 - e^x \left(1 + \frac{x}{a}\right)^{-a} = \frac{1}{a} X_1 + \frac{1}{a^2} X_2 + \ldots.$$

Mais, des polynomes $X_1, X_2, \ldots, X_n$, je n'ai vu autre chose que la relation

$$X_{n+1} = \int_0^x x\,(X_n - X'_n)\,dx,$$

dont je n'ai rien su tirer.

En vous priant, mon cher ami, de croire toujours à mon affection la plus sincère et la plus dévouée.

366. — *STIELTJES A HERMITE.*

Alger, 19 mars 1893.

CHER MONSIEUR,

J'avais entrevu, en effet, une démonstration de la transcendance du nombre e analogue ou identique à celle de M. Hurwitz que vous avez eu la bonté de me communiquer. Je voyais bien le rôle du nombre premier p et l'intervention de la formule

$$\varphi(x) - \varphi(0) = x\varphi'(\theta x)$$

pour éliminer les intégrales définies. Mais, voilà ! sans faire le moindre effort pour réaliser ce que je voyais en rêve, j'ai quitté ce sujet pour essayer de retrouver une déduction simple de la formule (due à M. Kummer) qui donne le développement de $\log\Gamma(x)$ en série de Fourier obtenue autrefois. Pour le moment, les choses difficiles, ou qui me paraissent telles, m'effraient et je me rends bien compte que j'ai l'humeur un peu capricieuse, même pour les choses de la vie ordinaire.

Je ne vois pas plus que vous comment on pourrait retrouver le développement connu de $\frac{\Gamma'(a)}{\Gamma(a)} - \log a$ au moyen de la formule

$$\int_0^\infty \frac{dx}{x} e^{-x} \left(\frac{X_1}{a} + \frac{X_2}{a^2} + \frac{X_3}{a^3} + \ldots \right),$$

$$1 - e^x \left(1 + \frac{x}{a}\right)^{-a} = \sum_1^\infty \frac{X_n}{a^n},$$

$$X_0 = -1), \qquad X_{n+1} = \int_0^x x(X_n - X'_n)\,dx.$$

Les termes en $\frac{1}{a^3}$, $\frac{1}{a^5}$, $\cdots$ doivent disparaître : je l'ai vérifié pour les premiers ; mais on ne voit pas pourquoi cela arrive toujours. Quant aux nombres de Bernoulli qui doivent s'introduire, et aux propriétés du terme complémentaire, il paraît bien difficile d'y arriver par cette voie.

Je vais vous parler maintenant de la formule de M. Kummer. Par une généralisation qui s'offre d'elle-même, je serai conduit ainsi, de nouveau, à la formule pour $\log\Gamma(a+\xi)\,\Gamma(a+1-\xi)$, d'où vous avez tiré, dans votre travail récent, la formule de Stirling généralisée. Mais je serai un peu long et je vous dispense bien d'avance de me suivre jusqu'au bout.

En développant $\log\Gamma(x)$ dans l'intervalle $(0-1)$ on a, d'après les formules générales,

$$\begin{aligned}\log\Gamma(x) = \alpha_0 &+ \alpha_1\cos 2\pi x + \alpha_2\cos 4\pi x + \ldots \\ &+ \beta_1\sin 2\pi x + \beta_2\sin 4\pi x + \ldots \qquad (0 < x < 1),\end{aligned}$$

$$\alpha_0 = \int_0^1 \log\Gamma(x)\,dx = \log\sqrt{2\pi},$$

puis, pour $n \geqq 1$,

$$\alpha_n + \beta_n i = 2\int_0^1 e^{2n\pi x i}\log\Gamma(x)\,dx.$$

Au lieu d'intégrer de O vers A, on peut prendre le chemin

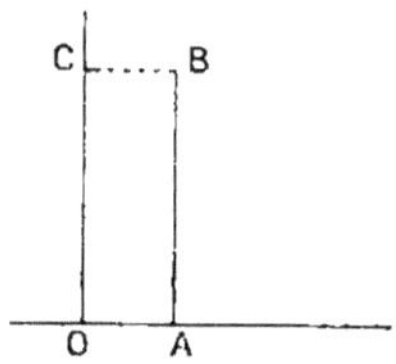

OCBA. L'intégrale sur CB est nulle à la limite. Donc

$$\alpha_n + \beta_n i = 2\int_0^{i\infty} - 2\int_1^{1+i\infty},$$

et, si l'on pose $x = iv$, $x = 1 + iv$,

$$\alpha_n + \beta_n i = 2i\int_0^{\infty} e^{-2n\pi v}\log\Gamma(iv)\,dv - 2i\int_0^{\infty} e^{-2n\pi v}\log\Gamma(1+iv)\,dv,$$

c'est-à-dire

$$\alpha_n + \beta_n i = -2i\int_0^\infty e^{-2n\pi v}\log(iv)\,dv,$$

et puisque,

$$\log(iv) = \log v + \frac{\pi}{2}i,$$

$$\alpha_n = \pi\int_0^\infty e^{-2n\pi v}\,dv = \frac{1}{2n},$$

$$\beta_n = -2\int_0^\infty e^{-2n\pi v}\log v\,dv = \frac{C+\log(2n\pi)}{n\pi},$$

où

$$C = -\Gamma'(1) = -\int_0^\infty e^{-x}\log x\,dx$$

est la constante d'Euler 0,557....

J'ai dit qu'à la limite l'intégrale sur CB est nulle. En effet, elle est

$$2e^{-2n\pi k}\int_0^1 e^{2n\pi x i}\log\Gamma(ki+x)\,dx;$$

or l'expression

$$e^{-2n\pi k}\times \operatorname{mod}\log\Gamma(ki+x) \qquad (0 < x < 1)$$

est nulle pour $k=\infty$. C'est ce qui résulte de mon Mémoire dans le Journal de M. Jordan; sans doute on pourrait l'établir encore facilement d'autre façon.

On constate immédiatement qu'on peut généraliser cette analyse en considérant le développement trigonométrique de $\log\Gamma(x)$ dans l'intervalle (0 à r), r étant un nombre entier quelconque, ou encore dans l'intervalle a à $a+r$, a étant positif, r entier positif :

$$\log\Gamma(x) = \alpha_0 + \alpha_1\cos\frac{2\pi(x-a)}{r} + \alpha_2\cos\frac{4\pi(x-a)}{r} + \ldots$$
$$+ \beta_1\sin\frac{2\pi(x-a)}{r} + \beta_2\sin\frac{4\pi(x-a)}{r} + \ldots$$
$$(a < x < a+r),$$

$$\alpha_0 = \frac{1}{r}\int_a^{a+r}\log\Gamma(x)\,dx,$$

$$\alpha_n + \beta_n i = \frac{2}{r}\int_a^{a+r} e^{\frac{2n\pi(x-a)i}{r}}\log\Gamma(x)\,dx = \frac{2}{r}\int_a^{a+i\infty} - \frac{2}{r}\int_{a+r}^{a+r+i\infty};$$

substituant

$$x = a + iv, \qquad x = a + r + iv,$$

$$\alpha_n + \beta_n i = \frac{2i}{r}\int_0^\infty e^{-\frac{2n\pi v}{r}} \log\Gamma(a+iv)\,dv$$
$$- \frac{2i}{r}\int_0^\infty e^{-\frac{2n\pi v}{r}} \log\Gamma(a+r+iv)\,dv$$
$$= -\frac{2i}{r}\int_0^\infty e^{-\frac{2n\pi v}{r}} \mathrm{P}\,dv,$$

$$\mathrm{P} = \log(a+iv) + \log(a+1+iv) + \ldots + \log(a+r-1+iv).$$

La fonction transcendante $\log\Gamma(x)$ a disparu ainsi dans les intégrales qui donnent les valeurs de α_n et β_n. Mais c'est seulement dans le cas de M. Kummer qu'on obtient la valeur explicite de ces intégrales. Je me bornerai maintenant à considérer le cas le plus simple et le plus intéressant $r = 1$. Or on a alors

$$\alpha_0 = \int_a^{a+1} \log\Gamma(x)\,dx = a(\log a - 1) + \log\sqrt{2\pi},$$
$$\alpha_n + \beta_n i = -2i\int_0^\infty e^{-2n\pi v} \log(a+iv)\,dv,$$

et, en écrivant $a + \xi$ au lieu de x,

$$\log\Gamma(a+\xi) = \alpha_0 + \alpha_1\cos 2\pi\xi + \alpha_2\cos 4\pi\xi + \ldots$$
$$+ \beta_1 \sin 2\pi\xi + \beta_2 \sin 4\pi\xi + \ldots \qquad (0 < \xi < 1).$$

A cause de

$$\log(a+iv) = \frac{1}{2}\log(a^2+v^2) + i \operatorname{arc\,tang}\frac{v}{a},$$

on a

$$\alpha_n = 2\int_0^\infty \operatorname{arc\,tang}\frac{v}{a} e^{-2n\pi v}\,dv,$$
$$\beta_n = -\int_0^\infty \log(a^2+v^2)\,e^{-2n\pi v}\,dv,$$

puis on conclut aussi

$$\log\Gamma(a+\xi)\Gamma(a+1-\xi) = 2\alpha_0 + 2\alpha_1\cos 2\pi\xi + 2\alpha_2\cos 4\pi\xi + \ldots,$$

et cette formule ne diffère pas, au fond, de celle que vous obtenez page 585, ligne 2 en remontant. En effet, le coefficient de

$\cos 2m\pi\xi$, ici, est

$$2\alpha_m = 4\int_0^\infty \operatorname{arc\,tang}\frac{v}{a}\,e^{-2m\pi v}\,dv,$$

et, à l'endroit cité, on trouve

$$\frac{2}{\pi}\int_{-\infty}^{0}\frac{a\,e^{2m\pi x}}{m(x^2+a^2)}\,dx.$$

L'identité des deux expressions est évidente.

Du reste, d'après les expressions de α_n, β_n, on voit qu'on obtient, exprimées par une seule intégrale définie, les sommes

$$\sum_1^\infty \alpha_n \cos 2n\pi\xi, \quad \sum_1^\infty \beta_n \sin 2n\pi\xi = \frac{1}{2}\log\frac{\Gamma(a+\xi)}{\Gamma(a+1-\xi)}.$$

Mais je ne poursuivrai pas plus loin ce sujet et je terminerai par cette remarque que la formule que j'ai obtenue pour

$$\log\frac{\Gamma(a+\xi)\Gamma(a+1-\xi)}{\Gamma^2(a)}$$

(page 587 de votre travail) peut se mettre sous cette forme

$$\log\left(1-\frac{\xi}{a}\right)-\sum_0^\infty \log\left[1-\frac{\xi^2}{(a+n)^2}\right]$$
$$= -\frac{1}{\pi}\int_0^\infty \frac{a\,du}{a^2+u^2}\log\left[\frac{e^{2\pi u}+e^{-2\pi u}-2\cos 2\pi\xi}{(e^{\pi u}-e^{-\pi u})^2}\right].$$

J'espère, cher Monsieur, que la maladie dont souffrent vos enfants conservera le caractère bénin qu'elle a ordinairement, et que vous sortirez bientôt de la quarantaine. Nous pensons rentrer à Toulouse peu de jours après Pâques, en sorte que je reprendrai mon cours après les vacances. Croyez-moi toujours votre très sincèrement dévoué.

367. — *HERMITE A STIELTJES.*

Paris, 20 mars 1893.

Mon cher Ami,

M. Fizeau a témoigné le plus grand plaisir en apprenant les résultats favorables de votre séjour à Alger et me charge expressément de vous faire parvenir l'expression de sa vive sympathie, de même M. Berthelot et M. Bertrand, présents à notre entretien. D'aujourd'hui en huit, je partirai pour passer à Flanville, en Lorraine, les congés de Pâques dont je me sens grand besoin, ne me sentant plus l'ombre de courage pour le travail. Je puis, tout juste, préparer et faire mes leçons, et il faut me contenter de ces changements infiniment petits dont ne s'aperçoivent même pas ceux auxquels ils s'adressent. Ainsi, je prends la formule

$$\frac{\Gamma'(a)}{\Gamma(a)} = \int_{-\infty}^{0} \left(\frac{e^{ax}}{e^x - 1} - \frac{e^x}{x}\right) dx,$$

et je remarque qu'en retranchant membre à membre avec l'équation

$$\log a = \int_{-\infty}^{0} \frac{e^{ax} - e^x}{x}\, dx,$$

on obtient

$$\frac{\Gamma'(a)}{\Gamma(a)} - \log a = \int_{-\infty}^{0} \left(\frac{1}{e^x - 1} - \frac{1}{x}\right) e^{ax}\, dx,$$

d'où l'expression asymptotique $\frac{\Gamma'(a)}{\Gamma(a)} = \log a$ pour a infini. Mais on peut écrire

$$\frac{\Gamma'(a)}{\Gamma(a)} - \log a = \int_{-\infty}^{0} \frac{x + 1 - e^x}{x}\, \frac{e^{ax}}{e^x - 1}\, dx = \int_{-\infty}^{0} \frac{e^x - x - 1}{x}\, \frac{e^{ax}}{1 - e^x}\, dx,$$

et, en développant en série $\frac{1}{1 - e^x}$, l'intégrale s'exprime par les quantités $\int_{-\infty}^{0} \frac{e^x - x - 1}{x}\, e^{(a+n)x}\, dx$, c'est-à-dire

$$\int_{-\infty}^{0} \frac{e^{(a+n+1)x} - e^{(a+n)x}}{x}\, dx - \int_{-\infty}^{0} e^{(a+n)x}\, dx,$$

ou bien

$$\log \frac{a+n+1}{a+n} - \frac{1}{a+n}.$$

On a donc cette formule qui ne laisse pas que de me causer un peu d'embarras

$$\frac{\Gamma'(a)}{\Gamma(a)} = \log a - \sum \left[\frac{1}{a+n} - \log\left(1 + \frac{1}{a+n}\right) \right] \qquad (n = 0, 1, 2, \ldots),$$

parce qu'elle implique une coupure absolument inopportune.

Permettez-moi de revenir un moment sur la quantité

$$e^{x - a\log\left(1+\frac{x}{a}\right)} = 1 + \frac{X_1}{a} + \frac{X_2}{a^2} + \ldots.$$

La différentiation donne l'identité

$$\frac{x}{x+a}\left(1 + \frac{X_1}{a} + \frac{X_2}{a^2} + \ldots\right) = \frac{X'_1}{a} + \frac{X'_2}{a^2} + \ldots,$$

et, en chassant le dénominateur, on obtient la relation de récurrence

$$x X_n = x X'_n + X'_{n+1},$$

d'où

$$X'_{n+1} = x(X_n - X'_n) \tag{1}$$

et enfin

$$X_{n+1} = \int_0^x x(X_n - X'_n)\,dx,$$

puisque tous les polynomes s'annulent avec x. La relation (1) me tente quelque peu. On en tire

$$\int X'_{n+1} e^{-x}\,dx = \int x(X_n - X'_n) e^{-x}\,dx = \int x\,d(-X_n e^{-x}),$$

et, par conséquent, en intégrant par parties,

$$X_{n+1} e^{-x} + \int X_{n+1} e^{-x}\,dx = -x X_n e^{-x} + \int X_n e^{-x}\,dx;$$

mais, encore une fois, je n'ai plus de courage à l'ouvrage. Je vais écrire à M. Hurwitz pour lui demander de publier sa lettre dans les *Comptes rendus :* quelle merveilleuse chose que sa démonstration! En vous rappelant mon adresse à Flanville, par Noiseville (Lorraine), et vous priant de me croire toujours votre ami bien affectueusement dévoué.

368. — *HERMITE A STIELTJES.*

Paris, 16 avril 1893.

MON CHER AMI,

J'ai eu le regret de ne pouvoir me joindre à M. Baillaud et à M. Tannery dans les démarches qu'ils ont faites au Ministère pour obtenir le congé qui vous a été donné : c'est à eux seuls que sont dus vos remercîments; ils y ont tous les droits, mais je n'ai pas besoin de vous dire combien je suis heureux que leur zèle et leur dévouement aient été couronnés de succès. Incessamment, je compte être renseigné par M. Tannery sur toutes les circonstances de votre affaire et, dorénavant, s'il y a lieu, nous serons trois pour agir.

Ne regrettez pas trop ce que vous appelez votre indolence; rien ne me semblait meilleur, à Flanville, que de vivre submergé par la paresse, et à mon retour, les leçons de la Sorbonne, les obligations de toutes sortes, me rappellent le texte des *Actes des Apôtres :* durum est tibi contra stimulum calcitrare.

Permettez-moi de vous apprendre que M. Lerch, de Prague, est un de vos admirateurs; il m'a récemment écrit au sujet de votre mémoire sur la valeur approchée de $\log\Gamma(a)$ pour m'en exprimer son sentiment auquel je ne contredis point, vous devez le savoir. Mais il m'observe que la formule du terme complémentaire

$$\varpi(a) = \sum \int_0^1 \frac{(\frac{1}{2} - x)\,dx}{a + x + k} \qquad (k = 0, 1, 2, \ldots)$$

a été obtenue antérieurement, sous différentes formes, par M. Gilbert, de Louvain, dans un mémoire de l'Académie de Bruxelles, (t. II, 1875), que j'ai dû certainement avoir sous les yeux, et que j'ai eu le tort d'avoir complètement oublié.

En même temps il me donne l'expression suivante :

$$\varpi(a) = \int_0^1 \frac{\Gamma'(a+x)}{\Gamma(a+x)} \left(x - \frac{1}{2}\right) dx,$$

d'où l'on tire, en intégrant par parties,

$$\varpi(a) = \frac{1}{2}\log a + \log\Gamma(a) - \int_0^1 \log\Gamma(a+x)\,dx,$$

ce qui est le lien qui rattache $\varpi(a)$ à l'intégrale de Raabe.

Je crois toutefois que M. Bourguet a sa belle part dans cette question, et qu'il a montré un bien beau talent d'invention pour arriver à la formule dont la vôtre, ou celle de M. Gilbert, est la conséquence.

Un mot encore au sujet des logarithmes qui entrent dans la série

$$\log\Gamma(a) = -Ca + \sum\left[\frac{a}{m} - \log\left(1+\frac{a}{m}\right)\right].$$

J'ai cru nécessaire, dans mes leçons, d'insister sur leur détermination, et de la conclure de l'intégrale $\int_1^a \frac{dz}{z}$, prise en suivant une ligne droite de 1 à a, ou plutôt $\int_0^{a-1} \frac{dz}{1+z}$, c'est-à-dire, en remplaçant a par $a+1$,

$$\int_0^1 \frac{a\,dx}{1+ax} = \int_0^1 \frac{dx}{\frac{1}{a}+x}.$$

Soit

$$\frac{1}{a} = \alpha + i\beta,$$

cette intégrale s'exprime par

$$\frac{1}{2}\log\frac{(1+\alpha)^2+\beta^2}{\alpha^2+\beta^2} - i\left(\text{arc tang}\,\frac{1+\alpha}{\beta} - \text{arc tang}\,\frac{\alpha}{\beta}\right),$$

les arc tangentes étant compris entre $-\frac{\pi}{2}$ et $+\frac{\pi}{2}$. J'en conclus la formule suivante :

$$\log(x+iy) = \frac{1}{2}\log(x^2+y^2) + i\left(\text{arc tang}\,\frac{x^2-x+y^2}{y} + \text{arc tang}\,\frac{1-x}{y}\right).$$

Cette détermination unique est une fonction continue de x et y, sauf lorsque les fractions $\frac{x^2 - x + y^2}{y}$ et $\frac{1 - x}{y}$ deviennent infinies, c'est-à-dire dans le voisinage de $y = 0$. Supposons $x < 0$; les numérateurs sont positifs, par conséquent lorsque y passe du positif au négatif, les deux arc tangentes passent brusquement de $+\frac{\pi}{2}$ à $-\frac{\pi}{2}$; la partie négative de l'axe des x est donc une ligne de discontinuité. Mais pour $x > 0$ les fractions sont de signes contraires et leur somme tend vers zéro en même temps que y.

Tout cela, mon cher Ami, c'est pour les écoliers : on peut y ajouter qu'en définissant le logarithme pour des valeurs imaginaires par l'expression à sens unique que vous connaissez amplement

$$\log \frac{x+1}{x-1} = \int_{-1}^{+1} \frac{dz}{x - z},$$

on trouve exactement le résultat qui précède.

En attendant de vos nouvelles, et vous priant de croire toujours à mes sentiments de la meilleure et de la plus sincère affection.

369. — *HERMITE A STIELTJES.*

Paris, 25 avril 1893.

Mon cher Ami,

Vous me causez autant de surprise que de plaisir en m'apprenant votre retour en France (¹); j'étais loin de m'y attendre, et je vous félicite vivement d'avoir bien supporté la fatigue d'un si grand voyage et de vous trouver heureusement réuni à votre famille.

Pendant que, de votre personne, vous décrivez un contour fermé d'une immense étendue, j'en fais de tout petits, d'infiniment petits sur le tableau de la Sorbonne en poursuivant la théorie de la fonction eulérienne qui prendrait tout le temps de mon Cours s'il ne me fallait aussi faire des fonctions elliptiques. Mais je ne fais aucune recherche; les idées me manquent; ce que je crois rencontrer se trouve n'avoir aucune valeur, et je ne recueille que des déceptions. En voici une entre autres; on a, comme on le vérifie

---

(¹) Cette lettre répond à une lettre perdue de Stieltjes. (*Note des rédact.*)

immédiatement,

$$\frac{2}{\pi}\int_0^\infty \frac{a^2\,dx}{(a^2+x^2)(n^2+x^2)} = \frac{1}{n} - \frac{1}{a+n},$$

avec la condition que, dans le second membre, a et n soient pris positivement. Il en résulte qu'en faisant

$$f(x) = \frac{1}{1+x^2} + \frac{1}{4+x^2} + \ldots,$$

on obtient

$$\frac{2}{\pi}\int_0^\infty \frac{a^2 f(x)\,dx}{a^2+x^2} = -\mathrm{C}(^1) + \mathrm{D}_a \log\Gamma(a+1),$$

et, par conséquent,

$$\frac{2}{\pi}\int_0^\infty a \operatorname{arc\,tang}\frac{x}{a} f(x)\,dx = -\mathrm{C}a + \log\Gamma(a+1),$$

ou encore

$$\frac{2}{\pi}\int_0^\infty \operatorname{arc\,tang} x\, f(ax)\,dx = -\mathrm{C}a + \log\Gamma(a+1).$$

Pour $a = 1$, il vient cette inutile formule

$$\frac{2}{\pi}\int_0^\infty \operatorname{arc\,tang} x\, f(x)\,dx = -\mathrm{C},$$

de sorte qu'on peut écrire, sans profit aucun pour le calcul et même avec beaucoup moins de simplicité qu'en partant de la définition de $\Gamma(a)$, la valeur de C par une intégrale définie.

Je n'ai pas besoin de vous dire que j'aurais voulu avoir pour $\log\Gamma(a)$ une expression simple, semblable à celle du terme complémentaire de la formule de Stirling, qui m'aurait appris quelque chose; mon espoir a été trompé et il faut me résigner, quoiqu'il m'en coûte, à ne pas voir la théorie s'ouvrir par une voie dans laquelle l'argument a n'apparaîtrait que sous forme rationnelle dans les intégrales, au lieu d'y figurer en exponentielle.

En vous suppliant, en vous conjurant de repousser toute idée de

---

(1) *Note de Stieltjes.* — C est négatif ici et égal à $-0,577\ldots$

travail afin de vous consacrer uniquement au repos, au repos le plus absolu après votre odyssée qui a été visiblement favorisée par le ciel, et en vous demandant de compter fermement sur moi pour le soin de vos intérêts au Ministère, je vous prie, mon cher Ami, de croire toujours à mes sentiments de la plus sincère et de la meilleure affection.

370. — *STIELTJES A HERMITE.*

Toulouse, 5 mai 1893.

Cher Monsieur,

Vous me permettrez de vous écrire de temps en temps dans le seul but d'avoir de vos nouvelles.

Sans doute vous avez perdu de vue maintenant la fonction Γ et ce sont les fonctions elliptiques qui doivent vous occuper. C'est cependant sur le premier sujet que je vous dirai deux mots un peu plus bas. Mais s'il vous coûte un effort pour vous arracher des fonctions elliptiques ne faites aucune attention à ce que je dirai : aussi cela ne vaut pas grand'chose.

Je continue à me porter assez bien ; cependant je ne suis pas très solide encore et, ayant voulu m'appliquer fortement à un sujet difficile, cela ne m'a pas bien réussi. Aussi je renonce encore, pour le moment, à travailler sérieusement et je me contente de réfléchir un peu superficiellement et vaguement sur divers sujets. Voici maintenant l'idée qui m'est passée par la tête. Vous savez qu'on peut représenter $J(a)$ par une intégrale

$$\int_0^\infty e^{-ax}\varphi(x)\,dx,$$

mais on doit supposer la partie réelle de a positive tandis qu'il convient de considérer $J(a)$ dans tout le plan avec la coupure de o à $-\infty$. Ainsi, dans

$$a = r(\cos\varphi + i\sin\varphi) \qquad (r > 0),$$

l'argument φ varie entre les limites $\pm\pi$.

Ayant remarqué que

$$\sqrt{a} = \sqrt{r}\left(\cos\frac{\varphi}{2} + i\sin\frac{\varphi}{2}\right)$$

a une partie réelle *positive*, je me suis demandé si l'on ne pourrait pas représenter $J(a)$ dans *tout le plan* (excepté la coupure) par une intégrale de la forme

$$\int_0^\infty e^{-x\sqrt{a}}\varphi(x)\,dx.$$

En supposant

$$\varphi(x) = \sum_0^\infty c_n x^n,$$

il vient

$$\int_0^\infty e^{-x\sqrt{a}}\varphi(x)\,dx = \sum_0^\infty \frac{c_n\Gamma(n+1)}{(\sqrt{a})^{n+1}}.$$

Identifiant cette série avec celle de Stirling

$$\frac{B_1}{1.2.a} - \frac{B_2}{3.4.a^3} + \frac{B_3}{5.6.a^5} - \ldots,$$

on obtient les c_n et

$$\varphi(x) = \frac{B_1 x}{1.2.1!} - \frac{B_2 x^5}{3.4.5!} + \frac{B_3 x^9}{5.6.9!} - \frac{B_4 x^{13}}{7.8.13!} + \ldots$$

La valeur asymptotique de $B_{n+1} : B_n$ étant $\frac{n^2}{\pi^2}$, on constate que la série obtenue est *toujours convergente;* $\varphi(x)$ est une fonction entière.

Il va sans dire que cette déduction manque de rigueur et, pour savoir ce que vaut le résultat, il faudrait étudier maintenant la fonction $\varphi(x)$, reconnaître comment elle se comporte pour x très grand, pour savoir si l'intégrale

$$\int_0^\infty e^{-x\sqrt{a}}\varphi(x)\,dx$$

a un sens. Voilà une recherche qui paraît difficile; j'entrevois la possibilité de représenter $\varphi(x)$ par une intégrale définie; mais je ne sais pas si l'on pourra en tirer quelque chose. J'ai cependant quelques raisons pour croire que, pour x très grand, $\varphi(x)$ tend vers zéro en changeant de signe continuellement comme la fonction de Bessel et de Fourier.

La série $\varphi(x)$ étant toujours convergente, il ne faut pas s'étonner qu'elle conduise, par l'intégration, à la série de Stirling qui est divergente. En effet, dans des cas pareils, on n'est jamais autorisé à intégrer les termes de la série; cela ne peut se justifier que dans des cas particuliers. Ainsi, par exemple, supposons $a > 0$ et

$$\int_0^\infty \frac{e^{-ax} - e^{-(a+b)x}}{x}\,dx = \int_0^\infty e^{-ax}\left(\frac{1-e^{-bx}}{x}\right)dx.$$

Ici

$$\frac{1-e^{-bx}}{x} = b - \frac{b^2 x}{1.2} + \frac{b^3 x^2}{1.2.3} - \frac{b^4 x^3}{1.2.3.4} + \ldots$$

est une série toujours convergente; mais en intégrant il vient

$$\frac{b}{a} - \frac{b^2}{2a^2} + \frac{b^3}{3a^3} - \frac{b^4}{4a^4} + \ldots,$$

série qui n'est convergente que sous la condition $|b| < a$.

Puisqu'il est assez probable, d'après ce qui précède, que $J(a)$ peut s'exprimer dans tout le plan par

$$\int_0^\infty e^{-x\sqrt{a}}\varphi(x)\,dx,$$

on peut chercher aussi à obtenir cette formule en partant des expressions connues de $J(a)$ dans tout le plan. C'est de cette façon que j'ai cru retrouver, en effet, cette formule, avec une expression de $\varphi(x)$ qui me donne à penser que $\varphi(x)$ tend vers zéro pour $x = \infty$, comme je le disais plus haut. Mais je n'ai pas encore suffisamment approfondi ce sujet, qui, peut-être, se montrera trop difficile pour moi.

En espérant d'avoir bientôt de bonnes nouvelles de vous, je vous renouvelle, cher Monsieur, l'expression de mes sentiments d'affectueux dévouement.

371. — *STIELTJES A HERMITE.*

Toulouse, 13 mai 1893.

Cher Monsieur,

Le géomètre anglais G. Boole a donné, en 1859, dans son *Treatise on differential equations* (Chap. VI, p. 13) la formule suivante,

$$
\begin{aligned}
f(y)-f(x) = {} & \frac{2(2^2-1)}{1.2} B_1[f'(y)+f'(x)](y-x) \\
& -\frac{2(2^4-1)}{1.2.3.4} B_2[f'''(y)+f'''(x)](y-x)^3 \\
& +\frac{2(2^6-1)}{1.2.3.4.5.6} B_3[f^{\text{v}}(y)+f^{\text{v}}(x)](y-x)^5 \\
& -\ldots\ldots\ldots\ldots\ldots\ldots\ldots\ldots,
\end{aligned}
$$

où B_1, B_2, ... sont les nombres de Bernoulli.

Je me suis proposé d'établir cette formule avec le terme complémentaire. Le problème n'est pas difficile ; c'est plutôt un bon exercice d'écolier, mais qui n'est pas sans intérêt. J'ai servilement suivi vos méthodes pour les fonctions de Bernoulli et la formule sommatoire, qui s'appliquent ici encore avec un plein succès. Voici mes résultats :

$$
\frac{2e^{xz}}{e^z+1} = 1+\varphi(x,1)z+\ldots+\varphi(x,n)\frac{z^n}{1.2\ldots n}+\ldots,
$$

$$
\frac{2}{e^z+1} = 1-\frac{2(2^2-1)}{1.2}B_1 z+\frac{2(2^4-1)}{1.2.3.4}B_2 z^3-\frac{2(2^6-1)}{1.2.3.4.5.6}B_3 z^5+\ldots,
$$

$$
\varphi(1-x,2n) = \varphi(x,2n),
$$

$$
\begin{aligned}
\varphi(x,2n) = {} & x^{2n}-(2n)_1(2^2-1)\frac{B_1}{1}x^{2n-1} \\
& +(2n)_3(2^4-1)\frac{B_2}{2}x^{2n-3}-(2n)_5(2^6-1)\frac{B_3}{3}x^{2n-5}+\ldots,
\end{aligned}
$$

$$
\begin{aligned}
f(x+h)-f(x) = {} & \frac{2(2^2-1)}{1.2}B_1[f'(x)+f'(x+h)]h-\frac{2(2^4-1)}{1.2.3.4}B_2[f'''(x)+f'''(x+h)]h^3+\ldots \\
& +(-1)^{n-1}\frac{2(2^{2n}-1)B_n}{1.2.3\ldots(2n)}[f^{2n-1}(x)+f^{2n-1}(x+h)]h^{2n-1}+R_n,
\end{aligned}
$$

$$
R_n = \frac{h^{2n+1}}{1.2.3\ldots(2n)}\int_0^1 \varphi(u,2n)f^{2n+1}(x+hu)\,du.
$$

Le polynome $(-1)^n \varphi(u, 2n)$ est constamment positif dans l'intervalle $(0, 1)$ et croît de $u=0$ à $u=\frac{1}{2}$, pour décroître de $u=\frac{1}{2}$ à $u=1$. C'est ce qu'on établit encore en suivant votre méthode qui conduit aux formules

$$\frac{\cos(x-\frac{1}{2})z}{\cos\frac{1}{2}z} = 1 - \varphi(x, 2)\frac{z^2}{1.2} + \varphi(x, 4)\frac{z^4}{1.2.3.4} - \ldots$$

$$-\log\cos\frac{1}{2}z = a_1 z^2 + a_2 z^4 + a_3 z^6 \ldots \qquad (a_n > 0);$$

$$\frac{\cos(x-\frac{1}{2})z}{\cos\frac{1}{2}z} = e^{a_1 X_1 z^2 + a_2 X_2 z^4 + a_3 X_3 z^6 + \ldots},$$

$$X_1 = 1-(2x-1)^2, \qquad X_2 = 1-(2x-1)^4, \qquad X_3 = 1-(2x-1)^6, \qquad \ldots.$$

On a

$$\int_0^1 \varphi(u, 2n)\,du = (-1)^n \frac{4(2^{2n+2}-1)B_{n+1}}{(2n+1)(2n+2)},$$

d'où l'on conclut pour R_n l'expression suivante :

$$R_n = (-1)^n \frac{4(2^{2n+2}-1)B_{n+1}}{1.2.3\ldots(2n+2)} f^{2n+1}(x+\theta h)h^{2n+1} \qquad (0<\theta<1).$$

C'est le terme suivant de la série, dans lequel on a remplacé

$$f^{2n+1}(x) + f^{2n+1}(x+h) \qquad \text{par} \qquad 2f^{2n+1}(x+\theta h).$$

Les polynomes φ peuvent s'exprimer facilement par les polynomes de Bernoulli, mais je ne vois pas qu'on puisse tirer quelque chose d'utile de ces formules, et il semble que les polynomes φ méritent une étude directe.

Vous voyez que je continue à me distraire en travaillant un peu, tout doucement, je ramasse surtout de nouveaux matériaux pour mon travail sur les fractions continues, et je vous dirai que cette excursion sur une formule de Boole n'est pas étrangère à mon dessein principal. En effet, j'ai été ainsi conduit, par exemple, à considérer l'intégrale

$$\int_0^\infty \cos\frac{(x-\frac{1}{2})zi}{\cos\frac{1}{2}zi}e^{-az}\,dz = \frac{1}{a} + \frac{\varphi(x, 2)}{a^3} + \frac{\varphi(x, 4)}{a^5} + \ldots.$$

En supposant $0 < x < 1$, la série divergente a toutes les propriétés de celle de Stirling; mais je trouve qu'elle donne une fraction continue convergente

$$\cfrac{1}{a+\cfrac{\lambda_1}{a+\cfrac{\lambda_2}{a+\cfrac{\lambda_3}{a+\ldots}}}},$$

où $\lambda_{2n}=n^2$, $\lambda_{2n+1}=(n+x)(n+1-x)$. L'intégrale s'exprime sans doute par la fraction

$$\frac{d}{da}\log\Gamma(a),$$

etc., etc.

En faisant les meilleurs vœux pour votre santé, vous voudrez bien accepter la nouvelle assurance de mon dévouement sincère.

372. — *HERMITE A STIELTJES.*

Paris, 17 mai 1893.

Mon cher Ami,

Après chaque leçon je dors sur les deux oreilles et je serais désolé de mon état de paresse si je n'apprenais que M. Bertrand ne vaut guère mieux. On vient de me raconter qu'il a passé quatre jours à Saint-Malo, dans une chambre d'hôtel, à regarder en face de lui la mer, sans bouger, sans rien faire; j'aurais grande envie de suivre son exemple; mais les leçons sont là, plus impérieuses encore que le devoir que j'ai laissé en souffrance de vous écrire et de vous répondre. Au sujet de votre égalité

$$\frac{2e^{xz}}{e^z+1}=1+\varphi(x,1)z+\ldots+\varphi(x,n)\frac{z^n}{1.2\ldots n}\cdots,$$

je remarque que

$$\frac{e^{xz}}{e^z+1}=\frac{e^{xz}(e^z-1)}{e^{2z}-1}=\frac{e^{(x+1)z}-e^{xz}}{e^{2z}-1}.$$

Faisant donc

$$\frac{e^{xz}-1}{e^z-1}=\sum S_n(x)\frac{z^n}{1.2\ldots n},$$

vous voyez qu'on trouve

$$\varphi(x, n) = 2^n \left[S_n\left(\frac{x+1}{2}\right) - S_n\left(\frac{x}{2}\right) \right].$$

On a aussi, lorsque n est pair,

$$S_n\left(\frac{x}{2}\right) + S_n\left(\frac{x+1}{2}\right) = \frac{1}{2^n} S_n(2x),$$

ce qui donne

$$\varphi(x, n) = S_n(2x) - 2^{n+1} S_n\left(\frac{x}{2}\right).$$

Pour n impair, l'égalité analogue étant

$$S_n\left(\frac{x}{2}\right) + S_n\left(\frac{x+1}{2}\right) = \frac{1}{2^n} S_n(x) - \frac{(-1)^{\frac{n-1}{2}}}{n+1}\left(1 - \frac{1}{2^{n+1}}\right) B_{n+1},$$

le résultat est moins simple.

Permettez-moi de vous demander si l'on a remarqué les expressions asymptotiques suivantes :

$$S_{2m}(x) = \frac{(-1)^{m-1} B_m}{2\pi} \sin 2\pi x,$$

$$S_{2m+1}(x) = \frac{(-1)^{m+1} B_{m+1}}{m+1} \sin^2 \pi x.$$

Elles mettent en évidence la proposition de Malmsten que

$$\frac{(-1)^m S_{2m}(x)}{2x-1} \quad \text{et} \quad (-1)^{m+1} S_{2m+1}(x)$$

sont des quantités positives lorsque x varie de zéro à l'unité et ont un seul maximum pour $x = \frac{1}{2}$.

Et maintenant, cher Ami, veuillez entr'ouvrir la porte qui donne accès aux confidences, ne pouvant me retenir de vous conter mon histoire.

. . . .

J'ai un article à envoyer en Amérique ; je n'ai pas le courage de chercher dans mes souvenirs ; les valeurs asymptotiques de $S_n(x)$ que j'ai à ma disposition feraient bien mon affaire, si mon résultat n'a pas été déjà donné. En comptant, mon cher Ami, sur votre érudition autant que sur votre obligeance, je vous prie de me croire toujours votre bien sincèrement et affectueusement dévoué.

373. — STIELTJES A HERMITE.

Toulouse, 18 mai 1893.

Cher Monsieur,

Sur la question de la valeur asymptotique des polynomes de Bernoulli je dois vous signaler un article de M. Appell : *Nouvelles Annales de mathématiques* (3e série, t. VI, année 1887, p. 547). Après la publication de mon Mémoire sur le développement de $\log\Gamma(a)$ (1889), M. Appell m'a écrit une lettre pour appeler mon attention sur son travail que j'aurais dû citer à la dernière page du mien; mais le mal était fait. Vous verrez que M. Appell obtient les formules

$$\varphi_{2n+1}(x) = (-1)^{n+1}(2n+1)!\,\frac{\sin^2\pi x}{2^{2n}\pi^{2n+2}}(1+\varepsilon_{2n+1}),$$

$$\varphi_{2n}(x) = (-1)^{n+1}(2n)!\,\frac{\sin 2\pi x}{2^{2n}\pi^{2n+1}}(1+\varepsilon_{2n}),$$

où ε_{2n} et ε_{2n+1} tendent vers zéro avec $\frac{1}{n}$, et cela pour *toute valeur réelle ou imaginaire de x*, à l'exception seulement des valeurs entières $0, \pm 1, \pm 2, \ldots$ Cela est d'abord un peu surprenant; cependant c'est parfaitement vrai, comme cela résulte du raisonnement développé par M. Appell. Je crois qu'il a, lui-même, envisagé seulement les valeurs *réelles*, puisqu'il dit qu'on peut déduire son résultat aussi de la considération du développement trigonométrique des fonctions φ. Or cela n'est vrai que tant que x est réel. En effet, supposons $0 < x < 1$, on a

$$\varphi_n(x+1) = \varphi_n(x) + x^n, \qquad \varphi_n(x+2) = \varphi_n(x) + x^n + (x+1)^n, \qquad \ldots.$$

Or ces quantités x^n, $(x+1)^n$ sont infiniment petites et négligeables par rapport à $\varphi_n(x)$ qui croît plus rapidement que la puissance $n^{\text{ième}}$ d'un nombre fixe. Ainsi $\varphi_n(x)$, $\varphi_n(x+1)$, ... ont *même expression asymptotique*. Le développement trigonométrique suppose essentiellement x réel et compris entre 0 et 1. On ne peut pas aborder de cette manière les valeurs imaginaires.

Ce résultat, que $\varphi_n(x)$ croît avec n plus rapidement que la puissance $n^{\text{ième}}$ d'un nombre fixe quelconque (si grand qu'on voudrait le prendre) intervient fâcheusement si l'on se propose le problème suivant : Soit

$$G(x) = \sum_0^\infty a_n x^n \tag{1}$$

une fonction entière; la série étant toujours convergente, on demande de déterminer une seconde fonction entière $H(x)$ telle que

$$H(x+1) - H(x) = G(x),$$

Si la série

$$\sum_0^\infty a_n \varphi_n(x) \tag{2}$$

était convergente on pourrait la prendre immédiatement pour $H(x)$ et la question serait résolue. Mais, à cause de la circonstance mentionnée, la série (2) n'est pas toujours convergente et l'est même seulement dans des cas exceptionnels. C'est pour cela que la solution de la question posée n'est pas si simple; M. Guichard l'a résolue complètement dans un beau mémoire. Récemment M. Appell est revenu sur cette question dans le journal de Jordan; il a modifié un peu la méthode de M. Guichard. Au fond la solution revient à ceci, que, au lieu de (2), on prend

$$H(x) = \sum_0^\infty a_n [\varphi_n(x) - R_n(x)], \tag{3}$$

où les R_n admettent la période 1 et sont choisis tels que la série (3) est convergente en même temps que (1). Toute la difficulté réside dans le choix de ces $R_n(x)$ qui peut se faire encore d'une infinité de manières. En étudiant les Mémoires cités, j'ai cru qu'on pouvait le faire bien plus simplement que MM. Guichard et Appell et je soupçonne fort qu'il suffit de prendre pour $R_n(x)$ la somme des n premiers termes du développement trigonométrique de $\varphi_n(x)$. Mais, jusqu'à présent, le temps m'a manqué pour développer l'idée qui s'était présentée à moi à cette occasion. Vous voyez que la question est intéressante et rappelle les procédés de M. Mittag-Leffler pour former des fonctions uniformes avec des discontinuités données.

. . . .

Veuillez bien accepter les meilleurs vœux pour votre santé de la part de votre affectueusement dévoué.

374. — *HERMITE A STIELTJES.*

Paris, 20 mai 1893.

MON CHER AMI,

Vous m'avez rendu, cette fois comme tant d'autres, un service dont j'ai grandement le devoir de vous remercier, en me donnant d'une manière si claire les résultats que M. Appell a obtenus sur les polynomes $\varphi_{2n+1}(x)$ et $\varphi_{2n}(x)$. Ils ne diffèrent pas, dans le fond, de mon résultat, puisque l'on a, asymptotiquement,

$$\frac{1.2\ldots 2n}{(2\pi)^{2n}} = \frac{1}{2}B_n;$$

mais, ce que je n'avais pas vu, ce que vous m'avez appris, c'est que $\varphi_n(x+1)$, $\varphi_n(x+2)$, ... ont même valeur asymptotique que $\varphi(x)$. Reste cependant la supposition de x imaginaire : c'est un cas très intéressant à étudier, et je me ferai un plaisir de lire, sur ce point, le Mémoire de M. Appell. Quelle chose importante aussi, que cette application de l'idée profonde, de rendre convergente, en choisissant comme il faut la quantité $R_n(x)$, la série $\sum a_n[\varphi_n(x) - R_n(x)]$? Je ne cesserai de vous tourmenter jusqu'à ce que vous ayez simplifié l'analyse de M. Appell, en suivant l'idée heureuse qui vous est venue de vous servir du développement trigonométrique des polynomes $\varphi_n(x)$. On trouve ce développement plus facilement que Raabe (*Crelle*, t. 42, p. 348), si l'on cherche à développer par la formule de Fourier e^{ax} pour $x > 0$ et < 1, a restant quelconque. Il vient ainsi

$$\frac{e^{ax}}{e^a - 1} = \sum \frac{e^{2ni\pi x}}{a - 2ni\pi} = \sum \frac{a\cos 2n\pi x}{a^2 + 4n^2\pi^2} - \sum \frac{2n\pi \sin 2n\pi x}{a^2 + 4n^2\pi^2}$$
$$(n = 0, \pm 1, \pm 2, \ldots).$$

Cela étant, j'isole le terme qui correspond à $n=0$, qui est $\frac{1}{a}$ et j'obtiens

$$\frac{e^{ax}-1}{e^{a}-1} = \frac{1}{a} - \frac{1}{e^{a}-1} + 2\sum \frac{a\cos 2n\pi x}{a^2+4n^2\pi^2} - 2\sum \frac{2n\pi \sin 2n\pi x}{a^2+4n^2\pi^2}$$
$$(n=1, 2, 3, \ldots).$$

Mais on a

$$\frac{e^{ax}-1}{e^{a}-1} = \sum S_m(x)\frac{a^m}{1.2\ldots m}$$

et

$$\frac{1}{a} - \frac{1}{e^a-1} = \frac{1}{2} - \frac{B_1}{1.2}a + \ldots + \frac{(-1)^{m-1}B_m}{1.2\ldots 2m}a^{2m-1},$$

et il suffit de développer les fractions $\frac{a}{a^2+4n^2\pi^2}$, $\frac{1}{a^2+4n^2\pi^2}$, ... suivant les puissances de a pour arriver aux expressions

$$\frac{S_{2m}(x)}{1.2\ldots 2m} = 2(-1)^{m-1}\sum \frac{2n\pi \sin 2n\pi x}{(2n\pi)^{2m+2}}$$
$$= \frac{2(-1)^{m-1}}{(2\pi)^{2m+1}}\left(\sin 2\pi x + \frac{\sin 4\pi x}{2^{2m+1}} + \ldots\right),$$

$$\frac{S_{2m+1}(x)}{1.2\ldots(2m+1)} = \frac{(-1)^{m+1}B_{m+1}}{1.2.3\ldots(2m+2)}$$
$$+ \frac{(-1)^m}{(2\pi)^{2m+2}}\left(\cos 2\pi x + \frac{\cos 4\pi x}{2^{2m+2}} + \ldots\right).$$

Reste à réduire cette dernière formule, ce qui se fait en multipliant par $1.2\ldots(2m+1)$ et employant la valeur asymptotique

$$\frac{1.2\ldots(2m+1)}{(2\pi)^{2m+2}} = \frac{B_{m+1}}{2m+2}.$$

Mais ces développements, si élégants, sont frappés de malédiction; leurs dérivées d'ordre $2m+1$ et $2m+2$ sont des séries qui n'ont aucun sens. L'Analyse retire d'une main ce qu'elle donne de l'autre. Je me détourne avec effroi et horreur de cette plaie lamentable des fonctions continues qui n'ont point de dérivées et je viens vous féliciter bien vivement de votre merveilleux développement en fraction continue de l'intégrale $\int_0^\infty \frac{\cos(x-\frac{1}{2})iz}{\cos\frac{1}{2}iz}e^{-az}\,dz$. Vous dites qu'elle s'exprime sans doute par $D_a \log\Gamma(a)$; ce serait une chose non impossible certainement, mais bien extraordinaire, si vous parveniez par cette voie à une formule qui subsisterait dans toute l'étendue des valeurs réelles. Donnez-moi, mon cher Ami, de votre génie, je vous donnerai en échange de ma paresse, et je vous propose cet échange afin que vous ne fassiez pas de trop grands efforts de travail et que vous vous reposiez autant qu'il est nécessaire. J'excède la mesure, hélas! et, surtout quand le temps est à l'orage, je ne fais que rêvasser ou dormir. Dans huit jours je serai en Lorraine pour une semaine, étant appelé pour une affaire de famille; de Flanville je vous écrirai en sollicitant votre conseil au sujet des nombres de Bernoulli qui me donnent le sujet d'un médiocre article.

Recevez, en attendant, l'assurance de mon affection la plus dévouée.

375. — *STIELTJES A HERMITE.*

Toulouse, 14 juin 1893.

CHER MONSIEUR,

J'ai bien de la peine à croire que ce n'est pas à vous que je doive, pour la plus grande partie, la nouvelle distinction que vous m'annoncez (1). Si ce n'est pas directement, au moins indirectement, par le rapport sur mes travaux que vous avez fait l'année dernière lorsqu'il s'agissait de présenter des candidats à la place laissée vacante par la mort d'Ossian Bonnet. Je suis ainsi fait; j'ai le sentiment très net que tout cela est *bien au delà* de mon mérite.

Je travaille toujours à mon Mémoire sur les fractions continues qui avance doucement. Ma santé est assez bonne; cependant j'ai ressenti les premiers symptômes de la maladie de vessie qui m'a tant fait souffrir l'année dernière. Heureusement un repos absolu pendant quelques jours a suffi pour les faire disparaître.

Je vais vous imiter maintenant en parlant de choses de pas bien haute volée. Vous savez que Binet s'est proposé de remplacer la

(1) *Note des éditeurs.* — Il manque certainement une lettre d'Hermite, dans laquelle il annonce à Stieltjes que l'Académie vient de lui décerner le Prix Petit d'Ormoy.

série de Stirling,

$$J(z) = \frac{B_1}{1.2.z} - \frac{B_2}{3.4.z^3} + \frac{B_3}{5.6.z^5} - \ldots,$$

par un développement convergent, et il a obtenu cette expression

$$J(z) = \frac{1}{12z} - \frac{a_3}{3z(z+1)(z+2)} - \frac{a_4}{4z(z+1)(z+2)(z+3)} + \ldots,$$

$$a_n = \int_0^1 \left(\frac{1}{2} - x\right) x(1-x)(2-x)\ldots(n-1-x)\,dx,$$

$$a_3 = \frac{1}{120}, \quad a_4 = \frac{1}{30}, \quad a_5 = \frac{25}{168}, \quad a_6 = \frac{11}{14}, \quad a_7 = \frac{3499}{720}, \quad \ldots$$

La série est convergente pour $z > 0$ et même pour $z = 0$ si l'on multiplie d'abord par z.

Je remarque que tous les coefficients $a_3, a_4, \ldots$ sont positifs. En effet, en changeant x en $1 - x$ on a

$$a_n = -\int_0^1 \left(\frac{1}{2} - x\right) x(1-x)(1+x)(2+x)\ldots(n-2+x)\,dx,$$

donc aussi

$$2a_n = \int_0^1 \left(\frac{1}{2} - x\right) x(1-x)\varphi(x)\,dx,$$

où

$$\varphi(x) = (2-x)(3-x)(4-x)\ldots(n-1-x) - (1+x)(2+x)\ldots(n-2+x).$$

Or pour $x < \frac{1}{2}$ on a

$$n-1-x > n-2+x,$$

donc $\varphi(x) > 0$; pour $x > \frac{1}{2}$, au contraire, $\varphi(x) < 0$. Ainsi, le produit $\left(\frac{1}{2} - x\right)\varphi(x)$ est constamment > 0; donc $a_n > 0$. Cela étant, je dis que la série

$$\frac{a_3}{3z(z+1)(z+2)} + \frac{a_4}{4z(z+1)(z+2)(z+3)} + \ldots$$

est absolument convergente pour toute valeur $z = a + bi$ dont la partie réelle a est positive. En effet, il est clair que pour $z = a + bi$, on a

$$|z| > a, \quad |z(z+1)| > a(a+1),$$
$$|z(z+1)(z+2)| > a(a+1)(a+2), \quad \ldots,$$

donc la série

$$\left|\frac{a_3}{3z(z+1)(z+2)}\right| + \ldots$$

a ses termes positifs et plus petits que les termes correspondants de la série

$$\frac{a_3}{3a(a+1)(a+2)} + \ldots$$

qui est convergente.

On en conclut facilement que la série de Binet représente $J(z)$ pour toute valeur de z dont la partie réelle est $\geqq 0$.

J'ai certaines raisons pour croire qu'il existe pour $J(z)$ un développement analogue à la série de Binet

$$J(z) = \sum_1^{\infty} \frac{1}{P_n(z)}$$

où $P_n(z)$ est un polynome en z tel que les racines de $P_n(z)$ sont $\leqq 0$ et qui représenterait $J(z)$ dans *tout le plan,* excepté la coupure de 0 à $-\infty$. Mais je ne vois pas comment obtenir ce développement dont l'existence me paraît très probable.

Tout à l'heure je me propose d'aller à la Bibliothèque pour voir la composition de la Commission pour le Prix Petit d'Ormoy.

Veuillez bien accepter, cher monsieur, la nouvelle assurance de mes sentiments affectueux et reconnaissants. Je regrette beaucoup que des affaires sérieuses vous empêchent de penser à l'Analyse en ce moment.

376. — *HERMITE A STIELTJES.*

Paris, 25 juin 1893.

MON CHER AMI,

L'extension que vous avez donnée à la formule de Binet

$$J(z) = \frac{1}{12z} - \frac{a_3}{3z(z+1)(z+2)} - \ldots$$

m'a causé un véritable plaisir. Vous lui donnez ainsi une importance que je n'étais pas disposé à lui reconnaître, ayant eu jusqu'ici le très grand tort de la dédaigner à cause de sa convergence déplorablement lente. Mais vous soulevez une question qui m'intéresse à un bien plus haut degré, la représentation de $J(z)$ par une série rationnelle $\sum \frac{1}{P_n(z)}$ dans tout le plan, moins la partie négative de l'axe des abscisses! Si, comme je l'espère et serais bien content de l'apprendre, le repos vous a débarrassé de vos récentes souffrances, je viens vous prier de ne point l'abandonner.

Comment comprenez-vous, d'une manière générale, un mode d'expression par une série rationnelle, comportant une coupure, avec des différences finies, à une distance infiniment petite aux deux bords? Je ne vous cache point, je vous avouerai, que j'ai des doutes et, ne pouvant faire l'effort nécessaire, j'attends vos lumières pour les dissiper.

La fatigue ordinaire à la fin de l'année me confine de plus en plus dans ce que saint François de Sales appelle les basses vallées de l'humilité. Permettez-moi de vous en dire un mot pour le cas où vous aurez à enseigner l'application aux fonctions elliptiques du théorème de M. Mittag-Leffler, que j'ai très mal donnée dans mon Cours, page 259 de la dernière édition. Au lieu de la fraction $Z(x) = \frac{\chi'\left(x - \frac{a+b}{2}\right)}{\chi\left(x - \frac{a+b}{2}\right)}$, il vaut beaucoup mieux considérer celle de Jacobi : $Z(x) = \frac{\Theta'(x)}{\Theta(x)}$, en faisant toujours $a = 2K$ et $b = 2iK'$ afin d'éviter l'embarras d'isoler le pôle $x = 0$. Cela étant, le point essentiel est de démontrer la convergence de la série

$$\sum \frac{1}{\left(x - \frac{a+b}{2} + ma + nb\right)^3} \qquad (m, n = 0, \pm 1, \pm 2, \ldots);$$

voici comment je l'ai traité dans ma dernière leçon.

On peut poser $x - \frac{a+b}{2} = \alpha a + \beta b$, α et β étant réels; le terme général devient ainsi $\frac{1}{[(\alpha + m)a + (\beta + n)b]^3}$, ce qui permet d'admettre que α et β soient positifs et moindres que l'unité.

Considérant, enfin, l'expression plus simple

$$\sum \frac{1}{[(\alpha+m)^2+(\beta+n)^2]^3},$$

et me bornant au cas où m et n sont positifs, j'envisage la surface

$$z = [(\alpha+x)^2+(\beta+y)^2]^{-\frac{3}{2}}$$

dont l'ordonnée décroît quand x et y augmentent. Soit $z_{m,n}$ sa valeur pour $x = m$, $y = n$; le plan mené perpendiculairement à son extrémité rencontre les ordonnées $z_{m,n-1}$, $z_{m-1,n}$, $z_{m-1,n-1}$ au-dessous de la surface et détermine un parallélépipède rectangle ayant pour base un carré égal à l'unité sur le plan des xy. Le volume est donc $z_{m,n}$ et l'on voit que la somme $\sum z_{m,n}$ étendue aux valeurs $m = 1, 2, 3, \ldots$, $n = 1, 2, 3, \ldots$ a pour limite supérieure l'intégrale

$$\int_0^\infty \int_0^\infty dx\, dy [(\alpha+x)^2+(\beta+y)^2] = \frac{1}{\alpha}+\frac{1}{\beta}-\sqrt{\frac{1}{\alpha^2}+\frac{1}{\beta^2}}.$$

Elle est donc finie; en remarquant que, d'après le théorème de Cauchy, les sommes $\sum z_{m,0}$ $(m = 1, 2, \ldots)$, $\sum z_{0,n}$ $(n = 1, 2, \ldots)$ ont pour limites supérieures les intégrales simples

$$\int_0^\infty dx [(\alpha+x)^2+\beta^2]^{-\frac{3}{2}} = \frac{1}{\beta^2} - \frac{\alpha}{\beta^2\sqrt{\alpha^2+\beta^2}}$$

et

$$\int_0^\infty dy [\alpha^2+(\beta+y)^2]^{-\frac{3}{2}} = \frac{1}{\alpha^2} - \frac{\beta}{\alpha^2\sqrt{\alpha^2+\beta^2}},$$

on achève d'établir que la somme double est finie. En changeant ensuite m en $-m$ on a la quantité

$$[(m-\alpha)^2+(\beta+n)^2]^{-\frac{3}{2}}$$

qui a la même forme, car m partant de l'unité on peut changer m en $1+m$, poser $1-\alpha = \alpha'$ qui sera positif comme α, etc.

Maintenant, une observation qui n'est peut-être pas inutile. Ayant obtenu la relation

$$D_x^2 \frac{\Theta'(x)}{\Theta(x)} = \sum \frac{2}{(x-p)^3},$$

où je fais $p = \frac{a+b}{2} - ma - nb$, j'en conclus, en intégrant à partir de $x = 0$,

$$k^2 \operatorname{sn}^2 x = \sum \left[\frac{1}{p^2} - \frac{1}{(x-p)^2} \right].$$

J'ai représenté $2K$ et $2iK'$ par a et b; on a donc, en faisant successivement $x = a$ et $x = b$,

$$\sum \left[\frac{1}{p^2} - \frac{1}{(a-p)^2} \right] = 0, \qquad \sum \left[\frac{1}{p^2} - \frac{1}{(b-p)^2} \right] = 0.$$

Les seconds termes, dans les deux sommes, se déduisant du premier par le changement de m en $m+1$ et de n en $n+1$. J'ai vainement jusqu'ici cherché à obtenir ce résultat d'une manière directe, et souvent j'en ai eu besoin.

Dans l'espérance que vous me donnerez bientôt de vos nouvelles et en vous priant de croire toujours à mon affection la plus dévouée.

377. — *STIELTJES A HERMITE.*

Toulouse, 12 juillet 1893.

CHER MONSIEUR,

Je sens le besoin de vous répéter encore comment j'ai été touché par votre accueil si amical pendant mon dernier séjour à Paris. C'est par petites étapes que j'ai fait le voyage pour revenir ici, en sorte que je ne me suis pas trop fatigué. J'ai retrouvé ma famille en bonne santé et je suis heureux d'apprendre qu'à Paris tout rentre dans l'ordre maintenant. Vraiment ce peuple de Paris est extraordinaire; mais aussi les écrivains modernes ont trop pris le parti de l'exalter. Au XVIe siècle Rabelais disait : « ... Car le peuple de Paris est tant sot, tant badault et tant inepte de nature, que ung basteleur, ung porteur de roguatons, un mulet avecques ces cymbales, un vielleux au myllieu d'un carrefour, assemblera plus de gens que ne ferayt ung bon prescheur évangélicque. » Je ne vois pas d'auteur moderne qui oserait s'exprimer ainsi, voyez V. Hugo!

Maintenant deux mots encore sur les relations

$$\sum\left[\frac{1}{p^2}-\frac{1}{(a-p)^2}\right]=0,\qquad \sum\left[\frac{1}{p^2}-\frac{1}{(b-p)^2}\right]=0,$$

$$p=\frac{a+b}{2}-ma-nb\qquad (m, n=0, \pm 1, \pm 2, \pm 3, \ldots).$$

Soit, pour abréger, $\frac{1}{p^2}=(m, n)$; la première relation s'écrit

$$S=\sum[(m, n)-(m+1, n)]=0\qquad (m, n=0, \pm 1, \pm 2, \pm 3, \ldots).$$

A cause de la *convergence absolue,* il est permis de rassembler d'abord les termes pour lesquels n a une valeur fixe et d'écrire

$$S=\sum_{-\infty}^{+\infty}\mathfrak{L}_n,$$

où

$$\mathfrak{L}_n=\sum_{-\infty}^{+\infty}[(m, n)-(m+1, n)]\qquad (m=0, \pm 1, \pm 2, \ldots).$$

Or, cela veut dire, p et q étant des nombres positifs croissant au delà de toute limite,

$$\mathfrak{L}_n=\lim\sum_{-p}^{+q}[(m, n)-(m+1, n)],$$

c'est-à-dire $\mathfrak{L}_n$ est la limite de

$$(-p, n)+(-p+1, n)+(-p+2, n)+\ldots+(q, n)$$
$$-(-p+1, n)-(-p+2, n)-\ldots-(q, n)-(q+1, n),$$

c'est-à-dire la limite de $+(-p, n)-(q+1, n)$ pour $p=\infty$, $q=\infty$; donc $\mathfrak{L}_n=0$ et puis $S=0$. C. Q. F. D.

Je me rappellerai toujours la soirée du 4 juillet; quel dommage qu'elle ait été troublée ainsi. Je pars aujourd'hui même pour Bagnères-de-Bigorre.

Veuillez bien me croire toujours votre très dévoué.

378. — *HERMITE A STIELTJES.*

Paris, 28 juillet 1893.

Mon cher Ami,

J'ai été, il y a bien des années, à Bagnères-de-Bigorre, j'en ai gardé bon souvenir, et j'espère que vous y serez dans les meilleures conditions sous le rapport du climat et de la beauté du pays. Vous voudrez bien, je pense, me donner de vos nouvelles avant mon départ de Paris qui n'aura pas lieu avant le 6 ou le 7 du mois prochain, à cause du mariage de ma petite-fille, auquel nous devons naturellement assister. Quel dommage que les troubles du quartier m'aient privé du plaisir de vous la faire connaître ainsi que son futur, M. Petit, agrégé d'histoire, professeur à l'École Monge! La réunion, manquée par suite des événements, a eu lieu hier, et vous y avez été remplacé par un de vos admirateurs enthousiastes, M. Matyàs Lerch, qui est venu de Prague voir les mathématiciens français après avoir rendu visite aux Allemands à Wurzbourg et à Bonn, en devant ensuite poursuivre son voyage à Liége et à Gand, chez les Belges. Il est extrêmement ingénieux, et je fais grand cas de son talent qui s'est exercé sur beaucoup de sujets, entre autres sur les intégrales eulériennes. Voici un résultat dont il m'a dernièrement donné communication et qui, peut-être, vous intéressera. Il obtient cette formule

$$\log\Gamma(u+a)+u-u\log u+\left(a-\frac{1}{2}\right)\log 2\pi+\frac{1}{2}\log\frac{\sin a\pi}{\pi}$$
$$=\frac{1}{2i\pi}\int_0^\infty\left[\frac{\log(x-2ui\pi)}{e^{x+2ai\pi}-1}-\frac{\log(x+2ui\pi)}{e^{x-2ai\pi}-1}\right]dx,$$

qui suppose $0<a<1$ et $u>0$. Dans le cas de $a=\frac{1}{2}$, elle devient

$$\log\Gamma\left(u+\frac{1}{2}\right)+u-u\log u-\frac{1}{2}\log\pi=\frac{1}{\pi}\int_0^\infty\frac{\operatorname{arc\,tang}\dfrac{2u\pi}{x}}{e^x+1}\,dx.$$

Mais, malheureusement, au moins pour moi, l'intégrale du second membre ne fait nullement reconnaître ce qu'on doit trouver en changeant u en $u+1$.

Vous me citez, mon cher Ami, un texte de Rabelais qui est une protestation contre l'inepte orgueil de la Ville-Lumière, la Ville-Pensée, etc.; permettez-moi une citation d'un article tout récent de M. Lavisse, qui est intitulé *Le quartier latin* et qui concerne l'état d'esprit, l'état moral de nos étudiants : « Cette jeunesse est en train de devenir inconsciente de l'immoralité en littérature.... On assiste à une réunion, à un banquet, à une fête. Ces jeunes gens y parlent, et ils aiment qu'on leur parle sérieusement. Puis, tout à coup, l'un d'eux se met au piano, et les voilà qui chantent des chansons à faire rougir les singes, sans se soucier ni de la qualité, ni de la profession, ni de l'âge de leurs invités qui les écoutent.... »

....

En attendant, mon cher ami, avec impatience, des nouvelles de votre santé dans votre séjour aux Pyrénées et vous remerciant bien de votre démonstration des égalités

$$\sum\left[\frac{1}{p^2}-\frac{1}{(a-p)^2}\right]=0, \qquad \ldots,$$

veuillez croire toujours à mon affection la plus sincère et la plus dévouée.

379. — *HERMITE A STIELTJES.*

Paris, 7 août 1893.

MON CHER AMI,

Je serai demain à Flanville où il me tarde d'arriver pour y prendre un repos dont je sens extrêmement le besoin. Ce n'est pas un beau et riant pays comme les Pyrénées. La contrée est plate et monotone; partout des tombes multipliées y rappellent les tristes souvenirs de la guerre; mais j'y suis en famille, loin de Paris, et je m'y régale de paix, de tranquillité et de bon air. J'emporte avec moi un paquet de vos lettres d'il y a longtemps, de 1888, avec l'intention de ressaisir les questions qui nous occupaient dans ce temps et dont il ne me reste plus qu'un bien faible souvenir. Sans doute il me faudra recourir à votre bonne obligeance, si, comme je l'espère, vous avez pu vous-même vous remettre au travail, afin de combler les lacunes de ma mémoire, retrouver et réunir mes idées, *disjecti membra poetæ*. J'ai été distrait du travail par des circonstances de famille : le mariage d'une de mes petites-filles avec un professeur de l'Université, M. Charles Petit, qui a eu lieu samedi dernier à Saint-Thomas-d'Aquin, et aussi par le malheur d'un de mes neveux, M. Henry Bertrand, le fils aîné de M. Alexandre Bertrand, qui a perdu une charmante enfant, enlevée à l'âge de 5 ans par une méningite. Les préoccupations causées par ce concours de choses, les unes heureuses, les autres funestes, m'ont tellement éloigné de l'Analyse que je n'ai pu et que je ne puis encore retrouver ce dont vous m'avez parlé au sujet des intégrales ayant des lignes de discontinuité. Je crois me souvenir que vous les considérez sous la forme $\int \varphi \, d\psi$, la fonction ψ jouant le principal rôle, de sorte que votre point de vue n'a aucun rapport avec ce que j'ai fait autrefois ; mais tout m'échappe absolument, malgré l'intérêt de la question ; rien ne me reste de ce que vous m'en avez dit, et j'aurais grand plaisir, cette fois comme bien d'autres, à suivre la voie que vous avez ouverte, si vous voulez bien me mettre dans le chemin.

Dans une prochaine lettre je vous demanderai aussi votre avis au sujet d'un point du beau travail de M. Weierstrass sur la nouvelle fonction $\wp(x)$. Dans les dernières pages, la forme normale de l'intégrale de troisième espèce y est donnée par l'expression $\int \frac{\wp'(x) + \wp'(a)}{\wp(x) - \wp(a)} dx$, sans fixer d'une manière précise la limite inférieure. Il m'a semblé qu'il y aurait avantage à adopter la quantité $\int_0^x \frac{\wp'(a)}{\wp(x) - \wp(a)} dx$, qui conduit pour l'addition des arguments à un théorème fort simple. Quelle chose singulière et remarquable que $\wp(x)$ soit l'origine de tant de relations analytiques imprévues, qui justifient si complètement son introduction comme un élément indispensable, ayant son rôle propre et distinct des transcendantes $\operatorname{sn} x$, $\operatorname{cn} x$, $\operatorname{dn} x$. Mais je ne puis croire avec Halphen que ces anciens éléments doivent céder la place au nouveau venu et que les belles relations auxquelles ils conduisent n'aient plus, ainsi qu'il le dit dans son premier Volume, qu'une importance historique. Je me sens aussi gêné, mais sans doute à tort, que les racines de l'équation $\wp(x) = 0$ se dérobent ; jamais il n'en est question, il semble qu'on veuille à tout prix les fuir.

En espérant, mon cher ami, que la magistrature vous aura laissé en paix, que vous ne prononcerez pas sur le sort de vos concitoyens criminels et coupables ([1]), et que vous êtes heureusement installé à Bagnères-de-Bigorre, veuillez recevoir la nouvelle assurance de mon affection entièrement dévouée.

380. — *STIELTJES A HERMITE.*

Bagnères-de-Bigorre, rue Haute-du-Pouey, 12 août 1893.

Cher Monsieur,

J'ai appris avec regret que la joie que vous a dû causer le mariage de votre petite-fille n'a pas été sans mélange et que M. Bertrand a perdu sa fille à la suite d'une méningite. C'est une bien terrible maladie et la guérison est presque autant à craindre qu'une issue fatale. Une de mes connaissances a un fils de douze ou treize ans qui, à la suite d'une méningite, est resté complètement sans raison ; c'est à peine s'il sait dire quelques mots et se servir de ses mains.

Grâce à un certificat du médecin, j'ai pu m'excuser pour le jury de la Cour d'assises, et nous sommes ici aussi bien que possible. Mais je dois vous avouer que je n'ai pas encore repris le travail; je suis rigoureusement le régime que m'a prescrit M. Daremberg; mon appétit s'est réveillé un peu, et, grâce à une certaine poudre de viande, j'espère arriver à augmenter de poids. C'est là ce que je n'ai pu faire jusqu'ici, et, en arrivant à Bagnères, j'ai constaté que je pesais un peu moins qu'au commencement de l'année.

Je ne vous parlerai donc ni des intégrales $\int \varphi d\psi$, ni de la fonction p et des intégrales de troisième espèce, mais j'essaierai de me retrouver un peu dans le second sujet. Pour moi, la fonction $p(u)$ est une fonction doublement périodique du second ordre dont les deux infinis se confondent et sont $u = 0$. Si $f(u)$ est une fonction de cette nature, la plus générale est

$$F(u) = Cf(u) + C',$$

([1]) *Note des éditeurs.* — Il doit manquer une lettre de Stieltjes, où il annonçait qu'il faisait partie du Jury.

C et C′ étant des constantes. Pour avoir $\wp$ on a déterminé le rapport C : C′ par la condition que dans l'expression

$$F'(u)^2 = aF(u)^3 + bF(u)^2 + cF(u) + d,$$

$b = 0$. De cette façon, comme vous le remarquez, les racines de $\wp(u) = 0$ se dérobent et deviennent des fonctions transcendantes fort compliquées et non étudiées des périodes.

Mais j'oublie que je n'ai pas besoin de vous dire ces choses, j'admire votre courage d'entreprendre l'étude de $\wp(u)$ et des relations analytiques auxquelles elle donne lieu. Un de ces jours, je recommencerai à travailler un peu; je relirai d'abord ce que j'ai rédigé sur les fractions continues, puis je pousserai plus loin ce travail. En même temps je me propose de réfléchir sur les nombres algébriques. Dernièrement, à Paris, il m'est venu une idée sur ce sujet, et, quoique je n'aie pas grand espoir qu'elle mènera à un résultat, je dois, par acquit de conscience, examiner ce sujet.

J'espère, cher monsieur, que je continuerai à recevoir de bonnes nouvelles de vous, et que, dans la suite, je pourrai vous écrire des choses plus intéressantes.

Veuillez bien accepter la nouvelle assurance de mes sentiments d'affectueux dévouement.

381. — *HERMITE A STIELTJES.*

Flanville, par Noiseville (Lorraine), 26 août 1893.

Mon cher Ami,

J'avais espéré, en arrivant en Lorraine, me remettre au travail et prendre courage à l'ouvrage; mais jamais je ne me suis senti plus éloigné des mathématiques. Tout mon temps se passe à ne rien faire, ou bien à lire, ce qui revient au même; je ne puis même me décider à étudier les formules et propositions pour l'emploi de la théorie des fonctions elliptiques de M. Weierstrass, que j'ai emportées dans cette intention. Dans cette situation d'esprit, en me laissant aller à la rêverie, je me suis souvenu avoir autrefois songé aux fonctions de deux variables qui restent toujours de même signe pour toutes les valeurs réelles. Permettez-moi de vous indiquer un type analytique de ce genre d'expressions, qui est donné par la quantité $\frac{f(x)-f(y)}{x-y}$ en supposant que $f(x)$ varie dans le même sens que x. Il est clair que, si cette fonction croît avec la variable entre deux limites quelconques $x=a$ et $x=b$, la fraction considérée sera positive pour toutes les valeurs de x et y, à l'intérieur du rectangle que je figure, EFGH, compris entre les

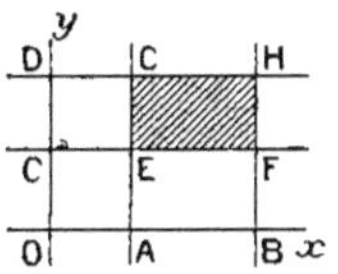

droites $x=a$, $x=b$ d'une part, $y=a$, $y=b$ de l'autre. Et il en sera de même pour la somme $\frac{f_1(x)-f_1(y)}{x-y}+\frac{f_2(x)-f_2(y)}{x-y}+\ldots$ d'un nombre fini ou infini de termes $\sum\frac{f(x)-f(y)}{x-y}$.

Je demande maintenant si tout polynome entier $F(x, y)$ positif à l'intérieur de ce rectangle peut se mettre sous une telle forme; mais j'en doute beaucoup et, après avoir quelque peu songé à chercher une méthode d'exhaustion pour y parvenir, j'ai renoncé à ma tentative : *telum imbelle sine ictu.*

Je désirerais vivement apprendre que vous vous êtes mis à rédiger ces recherches sur les fractions continues qui contiennent tant de beaux résultats et auxquelles je me suis vivement intéressé, non seulement par affection pour les fractions continues, mais pour être assuré que le régime de M. Daremberg et le bon air des Pyrénées vous ont rendu votre activité mathématique. C'est avec le plus grand plaisir que je lirai et étudierai ce que vous aurez écrit sur cette théorie que vos découvertes ont agrandie et transformée, et qui ne vous doit pas moins que celle de $\log\Gamma(x)$, que les polynomes de Legendre et autres encore.

Avec tous mes vœux, mon cher ami, pour que la bonne santé et les forces vous reviennent, et en vous renouvelant l'assurance de mon bien sincère et bien affectueux attachement.

382. — *HERMITE A STIELTJES.*

(*Carte postale.*)

Flanville (Lorraine), 27 août 1893.

Soit $\varphi(x, y) = (x-a)(x-b)(y-a)(y-b)$: l'expression d'une fonction de deux variables, positive à l'intérieur du rectangle est la somme $\sum \frac{f(x)-f(y)}{x-y}\varphi^n(x, y)$, les fonctions $f(x)$ variant dans le même sens, les entiers n étant arbitraires. On pourrait prendre encore des fonctions entières à coefficients positifs des quantités $\frac{f(x)-f(y)}{x-y}$. J'abandonne entièrement la question.

383. — *STIELTJES A HERMITE.*

Bagnères-de-Bigorre, 29 août 1893.

Cher Monsieur,

Je n'ai pas été plus vaillant que vous et je n'ose pas encore aborder des questions nouvelles. Cependant, puisque vous m'en donnez la permission, je vous enverrai prochainement quelques fragments sur les fractions continues. Quant à la question que vous soulevez dans votre dernière lettre, j'ai seulement remarqué qu'on peut vérifier immédiatement si, oui ou non, un polynome $F(x, y)$ peut se mettre sous la forme $\frac{f(x)-f(y)}{x-y}$, c'est-à-dire si $(x-y)F(x, y)$ est de la forme $f(x)-f(y)$. Cela n'arrive évidemment que dans des cas très particuliers. Mais avec vous, je crois qu'il faut abandonner la question; peut-être n'ai-je pas compris très bien votre intention.

Dans cette pénurie mathématique, j'ai consulté mes notes et j'y ai trouvé la remarque suivante :

Si, pour toutes les valeurs positives de a et pour $n = 0, 1, 2, 3, \ldots$ l'intégrale

$$\mathrm{I}(a, n) = \int_0^\infty x^n e^{-ax}\varphi(x)\,dx$$

a une valeur *positive* (ou *nulle*), alors la fonction $\varphi(x)$ (supposée continue) ne peut pas devenir négative entre $x = 0$ et $x = \infty$.

Soit en effet c un nombre positif quelconque : je vais montrer que

$$\varphi(c) \geqq 0.$$

Je pose $a = \frac{n}{c}$ et je considère l'intégrale

$$\sqrt{n}\left(\frac{e}{c}\right)^n \mathrm{I}\left(\frac{n}{c}, n\right) = \int_0^\infty \left(\frac{x}{c} e^{1-\frac{x}{c}}\right)^n \varphi(x)\, dx \sqrt{n}.$$

D'après l'hypothèse, cette expression est positive (ou nulle) pour $n = 0, 1, 2, 3, \ldots$, donc, si pour $n = \infty$ elle tend vers une limite (ce qui est le cas comme on le verra), cette limite est nécessairement positive (ou nulle).

La fonction $y = \frac{x}{c} e^{1-\frac{x}{c}}$ est toujours positive, plus petite que 1, excepté pour $x = c$; alors y est maximum $= 1$. Pour n très grand, y^n est donc sensiblement nulle, excepté dans le voisinage immédiat de $x = c$. Il s'ensuit qu'on peut remplacer sensiblement l'intégrale par

$$\sqrt{n}\int_{c-\delta}^{c+\delta} y^n \varphi(x)\, dx,$$

δ étant un nombre positif très petit. Pour $x = c(1 + u)$, on a sensiblement

$$y = (1 + u)e^{-u} = 1 - \frac{1}{2}u^2 \ldots = e^{-\frac{1}{2}u^2},$$

puisque u reste petit. Ainsi

$$\sqrt{n}\int_{c-\delta}^{c+\delta} y^n \varphi(x)\, dx = \sqrt{n}\int_{-\frac{\delta}{c}}^{+\frac{\delta}{c}} e^{-\frac{1}{2}nu^2} \varphi(c + cu) \quad c\, du$$

$$= \int_{-\frac{\delta}{c}\sqrt{n}}^{+\frac{\delta}{c}\sqrt{n}} e^{-\frac{1}{2}v^2} \varphi\left(c + c\frac{v}{\sqrt{n}}\right) c\, dv.$$

La limite pour $n = \infty$ est donc

$$= \int_{-\infty}^{+\infty} e^{-\frac{1}{2}v^2} \varphi(c) c\, dv = c\varphi(c)\sqrt{2\pi},$$

et puisque cette limite est positive ou nulle, j'en conclus

$$\varphi(c) \geqq 0 \qquad \text{C. Q. F. D.}$$

Vous voyez que j'ai simplement employé la méthode de Laplace pour évaluer avec approximation, pour n très grand, l'intégrale considérée. On peut rendre le raisonnement absolument rigoureux ; ce n'est pas bien difficile, mais un peu long à exposer. La conclusion subsiste si l'on sait seulement que $I(a, n)$ est $\geqq 0$ pour toutes les valeurs entières de n au-dessus d'une limite fixe, et pour toutes les valeurs de a au-dessus d'un nombre fixe.

J'avais imaginé cette proposition en vue d'une application à la théorie de la fonction Γ ; mais j'y ai rencontré une autre difficulté qu'il faudra examiner encore de plus près.

Veuillez bien me croire toujours, cher monsieur, votre affectueusement dévoué.

384. — *HERMITE A STIELTJES.*

Flanville, par Noiseville (Lorraine), 9 septembre 1893.

Mon cher Ami,

Je ne réussis pas à secouer ma torpeur ; je reste enlisé dans une extrême paresse ; mais je n'ai pu voir sans admiration votre méthode pour établir que la condition $\int_0^\infty x^n e^{-ax}\varphi(x)\,dx > 0$ pour $n = 1, 2, 3, \ldots$ entraîne que $\varphi(x)$ ne peut devenir négative entre $x = 0$ et $x = \infty$. Vous aurez évidemment un résultat tout pareil pour l'intégrale double $\int_0^\infty \int_0^\infty x^n y^m e^{-ax-by}\varphi(x, y)\,dx\,dy$ qui se démontrera de même ; serait-il aussi susceptible d'application comme celle que vous aviez en vue pour la fonction Γ et que je serais bien curieux de connaître.

Je répondrai à vos recherches profondes et pleines d'invention par des remarques d'écolier que voici :

On a identiquement

$$x - g = A(x - a) + B(b - x),$$

si l'on pose $A = \frac{b-g}{b-a}$, $B = \frac{a-g}{b-a}$ et de là résulte la transformation du polynome $F(x) = (x-g)(x-g')\ldots$ en une fonction homogène de $x-a$ et $b-x$. Changeons g successivement en g', $g''\ldots$ et désignons par A', B', A'', B'', etc., les valeurs correspondantes des quantités A et B, on aura l'expression suivante :

$$F(x) = [A(x-a)+B(b-x)][A'(x-a)+B'(b-x)]\ldots.$$

Ceci posé, admettons qu'on ait $a < b$ et que g, g', g'', etc., soient en dehors de l'intervalle $a \ldots b$; les constantes $A, A', A'', B, B', B''\ldots$ seront de même signe et en désignant par n le nombre des quantités g qui sont supérieures à b, il est clair qu'on peut écrire

$$F(x) = (-1)^n[G(x-a)^m + G_1(x-a)^{m-1}(b-x) + \ldots + G_n(b-x)^m],$$

m étant le degré du polynome, les coefficients $G, G_1, \ldots, G_n$ étant tous positifs. Il est mis ainsi en évidence que $F(x)$ conserve le même signe pour les valeurs de x qui sont comprises entre a et b. Pour aller plus loin et considérer le cas où $F(x)$ aurait des racines imaginaires, soit

$$(x-\alpha)^2 + \beta^2 = A(x-a)^2 + B(x-a)(b-x) + C(b-x)^2,$$

on trouve aisément

$$\begin{aligned} (a-\alpha)^2 + \beta^2 &= A(b-a)^2, \\ 2[(a-\alpha)(b-\alpha) + \beta^2] &= B(b-a)^2, \\ (b-\alpha)^2 + \beta^2 &= C(b-a)^2. \end{aligned}$$

Les coefficients A et C sont donc positifs et il en sera de même de B, sous la condition

$$(a-\alpha)(b-\alpha) + \beta^2 > 0.$$

Considérons le cercle $(a-x)(b-x) + y^2 = 0$. Son centre est

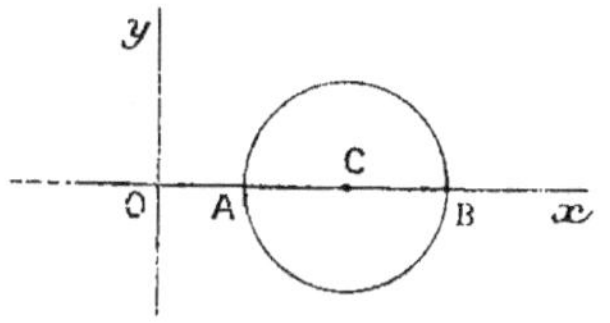

sur l'axe des x qu'il coupe aux points A et B tels qu'on ait $OA = a$,

$OB = b$. La condition posée revient à dire que les racines $\alpha \pm i\beta$ sont en dehors de ce cercle. Si elle est remplie pour toutes les racines, la multiplication du produit des facteurs réels par les facteurs qui correspondent aux racines imaginaires conjuguées, donnera un polynome homogène en $x - a$ et $b - x$ dont tous les coefficients seront encore de même signe. Vous voyez aussi que la condition relative aux racines imaginaires entraîne celle qui correspond aux racines réelles g, g', g'', ...

Chemin faisant, j'ai remarqué que l'équation suivante :

$$A(x-a)^2 + B(x-a)(b-x) + C(b-x)^2 + D(x-a) + E(b-x) + F = 0,$$

d'une forme un peu plus générale, étant supposée avoir des racines imaginaires, suivant que la quantité suivante

$$\frac{B(b-a)^2 + (E+D)(B-a) + 2F}{A - B + C}$$

sera négative ou positive, les racines seront à l'intérieur ou à l'extérieur du cercle considéré plus haut : *nugæ analyticæ !*

J'avais cru un moment que tout polynome $F(x, y)$ qui conserve le même signe sous les conditions $x < b$, $x > a$, et $y < b'$, $y > a'$ peut se mettre sous la forme

$$F(x, y) = \Sigma G(x-a)^{\alpha}(b-x)^{\beta}(y-a')^{\alpha'}(b'-y)^{\beta'},$$

les coefficients G étant tous de même signe; mais, d'après ce qui précède, il est clair qu'il faut y renoncer.

Vous souvenez-vous que lorsque vous êtes venu à la maison, un mardi du commencement de juillet, des charges de cavalerie parcouraient le boulevard; l'émeute grondait et a empêché de venir ma petite-fille et son fiancé que nous attendions à dîner. N'ayant pu vous les présenter à cause des circonstances, permettez-moi de me dédommager en vous envoyant leur photographie; ....
....
....

En attendant des nouvelles de votre station pyrénéenne et en vous renouvelant, mon cher ami, l'assurance de mon bien affectueux attachement.

385. — *STIELTJES A HERMITE.*

Bagnères-de-Bigorre, 12 septembre 1893.

Cher Monsieur,

Depuis quelque temps déjà je me faisais des reproches de ne pas vous avoir envoyé quelque chose sur les fractions continues comme je l'avais promis. Mais, quoique je ne doive pas me plaindre et que je me porte assez bien, je n'ai aucun goût pour le travail, et, ce travail, qui m'a demandé tant de réflexions, ne me disait plus rien. Je m'arrache enfin à ma paresse et, en effet, je deviendrais trop coupable si je ne le faisais pas après votre dernière lettre. Laissez-moi donc, d'abord, vous remercier vivement de m'avoir envoyé cette photographie de M. et Mme Petit; cela a causé aussi à ma femme autant de plaisir qu'à moi. Je suppose que la maison qui est au fond est votre habitation à Flanville.

Dans les feuilles que je vous envoie ci-joint et que vous pouvez garder, il n'y a encore rien de nouveau, si ce n'est la cinquième, mais je vous enverrai peu à peu la suite.

Il me serait difficile, en ce moment, de vous parler de l'application à la fonction Γ du théorème de ma dernière lettre, et je vous demande la permission de revenir plus tard sur ce sujet, lorsque je serai de retour à Toulouse, où sont mes notes.

Vous vous rappelez peut-être, et vous verrez bientôt comment, que les fractions continues m'ont conduit à une infinité de fonctions $f(x)$ (non identiquement nulles) telles que

$$\int_0^\infty x^n f(x)\,dx = 0 \qquad (n = 0, 1, 2, 3, \ldots).$$

L'exemple le plus simple de ces fonctions est

$$e^{-\sqrt[4]{x}} \sin(\sqrt[4]{x}).$$

J'ai remarqué que, si l'on remplace la limite supérieure par un nombre fixe a, on ne peut pas avoir

$$\int_0^a x^n f(x)\,dx = 0,$$

sans qu'on ait identiquement $f(x)=0$. En effet, supposons $f(b)>0$, b étant un nombre quelconque entre o et a, et considérons l'intégrale

$$\int_0^a \left[1-\frac{(x-b)^2}{M}\right]^n f(x)\,dx,$$

M étant une constante positive assez grande pour que $1-\frac{(x-b)^2}{M}$ reste positif entre o et a.

Lorsque n est très grand, $\left[1-\frac{(x-b)^2}{M}\right]^n$ est sensiblement nul dans tout l'intervalle $(0, a)$, à l'exception du voisinage immédiat de $x=b$. Dès lors, en supposant $f(b)>0$ et $f(x)$ continue dans le voisinage de $x=b$, il est clair que l'intégrale sera >0 pour n très grand. Or l'intégrale doit être nulle; donc on ne saurait avoir $f(b)>0$ et, de la même façon, on voit que $f(b)$ ne peut pas être négatif; donc $f(b)=0$. C. Q. F. D.

Vous voyez aussi pourquoi le raisonnement ne s'applique plus au cas $a=\infty$, car alors il est impossible de déterminer le nombre M de façon convenable.

Je réfléchis de temps en temps sur ces fonctions paradoxales (c'est ainsi que je les désigne provisoirement) $f(x)$ telles que

$$\int_0^\infty x^n f(x)\,dx=0 \qquad (n=0, 1, 2, \ldots);$$

j'espère arriver à démontrer qu'il existe toujours une infinité de fonctions paradoxales qui coïncident dans l'intervalle $(0, a)$ avec une fonction arbitraire donnée.

Je m'aperçois en ce moment que le théorème $f(x)=0$ lorsque $\int_0^a x^n f(x)\,dx$ $(n=0, 1, 2, \ldots)$ pourrait se démontrer encore ainsi. Soit

$$F(z)=\int_0^a \frac{f(x)\,dx}{z-x},$$

$F(z)$ sera uniforme dans tout le plan, avec la coupure $(0, a)$. Pour $|z|>a$, $F(z)$ peut se développer en série $\frac{c_0}{z}+\frac{c_1}{z_2}+\ldots$; mais $c_i=0$; donc $F(z)=0$ pour $|z|>a$, donc $F(z)$ partout nulle, même dans le voisinage immédiat de la coupure. En appliquant alors votre résultat sur la différence des valeurs de $F(x)$ aux deux côtés de la coupure, on retombe sur $f(b) = 0$. C. Q. F. D.

Veuillez bien me croire toujours votre affectueusement dévoué.

P. S. — Au dernier moment, je remets à demain l'envoi des feuilles sur les fractions continues, voulant ajouter quelque chose.

386. — *STIELTJES A HERMITE.*

Bagnères-de-Bigorre, rue Haute-du-Pouey, 23 septembre 1893.

Cher Monsieur,

Je continue à vous inonder de ma prose, et je n'ai pas fini, le cas où la série $a_1 + a_2 + \ldots$ est divergente exigeant un siège en règle et des travaux d'approche.

J'ai réfléchi sur vos tentatives de mettre un polynome sous une forme telle qu'on reconnaît immédiatement le signe qu'il a dans un certain intervalle, mais je n'ai pas su pousser plus loin.

Voici une observation bien simple, qui met en évidence une infinité de fonctions paradoxales d'un genre particulier.

Soit $f(x)$ une fonction *impaire* et *périodique*

$$f(-x) = -f(x), \qquad f\left(x + \frac{1}{2}\right) = \pm f(x).$$

Alors l'intégrale

$$\int_0^\infty x^n x^{-\log x} f(\log x)\, dx$$

est nulle non seulement pour $n = 0, 1, 2, 3, 4, \ldots$ mais encore pour $n = -1, -2, -3, -4, \ldots$.

Pour s'en convaincre il suffit de remarquer que

$$\int_{-\infty}^{+\infty} e^{-u^2} f(u)\, du = 0,$$

et d'employer la substitution

$$u = -\frac{n}{2} + \log x.$$

Veuillez bien me croire toujours votre affectueusement dévoué.

P. S. — Le 1er octobre, nous rentrerons à Toulouse.

Si l'on a

$$f\left(x+\frac{1}{2}, y\right)=\pm f(x, y), \qquad f\left(x, y+\frac{1}{2}\right)=\pm f(x, y),$$

si, de plus, l'intégrale

$$\int_{-\infty}^{+\infty}\int_{-\infty}^{+\infty} e^{-x^2-y^2} f(x, y)\, dx\, dy$$

est nulle, ce qui arrivera, par exemple, lorsque $f(x, y)$ est impaire soit par rapport à l'une des variables x ou y, ou bien par rapport à x et y simultanément,

$$f(-x, y)=-f(x, y)$$

ou

$$f(x, -y)=-f(x, y),$$

ou

$$f(-x, -y)=-f(x, y),$$

alors l'intégrale double

$$\int_0^{\infty}\int_0^{\infty} x^m y^n x^{-\log x} y^{-\log y} f(\log x, \log y)\, dx\, dy$$

est nulle pour toutes les valeurs entières positives ou négatives de m et n, $f(x, y)=\sqrt[3]{\sin 2\pi(x+y)}$ par exemple.

387. — *STIELTJES A HERMITE* (1).

3 octobre 1893.

. . . .

P. S. — En écrivant la fraction continue sous la forme

$$\cfrac{b_0}{z+\cfrac{b_1}{1+\cfrac{b_2}{z+\ddots}}}, \qquad b_m=\frac{1}{a_m a_{m+1}},$$

on a

$$\begin{aligned} b_0 &= x^{m^2}, \\ b_{2n} &= x^{2m+2n-1}(x^{2n}-1), \\ b_{2n+1} &= x^{2m+4n+1}. \end{aligned}$$

(1) Le commencement de cette lettre manque.

Pour $m = \frac{1}{2}$, $z = -1$, je retrouve en effet une formule équivalente à celle-ci d'Eisenstein :

$$1 + x + x^3 + x^6 + x^{10} + \ldots = \cfrac{1}{1 - \cfrac{x}{1 - \cfrac{x^2 - x}{1 - \cfrac{x^3}{1 - \cfrac{x^4 - x^2}{1 - \ldots}}}}}$$

388. — *HERMITE A STIELTJES.*

Flanville (Lorraine), 5 octobre 1893.

Mon cher Ami,

Votre travail sur les fractions continues sera l'un des plus considérables et des plus beaux que vous ayez produits. C'est un vaste champ entièrement nouveau que vous avez ouvert à l'Algèbre et à l'Analyse et, sans avoir pu encore suffisamment réfléchir sur tant de résultats que vous avez découverts, les questions se présentent en foule à mon esprit. J'appellerai seulement votre attention sur un mode de formation des réduites auquel j'ai été amené en m'occupant de l'approximation maximum par des polynomes X, X_1, X_2 de degrés donnés de l'expression

$$SX + S'X_1 + S''X_2.$$

Je me suis demandé, en présence de ces merveilleuses propriétés que vous venez de tirer de l'expression

$$\cfrac{1}{a_1 z + \cfrac{1}{a_2 + \cfrac{1}{a_3 z + \cfrac{1}{\ddots}}}},$$

où les a_n sont positifs, s'il n'y aurait pas lieu de les rechercher *mutatis mutandis* dans le domaine voisin où le hasard m'a conduit et que je vais vous indiquer.

J'opère sur les séries entières en x,

$$S = \alpha + \beta x + \gamma x^2 + \ldots,$$
$$S' = \alpha' + \beta' x + \gamma' x^2 + \ldots,$$

en déterminant deux binomes du premier degré A, B et deux constantes a, b de manière à avoir

$$\begin{aligned} SA + S'a &= S_1 x^2, \\ Sb + S'B &= S'_1 x^2, \end{aligned}$$

en désignant par S_1 et S'_1 deux nouvelles séries semblables aux premières. Soit ensuite

$$\begin{aligned} S_1 A_1 + S'_1 a_1 &= S_2 x^2, \\ S_1 b_1 + S'_1 B_1 &= S'_2 x^2, \end{aligned}$$

et continuons ce système d'opérations de manière à déduire successivement de S et S' les séries

$$\begin{array}{llll} S_1, & S_2, & \ldots, & S_{n+1}, \\ S'_1, & S'_2, & \ldots, & S'_{n+1}. \end{array}$$

On obtient, par suite, les relations

$$\begin{aligned} SP + S'P' &= S_{n+1} x^{2n+2}, \\ SQ + S'Q' &= S'_{n+1} x^{2n+2}, \end{aligned}$$

où P, P', Q, Q' sont des polynomes des degrés $n+1$, n, n, $n+1$. On trouve aussi très facilement que l'on a

$$PQ' - QP' = cx^{2n+2},$$

c étant une constante; on voit enfin qu'en déterminant p et q de manière que le terme indépendant de x disparaisse dans la somme $pS_{n+1} + qS'_{n+1}$ et posant

$$Pp + Qq = X, \qquad P'p + Q'q = X_1,$$

on a

$$SX + S'X_1 = qx^{2n+2} + \ldots.$$

C'est donc un autre mode de formation des réduites et, de même, on peut parvenir à celles que M. Padé a considérées dans sa Thèse de doctorat, de manière que le degré de X surpasse de m unités le degré de X_1. Soit E la partie entière de développement de $\frac{S'}{S}$, arrêtée au terme en x^{m-1}, nous aurons

$$SE - S' = S_0 x^m.$$

Cela étant, il suffit d'appliquer l'équation précédente à S_0 et S.

Formons ainsi les relations

$$\begin{aligned} SP + S_0 P' &= S_{n+1} x^{2n+2}, \\ SQ + S_0 Q' &= S'_{n+1} x^{2n+2}, \end{aligned}$$

on en conclut aisément

$$\begin{aligned} S(Px^m + P'E) - S'P' &= S_{n+1} x^{m+2n+2}, \\ S(Qx^m + Q'E) - S'Q' &= S^0_{n+1} x^{m+2n+2}. \end{aligned}$$

Déterminons encore p et q par la condition

$$S_{n+1} p + S^0_{n+1} q = S'_{n+1} x,$$

et soit

$$\begin{aligned} X &= (Pp + Qq)x^m + (P'p + Q'q)E, \\ X_1 &= P'p + Q'q, \end{aligned}$$

nous aurons la relation cherchée

$$SX - S'X_1 = S'_{n+1} x^{m+2n+2}.$$

L'ordre d'approximation maximum est obtenu avec deux polynomes des degrés $m + n + 1$ et $n + 1$.

Voulant, mon cher ami, répondre sans retard à votre appel amical, je vous envoie, avec le fruit médiocre de mon médiocre effort de ces derniers jours mes plus vives félicitations pour vos belles découvertes, avec tous mes vœux pour votre prochain séjour sur la terre d'Afrique. Votre grande activité mathématique me donne les meilleures espérances que vous êtes en pleine voie de guérison. A mon retour à Paris, à la fin de la semaine prochaine, je me réserve de vous écrire plus au long.

En attendant recevez la nouvelle assurance de mes sentiments de l'affection la plus sincère et la plus dévouée.

389. — *HERMITE A STIELTJES.*

Paris, 19 octobre 1893.

MON CHER AMI,

Me voici, à mon grand regret, revenu à Paris; je n'ai plus le calme ni la tranquillité de la campagne et, au lieu des arbres et de la verdure que j'aimais à avoir sous les yeux, je n'aperçois partout que des drapeaux qui flottent aux fenêtres, drapeaux français et russes qui décorent la Sorbonne où, demain, nous aurons la visite de l'amiral Avelane.

....

Pendant les dernières semaines des vacances, j'ai quelque peu secoué la torpeur du commencement; j'ai rédigé un article pour m'acquitter d'un engagement que j'avais pris, et, comme précédemment, je vous l'enverrai aussitôt pour que vous voyiez s'il y aurait lieu de le reproduire dans vos *Annales*. Désirant vous fournir une occasion de m'apprendre comment vous vous trouvez depuis votre retour à Toulouse, je viens vous faire part d'un point que j'y ai traité et qui touche d'assez près à ce qui vous occupe. Sans pénétrer comme vous, en vainqueur, dans la théorie des fractions continues algébriques, je reste dans son voisinage en poursuivant toujours des tentatives d'extension qui me font sentir plus vivement que jamais la difficulté du sujet. Voici toutefois une remarque.

Soient S et S′ deux séries de cette forme $\frac{\alpha}{x} + \frac{\beta}{x^2} + \frac{\gamma}{x^3} + \ldots$, on peut déterminer des polynomes entiers P et Q des degrés m et n par la condition que dans la quantité $SP + S'Q$ les termes en $\frac{1}{x}$, $\frac{1}{x^2}$, ..., $\frac{1}{x^{m+n+1}}$ manquent. On aura donc, en désignant par E la partie entière de cette expression, l'égalité suivante

$$SP + S'Q - E = \frac{\varepsilon}{x^{m+n+2}} + \frac{\varepsilon'}{x^{m+n+3}} + \ldots.$$

Cela étant, je considère les relations semblables où, le degré de Q restant fixe, le polynome P, de degré m, devient successivement des degrés $m+1$, $m+2$ et $m+3$. On aura donc

$$SP_1 + S'Q_1 - E_1 = \frac{\varepsilon_1}{x^{m+n+3}} + \ldots,$$

$$SP_2 + S'Q_2 - E_2 = \frac{\varepsilon_2}{x^{m+n+4}} + \ldots,$$

$$SP_3 + S'Q_3 - E_3 = \frac{\varepsilon_3}{x^{m+n+5}} + \ldots,$$

et vous allez voir que cette supposition que les degrés de Q, Q_1,

Q_2, Q_3 restent tous égaux à n ouvre un rapprochement avec la théorie des fractions continues algébriques.

Posons, en effet,

$$P_3 = \lambda P + \lambda_1 P_1 + \lambda_2 P_2,$$
$$Q_3 = \lambda Q + \lambda_1 Q_1 + \lambda_2 Q_2,$$
$$E_3 = \lambda E + \lambda_1 E_1 + \lambda_2 E_2,$$

en désignant par (PQ_1E_2) le déterminant $\begin{vmatrix} P & P_1 & P_2 \\ Q & Q_1 & Q_2 \\ E & E_1 & E_2 \end{vmatrix}$, on aura

$$\lambda(PQ_1E_2) = (P_3Q_1E_2), \qquad \lambda_1(PQ_1E_2) = PQ_3E_2, \qquad \lambda_2(PQ_1E_2) = (PQ_1E_3).$$

Or, il est aisé d'obtenir le degré en x des divers déterminants qui figurent dans ces formules. Pour un instant, je fais

$$(P_1Q_2) = P_1Q_2 - P_2Q_1, \qquad (P_1Q_3) = P_1Q_3 - P_3Q_1, \qquad \ldots,$$

il est clair que l'on a

$$(PQ_1E_2) = (P_1Q_2)\left(\frac{\varepsilon}{x^{m+n+2}} + \ldots\right) + (PQ_2)\left(\frac{\varepsilon_1}{x^{m+n+3}} + \ldots\right) + (PQ_1)\left(\frac{\varepsilon_2}{x^{m+n+4}} + \ldots\right),$$

et comme les degrés de (P_1Q_2), (PQ_2), (PQ_1) sont respectivement $m+n+2$, $m+n+2$, $m+n+1$, on arrive à ce résultat important que le déterminant (PQ_1E_2) est une simple constante. Je dis ensuite qu'il en est de même pour $(P_3Q_1E_2)$; les deux déterminants ont, en effet, la même composition analytique; on passe du premier au second par le changement de m en $m+1$.

J'envisage en dernier lieu (PQ_3E_2) et (PQ_1E_3). On a d'abord

$$(PQ_3E_2) = (PQ_3)\left(\frac{\varepsilon_2}{x^{m+n+4}} + \ldots\right) + (PQ_2)\left(\frac{\varepsilon_3}{x^{m+n+4}} + \ldots\right) + (P_2Q_3)\left(\frac{\varepsilon}{x^{m+n+3}} + \ldots\right).$$

Le dernier terme, qui est du degré le plus élevé, est simplement du premier degré, et, de la même manière, on prouverait qu'il en est pareillement de (PQ_1E_3). Dans l'échelle de récurrence, λ est donc une constante; λ_1, λ_2 sont des binomes du premier degré.

Je vais partir avec Mme Hermite pour une promenade en voiture sur les boulevards, afin que nous ne restions pas étrangers à ce qui se passe autour de nous.

Adieu, cher ami, avec l'assurance de ma sincère et constante affection.

390. — *HERMITE A STIELTJES* (¹).

Paris, 4 novembre 1893.

MON CHER AMI,

....

Je vous ai déjà dit que M. Lerch est un de vos admirateurs; une lettre que je viens de recevoir m'exprime encore le même sentiment pour vous en m'apprenant que M. Gilbert avait obtenu, avant que vous l'eussiez publié, l'expression du terme complémentaire de la formule de Stirling par la formule

$$J(a) = \sum \int_0^1 \frac{\frac{1}{2} - x}{a + n + x}\, dx.$$

Mais je ne crois pas que le géomètre de Louvain en ait tiré la conclusion si importante et qui vous est entièrement due, que $J(a)$ est une fonction uniforme dans tout le plan, avec la partie négative de l'axe des x pour coupure.

J'ai été on ne peut plus content d'apprendre que vous avez eu une traversée agréable de Marseille à Alger, et que vous arrivez en bonne disposition pour rédiger vos découvertes sur la théorie des fractions continues algébriques. J'y prends le plus vif intérêt, avec le regret de ne pouvoir marcher sur vos traces; mais je suis comme enlizé dans certaines questions que je sens la nécessité de tirer au clair sans cependant pouvoir croire qu'elles aient quelque importance. Il serait trop long de vous conter comment, par exemple, je suis conduit à étudier toutes les approximations maxima d'une fonction par la série entière des fractions dont le dénominateur est de degré fixe, les degrés des numérateurs prenant toutes les valeurs possibles, en cherchant des lois de récurrence pour les obtenir.

(¹) *Note des éditeurs.* — Il semble que cette lettre soit une réponse à une lettre de Stieltjes que nous n'avons pas retrouvée.

L'origine s'en trouve dans un travail que j'ai envoyé à M. Pincherle, pour répondre à une demande qu'il m'avait faite depuis longtemps. Je pensais qu'il serait publié dans les *Mémoires de Bologne* et je vous avais prié . . . . de le reproduire dans les *Annales de Toulouse;* mais voilà qu'il a plu à M. Pincherle de changer d'idée et de l'envoyer à M. Brioschi pour les *Annales de Milan*. Mais je ne me priverai point de vous en envoyer une épreuve avec l'espérance d'obtenir quelques remarques de vous qui y trouveraient leur place à mon grand plaisir.

Avec tous mes vœux, mon cher ami, pour que le beau soleil de l'Afrique vous vienne en aide pour votre santé et pour votre travail, et non sans envier le calme et la tranquillité de votre séjour loin de la vie troublée de Paris, je vous prie de croire toujours à mon plus sincère et affectueux dévouement.

391. — *HERMITE A STIELTJES* (¹).

Paris, 16 novembre 1893.

Mon cher Ami,

Je suis bien préoccupé de la nouvelle phase de l'affection dont vous souffrez, et j'attends avec impatience d'apprendre si l'amaigrissement se sera arrêté sous l'influence du climat sur laquelle je compte extrêmement et dont vous avez déjà ressenti le bon effet l'année dernière.

Vous voulez bien me demander les épreuves de mon article des *Annali,* soyez sûr qu'il n'y a personne au monde à qui je désire plus les communiquer qu'à vous, mais M. Brioschi ne me les a pas encore envoyées; aussitôt qu'elles me parviendront, elles vous seront expédiées. En attendant, quelques mots sur les fractions continues ordinaires et le point de vue auquel je me suis trouvé amené, sans en avoir aucunement tiré l'idée de mon propre fonds. Je crois déjà vous avoir dit que je considère l'ensemble des fractions convergentes dont l'un des termes, le dénominateur par exemple, est de degré fixe, le degré de l'autre terme prenant toutes

(¹) *Note des éditeurs.* — Cette lettre est comme la précédente une réponse à une lettre perdue de Stieltjes.

les valeurs possibles. Il est très nécessaire de justifier en quelque manière un tel point de vue; voici ce que je puis dire. Désignant toujours par S, S', S_1, S'_1, etc., des séries entières en x

$$\alpha + \alpha' x + \alpha'' x^2 + \ldots,$$

par A et B des polynomes entiers des degrés a et b, je les détermine par la condition

$$SA + S'B = x^{a+b+1} S_1,$$

à laquelle on peut toujours satisfaire et, en général, d'une seule manière. Pour cela je développe le quotient $\frac{S'}{S}$ et j'égale à zéro, dans le produit $\frac{S'}{S}B$, les termes en x^{a+1}, x^{a+2}, ..., x^{a+b}, ce qui donne B. Le polynome A résulte de ce calcul; il est représenté par l'ensemble des termes jusqu'en x^a qui précèdent dans le même produit. Ceci posé, je change b en $b+1$, a conservant la même valeur, on aura ainsi la nouvelle égalité

$$SA_1 + S'B_1 = x^{a+b+2} S_2.$$

Multiplions la première relation par gx, la seconde par $hx + h'$ et ajoutons, nous aurons, par suite,

$$S[Agx + A_1(hx + h')] = x^{a+b+2}[S_1 g + S_2(hx + h')].$$

Je dispose maintenant de g, h, h', d'une part en faisant disparaître le coefficient de x^{a+1} dans le coefficient de S et ensuite par la condition que la série

$$S_1 g + S_2(hx + h')$$

contienne x en facteur. Soit alors

$$\begin{aligned} A_2 &= Agx + A_1(hx + h'), \\ B_2 &= Bgx + B_1(hx + h'), \\ S_3 x &= S_1 g + S_2(hx + h'), \end{aligned}$$

on obtient l'égalité

$$SA_2 + S'B_2 = x^{a+b+3} S_3,$$

où A_2 est du degré a, et B_2 du degré $b+2$. Nous avons donc l'algorithme qui permet de former la suite indéfinie des polynomes A et B, parmi lesquels, pour $a = b$, les deux termes de la fraction convergente dans la théorie habituelle.

Il vous sera bien difficile de ne point trouver cette considération véritablement enfantine; elle me sert néanmoins de base pour étendre la théorie des fractions continues et obtenir les polynomes A, B, C de degrés a, b, c, satisfaisant à la condition d'approximation maximum

$$SA + S'B + S''C = x^{a+b+2}S_1.$$

J'en ai fait l'application à un exemple

$$e^{\alpha x}A + e^{\beta x}B = x^{a+b+1}S_1.$$

On a, dans ce cas,

$$h = \frac{1}{b+2},$$
$$h' = \frac{a+b-2}{(b+2)(\alpha-\beta)},$$
$$g = -\frac{1}{(b+2)(\alpha-\beta)}.$$

En attendant impatiemment de vos nouvelles et en vous priant, mon cher ami, de croire toujours à mon affectueux dévouement.

392. — *HERMITE A STIELTJES* (1).

Paris, 9 décembre 1893.

Mon cher Ami,

Je reçois avec le plus vif plaisir les nouvelles plus favorables que vous me donnez de votre santé; vous avez prévenu mon intention et je n'attendais pour les réclamer que l'envoi des épreuves de Milan qui, après avoir bien tardé, m'est parvenu, mais malheureusement en un seul et unique exemplaire. Tandis qu'ici M. Gauthier-Villars en donne toujours plus qu'il est nécessaire, la parcimonie de l'éditeur des *Annali* me prive du lecteur le plus amical et du meilleur des juges dont je voulais par-dessus tout avoir l'avis

---

(1) *Note des éditeurs.* — Cette lettre est également une réponse à une lettre perdue de Stieltjes.

sur mon travail. J'espère cependant que ce n'est qu'un retard et avoir les deux exemplaires de l'épreuve corrigée dont j'ai fait la demande. Vous m'avez déjà tout réconforté en regardant comme non inutile la considération à laquelle je me suis trouvé conduit de la série d'approximations maxima de la fonction linéaire $SP + S'Q$, où l'un des coefficients garde le même degré. J'en avais besoin, me sentant mécontent du résultat de mes recherches; je ne puis, en toute vérité, y voir qu'une ébauche, n'ayant pas eu comme vous le bonheur de faire jaillir une source féconde de belles propositions qui franchissent les limites de l'Algèbre pour enrichir l'Analyse. Dans une addition que je vais rédiger, je mettrai votre remarque extrêmement intéressante sur les racines des polynomes multiplicateurs $X_1, X_2, \ldots$ qui donnent l'approximation maximum de la quantité

$$X_1 \int_{\zeta_1}^{\zeta_2} \frac{dz}{x-z} + X_2 \int_{\zeta_2}^{\zeta_3} \frac{dz}{x-z} + \ldots + X_n \int_{\zeta_n}^{\zeta_{n+1}} \frac{dz}{x-z} - E,$$

envisagée par rapport aux puissances descendantes de x, E désignant un polynome entier, et où l'on suppose

$$\zeta_1 < \zeta_2 < \ldots < \zeta_{n+1}.$$

Elle a été accueillie avec admiration par M. Pincherle à qui je l'ai communiquée, et il m'est impossible de ne pas être absolument de son avis. Je me permettrai de vous indiquer un point sur lequel je me suis rencontré avec M. Tchebichef, à qui j'en ai écrit, craignant de n'avoir fait que retrouver sa méthode, n'ayant pas à Flanville son Mémoire sur les expressions approchées linéaires par rapport à deux polynomes, qui a été traduit du russe dans le tome I, année 1877, du *Bulletin* (¹). Sa réponse m'a rassuré en m'apprenant que mon procédé est essentiellement différent; le voici en quelques mots. Il s'agit d'obtenir les polynomes A et B, des degrés a et b, tels qu'on ait

$$SA + S'B + cS'' = x^{a+b+2} S_1, \tag{1}$$

c étant une constante. J'emploie comme auxiliaires les quantités P

(¹) Voir *Bulletin des Sciences mathématiques et astronomiques*, 2ᵉ série, t. I, 1877, p. 289-312.

et Q des degrés a et $b+1$, pour lesquelles on a

$$SP + S'Q = x^{a+b+2} S_0,$$

puis une constante λ déterminée par la condition que le terme constant disparaisse dans la série $S_1 + \lambda S_0$.

En posant

$$A_1 = A + \lambda P, \quad B_1 = B + \lambda Q, \qquad x S_2 = S_1 + \lambda S_0,$$

on obtient ainsi deux nouveaux polynomes de degrés a et $b+1$ qui satisfont à la condition semblable

$$SA_1 + S'B_1 + c S'' = x^{a+b+3} S_2.$$

Cela étant, soient E et E_1 les parties entières jusqu'aux termes en x^a, des deux séries $-\frac{S''}{S}$ et $-\frac{S'}{S}$, on a les égalités

$$SE + S'' = x^{a+1} S_1,$$
$$SE_1 + S' = x^{a+1} S_0.$$

En les prenant pour point de départ, elles permettent d'obtenir, de proche en proche, toute la série des polynomes qui satisfont à la condition (1) où le degré de A est fixe et égal à a.

Vous avez maintenant l'origine de ma considération des fractions convergentes dont un terme est de degré fixe; faute de mieux et avec la plus médiocre satisfaction, je l'emploie également dans la question générale où il s'agit d'obtenir les polynomes A, B, C, des degrés a, b, c, pour lesquels on a

$$SA + S'B + S''C = x^{a+b+c+2} S_1,$$

je suppose a et b fixes, et je cherche la série indéfinie des polynomes C de degrés 0, 1, 2, ...

Courage et bon espoir, mon cher ami; le soleil reviendra; vous sortirez, vous retrouverez vos forces en vous promenant et votre bon génie vous murmurera à l'oreille de nouvelles découvertes. En vous envoyant encore tous mes vœux et l'assurance de ma bien sincère et cordiale affection.

393. — *STIELTJES A HERMITE.*

Mustapha, hôtel Saint-Georges, 28 décembre 1893.

CHER MONSIEUR,

Quoique le temps soit toujours peu favorable, je n'ai pas à me plaindre de l'état de ma santé. Cette fin d'année a été bien pluvieuse ici : il est tombé plus du double de l'eau qui est tombée dans la même période de 1892. Je pousse toujours mon travail sur les fractions continues, simplifiant par-ci par-là quelques démonstrations; je suis du reste comme les enfants qui sont faciles à contenter, et dont la main est vite remplie, comme on dit en hollandais. Il m'arrive aussi que mes efforts échouent et je vais vous dire quelques mots d'un cas de ce genre qui m'est arrivé ces jours-ci, quoique ce que j'ai à dire soit bien médiocre.

Soit $F(x) = \sum_{-\infty}^{+\infty} a_n x^n$ une série convergente tant que $|x|$ reste compris entre deux nombres positifs α et $\beta > \alpha$. On sait que, dans le domaine de convergence, $F(x)$ est une fonction analytique, et si l'on a $F(x) = 0$ pour toutes les valeurs *réelles* $\alpha \leqq x \leqq \beta$, il s'ensuit que $F(x)$ est identiquement nulle et $a_n = 0$.

Cela étant, je me suis demandé : si l'on sait seulement que l'on a

$$|F(x)| < \varepsilon \qquad \text{pour} \qquad \alpha \leqq x \leqq \beta;$$

peut-on en conclure quelque limitation pour les coefficients a_n, obtenir une limite supérieure de $|a_n|$ qui décroisse indéfiniment avec ε?

S'il en était ainsi, ce théorème me serait extrêmement utile dans ma théorie des fractions continues et me permettrait de supprimer d'un coup toute une longue série de considérations bien délicates et bien difficiles à exposer.

Malheureusement il n'en est rien; la condition $|F(x)| < \varepsilon$ n'empêche pas un coefficient déterminé a_k d'avoir une valeur donnée arbitrairement. Vous voyez que j'échoue piteusement, il faut abandonner cette idée et chercher autre chose.

Voici comment j'ai reconnu ce que je viens d'avancer. Je dis plus généralement qu'on peut trouver des séries *toujours convergentes*

$$F(x) = \sum_{-\infty}^{+\infty} a_n x^n,$$

telles que $|F(x)| < \varepsilon$ pour toute valeur réelle de x, un coefficient déterminé a_k ayant une valeur donnée, par exemple $a_k = 1$.

Soit d'abord

$$F(x) = e^{-c\left(x^2+\frac{1}{x^2}\right)} = a_0 + \sum_{1}^{\infty} a_n (x^{2n} + x^{-2n}).$$

On a $F(x) \leqq e^{-2c}$ et, en prenant c assez grand, on peut rendre $e^{-2c} < \varepsilon$. Ensuite on reconnaît que a_0, a_1, a_2, a_3, ... sont très grands lorsque c est très grand :

$$a_0 = 1 + c^2 + \frac{c^4}{1^2 . 2^2} + \frac{c^6}{1^2 . 2^2 . 3^2} + \ldots,$$

$$-a_1 = c + \frac{c^3}{1 . 1 . 2} + \frac{c^5}{1 . 2 . 1 . 2 . 3} + \ldots,$$

etc.

En divisant donc par a_k on obtient une série dans laquelle le coefficient de x^{2k} est 1, et qui reste aussi voisine de zéro qu'on veut, pour toute valeur réelle de x.

Pour avoir une série de même nature, mais qui soit (est) une fonction impaire de x, j'ai été obligé de recourir à un procédé plus artificiel. Je considère les fonctions

$$\sin x \qquad = x + \sum_{1}^{\infty} (-1)^n a_n^1 x^{2n+1} = f_1(x),$$

$$\sin[f_1(x)] \quad = x + \sum_{1}^{\infty} (-1)^n a_n^2 x^{2n+1} = f_2(x),$$

$$\sin[f_2(x)] \quad = x + \sum_{1}^{\infty} (-1)^n a_n^3 x^{2n+1} = f_3(x),$$

....,

$$\sin[f_{k-1}(x)] = x + \sum_{1}^{\infty} (-1)^n a_n^k x^{2n+1} = f_k(x),$$

....

En considérant seulement les valeurs réelles, le maximum de la valeur absolue de $f_1(x)$ est 1, ensuite il est clair que le maximum de f_2 est $\sin 1 = \lambda_2$, le maximum de f_3 est $\sin\lambda_2 = \lambda_3$, ..., le maximum de f_k étant $\lambda_k = \sin\lambda_{k-1}$. Ces nombres $1, \lambda_2, \lambda_3, \lambda_4, \ldots, \lambda_k$ sont positifs, décroissants. Ils tendent vers une limite λ qui doit être $\geqq 0$. Mais je dis que $\lambda = 0$. Car, dans le cas contraire, λ_k resterait toujours $> \lambda$ et $\lambda_{k-1} - \lambda_k = \lambda_{k-1} - \sin\lambda_{k-1}$ serait plus grand que la quantité finie $\lambda - \sin\lambda$, tandis que cependant cette différence devrait tendre vers zéro. Donc $\lambda = 0$. Il est donc clair qu'en prenant k suffisamment grand, la série toujours convergente

$$f_k(x) = x + \sum_1^{\infty} (-1)^n a_n^k x^{2n+1}$$

reste $< \varepsilon$. Maintenant on s'assure sans difficulté que a_n^k est positif et plus grand que $k a_n^1$ (¹).

On peut donc prendre aussi k assez grand pour qu'un coefficient déterminé a_i^k soit > 1. En divisant alors par a_i^k, on a une série de même nature dans laquelle le coefficient de x^{2i+1} est $= 1$. Ensuite $f_k(x) + f_k\left(\frac{1}{x}\right)$ donnera une série de même nature procédant suivant les puissances positives et négatives de x. Laissez-moi maintenant exprimer mes meilleurs vœux pour vous et les vôtres pendant cette année 1894 qui va commencer; que l'inconnu qu'elle cache soit clément!

Votre très dévoué.

394. — *STIELTJES A HERMITE.*

Mustapha, hôtel Saint-Georges, 8 janvier 1894.

Cher Monsieur,

J'attends toujours votre travail imprimé sur les fractions continues; c'est pour cela que dans ma dernière lettre je n'ai point fait allusion à votre lettre si intéressante du 9 décembre, dans laquelle

(¹) On vérifie ceci d'abord pour $f_2 = f_1 - \frac{f_1^3}{1.2.3} + \ldots$, ensuite pour $f_3, f_4, \ldots$.

vous m'expliquez votre rencontre, quant au résultat, avec M. Tchebichef.

J'ai réussi, ces jours-ci, à tirer au clair une question de calcul intégral qui est d'un certain intérêt pratique pour juger *a priori* la convergence de certaines fractions continues et qui m'avait embarrassé assez longtemps. Il est curieux que j'aie trouvé la solution de la difficulté dans certaines propriétés des séries *à termes positifs,* et je vais faire quelques remarques à ce sujet, bien simples et élémentaires du reste. Je me propose les deux problèmes suivants :

Problème I. — *Étant donnée une suite de nombres positifs décroissants*

$$c_1, \quad c_2, \quad c_3, \quad c_4, \quad \ldots, \quad c_\infty = 0,$$

trouver une série divergente $A_1 + A_2 + A_3 + \ldots$, *telle que la série* $c_1 A_1 + c_2 A_2 + c_3 A_3 + \ldots$ *soit* convergente.

Problème II. — *Étant donnée une suite de nombres positifs croissants*

$$c_1, \quad c_2, \quad c_3, \quad \ldots, \quad c_\infty = \infty,$$

trouver une série convergente $A_1 + A_2 + A_3 + \ldots$, *telle que la série* $c_1 A_1 + c_2 A_2 + c_3 A_3 + \ldots$ *soit* divergente.

Pour la solution de ces questions, je m'appuierai sur le théorème suivant dû à Abel.

Si la série $a_1 + a_2 + a_3 + \ldots$ est *divergente,* la série

$$\sum \frac{a_{n+1}}{a_1 + a_2 + \ldots + a_{n+1}}$$

est également *divergente.*

Première question. — Je pose

$$a_1 = \frac{1}{c_1}, \qquad a_2 = \frac{1}{c_2} - \frac{1}{c_1}, \qquad a_3 = \frac{1}{c_3} - \frac{1}{c_2}, \qquad \ldots, \qquad a_n = \frac{1}{c_n} - \frac{1}{c_{n-1}}.$$

Ces nombres a_i sont positifs et, puisque

$$a_1 + a_2 + \ldots + a_n = \frac{1}{c_n},$$

la série $a_1 + a_2 + a_3 + \ldots$ est *divergente.*

Soit maintenant

$$A_n = \frac{a_{n+1}}{a_1 + a_2 + \ldots + a_{n+1}},$$

la série $A_1 + A_2 + A_3 + \ldots$ sera *divergente* d'après le théorème d'Abel; mais la série $c_1 A_1 + c_2 A_2 + c_3 A_3 + \ldots$ est *convergente;* en effet,

$$\begin{aligned} c_n A_n &= \frac{a_{n+1}}{(a_1 + a_2 + \ldots + a_n)(a_1 + a_2 + \ldots + a_{n+1})} \\ &= \frac{1}{a_1 + a_2 + \ldots + a_n} - \frac{1}{a_1 + a_2 + \ldots + a_{n+1}}, \end{aligned}$$

donc

$$\sum_1^\infty c_n A_n = \frac{1}{a_1} = c_1.$$

Seconde question. — Je pose

$$a_1 = c_1, \qquad a_2 = c_2 - c_1, \qquad a_3 = c_3 - c_2, \qquad \ldots,$$

la série $a_1 + a_2 + \ldots + a_n + \ldots$ sera *divergente,* et

$$c_n = a_1 + a_2 + \ldots + a_n.$$

Soit ensuite $A_n = \frac{1}{c_n} - \frac{1}{c_{n+1}}$; la série $A_1 + A_2 + A_3 + \ldots$ est manifestement *convergente,* mais la série

$$\sum c_n A_n = \sum \frac{c_{n+1} - c_n}{c_{n+1}} = \sum \frac{a_{n+1}}{a_1 + a_2 + \ldots + a_{n+1}}$$

est *divergente,* d'après le théorème d'Abel.

Voici une démonstration du théorème d'Abel tout à fait différente de celle d'Abel lui-même.

Je pose, $a_1 + a_2 + \ldots$ étant une série divergente,

$$a_1 + a_2 + \ldots + a_n = \frac{1}{s_n};$$

les s_n décroissent et tendent vers zéro. Il s'agit de montrer que la série $\sum a_n s_n$ est divergente. Or, pour $n' > n$,

$$a_{n+1} s_{n+1} + a_{n+2} s_{n+2} + \ldots + a_{n'} s_{n'} > (a_{n+1} + a_{n+2} + \ldots + a_{n'}) s_{n'},$$

c'est-à-dire

$$\sum_{n+1}^{n'} a_k s_k > \left(1 - \frac{a_1 + a_2 + \ldots + a_n}{a_1 + a_2 + \ldots + a_{n'}}\right).$$

Or, quel que soit n, on peut toujours déterminer n' de façon que

$$\frac{a_1 + a_2 + \ldots + a_n}{a_1 + a_2 + \ldots + a_{n'}} < \frac{1}{2},$$

et alors on aura

$$\sum_{n+1}^{n'} a_k s_k > \frac{1}{2};$$

ensuite on pourra déterminer n'' de façon que

$$\frac{a_1 + a_2 + \ldots + a_{n'}}{a_1 + a_2 + \ldots + a_{n''}} < \frac{1}{2},$$

et l'on aura

$$\sum_{n'+1}^{n''} a_k s_k > \frac{1}{2}.$$

En continuant ainsi il viendra

$$\sum_{n''+1}^{n'''} a_k s_k > \frac{1}{2}, \qquad \sum_{n'''+1}^{n^{\text{IV}}} a_k s_k > \frac{1}{2},$$

d'où il est évident que la somme

$$a_{n+1} s_{n+1} + \ldots + a_{n+m} s_{n+m}$$

peut surpasser un multiple quelconque de $\frac{1}{2}$; la série $\sum a_n s_n$ est donc bien *divergente*. C. Q. F. D.

Je vous sais très occupé ces jours-ci, et vous devez envier ma vie tranquille ici. Le temps reste toujours bien froid et ce n'est toujours pas encore le temps qu'il me faudrait pour sortir un peu.

Veuillez bien accepter la nouvelle assurance de mes sentiments dévoués et affectueux.

395. — *HERMITE A STIELTJES.*

11 janvier 1894.

MON CHER AMI,

Vos remarques sur les séries $F(x) = e^{e^{-\left(x^2+\frac{1}{x^2}\right)}}$ et $\sin x = f_1(x)$, $\sin f_1(x) = f_2(x)$, ... sont extrêmement intéressantes; elles montrent le danger qu'on court à admettre ce qui paraît le plus plausible et, bien que vous ayez le regret de renoncer à ce que vous aviez supposé, c'est un excellent résultat d'avoir obtenu des exemples précis, où les coefficients d'une série restant toujours très petite pour des valeurs réelles, peuvent devenir très grands. Mais comme vous vous êtes relevé de ce que vous considérez comme un échec avec les propositions élémentaires et fondamentales de votre dernière lettre, qui me semblent appelées à un grand rôle dans la théorie des séries! C'est avec la plus vive satisfaction que je vous vois dans une période d'activité mathématique, qui est la garantie sûre de bonnes dispositions physiques, et que secondent un calme et une tranquillité dont je n'ai pas le privilège. Les obligations multipliées du jour de l'an, les visites, les correspondances, m'ont mis sur les dents, et j'aurais absolument besoin de repos. Je m'en aperçois aux fautes d'inattention qui m'échappent et qu'on me signale; ainsi M. Ed. Weyr, à qui j'ai envoyé un petit article pour le *Cazopis,* m'a fait remarquer que j'ai écrit limite supérieure pour limite inférieure, ce qui me couvre de confusion.

Mon objet était de faire voir que si l'on construit la courbe $y = \frac{1}{\Gamma(x)}$ sur une bande de papier rectangulaire indéfinie en longueur, elle donnera du côté des abscisses négatives l'image d'une série de parallèles équidistantes perpendiculaires à l'axe, à partir d'une certaine distance de l'origine. J'ai remarqué, en effet, qu'à une abscisse $x = -n + \frac{1}{n}$, qui se rapproche indéfiniment d'une intersection avec l'axe quand n croît, correspond une ordonnée $> \frac{1}{2}\Gamma(n)$ qui augmente avec une extrême rapidité. D'où cette conséquence à l'adresse des écoliers qui lisent le *Cazopis,* que la fonction holomorphe $\frac{1}{\Gamma(x)}$ est discontinue à l'infini. Je vous envoie l'épreuve de mon article des *Annali;* puissiez-vous n'avoir pas à y relever aussi des inadvertances! Il aura une suite qui a encore fait le sujet de ma correspondance avec M. Pincherle, mais en ce moment le courage me manque pour la rédiger.

....

Avec mes vœux pour que vous ayez enfin le beau soleil d'Afrique qui vous donnera de la gaîté et de la bonne santé, et en vous portant méchamment envie d'être si tranquille et de si bien travailler, croyez-moi toujours, mon cher ami, votre bien sincèrement et affectueusement dévoué.

396. — *STIELTJES A HERMITE.*

Mustapha, Hôtel Saint-Georges, 15 janvier 1894.

Cher Monsieur,

Je viens de recevoir votre lettre et votre travail dans les *Annali,* laissez-moi d'abord vous remercier bien vivement. Mais je crains presque, maintenant, d'avoir été indiscret, et vous m'avez envoyé peut-être le seul exemplaire dont vous disposiez et dont vous pourriez avoir besoin vous-même. Cependant j'espère que vous recevrez bientôt vos tirages à part, et, le mal étant fait, j'en vais profiter le plus possible en étudiant votre travail avec toute l'attention dont je suis capable. Ce sera une occupation extrêmement agréable et qui me reposera des réflexions qui me poursuivent ces jours-ci. Je suis entré dans un vrai guêpier; j'ai trouvé des choses bien singulières; mais il en reste d'autres inexpliquées qui me donneront encore beaucoup de mal.

Ce n'est que sous certains rapports que je crois que ma vie ici est agréable et enviable; la tranquillité, on peut aussi en avoir trop. Et si je ne pouvais pas travailler un peu, je vous dirais que ma vie ici serait difficilement supportable. Heureusement que je me sens assez bien et que j'ai toujours de bonnes nouvelles de Toulouse.

Pour ne pas laisser cette lettre sans un signe de calcul, je vais écrire quelques simples identités algébriques qu'on n'a pas remarquées encore, je crois. Cela prouve combien ce sujet des fractions continues est encore peu étudié et combien il est important de bien choisir le point de départ. Soit

$$F = \cfrac{1}{a_1 x + \cfrac{1}{a_2 + \cfrac{1}{a_3 x + \dots}}}$$

Alors je dis qu'on aura en même temps

$$F + \frac{\lambda}{x} = \cfrac{1}{a'_1 x + \cfrac{1}{a'_2 + \cfrac{1}{a'_3 x + \cfrac{1}{a'_4 + \dots}}}}$$

et

$$\frac{1}{a_1} - xF = \cfrac{1}{a''_1 x + \cfrac{1}{a''_2 + \cfrac{1}{a''_3 x + \cfrac{1}{a''_4 + \dots}}}}$$

avec les valeurs suivantes des a'_i et a''_i qui sont assez simples :

$$a'_{2k} = a_{2k}[1 + \lambda(a_1 + a_3 + \ldots + a_{2k-1})]^2,$$

$$\frac{1}{a'_1 + a'_3 + \ldots + a'_{2k-1}} = \lambda + \frac{1}{a_1 + a_3 + \ldots + a_{2k-1}}$$

ou

$$a'_1 = \frac{a_1}{1 + \lambda a_1},$$

$$a'_{2k+1} = \frac{a_{2k+1}}{[1 + \lambda(a_1 + a_3 + \ldots + a_{2k-1})][1 + \lambda(a_1 + a_3 + \ldots + a_{2k+1})]},$$

puis

$$a''_{2k} = a_{2k+1} : (a_1 + a_3 + \ldots + a_{2k-1})(a_1 + a_3 + \ldots + a_{2k+1}),$$

$$a''_{2k-1} = a_{2k} : (a_1 + a_3 + \ldots + a_{2k-1})^2.$$

Naturellement cela veut dire seulement que si la première fraction continue donne *formellement* la série

$$\frac{c_0}{x} - \frac{c_1}{x^2} + \frac{c_2}{x^3} - \frac{c_3}{x^4} + \ldots,$$

les deux autres fractions continues donneront

$$\frac{c_0+\lambda}{x}-\frac{c_1}{x^2}+\frac{c_2}{x^3}-\frac{c_3}{x^4}+\ldots$$

et

$$\frac{c_1}{x}-\frac{c_2}{x^2}+\frac{c_3}{x^3}-\frac{c_4}{x^4}+\ldots.$$

Si les a_i sont positifs, vous voyez que les séries

$$a'_1+a'_3+a'_5+\ldots$$

et

$$a''_2+a''_4+a''_6+\ldots$$

sont toujours convergentes. Cela a une signification bien simple dans ma théorie et on pouvait le prévoir. Mais vous verrez cela lorsque j'aurai fini mon travail. J'espère que, l'avalanche des visites passée, vous vous trouverez dispos à rédiger la suite de votre travail dans les *Annali*.

Veuillez bien me croire toujours votre très affectueusement dévoué.

397. — *STIELTJES A HERMITE.*

Mustapha, Hôtel Saint-Georges, 18 janvier 1894.

CHER MONSIEUR,

J'étudie depuis quelques jours votre beau mémoire. Que M. Pincherle a été bien inspiré en faisant publier votre travail dans les *Annali* qui doivent avoir bien plus de lecteurs que les *Mémoires de Bologne*. Je ne connais rien de plus élégant que la manière dont vous obtenez (p. 294) les relations de récurrence entre les J_ζ et les J'_ζ. C'est une nouvelle application d'une analyse dont vous avez donné autrefois le premier exemple dans votre Mémoire sur la fonction exponentielle. Mon admiration n'est pas moindre pour l'heureuse manière dont vous traitez après cela le cas général des séries. Mais je ne sais rien à ajouter à ces résultats; certainement la question est vaste et les généralisations peuvent se faire de plus d'une manière; on peut traiter d'autres questions que celles que vous avez voulu traiter; mais je ne vois comment traiter mieux celles que vous avez envisagées.

Ne trouvant rien à dire du cas général, je suis revenu sur le cas particulier des exponentielles et j'ai cherché si l'on pouvait dire quelque chose de raisonnable sur les polynomes X_i. Mais je n'ai point réussi comme je désirais, et la seule remarque qui s'est présentée à moi et que je vais développer, ne vaut pas grand'chose et, si j'avais le plaisir de pouvoir vous parler de vive voix, je me serais bien épargné la peine de mettre cela sur papier, puisqu'il aurait suffi d'indiquer mon idée par quelques mots.

Dans le cas $n = 2$, $\zeta_1 = 0$, $\zeta_2 = a$, $\mu_1 = p$, $\mu_2 = q$, on trouve en rejetant des facteurs constants :

$$\left[1 + \frac{p}{p+q} ax + \frac{p(p-1)}{(p+q)(p+q-1)} \frac{a^2x^2}{1.2} + \dots\right] \\ - \left[1 - \frac{q}{p+q} ax + \frac{q(q-1)}{(p+q)(p+q-1)} \frac{a^2x^2}{1.2} - \dots\right] e^{ax} = S_i x^{p+q+1}.$$

Vous voyez que, si p et q croissent indéfiniment de manière que

$$\lim \frac{p}{p+q} = \lambda, \qquad \lim \frac{q}{p+q} = \mu,$$

on a, dans ce cas,

$$\lim X_1 = e^{\lambda a x}, \qquad \lim X_2 = -e^{-\mu a x}.$$

Ainsi les valeurs asymptotiques des X_i sont des exponentielles. Vous allez voir que ce résultat peut s'étendre avec quelques modifications au cas général. Mais, pour simplifier, je me bornerai au cas

$$\mu_1 + 1 = \mu_2 + 1 = \dots = \mu_n + 1 = \mu,$$

de sorte qu'en posant

$$F(z) = (z - \zeta_1)(z - \zeta_2)\dots(z - \zeta_n),$$

j'ai à calculer les valeurs asymptotiques des diverses intégrales

$$\int \frac{e^{xz}\,dz}{F(z)^\mu}$$

prises sur de petits contours entourant les points $\zeta_1, \zeta_2, \dots, \zeta_n$. La solution n'offre aucune difficulté à l'aide de la remarque suivante qui est le fond de tout ce que j'ai à dire. Le chemin d'intégration pour l'intégrale J_i se rapportant au pôle ζ_i peut encore être choisi d'une infinité de manières. Je dis qu'on peut le choisir toujours de telle façon que la valeur asymptotique de l'intégrale se trouve mise en évidence et puisse se calculer sans aucune difficulté par le procédé bien connu de Laplace.

Soient a, b, c, ..., l les racines de $F'(z) = 0$: je me placerai d'abord dans le cas général où ces racines sont distinctes et je supposerai même qu'il n'existe aucune égalité entre les nombres positifs

$$|F(a)| < |F(b)| < |F(c)| < \ldots < |F(l)|.$$

Soit c un paramètre positif : je considère dans le plan des z le domaine où

$$|F(z)| \leqq c.$$

Lorsque c est très petit, ce domaine se compose de l'intérieur de n courbes fermées (approximativement des cercles) qui entourent les points ζ_1, ζ_2, ..., ζ_n; je dirai que ce sont n îles. A mesure que c croît, ces îles s'étendent de plus en plus; vient un moment où pour la première fois deux îles vont se souder ensemble. Cela arrive lorsque c atteint la valeur $|F(a)|$; au point a se soudent alors deux îles; supposons que ce soient les îles entourant ζ_1 et ζ_2. La courbe $|F(z)| = |F(a)|$ a un point double en a avec tangentes

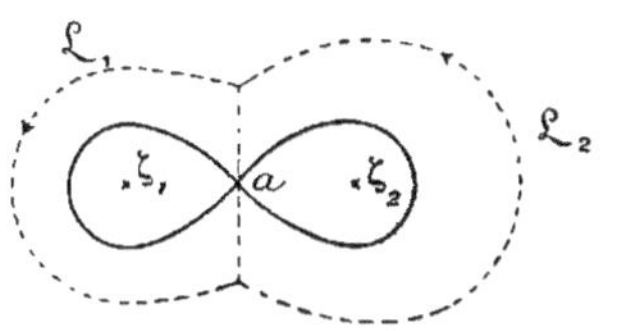

rectangulaires. Menons une bissectrice de l'angle des deux tangentes, nous adopterons pour J_1 et J_2 les chemins d'intégration $\mathfrak{L}_1$ et $\mathfrak{L}_2$. Il est clair maintenant que, sur $\mathfrak{L}_1$, le module de $\frac{1}{F(z)}$ a son maximum $\frac{1}{|F(a)|}$ en a; partout ailleurs ce module est plus petit. Pour avoir la valeur asymptotique de J_1, il suffit de conserver seulement, du chemin d'intégration, une petite partie dans le voisinage du point a. De même pour J_2, d'où cette première remarque que les valeurs asymptotiques de J_1 et de J_2 sont égales au signe près.

Le calcul de la valeur asymptotique de J_1 se fait d'après la mé-

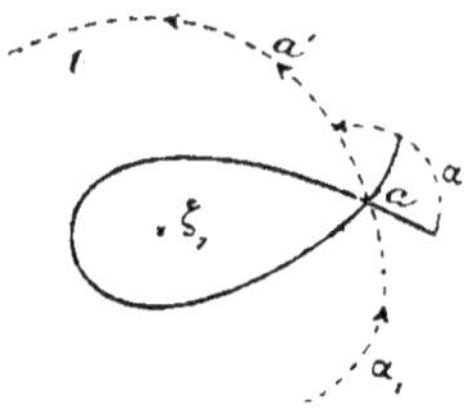

thode générale. Dans le voisinage de $z = a$, on a

$$F(a+t) = F(a) + \frac{F''(a)}{2} t^2 + \dots.$$

Soit α l'argument de la direction aa'; posons $t = e^{i\alpha} u$, u variera par valeurs réelles et

$$F(a + e^{i\alpha} u) = F(a)(1 + mu^2 + \dots),$$

$m = \left|\frac{F''(a)}{2F(a)}\right|$ étant une quantité réelle et positive parce que notre direction aa' a été choisie de façon à ce que $|F(z)|$ croisse le plus rapidement possible,

$$\int \frac{e^{zx}\, dz}{F(z)^\mu} \text{ appr.} = \int \frac{e^{(a+e^{i\alpha}u)x} e^{i\alpha}\, du}{F(a)^\mu (1 + au^2)^\mu}$$

ou pour $u = v : \sqrt{\mu}$ et négligeant certaines quantités

$$\int \frac{e^{zx}\, dz}{F(z)^\mu} \text{ appr.} = \frac{e^{ax+i\alpha}}{F(a)^\mu} \frac{1}{\sqrt{\mu}} \int_{-\infty}^{+\infty} e^{-mv^2}\, dv = \frac{e^{ax+i\alpha}}{F(a)^\mu} \sqrt{\frac{\pi}{\mu} \left|\frac{2F(a)}{F''(a)}\right|}.$$

Voilà donc la valeur asymptotique de $2\pi i X_1 e^{\zeta_1 x}$. Vous voyez que celle de X_1 est encore une exponentielle et de même pour X_2; ces deux termes $X_1 e^{\zeta_1 x} + X_2 e^{\zeta_2 x}$ se détruisent du reste sensiblement.

Je vais examiner maintenant quelques cas particuliers. Il peut arriver que l'île entourant ζ_1 aille se souder simultanément en a

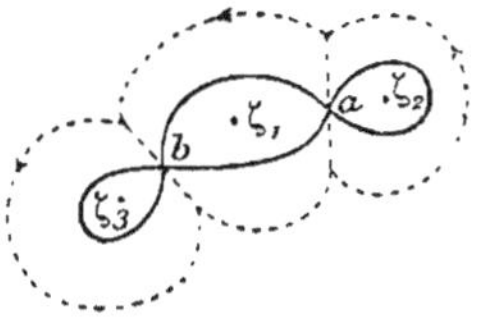

et en b à deux îles comprenant ζ_2 et ζ_3. Cela suppose naturellement $|F(a)| = |F(b)|$; on trouve évidemment, dans ce cas,

$$\text{Valeur asymptotique de } J_2 = A = \frac{e^{ax+i\alpha}}{F(a)^\mu}\sqrt{\frac{\pi}{\mu}\left|\frac{2F(a)}{F''(a)}\right|},$$

$$\text{Valeur asymptotique de } J_3 = B = \frac{e^{bx+i\beta}}{F(b)^\mu}\sqrt{\frac{\pi}{\mu}\left|\frac{2F(b)}{F''(b)}\right|}.$$

Ces deux quantités sont du même ordre de grandeur; ensuite on a $-(A+B)$ pour la valeur asymptotique de J_1. Ainsi, dans ce cas, X_1 tend vers la somme des deux exponentielles.

Enfin examinons le cas où $F'(z) = 0$ a une racine double $z = a$. Il y a en a soudure simultanée de trois îles, puis

$$F(a+t) = F(a) + \frac{F'''(a)}{6}t^3 + \ldots.$$

Soit A_1 la valeur asymptotique de l'intégrale prise sur aa', A_2,

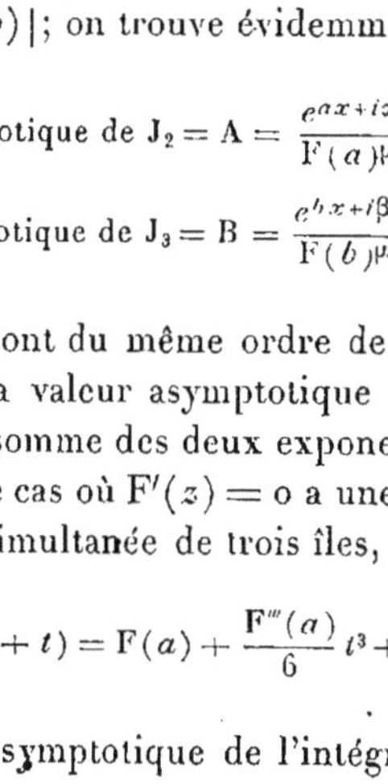

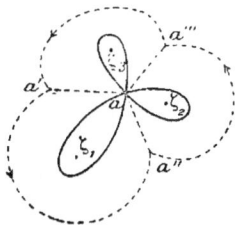

A_3 les quantités analogues pour aa'', aa'''; je trouve

$$A_1 = \frac{e^{ax+i\alpha}}{F(a)^\mu}\sqrt[3]{\frac{6}{\mu}\left|\frac{F(a)}{F'''(a)}\right|} \times \int_0^\infty e^{-u^3}\,du,$$

α étant l'argument de la direction aa'. Ensuite

$$A_2 = A_1\varepsilon, \qquad A_3 = A_1\varepsilon^2, \qquad \varepsilon = e^{\frac{2\pi i}{3}}$$

et les valeurs asymptotiques de J_1, J_2, J_3 sont

$$\begin{aligned} A_1 - A_2 &= A_1(1-\varepsilon), \\ A_2 - A_3 &= A_1(1-\varepsilon)\varepsilon, \\ A_3 - A_1 &= A_1(1-\varepsilon)\varepsilon^2. \end{aligned}$$

On trouve donc trois valeurs proportionnelles à 1, ε, ε^2 et dont la somme s'annule encore sensiblement.

En général, pour avoir le chemin d'intégration approprié à l'évaluation approximative de J_i on envisagera la croissance de l'île entourant ζ_i et l'on notera le moment où, pour la *première fois*, elle va se souder à d'autres îles. On tracera alors le chemin d'intégration passant par le point de soudure, mais, pour le reste, entièrement en dehors de l'île. Si par exemple il y a une soudure avec 2 îles simultanément en a et une soudure simple en b, la valeur asymptotique se composera des deux termes

$$(1-\varepsilon)\frac{e^{ax+i\alpha}}{F(a)^\mu}\sqrt[3]{\frac{6}{\mu}\left|\frac{F(a)}{F'''(a)}\right|}\times\int_0^\infty e^{-u^3}\,du + \frac{e^{bx+i\beta}}{F(b)^\mu}\sqrt{\frac{2\pi}{\mu}\left|\frac{F(b)}{F''(b)}\right|}.$$

Quoiqu'on ait $|F(a)| = |F(b)|$, vous voyez que les deux termes ne sont pas exactement du même ordre de grandeur, le premier l'emportant à cause du facteur $\frac{1}{\sqrt[3]{\mu}} > \frac{1}{\sqrt{\mu}}$.

Je n'ai point encore suffisamment étudié la dernière partie de votre mémoire, je garderai donc vos feuilles encore quelques jours; mais je vous les retournerai dimanche prochain, craignant vraiment que vous puissiez en avoir besoin pour la suite de votre travail.

Votre affectueusement dévoué.

398. — *STIELTJES A HERMITE* (¹).

Mustapha, Hôtel Saint-Georges, 5 février 1894.

CHER MONSIEUR,

Je voudrais vous prier de ne pas donner suite à votre idée d'envoyer un extrait de ma dernière lettre aux *Annali*. C'est que vraiment je ne crois pas que cela vaille (vaut) la peine et j'ai surtout la conviction que cela est trop mal rédigé. J'ai oublié de faire une remarque essentielle qui est : qu'une île ne peut pas se souder à elle-même de manière à former une île avec lac intérieur. Si cela

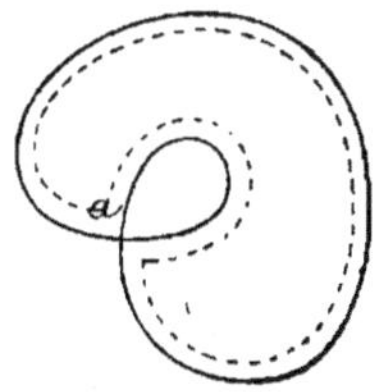

pouvait arriver on ne pourrait pas faire passer par le point de soudure a le chemin d'intégration comme je l'ai dit. Mais, heureusement, ce cas ne peut jamais arriver, car, à l'intérieur du lac, $|F(z)|$ aurait un maximum et l'on sait que cette quantité n'a pas de maximum à distance finie. Quant à la méthode elle-même, elle n'a rien de nouveau. Aussi pour les applications en Astronomie dont vous parlez c'est fait déjà dans une Note récente de M. Hamy (*Comptes rendus* ou *Bulletin astronomique*). J'ai vu avec intérêt votre nouvelle formule de réduction destinée à réduire un seul des exposants $\mu_1, \ldots, \mu_n$. Certainement vous chercherez à en tirer les conséquences que vous prévoyez.

J'ai été, ces jours-ci, peu en train sans que j'aie à me plaindre de ma santé; mais j'ai reçu des nouvelles moins bonnes de mes sœurs en Hollande où la grippe règne en maître. J'ai été heureux d'ap-

(¹) Cette lettre est une réponse à une lettre perdue d'Hermite.

prendre que M. Picard et vous, en avez (ont) été quittes à bon compte. Le temps se refuse toujours ici à se remettre au beau; en ce moment et depuis trois jours la pluie tombe sans relâche. Je ne sors donc presque pas; j'ai été une fois à la Bibliothèque, il y a bien longtemps déjà. J'ai perdu en poids ce que j'avais gagné pendant le premier mois de mon séjour ici; cependant je crois vraiment que je tousse moins et, en somme, je me sens mieux. Je vais me remettre à mon travail et, une autre fois, j'espère pouvoir vous écrire une lettre plus intéressante.

Votre bien sincèrement et affectueusement dévoué.

399. — *STIELTJES A HERMITE.*

Mustapha, Hôtel Saint-Georges, 14 février 1894.

Cher Monsieur,

Voilà le beau temps arrivé enfin depuis quatre ou cinq jours. Avec cela j'ai reçu de meilleures nouvelles de la Hollande; ces circonstances aidant, j'ai pu chasser les idées noires qui m'avaient envahi un moment et je me suis remis au travail avec un peu d'allégresse.

Permettez-moi d'appeler votre attention sur un passage de votre mémoire dans les *Annali* où il y a *peut-être* une légère inadvertance, d'ailleurs sans aucune importance. Il s'agit page 15, en bas, des deux séries

$$\frac{(z-x)^{\mu}}{F^{\mu+1}(z)} = \frac{\alpha}{z^{(n-1)\mu+n}} + \frac{\beta}{z^{(n-1)\mu+n+1}} + \ldots,$$

$$(1) \qquad J = \frac{\alpha'}{x^{(n-1)\mu+n-1}} + \frac{\beta'}{x^{(n-1)\mu+n}} + \ldots$$

puisque

$$J = \int_x^{\infty} \frac{(z-x)^{\mu}\,dz}{F^{\mu+1}(z)},$$

il semble qu'on ait

$$(2) \qquad \alpha' = \frac{\alpha}{(n-1)\mu+n-1}, \qquad \beta' = \frac{\beta}{(n-1)\mu+n}.$$

Or α, β, γ, ... sont des *polynomes en x* des degrés 0, 1, 2, ... respectivement. Ce degré augmente ainsi jusqu'à ce qu'il soit devenu égal à μ, puis pour les coefficients suivants, il reste égal à μ. Il en est donc de même pour α', β', γ' et les $\mu+1$ *premiers termes* de la série (1) sont ainsi de l'ordre $\frac{1}{x^{(n-1)\mu+n-1}}$, pas seulement le premier. Mais peut-être avez-vous supposé que dans la série (1) on a arrangé tout déjà suivant les puissances descendantes de x, en sorte que les α', β', ... n'ont pas les valeurs (2), mais sont des constantes. S'il en est ainsi, ma remarque tombe naturellement. Voici maintenant quelque chose de plus intéressant, je pense.

Théorème. — *Soit $f_1(z), f_2(z), \ldots, f_k(z)$........ une suite de fonctions analytiques*

$$f_k(z) = \sum_0^\infty A_i^k z^i \qquad (k = 1, 2, 3, \ldots),$$

les séries étant convergentes pour $|z| \leqq R$ et même un peu au delà (je veux dire pour $|z| = R + \varepsilon$, ε étant positif, mais aussi petit qu'on voudra).

Supposons en outre qu'on sache que la série

$$\sum_1^\infty f_k(z)$$

est uniformément convergente pour $|z| \leqq R_1$, R_1 étant plus petit *que* R *et ensuite que dans tout le domaine $|z| \leqq R$ (et même un peu au delà) la somme*

$$f_1(z) + f_2(z) + \ldots + f_n(z)$$

a un module inférieur à un nombre fixe C *(indépendant de n).*

Alors je dis que la série

$$\sum_1^\infty f_k(z)$$

est nécessairement convergente *(et même uniformément convergente) pour $|z| \leqq R$, et (d'après un théorème de M. Weierstrass) la somme de cette série $F(z)$ est une fonction analytique de z qui peut se mettre aussi sous la forme d'une série convergente*

$$F(z) = \sum_0^\infty c_i z^i, \qquad |z| \leqq R.$$

Vous voyez que le propre de ce théorème est d'*étendre le domaine de convergence* de la série $\sum_1^\infty f_k(z)$, reconnu seulement pour $|z| \leq R_1$, au domaine plus large $|z| \leq R$ moyennant la condition supplémentaire que $\sum_1^n f_k(z)$ reste fini pour $|z| \leq R$.

On peut démontrer facilement la convergence de la fraction continue

$$\cfrac{1}{a_1 z + \cfrac{1}{a_2 + \cfrac{1}{a_3 z + \cfrac{1}{a_4 + \ldots}}}},$$

tant que la partie réelle de z est *positive*. Grâce à mon théorème, j'en conclus très facilement que la fraction continue est convergente dans tout le plan, excepté la coupure formée par la partie négative de l'axe réel. C'est là un perfectionnement notable de ma théorie que j'ai cherché depuis bien longtemps.

Quant à la démonstration de mon théorème, vous la trouverez ci-jointe sur les feuilles qui font une suite à celles que je vous ai envoyées de Bagnères-de-Bigorre. C'est le § 13 (p. 47 et suiv.) qui contient cette démonstration, mais elle est sans doute un peu délicate et pénible à lire. Je n'ose pas vous demander de me suivre dans ces raisonnements un peu prolixes. Mais ayant longuement réfléchi sur cette démonstration, je suis sûr qu'elle est bonne, solide et valable. J'ai dû l'examiner avec d'autant plus de soin qu'*a priori* il me semblait que le théorème énoncé ne *pouvait pas exister* et *devait être faux*. Je vous avouerai cependant que je serais heureux si quelqu'un voulait examiner la démonstration; peut-être M. Picard qui a le coup d'œil si facile et si juste voudrait-il s'en charger et me dire ce qu'il en pense. Il me rendrait le plus grand service (1).

(1) Le manuscrit s'arrête au bas d'une page sans formule finale ni signature. Le début de la lettre 400 laisse penser que la fin de la lettre 399 est perdue.

400. — *STIELTJES A HERMITE.*

Mustapha, 16 février 1894.

CHER MONSIEUR,

Dans ma dernière lettre, déjà si longue, j'ai omis certaines conséquences et généralisations de mon théorème, pensant qu'elles se présenteront à tout géomètre au courant des travaux de M. Weierstrass, et je me suis borné à ce qui est essentiel. Pourtant il est bon peut-être d'insister sur ses conséquences.

Supposons une suite de fonctions analytiques $f_1(z), f_2(z), \ldots, f_k(z), \ldots,$ *uniformes* et *régulières* dans un domaine D quel-

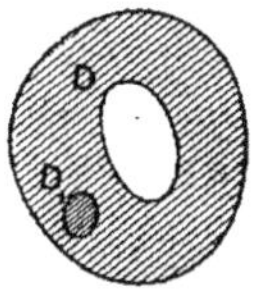

conque. Je veux dire par régulières que z_0 appartenant à D, $f_k(z)$ peut se développer dans le voisinage de z_0 par la série de Taylor $\sum_0^\infty c_n^k(z-z_0)^n$. Si l'on sait alors que, dans tout le domaine D, le module de $\sum_1^n f_k(z)$ reste inférieur à un nombre fixe et ensuite que la série $\sum_1^\infty f_k(z)$ est uniformément convergente dans un petit domaine D_1 faisant partie de D, alors on peut conclure : la série $\sum_1^\infty f_k(z)$ est uniformément convergente dans tout le domaine D, et la somme $F(z)$ de cette série est une fonction uniforme et régulière dans le même domaine. Comme je l'ai dit, après les travaux de Weierstrass, il est superflu de développer la démonstration, qui est à peu près évidente.

L'utilité que pourra avoir mon théorème, s'il en a une, ce sera de permettre de reconnaître plus aisément la possibilité de continuation analytique de certaines fonctions définies d'abord dans un domaine restreint. Cela se voit déjà par l'application que j'en ai faite aux fractions continues.

Avec mes meilleurs vœux pour votre santé, croyez-moi votre affectueusement dévoué.

P. S. — Quelle chose curieuse qu'en étudiant un sujet si particulier et si restreint que ma fraction continue, j'aie été conduit ainsi à une conséquence qui peut avoir de l'intérêt pour la théorie générale des fonctions.

Je vous dirai que cette extension du domaine de convergence d'une série de fonctions analytiques me paraît susceptible d'applications. En ce moment, je pense à certains développements en séries de Laplace dans la théorie de la figure de la Terre.

M. Callandreau a examiné une partie de ces questions, mais (soit dit entre nous) les raisonnements de mon aimable ami m'ont laissé quelques doutes. Cependant j'ai le souvenir trop vague en ce moment sur ces choses pour vouloir me prononcer; peut-être je me trompe.

Mais ce ne sera pas bientôt que j'aborderai ce sujet, car d'autres questions se présentent, et je veux absolument en finir d'abord avec ma fraction continue. Et pour le moment je commencerai par ne rien faire et me reposer un peu.

401. — *HERMITE A STIELTJES.*

Paris, 22 février 1894.

Mon cher Ami,

J'ai remis à M. Picard dont je n'ai pas encore la réponse, et qui est plus à même que moi d'en connaître, votre démonstration et extension du théorème de Weierstrass. Ne soyez pas surpris de son retard; au Cours de la Sorbonne s'est ajouté pour lui celui de Mécanique à l'École Centrale où les leçons durent une heure et demie, sans interruption, avec un auditoire nombreux . . ., aussi ressent-il parfois de la fatigue. En attendant son avis sur les matières difficiles et délicates que vous avez traitées, qui sortent comme vous l'avez pensé de mon domaine habituel, je viens vous féliciter vivement et d'avoir enfin du beau temps, et de vous être remis si activement au travail. En voyant de quels grands efforts vous êtes capable, et les résultats si intéressants et si importants dont vous avez enrichi la théorie des fractions continues, un certain passage de l'Évangile selon saint Jean (III, 30) me revient en mémoire; je ne fais plus grand'chose et dans le peu que j'écris des fautes d'inattention m'échappent comme celle que vous avez très justement signalée. Je laisserai de côté, pour un temps, l'extension des fractions continues algébriques et je vous donnerai une remarque sur $\frac{\Gamma'(a)}{\Gamma(a)}$, *valeat quantum.*

Elle m'a été suggérée, comme par hasard, par un article récent des *Comptes rendus,* sur la sommation rapide de certaines séries peu convergentes, de M. Janet (p. 239), et résulte de cette simple identité

$$(1+x)\left(1-\frac{x}{2}\right)=1-\frac{x^2-x}{2}.$$

On en tire

$$\frac{1}{1-\frac{x^2-x}{2}}=\sum\left(\frac{x^2-x}{2}\right)^m+\frac{\left(\frac{x^2-x}{2}\right)^n}{1-\frac{x^2-x}{2}}\qquad (m=0,1,2,\ldots,n-1),$$

puis, en multipliant par $1-\frac{x}{2}$ et posant

$$F(x)=\left(1-\frac{x}{2}\right)\left[1+\left(\frac{x^2-x}{2}\right)+\left(\frac{x^2-x}{2}\right)^2+\ldots+\left(\frac{x^2-x}{2}\right)^{n-1}\right],$$

l'égalité suivante

$$\frac{1}{1+x}=F(x)+\frac{(x^2-x)^n}{2^n(1+x)},$$

où $F(x)$ est un polynome entier du degré $2n-1$.

J'en conclus encore, après avoir changé x en $2x$ et fait

$$G(x)=(1+2x)[1+(2x^2-x)+(2x^2-x)^2+\ldots+(2x^2-x)^{n-1}],$$

$$\frac{1}{1-x}=G(x)+\frac{(2x^2-x)^n}{1-x}.$$

Ces deux relations me donnent

$$\int_0^1\frac{x^a\,dx}{1+x}=\int_0^1 x^a F(x)\,dx+J,$$

$$\int_0^1\frac{1-x^a}{1-x}\,dx=\int_0^1(1-x^a)G(x)\,dx+J',$$

où les intégrales du second membre s'obtiennent sous forme explicite, et où l'on a

$$J = \frac{1}{2^n}\int_0^1 \frac{(x^2-x)^n x^a}{1+x}\,dx \qquad = \frac{(-1)^n\theta}{8^n}\int_0^1 \frac{x^a\,dx}{1+x},$$

$$J' = \int_0^1 \frac{(2x^2-x)^n(1-x^a)}{1-x}\,dx = \frac{(-1)^n\theta}{8^n}\int_0^1 \frac{1-x^a}{1-x}\,dx$$

$$(0>\theta>1),$$

de sorte que ces termes J et J' décroissent rapidement quand n augmente. Cela étant, nous avons

$$\int_0^1 \left(1-\frac{x}{2}\right)\left(\frac{x^2-x}{2}\right)^{m-1} x^a\,dx$$

$$= \frac{(-1)^{m-1}}{2^{m-1}}\left[B(m+a,m) - \frac{1}{2}B(m+a+1,m)\right],$$

puis, d'après l'égalité

$$B(\alpha+1,\beta) = \frac{\alpha}{\alpha+\beta}B(\alpha,\beta)$$

$$= \frac{(-1)^{m-1}}{2^m}\left[1+\frac{m}{2m+1+a}\right]\frac{\Gamma(m)}{(a+m)\dots(a+2m-1)}.$$

J'omets les conséquences pour n infini; j'arrive de suite au second cas, au calcul de $\int_0^1 G(x)x^a\,dx$.

Soit $x(x-1)=\xi$; on pourra éliminer dans $G(x)$ les puissances de x supérieures à la première et écrire

$$G(x) = G_0(\xi) + xG_1(\xi).$$

Cela étant, voici les valeurs des deux polynomes. Considérez l'équation du second degré

$$\lambda^2-(4\xi+1)\lambda+\xi(4\xi+1)=0;$$

en désignant ses deux racines par λ_0 et λ_1, on a

$$G_0(\xi) = \frac{\lambda_1^n-\lambda_0^n}{\lambda_1-\lambda_0}, \qquad G_1(\xi) = \frac{\lambda_0^{n+1}+\lambda_1^{n+1}}{\lambda_0\lambda_1} - \frac{\lambda_0+\lambda_1}{\lambda_0\lambda_1}.$$

Ces formules donnent les coefficients des puissances de ξ; ainsi, pour $n = 2, 3, 4$, j'obtiens

$$\begin{array}{ll} G_0(\xi) = 1 + 4\xi, & G_1(\xi) = 5 + 4\xi, \\ G_0(\xi) = 1 + 7\xi + 12\xi^2, & G_1(\xi) = 8 + 18\xi + 8\xi^2, \\ G_0(\xi) = 1 + 10\xi + 32\xi^2 + 32\xi^3, & G_1(\xi) = 11 + 41\xi + 56\xi^2 + 16\xi^3, \\ G_0(\xi) = 1 + 13\xi + 61\xi^2 + 120\xi^3 + 80\xi^4, & G_1(\xi) = 14 + 73\xi + 170\xi^2 + 160\xi^3 + 32\xi^4. \end{array}$$

On peut donc exprimer $\frac{\Gamma'(a+1)}{\Gamma(a+1)}$ sous la même forme que $\int_0^1 \frac{x^a\,dx}{1+x}$; malheureusement ces expressions ne permettent pas de faire la supposition de n infini, ce qui était mon but, et je ne sais trop si la question mérite d'être poursuivie.

Croyez toujours, mon cher ami, à mes sentiments de la meilleure affection.

402. — *HERMITE A STIELTJES.*

Paris, 28 février 1894.

Mon cher Ami,

M. Picard me charge de vous dire qu'il donne son complet assentiment à votre démonstration et extension du théorème de Weierstrass, après l'avoir lue avec le plus grand soin et à plusieurs reprises. J'aurais été bien surpris s'il en eût été autrement et que la plus légère inadvertance vous fût échappée; mais vous avez pensé que deux sûretés valaient mieux qu'une, aussi devez-vous être absolument sans crainte. Votre manuscrit est resté dans ses mains pour le cas où, en réfléchissant encore, il aurait à vous soumettre quelques remarques dont je m'empresserais de vous faire part.

En attendant, je viens m'accuser moi-même; je n'ai pas fait attention, en employant l'égalité

$$\frac{1}{1-x} = (1+2x)[1 + (2x^2 - x) - \ldots + (2x^2 - x)^{n-1}] + \frac{(2x^2 - x)^n}{1-x},$$

que le facteur $2x^2 - x$, maximum pour $x = \frac{1}{4}$, change de signe à partir de $x = \frac{1}{2}$ et croît toujours jusqu'à la limite $x = 1$ où il devient égal à l'unité. Il ne peut donc aucunement servir pour l'objet que j'avais en vue; je me contenterai donc de ma première égalité

$$\frac{1}{1+x} = \left(1-\frac{x}{2}\right)\left[1+\left(\frac{x^2-x}{2}\right)+\ldots+\left(\frac{x^2-x}{2}\right)^{n-1}\right]+\frac{(x^2-x)^n}{2^n(1+x)}.$$

On a bien alors

$$J = \int_0^1 \frac{(x^2-x)^n x^a\, dx}{2^n(1+x)} = \frac{(-1)^n \theta}{8^n(a+1)} \qquad (\theta < 1).$$

En voici les conséquences : l'égalité suivante

$$\int_0^1 x^a [x(1-x)]^{m-1}\, dx = \mathrm{B}(a+m, m)$$

donne

$$\begin{aligned}\int_0^1 \left(1-\frac{x}{2}\right) x^a [x(1-x)]^{m-1}\, dx &= \mathrm{B}(a+m,m) - \frac{1}{2}\mathrm{B}(a+m+1, m)\\ &= \mathrm{B}(a+m, m)\left[1-\frac{a+m}{2(a+2m)}\right]\\ &= \frac{1}{2}\mathrm{B}(a+m, m)\left[1+\frac{m}{a+2m}\right].\end{aligned}$$

Il vient donc

$$\int_0^1 \frac{x^a\, dx}{1+x} = \sum \frac{(-1)^{m-1}}{2^m}\mathrm{B}(a+m,m)\left[1+\frac{m}{a+2m}\right]+\frac{(-1)^n\theta}{8^n(a+1)}$$
$$(m = 1, 2, \ldots, n-1).$$

C'est une expression de l'intégrale par une fonction uniforme de a où les pôles $a = 0, -1, -2, \ldots$ sont mis en évidence d'une autre manière que dans le théorème de M. Mittag-Leffler, puisqu'on a

$$\mathrm{B}(a+m, m) = \frac{\Gamma(m)}{(a+m)(a+m+1)\ldots(a+2m-1)},$$

à laquelle on parvient pour n infini. Il en résulte une forme nouvelle pour

$$\frac{\pi}{\sin a\pi} = \int_0^\infty \frac{x^{a-1}\, dx}{1+x} = \int_0^1 \frac{x^a\ 1+x^{-a}}{1+x}\, dx;$$

et j'ai été tristement déçu de n'avoir rien pu trouver de semblable pour $\cot a\pi$.

Un mot d'une autre question qui m'a traversé l'esprit.

Dirichlet, dans son mémoire célèbre sur l'*Application de l'Analyse infinitésimale à la théorie des nombres,* a obtenu le nombre des classes de formes quadratiques en effectuant l'intégrale suivante

$$\int_0^1 \frac{\frac{1}{x} f(x)\,dx}{x^p - 1} \text{ où l'on a}$$

$$f(x) = \sum \left(\frac{n}{p}\right) x^n,$$

le signe $\sum$ s'étendant à tous les entiers n positifs, impairs et premiers à p. Comme on a

$$f(1) = 0,$$

cette intégrale est la somme $\sum \left(\frac{n}{p}\right) \int_0^1 \frac{x^{n-1} - 1}{x^p - 1}\,dx$, pour les valeurs considérées de n. Posons $x^p = \xi$, il vient

$$\int_0^1 \frac{x^{n-1} - 1}{x^p - 1}\,dx = \frac{1}{p} \int_0^1 \frac{\xi^{\frac{1}{p} - 1} - \xi^{\frac{n}{p} - 1}}{1 - \xi}\,d\xi = \frac{1}{p}\left[\frac{\Gamma'\left(\frac{n}{p}\right)}{\Gamma\left(\frac{n}{p}\right)} - \frac{\Gamma'\left(\frac{1}{p}\right)}{\Gamma\left(\frac{1}{p}\right)}\right].$$

L'argument $\frac{n}{p}$ est moindre que l'unité; on peut donc employer la série

$$\frac{\Gamma'(x)}{\Gamma(x)} = -\frac{1}{x} - C + S_2 x - S_3 x^2 + S_4 x^3 - \ldots$$

ou encore

$$\frac{\Gamma'(x)}{\Gamma(x)} = -\frac{1}{x} - \frac{1}{1+x} + (1 - C) + (S_2 - 1)x - (S_3 - 1)x^2 + \ldots.$$

La présence du facteur $\frac{1}{p}$ est favorable à l'approximation; mais, avant d'aller plus loin, il me paraîtrait nécessaire d'expérimenter cette formule, en faisant des applications numériques. Le courage me fait défaut pour l'entreprendre et me servir des valeurs que vous avez calculées, je crois me le rappeler, pour les sommes S_2, S_3, ...

Au moment où je vous écris, la rue des Écoles est noire de monde : les étudiants crient à propos du cours de M. Brunetière; plusieurs centaines de sergents de ville s'alignent sous nos fenêtres ; je crains que les agitations de l'année dernière, dont vous avez été le témoin, recommencent. Enfin, on m'apprend qu'on vient de suspendre les cours et de fermer les portes de la Sorbonne.

En vous souhaitant, mon cher ami, de continuer et de poursuivre vos belles recherches avec le même succès et en vous renouvelant l'assurance de toute mon affection.

403. — *STIELTJES A HERMITE.*

Mustapha, 3 mars 1894.

CHER MONSIEUR,

Vos deux dernières lettres m'ont fait le plus grand plaisir, non seulement par ce qu'elles contiennent, mais aussi parce qu'elles m'ont débarrassé de l'inquiétude que je commençais à avoir, pour vous et M. Picard, d'un retour offensif de la grippe.

. . . .

Dans votre première lettre je trouve

$$J = \frac{1}{2^n}\int_0^1 \frac{(x^2-x)^n x^a\,dx}{1+x} = \frac{(-1)^n\theta}{8^n}\int_0^1 \frac{x^a\,dx}{1+x},$$

et dans la dernière

$$J = \frac{(-1)^n\theta}{8^n(a+1)} \qquad (0 < \theta < 1);$$

je remarque que x^a étant croissant (pour $a > 0$), $\frac{1}{1+x}$ décroissant, on a, d'après le théorème de M. Tchebycheff,

$$\int_0^1 \frac{x^a\,dx}{1+x} < \int_0^1 x^a\,dx \times \int_0^1 \frac{dx}{1+x} = \frac{\log 2}{a+1}.$$

Ainsi, pour $a > 0$, on aurait même $\theta < \log 2 = 0,693\ldots.$

Mais, lorsque a est négatif, $-1 < a < 0$, on a

$$\frac{0,693\ldots}{a+1} < \int_0^1 \frac{x^a}{1+x}\,dx < \frac{1}{a+1},$$

et je ne vois pas moyen de réduire votre limite supérieure, du moins d'une manière un peu simple.

Voici maintenant comment j'ai essayé, mais *sans succès,* de modifier et généraliser votre analyse.

Soient a et b deux nombres qu'il sera convenable de supposer compris entre o et 1; je pose

$$\frac{1}{1+x} = \mathrm{F} + \mathrm{C}_n \frac{(x-a)^n(x-b)^n}{1+x},$$

et je détermine la constante C_n de manière que F soit un simple polynome en x du degré $2n-1$. Il est clair qu'il faut prendre pour cela

$$1 = \mathrm{C}_n(1+a)^n(1+b)^n,$$

c'est-à-dire

$$\mathrm{C}_n = \frac{1}{(1+a)^n(1+b)^n}.$$

Ensuite, si l'on veut mettre, comme vous, F sous la forme $\mathrm{V}_1 + \mathrm{V}_2 + \ldots + \mathrm{V}_n$, il faudra prendre

$$\mathrm{V}_n = \frac{\mathrm{C}_{n-1}(x-a)^{n-1}(x-b)^{n-1} - \mathrm{C}_n(x-a)^n(x-b)^n}{1+x},$$

c'est-à-dire

$$\mathrm{V}_n = (1+a+b-x)\frac{(x-a)^{n-1}(x-b)^{n-1}}{(1+a)^n(1+b)^n}.$$

Pour $a=0$, $b=1$, on retombe sur vos formules; j'ai cru un moment que le cas $a=b=\frac{1}{2}$ pourrait conduire aussi à quelque résultat assez simple; on aurait alors

$$\mathrm{J} = \left(\frac{2}{3}\right)^{2n}\int_0^1 \frac{\left(x-\frac{1}{2}\right)^{2n} x^a}{1+x}\,dx = \frac{\theta}{3^{2n}}\int_0^1 \frac{x^a}{1+x}\,dx,$$

c'est-à-dire

$$\mathrm{J} = \frac{\theta}{9^n(a+1)},$$

avec $\theta < 1$, ou même $\theta < \log 2$ lorsque $a > 0$. Vous voyez que ce terme complémentaire décroît même un peu plus rapidement que dans le cas $a=0$, $b=1$. Malheureusement le terme général de la série est

$$\left(\frac{2}{3}\right)^{2n}\int_0^1 (2-x)\left(x-\frac{1}{2}\right)^{2n-2} x^a\,dx.$$

Il faudrait donc obtenir la valeur de

$$\int_0^1 \left(x - \frac{1}{2}\right)^{2n-2} x^a\,dx = \int_0^{\frac{1}{2}} \left(x - \frac{1}{2}\right)^{2n-2} [x^a + (1-x)^a]\,dx,$$

ou, pour $\frac{1}{2} - x = \frac{1}{2}u$,

$$\int_0^1 \left(x - \frac{1}{2}\right)^{2n-2} x^a\,dx = \frac{1}{2^{2n+a-1}} \int_0^1 u^{2n-2}[(1-u)^a + (1+u)^a]\,du.$$

Or l'intégrale $\int_0^1 u^{2n-2}(1+u)^a\,du$ s'obtient sans difficulté, mais n'a point la forme si simple de $\int_0^1 u^{2n-2}(1-u)^a\,du$; il s'introduit l'exponentielle 2^a et c'est pourquoi il faut abandonner cette tentative.

Je reviens un instant sur ces limitations

$$\int_0^1 \frac{x^a\,dx}{1+x} < \frac{1}{a+1} \qquad \text{toujours},$$

$$\int_0^1 \frac{x^a\,dx}{1+x} < \frac{\log 2}{a+1} \qquad \text{lorsque} \quad a > 0;$$

j'ai cherché à faire disparaître la discontinuité qui se montre ici et à réduire la limite $\frac{1}{a+1}$ dans le cas $0 < a+1 < 1$.

Par une intégration par parties :

$$(a+1)\int_0^1 \frac{x^a}{1+x}\,dx = \frac{1}{2} + \int_0^1 \frac{x^{a+1}}{(1+x)^2}\,dx,$$

et de là on conclut, lorsque le nombre $a+1$ tend vers zéro,

$$\lim(a+1)\int_0^1 \frac{x^a}{1+x}\,dx = 1, \qquad \lim(a+1) = 0,$$

car $\int_0^1 \frac{dx}{(1+x)^2} = \frac{1}{2}\cdot$ Ainsi, dans la limitation

$$\int_0^1 \frac{x^a}{1+x}\,dx < \frac{1}{a+1},$$

le numérateur ne saurait être remplacé par un nombre sensiblement inférieur à 1 lorsque $a+1$ est très petit. Mais, pour $a \geqq 0$, nous savons qu'on peut remplacer 1 par $\log 2 = 0,693\ldots$; j'ai cherché à bâtir un pont entre ces deux cas. Je suppose donc $0 > a > -1$ et soit $a+1=b$, puis

$$F(b)=\int_0^1 \frac{x^b}{(1+x)^2}\,dx \qquad (0<b<1).$$

Il est clair que $F''(b)=\int_0^1 \frac{x^b(\log x)^2}{(1+x)^2}\,dx$ est *positif*. Cela posé j'emploie la formule suivante

$$F(b)=F(0)+[F(1)-F(0)]b+\frac{b(b-1)}{1.2}F''(\xi),$$

où ξ est un nombre compris entre le plus grand et le plus petit des trois nombres 0, 1, b.

Puisque je suppose $0<b<1$, $b(b-1)$ est négatif et il vient ainsi

$$F(b)<F(0)+[F(1)-F(0)]b,$$

c'est-à-dire

$$F(b)<\frac{1}{2}-(1-\log 2)b;$$

donc

$$\int_0^1 \frac{x^a}{1+x}\,dx < \frac{1-(1-\log 2)(a+1)}{a+1},$$

$$\int_0^1 \frac{x^a}{1+x}\,dx < \frac{\log 2-(1-\log 2)a}{a+1}.$$

Le numérateur varie maintenant de 1 à $\log 2$ lorsque a varie de -1 à 0. Pour $a>0$ on pourrait certainement obtenir aussi une limite supérieure $\int_0^1 \frac{x^a}{1+x}\,dx < \frac{P}{a+1}$ dans laquelle P diminuerait de $\log 2$ à $\frac{1}{2}$ pendant que a croît de 0 à ∞.

Mais ce champ ne se peut tellement moissonner
Que les derniers venus n'y trouvent à glaner,

et il faut savoir finir.

J'ai voulu remercier M. Picard pour le service très réel qu'il m'a rendu, mais j'ai oublié son adresse et je suis obligé de vous prier de lui remettre la lettre ci-incluse lorsque vous le verrez.

Je sais parfaitement bien qu'il demeure dans la rue qui descend du Panthéon au boulevard et je sais aussi que cette rue porte le nom de l'architecte du Panthéon ; mais le nom de cet architecte, impossible de le retrouver. Des défaillances de mémoire de ce genre m'arrivent fréquemment et un beau jour je ne saurai plus retrouver mon propre nom. Vous douterez, après cet aveu, si le texte de saint Jean (III, 30) s'applique bien à moi.

J'ai lu, dans un petit journal d'ici, quelques lignes sur les désordres au cours de M. Brunetière, mais je ne comprends rien aux motifs des manifestants. Ces messieurs sont-ils mécontents du dernier discours de M. Brunetière à l'Académie?

Je n'en sais rien, et j'avoue que cela ne m'intéresse pas beaucoup; mais que le métier de professeur devient difficile de cette manière dans votre Ville Lumière!

Heureusement, des choses pareilles n'arrivent pas encore à la Faculté des Sciences, mais qui sait ce qui arrivera encore d'ici vingt ans?

Croyez-moi toujours votre affectueusement dévoué.

404. — *HERMITE A STIELTJES.*

Paris, 13 mars 1894.

Mon cher Ami,

Faute de grives on mange des merles; il ne m'appartient pas de vous féliciter, comme M. Picard peut le faire, du succès de vos efforts dans une question profonde et difficile qui dépasse la sphère de mes recherches, mais je vous exprime mon plus vif plaisir de l'application du théorème de Tchebicheff d'où vous tirez la relation

$$\int_0^1 \frac{x^a\,dx}{1+x} < \int_0^1 x^a\,dx \times \int_0^1 \frac{dx}{1+x} = \frac{\log 2}{a+1}$$

que je me propose de donner à mes leçons. J'ai besoin aussi de la limite supérieure de l'intégrale $\int_0^1 \frac{(1-x^a)x^n}{1-x}dx$; je l'obtiens en remarquant que pour $a > 1$ on a $1 - x^a < a(1-x)$, car la dérivée de $1 - x^a - a(1-x)$ est, en effet, $a(1-x^{a-1})$ quantité positive de sorte que l'expression est croissante. Comme elle est négative pour $x = 0$ et nulle pour $x = 1$, il est nécessaire qu'elle reste négative dans l'intervalle, d'où la relation, d'où l'on conclut

$$\int_0^1 \frac{(1-x^a)x^n}{1-x}\,dx = \frac{\theta a}{n+1};$$

on aurait, en supposant $a < 1$, $\frac{1-x^a}{1-x} < 1$ et la limite $\frac{\theta}{n+1}$. Maintenant permettez-moi de préparer, en vous écrivant, ma prochaine leçon. Je veux tirer le théorème $\Gamma(a)\Gamma(1-a) = \frac{\pi}{\sin a\pi}$, sans employer $B(a, b)$, de l'équation $\Gamma(a) = \int_0^\infty x^{a-1} e^{-x}\,dx$ ou plutôt $\Gamma(a) = 2\int_0^\infty x^{2a-1} e^{-x^2}\,dx$. Multipliant par

$$\Gamma(1-a) = 2\int_0^\infty y^{1-2a} e^{-y^2}\,dy,$$

j'obtiens

$$\Gamma(a)\Gamma(1-a) = 4\int_0^\infty \int_0^\infty \left(\frac{x}{y}\right)^{2a-1} e^{-x^2-y^2}\,dx\,dy,$$

puis, par la substitution de Laplace $x = \rho\sin\varphi$, $y = \rho\cos\varphi$,

$$\Gamma(a)\Gamma(1-a) = 4\int_0^\infty e^{-\rho^2}\rho\,d\rho\int_0^{\frac{\pi}{2}} (\operatorname{tang}\varphi)^{2a-1}\,d\varphi = 2\int_0^{\frac{\pi}{2}} (\operatorname{tang}\varphi)^{2a-1}\,d\varphi.$$

C'est l'intégrale d'Euler en faisant

$$\operatorname{tang}\varphi = t^{\frac{1}{2}}.$$

Paulo majora canamus; j'avais pensé comme vous, mais avec moins de bonheur, à employer un polynome de degré quelconque $\Theta(x)$ pour former l'égalité

$$\frac{\Theta(x) - \Theta(-1)}{x+1} = F,$$

d'où

$$-\frac{\Theta(-1)}{x+1} = F - \frac{\Theta(x)}{x+1}.$$

Je m'étais adressé à l'expression de Tchebicheff qui est la plus voisine de zéro, entre les quantités zéro et l'unité; mais elle ne donne pas une limite avantageuse, attendu que $\Theta(x)$ change n fois de signe entre ces limites. Vous avez été mieux inspiré en prenant $\Theta(x) = (x-a)^n(x-b)^n$ et supposant $a = \frac{1}{2}$, $b = \frac{1}{2}$; voici comment je suis votre idée. On a

$$\frac{1}{3-(1-2x)} = \frac{1}{3} + \left(\frac{1-2x}{3^2}\right) + \ldots + \frac{(1-2x)^{n-1}}{3^n} + \frac{(1-2x)^n}{2.3^{n+1}(1+x)},$$

ce qui donne

$$\frac{1}{1+x} = F(x) + \frac{(1-2x)^n}{3^{n+1}(1+x)}$$

avec

$$F(x) = \frac{2}{3} + \frac{2(1-2x)}{3^2} + \ldots + \frac{2(1-2x)^{n-1}}{3^n}.$$

Séparez maintenant dans $F(x)$ les puissances paires et les puissances impaires de $1-2x$, et posez $x^2 - x = \xi$. Vous aurez en premier lieu le polynome en ξ

$$\frac{2}{3} + \frac{2(1+4\xi)}{3^3} + \frac{2(1+4\xi)^2}{3^5} + \ldots,$$

puis la quantité

$$\frac{1-2x}{3}\left[\frac{2}{3} + \frac{2(1+4\xi)}{3^3} + \frac{2(1+4\xi)^2}{3^5} + \ldots\right].$$

On pourra faire, par suite,

$$F(x) = A_0 + A_1\xi + A_2\xi^2 + \ldots + (1-2x)(B_0 + B_1\xi + B_2\xi^2 + \ldots),$$

ce qui permet d'obtenir par la fonction $B(a, b)$ l'intégrale

$$\int_0^1 x^a F(x)\,dx.$$

Encore une remarque. On a

$$\frac{2}{1+x} = \frac{3}{2-\xi} + \frac{1-2x}{2-\xi}$$
$$= 3\left(\frac{1}{2} + \frac{\xi}{2^2} + \ldots + \frac{\xi^{n-1}}{2^n} + \ldots\right) + (1-2x)\left(\frac{1}{2} + \frac{\xi}{2^2} + \ldots\right).$$

D'où

$$\frac{1}{1+x} = \sum \frac{(-1)^{n-1}}{2^{n-1}}(x-x^2)^{n-1} - \sum \frac{(-1)^{n-1}}{2^n} x(x-x^2)^{n-1}$$
$$(n = 1, 2, 3, \ldots)$$

et l'on en conclut

$$\int_0^1 \frac{x^a\,dx}{1+x} = \sum \frac{(-1)^{n-1}}{2^{n-1}} \mathrm{B}(a+n, n) - \sum \frac{(-1)^{n-1}}{2^n} \mathrm{B}(a+n+1, n).$$

C'est le développement en série infinie qui résulte de la formule précédente qu'on peut encore écrire

$$\sum \frac{(-1)^{n-1}}{2^n} \mathrm{B}(a+n, n)\left(1+\frac{n}{a+2n}\right)$$
$$= \sum \frac{(-1)^{n-1}}{2^n} \frac{\Gamma(n)}{(a+n)(a+n+1)\ldots(a+2n-1)}\left(1+\frac{n}{a+2n}\right).$$

Dans l'attente, mon cher ami, de vos nouvelles, et restant toujours votre bien affectueusement dévoué.

405. — *HERMITE A STIELTJES.*

Paris, 27 mars 1894.

Mon cher Ami,

Ce sont mes vœux pour votre prochain voyage qu'il me faut vous adresser; puisse surtout votre prochaine lettre que vous m'enverrez de Cannes m'apprendre que M. Daremberg aura jugé favorablement de votre séjour à Alger malgré la contrariété du mauvais temps! Nous avons cependant depuis plus d'une semaine des jours parfaitement beaux dont vous devez aussi profiter; je leur demande d'éloigner de vous la pensée que votre grand travail sur la théorie des fractions continues ne sera point suivi d'autres, *ægri somnia*. C'est à moi de me dire de pareilles choses quand je me sens sans courage devant l'ouvrage, ou bien qu'entreprenant de suivre quelque idée je ne rencontre que des illusions et des déceptions. L'histoire, qui en est longue, se continue toujours; je viens, par exemple, de tirer, ce qui est très facile, de l'expression $\frac{\Gamma'(a)}{\Gamma(a)} = -\mathrm{C} + \int^1 \frac{1-x^{a-1}}{1-x}\,dx$, la relation de Gauss

$$\sum \frac{\Gamma'\left(\frac{k}{n}\right)}{\Gamma\left(\frac{k}{n}\right)} \cos k\varphi = \mathrm{C} + \frac{n}{2}\log\left(2\sin^2\frac{\varphi}{2}\right)^2 \qquad (k = 1, 2, \ldots, n-1),$$

où $\varphi = \frac{2m\pi}{n}$, m et n étant, bien entendu, des nombres entiers, et j'avais espéré en conclure, pour $\frac{1}{n} = dx$, une intégrale définie. Mais le premier terme $\frac{\Gamma'\left(\frac{1}{n}\right)}{\Gamma\left(\frac{1}{n}\right)}$ devient infini, et tout m'a échappé par suite. J'ai eu, en Arithmétique, une autre déception; je le dois à la question de la distribution en périodes des formes de déterminant positif; il serait trop long de vous en faire le récit.

Permettez-moi, puisque vous nous revenez, de faire appel à votre bonne obligeance, pour la publication dans les *Annales de Toulouse* d'un mémoire que M. Appell a adressé à M. Berson, le secrétaire de la rédaction. M. Berson ne lui a pas répondu et, autant que M. Appell, je m'intéresse à ce mémoire et à son auteur M. Landfried, mon concitoyen lorrain, qui a traité avec talent une question concernant les fonctions à multiplicateurs. M. Appell croit que l'impression dans les *Annales* d'un très long travail de M. Sauvage retardera longtemps la publication du mémoire de M. Landfried; mais j'aimerais beaucoup pouvoir lui donner la certitude qu'il paraîtra. Je vous serai bien reconnaissant de joindre, s'il est nécessaire, votre recommandation à celle de M. Appell et à la mienne pour qu'il paraisse aussitôt qu'il sera possible.

Picard est en ce moment à Cannes où vous allez vous rendre; son cours à l'École centrale lui a causé une grande fatigue....... Heureusement que le voyage et la distraction l'ont rétabli; pour moi, je n'ai point bougé, me proposant, vers la Pentecôte, de demander à M. Painlevé, mon bienveillant maître de conférences, de me remplacer et de me permettre d'aller dans ma famille à Flanville. J'avais espéré, j'aurais bien voulu travailler, mais je n'ai presque rien fait; je ne sais plus, tout en me le reprochant, que passer mon temps à lire; *video meliora proboque, deteriora sequor.* Avec tous mes vœux, mon cher ami, pour votre prochain voyage, en vous demandant bien de m'en donner des nouvelles à votre arrivée et vous assurant toujours de mes sentiments de l'affection la plus sincère et la plus dévouée.

406. — *STIELTJES A HERMITE.*

Cannes, 10 avril 1894.

Cher Monsieur,

Je suis arrivé ici samedi dernier, après un très bon voyage, et j'ai vu hier M. Daremberg. Il me trouve en bonne voie de guérison; cependant les crachats n'ont pas disparu et, ce qui me vexe beaucoup, il ne m'a pas voulu dire si je pourrais reprendre mon cours en novembre. Il dit que c'est très possible si je continue à faire des progrès, mais pour le moment il ne peut pas se prononcer sur ce point. Il m'a envoyé à un bactériologiste et, après que celui-ci aura fait son analyse, je dois encore revenir une fois chez M. Daremberg. Cependant je vous dirai que je suis bien déterminé à reprendre mes occupations ordinaires en novembre; je me ménagerai tant que je pourrai. Le temps est magnifique ici et il fait bien plus chaud qu'à Alger; l'hiver a été ici bien plus favorable que là-bas et la végétation est bien plus avancée.

Laissez-moi vous dire maintenant que l'insertion du mémoire de M. Landfried dans nos *Annales* est assurée. Il est de règle de faire examiner les mémoires envoyés par (à) un membre du comité (pour l'examiner). Celui-ci donne son avis; la plupart du temps, et sans doute dans le cas actuel, c'est une pure formalité. Mais le comité des *Annales* ne se réunit pas souvent, et cela a pu causer le retard dans la réponse du secrétaire M. Berson..................

....

J'espère rentrer à Toulouse le plus tôt possible maintenant, aujourd'hui en huit au plus tard, je pense.

Dès que je serai rentré, je commencerai à écrire mon Mémoire sur les fractions continues; la correction des épreuves m'occupera ensuite je l'espère, puis viendra la préparation de mon cours. Mon horizon ne s'étend pas au delà.

Je crains beaucoup, Monsieur, que la mort de votre ancien ami M. Brown-Sequard a dû vous affecter douloureusement; j'espère d'autant plus que le séjour de Flanville vous fera du bien en vous arrachant un peu à cette vie trop intense et surmenée de Paris.

Veuillez bien me croire toujours votre affectueusement dévoué.

407. — *HERMITE A STIELTJES.*

Paris, 20 avril 1894.

Mon cher Ami,

Je suis heureux de vous savoir de retour et rendu à Cannes où vous avez un beau temps, après un voyage accompli favorablement, mais j'attends impatiemment les conclusions de M. Daremberg à la suite de l'analyse bactériologique qu'il a demandée. J'ai entière confiance que vous reprendrez votre cours et que vous ferez de meilleures leçons que les miennes dont la fatigue diminue chaque année l'intérêt. Votre grand travail sur les fractions continues ne sera pas le dernier comme vous le dites; c'est mon horizon qui se rétrécit et non le vôtre. Je lis avec attention en pensant à votre maladie, tout ce qui s'y rapporte, et à tout hasard je vous envoie un numéro du *Journal des Débats* pour que vous jetiez les yeux sur le feuilleton scientifique de M. de Parville où il en est question. Je n'ai plus, hélas, M. Brown-Sequard à consulter sur le sujet; mais les avis autorisés ne vous manqueront point. Combien j'étais loin de m'attendre à une perte qui me laisse un vide que rien ne pourra jamais combler..

M. Brown-Sequard était la bonté même; il y a peu d'années, il a passé, malgré son âge, toute une nuit auprès de M. Marcel Bertrand, malade de la fièvre typhoïde et dont la vie était en danger. Un jour, me voyant mauvaise mine, il m'a amené dans un coin de la salle qui précède la salle des séances pour me tâter le pouls et me faire une ordonnance. Je n'en finirais pas avec les souvenirs pleins de regrets qu'il me laisse, et qui remontent à plus de 50 ans lorsque nous nous rencontrions, tout jeunes l'un et l'autre, à la Société Philomathique. Je m'arrache à ces regrets pour vous faire la confidence que, cédant à la paresse, je prépare si insuffisamment mes leçons que, pendant la nuit, ma conscience se réveille, me poursuit au point que j'allume une bougie pour faire un bout de calcul. J'ai eu un impérieux besoin d'une limite supérieure de $\left|\frac{\sin mx}{\sin x}\right|$ pour m

entier. C'est dans ces conditions anormales que j'ai rencontré les relations

$$\frac{\sin 2nx}{\sin x} = 2[\cos x + \cos 3x + \ldots + \cos(2n-1)x],$$

$$\frac{\sin(2n+1)x}{\sin x} = 1 + 2\cos 2x + \ldots + 2\cos 2nx,$$

d'où l'on conclut

$$\left|\frac{\sin mx}{\sin x}\right| < m,$$

ce qui a lieu aussi pour m quelconque. Mais j'ai inutilement cherché un moyen plus élémentaire pour l'obtenir. A quoi bon, demanderez-vous, cette limitation? Si vous en aviez quelque peu la curiosité, je vous expliquerais que j'en conclus les propriétés de la fonction de Jacob Bernoulli $S_n(x) = 1^n + 2^n + \ldots + (p-1)^n$, $(-1)^n S_{n-1}(x)$ par exemple étant positif entre les limites $x = 0$, $x = 1$ et n'ayant qu'un seul maximum pour $x = \frac{1}{2}$, $(-1)^n S_{2n-2}(x)$ n'ayant que la racine $x = 0$ dans le même intervalle, *nugæ analyticæ*.

Ne vous préoccupez aucunement d'agir sur M. Berson; le point essentiel pour moi est obtenu puisque je puis donner à M. Landfried la certitude que son mémoire sera publié dans les *Annales* aussitôt qu'il sera possible.

Soyez assez bon, mon cher ami, pour ne pas me faire attendre vos nouvelles, et veuillez croire toujours à mon affection la plus sincère et la plus dévouée (¹).

408. — *HERMITE A STIELTJES.*

Paris, 2 mai 1894.

MON CHER AMI,

La recherche des fractions, $\frac{P'}{P}$, $\frac{P''}{P}$ qui approchent le plus de deux nombres donnés n'a cessé, depuis plus de 50 ans, de me préoccuper

---

(¹) *Note manuscrite de Stieltjes.* —

$$\frac{\sin mx}{\sin x} = \sum_{0}^{m-1} \cos^k x \cos(m-1-k)x < m.$$

et aussi de me désespérer. Le point de vue auquel je me suis trouvé conduit, d'envisager pour toutes les valeurs positives des constantes α et β, la série des minima de la forme ternaire

$$\alpha(x - az)^2 + \beta(y - bz)^2 + z^2$$

relatifs à des valeurs entières des indéterminées, donne bien, à la vérité, les résultats de Dirichlet obtenus par une autre voie. Mais ce que j'ai surtout, comme vous, désiré — un algorithme régulier qui permette d'arriver pratiquement à ces valeurs entières, au moyen de la réduction continuelle de la forme quadratique à coefficients variables — m'a échappé. La question est certainement d'une grande difficulté, mais, il me faut l'avouer, j'ai manqué de persévérance; j'aurais peut-être réussi à force de travail. De mes efforts, il ne me reste que de lointains souvenirs, presque effacés maintenant, avec des regrets qui persisteront toujours. Je m'étais figuré devoir pénétrer dans le monde des irrationnelles définies par des équations à coefficients entiers $F(x) = 0$ en étudiant les circonstances de la réduction continuelle de la forme $\sum \alpha_i \operatorname{mod}^2(x + x_i y + x_i^2 z + \ldots)$, x_i désignant les racines de cette équation, par exemple dans le cas des équations abéliennes, mais vous pouvez voir dans une thèse de M. Charve, professeur à la Faculté des sciences de Marseille, à quel immense labeur, pour le troisième degré seulement, on se trouve conduit. Je n'ai fait qu'un premier pas, en reconnaissant qu'un nombre fini d'opérations suffit; il aurait été indispensable de pouvoir les effectuer. Les recherches d'Arithmétique exigent absolument des exemples où l'observation puisse s'exercer; autrement on reste dans le vide, ce qui m'est arrivé pour mon malheur. Et le malheur m'a poursuivi, m'étant jeté du côté de l'Algèbre dans ma lettre à M. Pincherle dans l'espoir de m'éclairer, je n'ai encore trouvé qu'une déception dans l'Algèbre. D'autres sans doute seront plus heureux, je ne serai plus sans doute pour applaudir à leur succès; je serai parti laissant comme dernière trace de mes efforts une lettre à Borchardt dans le *Journal de Crelle*, t. 53, p. 182.

En espérant que vous en tirerez peut-être le sujet d'une leçon à vos élèves, voici ce que j'ai dernièrement fait à mon Cours, sur la fonction de Jacob Bernoulli, avec tous les détails pour ne rien vous laisser à faire.

Soit $f(x) = \frac{e^{ax}-1}{e^{a}-1}$. On a $f(x+1) - f(x) = e^{ax}$; posant donc

$$\text{(1)} \qquad \frac{e^{ax}-1}{e^{a}-1} = S_0(x) + \frac{a}{1} S_1(x) + \ldots + \frac{a^n}{1.2\ldots n} S_n(x),$$

on en conclut

$$S_n(x+1) - S_n(x) = x^n$$

et, en remarquant que $S_n(0) = 0$,

$$S_n(x) = 1^n + 2^n + \ldots + (x-1)^n,$$

pour n entier.

Ceci posé, je me propose de former le développement suivant les puissances de a de la quantité $\frac{e^{ax}-1}{e^{a}-1}$ et, à cette occasion, je fais la remarque suivante. Soit, en général, une série quelconque

$$\text{(2)} \qquad S = \lambda_0 + \frac{\lambda_1 a}{1} + \frac{\lambda_2 a^2}{1.2} + \ldots + \frac{\lambda^n a^n}{1.2\ldots n} + \ldots,$$

si on la multiplie par l'exponentielle e^{ax}, les coefficients des puissances de a seront des polynomes en x dont les coefficients s'expriment linéairement en $\lambda_0, \lambda_1, \lambda_2, \ldots$. Cherchons ce que deviennent ces polynomes en remplaçant λ_i par la puissance λ^i; il est clair qu'il faut alors faire $S = e^{\lambda x}$, d'où $S\, e^{ax} = e^{(\lambda+x)a}$, ce qui donne $(\lambda + x)^n$ pour le coefficient de a^n. Inversement on trouvera, si l'on change λ^i en λ_i, le produit de la série (2) par e^{ax}. Posons maintenant

$$\frac{a}{e^a - 1} = 1 - \frac{a}{2} + \frac{B_1}{1.2} a^2 + \ldots + \frac{(-1)^{n-1} B_n}{(1.2\ldots 2n)} a^{2n} \ldots,$$

$B_1, B_2, \ldots$ seront les nombres de Bernoulli; je ferai $\lambda_0 = 1$, $\lambda_2 = -\frac{1}{2}$, $\lambda_{2i+1} = 0$, $\lambda_{2i} = (-1)^i B_i$; le changement de λ_i en λ^i transformera cette série dans l'exponentielle $e^{\lambda a}$, et le produit $\frac{e^{ax}-1}{e^{a}-1} a$ deviendra

$$e^{(\lambda+x)a} - e^{\lambda a}.$$

Ayant $\frac{e^{ax}-1}{e^{a}-1} a = \Sigma S_n(x) \frac{a^{n+1}}{1.2\ldots n}$, la remarque précédente permet d'écrire

$$\frac{S_n(x)}{1.2\ldots n} = \frac{(\lambda + x)^{n+1} - \lambda^n}{1.2\ldots n+1},$$

d'où

$$S_n(x) = \frac{(\lambda + x)^{n+1} - \lambda^{n+1}}{n},$$

en changeant les puissances de λ comme il vient d'être dit. On a ainsi

$$S_{2n-1}(x) = \frac{(\lambda + x)^{2n} - \lambda^{2n}}{2n}, \qquad S_{2n-2}(x) = \frac{(\lambda + x)^{2n-1} - \lambda^{2n-1}}{2n-1},$$

mais il faut prendre $\lambda^{2n-1} = 0$, il vient donc

$$S_{2n-2}(x) = \frac{(\lambda + x)^{2n-1}}{2n-1},$$

d'où la relation

$$S_{2n-2}(x) = \frac{S'_{2n-1}(x)}{2n-1}.$$

Une autre remarque encore. J'ai posé $\frac{a}{e^a - 1} = e^{\lambda a}$; il vient donc en changeant a en $-a$

$$\frac{ae^a}{e^a - 1} = e^{-\lambda a},$$

d'où

$$\frac{a}{e^a - 1} = e^{-(\lambda+1)a}$$

et, par conséquent, $e^{\lambda a} = e^{-(\lambda+1)a}$. Multipliant par e^{ax}, j'en tire

$$e^{(\lambda+x)a} = e^{-(\lambda+1-x)a},$$

d'où

$$(\lambda + x)^n = (-1)^n (\lambda + 1 - x)^n.$$

De là résultent les relations importantes

$$S_{2n-1}(x) = + S_{2n-1}(1 - x) \quad \text{et} \quad S_{2n-2}(x) = - S_{2n-2}(1 - x).$$

Mais j'arrive à mon principal objet.

Soit, entre les limites $x = 0$ et $x = 1$,

$$S_{2n-1}(x) = \Sigma A_m \cos 2m\pi x + \Sigma B_m \sin 2m\pi x,$$

la relation qui vient d'être obtenue montre qu'il faut prendre $B_m = 0$ et voici comment s'obtiennent les coefficients

$$A_0 = \int_0^1 S_{2n-1}(x)\, dx, \qquad A_m = 2\int_0^1 S_{2n-1}(x) \cos 2m\pi x\, dx.$$

Je recours à la formule élémentaire

$$\int f(x)\cos ax\,dx = F(x)\sin ax + F'(x)\frac{\cos ax}{a},$$

$f(x)$ étant un polynome entier, et où l'on a

$$F(x) = \frac{f(x)}{a} - \frac{f''(x)}{a^3} + \frac{f^{iv}(x)}{a^5} - \ldots,$$

je supposerai $f(x) = S_{2n-1}(x)$ et j'observerai qu'aux limites, à cause de $a = 2m\pi$, le second terme seul subsiste, de sorte qu'on a

$$A_m = \frac{1}{m\pi}[F'(1) - F'(0)].$$

Dans cette expression, tous les termes $(\lambda+1)^i - \lambda^i$ s'évanouissent à l'exception d'un seul, lorsqu'on a $i = 1$. C'est ce que montre l'égalité employée tout à l'heure $e^{\lambda a} = e^{-(\lambda+1)a}$, qui donne la condition $(\lambda+1)^i = \lambda^i$, lorsque i est un nombre pair, puis $(\lambda+1)^i = -\lambda^i$ et, par conséquent, $(\lambda+1)^i = 0$ avec $\lambda^i = 0$, en supposant i impair. Ce terme à employer $\frac{(-1)^{n-1} f^{2n-1}(x)}{(2m\pi)^{2n-1}}$ a pour valeur $\frac{(-1)^{n-1}\,1.2\ldots 2n}{2n(2m\pi)^{2n-1}}$, et l'on en conclut

$$A_m = (-1)^{n-1}\frac{2.3\ldots 2n}{n(2m\pi)^{2n}}.$$

Quant à A_0, l'intégrale définie

$$\int \frac{(x+\lambda)^{2n} - \lambda^{2n}}{2n}\,dx = \frac{(x+\lambda)^{2n+1}}{2n(2n+1)} - \frac{\lambda^{2n}x}{2n}$$

donne immédiatement

$$A_0 = \frac{(-1)^n B_n}{2n},$$

et nous parvenons à la série cherchée

$$(-1)^n S_{2n-1}(x) = \frac{B_n}{2n} - \frac{2.3\ldots 2n}{n(2\pi)2n}\left(\cos 2\pi x + \frac{\cos 4\pi x}{2^{2n}} + \frac{\cos 6\pi x}{3^{2n}} + \ldots\right).$$

Soit d'abord $x = 0$, le premier membre s'évanouit et l'on en tire

$$\frac{B_n}{2.3\ldots 2n} = \frac{2}{(2\pi)^{2n}}\left(1 + \frac{1}{2^{2n}} + \frac{1}{3^{2n}} + \ldots\right),$$

ce qui permet d'écrire

$$(-1)^n S_{2n-1}(x) = 2\frac{2.3\ldots 2n-1}{(2\pi)^{2n}}\left(1 - \cos 2\pi x + \frac{1-\cos 4\pi x}{2^{2n}} + \ldots\right),$$

ou bien

$$(-1)^n S_{2n-1}(x) = 4\frac{2.3\ldots 2n-1}{(2\pi)^{2n}}\left(\sin^2 \pi x + \frac{\sin^2 2\pi x}{2^{2n}} + \frac{\sin^2 3\pi x}{3^{2n}} + \ldots\right).$$

On en conclut que $(-1)^n S_{2n-1}(x)$ est positif de $x = 0$ à $x = 1$. Soit ensuite

$$\varphi(x) = \sin^2 \pi x + \frac{\sin^2 2\pi x}{2^{2n}} + \frac{\sin^2 3\pi x}{3^{2n}} + \ldots,$$

j'établirai que cette quantité positive a son maximum pour $x = \frac{1}{2}$ comme il suit.

Changeons x en $\frac{1}{2} + x$, il vient

$$\varphi\left(\frac{1}{2} + x\right) = \cos^2 \pi x + \frac{\sin^2 2\pi x}{2^{2n}} + \frac{\cos^2 3\pi x}{3^{2n}} + \ldots,$$

puis

$$\varphi\left(\frac{1}{2}\right) = 1 + \frac{1}{3^{2n}} + \frac{1}{5^{2n}} + \ldots,$$

ce qui donne

$$\begin{aligned}\varphi\left(\frac{1}{2}\right) - \varphi\left(\frac{1}{2} + x\right) = {} & \sin^2 \pi x + \frac{\sin^2 3\pi x}{3^{2n}} + \frac{\sin^2 5\pi x}{5^{2n}} + \ldots \\ & - \frac{\sin^2 2\pi x}{2^{2n}} - \frac{\sin^2 4\pi x}{4^{2n}} + \frac{\sin^2 6\pi x}{6^{2n}} + \ldots.\end{aligned}$$

Vous voyez que d'après la relation $\frac{\sin mx}{\sin x} < m$ la partie soustractive a pour limite supérieure la série

$$\sin^2 \pi x\left(\frac{1}{2^{2n-2}} + \frac{1}{4^{2n-2}} + \frac{1}{6^{2n-2}} + \ldots\right),$$

de sorte qu'à partir de $n = 2$ on obtient

$$\varphi\left(\frac{1}{2}\right) - \varphi\left(\frac{1}{2} + x\right) > \sin^2 \pi x\left(1 - \frac{1}{2^{2n-2}} - \frac{1}{4^{2n-2}} - \ldots\right),$$

la quantité qui multiplie $\sin^2\pi x$ étant positive. C'était le point essentiel à établir; enfin j'ajoute que de l'égalité

$$S_{2n-2} = \frac{1}{2n-1} S'_{2n-1}(x)$$

je tire la formule

$$(-1)^n S_{2n-2}(x) = \frac{2.1.2\ldots 2n-1}{(2\pi)^{2n-1}}\left(\sin 2\pi x + \frac{\sin 4\pi x}{2^{2n-1}} + \ldots\right),$$

et que de la relation

$$\frac{\sin mx}{\sin x} < m,$$

on conclut

$$\sin 2\pi x + \frac{\sin 4\pi x}{2^{2n-1}} + \ldots = \sin 2\pi x\left(1 + \frac{\varepsilon}{2^{2n-2}} + \frac{\varepsilon'}{3^{2n-2}} + \ldots\right),$$

ε, ε' étant, en valeur absolue, moindres que l'unité. La fonction $(-1)^n S_{2n-2}(x)$ se comporte donc comme $\sin 2\pi x$ et ne s'évanouit que pour $x = \frac{1}{2}$, entre les limites zéro et l'unité.

Le procédé que j'ai employé pour arriver aux développements trigonométriques permet aussi d'obtenir la formule de Mac-Laurin

$$\begin{aligned}\int_0^1 f(x)\,dx = {} & \frac{1}{2}[f(0) - f(1)] - \frac{B_1}{1.2}[f'(1) - f'(0)] \\ & + \frac{B_2}{2.3.4}[f'''(1) - f'''(0)] + \ldots \\ & + \frac{(-1)^{n-1} B_{n-1}}{2.3\ldots 2n-2}[f^{(2n-3)}(1) - f^{(2n-3)}(0)] \\ & + \frac{1}{2.3\ldots 2n-1}\int_0^1 f^{(2n)}(x)\, S_{2n-1}(x)\,dx,\end{aligned}$$

en intégrant par parties l'expression

$$\int f^{(2n)}(x)\frac{(x+\lambda)^{2n} - \lambda^{2n}}{2n}\,dx$$

entre les limites zéro et l'unité, ce qui se fait par un calcul facile.

J'aurais bien voulu avoir plus tôt votre démonstration excellente de l'inégalité $\left|\frac{\sin mx}{\sin x}\right| < m$, pour la joindre à celle que j'ai donnée pour le cas de m quelconque en cherchant le maximum de $\frac{\sin mx}{\sin x}$ (¹).

(¹) Ce passage montre qu'il manque une lettre de Stieltjes entre le 20 avril et le 2 mai.

Ce maximum s'obtient en posant $\operatorname{tang} mx = m \operatorname{tang} x$, bien entendu entre $x = 0$ et $x = \pi$. On a donc

$$\sin mx = \frac{m \operatorname{tang} x}{\sqrt{1 + m^2 \operatorname{tang}^2 x}},$$

d'où

$$\frac{\sin mx}{\sin x} = \frac{m}{\sqrt{\cos^2 x + m^2 \sin^2 x}}.$$

Il suffit maintenant d'observer, à l'égard du dénominateur, qu'on a

$$\sqrt{\cos^2 x + m^2 \sin^2 x} < 1,$$

quand on suppose $m > 1$, et

$$\sqrt{\cos^2 x + m^2 \sin^2 x} < m,$$

pour $m < 1$.

J'ai célébré dans ma dernière leçon votre conception de $\log \Gamma(x)$ comme fonction uniforme et holomorphe de la variable, dans tout le plan, avec la partie négative de l'axe des abscisses comme coupure; vous voyez l'usage et le profit que je fais de vos idées. M. Kronecker me disait en dînant à Flanville, où j'ai eu sa visite, que nous avions la tête faite de la même manière; je crois que s'il vous avait connu, le binome aurait été changé en trinome.

Adieu, mon cher ami, et veuillez toujours croire à mes sentiments de la plus sincère et de la meilleure affection.

409. — *STIELTJES A HERMITE.*

Toulouse, 3 mai 1894.

Cher Monsieur,

Je vais répondre immédiatement à votre lettre; peut-être qu'ainsi ma réponse vous trouvera encore à Paris. Mille remercîments pour votre analyse concernant la fonction de Bernoulli dont je profiterai certainement pour une de mes leçons. Mais, puisque vous démontrez directement que

$$(-1)^n S_{2n-2}(x)$$

a le même signe que $\sin 2\pi x$ et que c'est là, à un facteur près, la dérivée de

$$\varphi(x) = \sin^2\pi x + \frac{\sin^2 2\pi x}{2^{2n}} + \ldots,$$

$\varphi'(x)$ est positif dans l'intervalle $0 < x < \frac{1}{2}$, et la considération directe de $\varphi\left(\frac{1}{2}\right) - \varphi\left(\frac{1}{2} + x\right)$ ne semble point nécessaire. J'ajoute que $(-1)^n S_{2n-2}(x)$ n'a qu'*un seul maximum* dans l'intervalle $\left(0, \frac{1}{2}\right)$, parce que la seconde dérivée $(-1)^n S''_{2n-2}(x)$ est constamment négative; en effet, cette seconde dérivée est, à un facteur près, $= S_{2n-4}(x)$, c'est-à-dire une fonction de la même espèce. Mais cela est bien connu.

A l'égard des fractions $\frac{P'}{P}$, $\frac{P''}{P}$, je vous avouerai que je n'ai point la prétention d'éclaircir un sujet aussi difficile par la réflexion et par l'imagination seules. Je procéderai comme les naturalistes, en appelant au secours l'*observation*. Pour le moment donc, je fais des calculs numériques, assez laborieux, en cherchant toutes les fractions convergentes pour quelques cas particuliers jusqu'à $P=200$ et $P=500$. Encore faut-il savoir ce que sera un système de deux fractions convergentes. J'incline à croire qu'il faudra admettre aussi dans le Tableau les fractions $a = \frac{P'}{P} + \frac{\lambda}{P^2}$ de la théorie ordinaire des fractions continues, en y ajoutant la fraction $\frac{P''}{P}$ qui approche le plus de b, mais donc l'approximation sera alors seulement de l'ordre $\frac{1}{P}$. De même pour b. A ces calculs j'en ajoute encore d'autres concernant la distribution dans l'intervalle $(0, 1)$ des fractions $na - \mathcal{E}(na)$, $nb - \mathcal{E}(nb)$. C'est seulement lorsque j'aurai amassé de cette façon un grand matériel que je pourrai commencer à travailler sérieusement sur cette matière. Je ne sais point du tout si cela me mènera à quelque chose, mais je veux en avoir le cœur net. Ces jours-ci, il faut le dire, je n'ai pas poussé beaucoup mes calculs, ayant dû employer toute mon énergie à la rédaction de mon travail sur les fractions continues.

Ce travail s'achève doucement, mais j'en ai bien encore pour trois ou quatre semaines, et j'aurai mis plus d'un mois pour ce qu'autrefois, j'aurais achevé en dix jours.

Je me porte bien et je crois même que je fais des progrès, grâce aux bons soins dont je suis entouré. J'espère vivement que vous tirerez le plus grand bénéfice de votre séjour à Flanville.

Croyez-moi bien votre affectueusement dévoué.

P.-S. — Pour montrer que $\frac{\operatorname{tang} x}{x}$ croît dans le premier quadrant, j'écris

$$\frac{\operatorname{tang}(a+b)}{\operatorname{tang} a} = 1 + \frac{\operatorname{tang} b}{\sin a} \times \frac{\cos b}{\cos(a+b)},$$

en supposant

$$\frac{\pi}{2} > a > 0, \qquad \frac{\pi}{2} > b > 0, \qquad \frac{\pi}{2} > a+b > 0,$$

$$\operatorname{tang} b > b, \qquad \sin a < a, \qquad \frac{\cos b}{\cos(a+b)} > 1,$$

$$\frac{\operatorname{tang}(a+b)}{\operatorname{tang} a} > 1 + \frac{b}{a}, \qquad \text{c'est-à-dire} \qquad \frac{\operatorname{tang}(a+b)}{a+b} > \frac{\operatorname{tang} a}{a}.$$

410. — *HERMITE A STIELTJES.*

Paris, 13 mai 1894.

Mon cher Ami,

Je me sens tout joyeux de vous savoir en si bonne disposition que vous vous transformez en naturaliste pour observer les phénomènes du monde arithmétique. Votre doctrine est la mienne; je crois que les nombres et les fonctions de l'Analyse ne sont pas le produit arbitraire de notre esprit; je pense qu'ils existent en dehors de nous avec le même caractère de nécessité que les choses de la réalité objective, et que nous les rencontrons ou les découvrons, et les étudions, comme les physiciens, les chimistes et les zoologistes, etc. Je viens d'observer que

$$J(a) = \frac{1}{2}\int_{-\infty}^{0} \frac{e^x(x-2)+x+2}{x^2(e^x-1)} e^{ax}\,dx,$$

d'où l'on tire

$$J''(a) = \frac{1}{2}\int_{-\infty}^{0} \frac{e^x(x-2)+x+2}{e^x-1} e^{ax}\,dx,$$

donne l'égalité

$$J''(a) - J''(a+1) = \int_{-\infty}^{0} \left\{ e^{(a+1)x} - e^{ax} - \frac{x}{2}\left[e^{(a+1)x} + e^{ax}\right] \right\} dx.$$

L'intégration se fait immédiatement et il vient ainsi

$$J''(a) - J''(a+1) = \frac{1}{a+1} - \frac{1}{a} + \frac{1}{2}\left[\frac{1}{(a+1)^2} + \frac{1}{a^2}\right] = \frac{1}{2a^2(a+1)^2}.$$

On en conclut la série

$$J''(a) = \frac{1}{2a^2(a+1)^2} + \frac{1}{2(a+1)^2(a+2)^2} + \ldots,$$

puis, au moyen de l'égalité

$$\log\Gamma(a) = \left(a - \frac{1}{2}\right)\log a - a + \log\sqrt{2\pi} + J(a),$$

cette expression qui a attiré mon attention

$$D^2 \log\Gamma(a) = \frac{1}{a} + \frac{1}{2a^2} + \frac{1}{2a^2(a+1)^2} + \frac{1}{2(a+1)^2(a+2)^2} + \ldots.$$

Vous rapporterez à l'observation du fait, la remarque suivante, qui en est la conséquence immédiate.

Soit

$$\varphi(x) = x(x+1)(x+2)\ldots(x+n).$$

Je pose

$$\begin{aligned}\frac{1}{\varphi^2(x)} = {} & \frac{A_0}{x} + \frac{A_1}{x+1} + \ldots + \frac{A_n}{x+n} \\ & + \frac{B_0}{x^2} + \frac{B_1}{(x+1)^2} + \ldots + \frac{B_n}{(x+n)^2}.\end{aligned}$$

On aura $A_0 + A_1 + \ldots + A_n = 0$ et, le premier membre ne changeant pas quand on remplace x par $-n-x$, les numérateurs des fractions simples satisfont aux conditions $A_i = -A_{n-i}$, $B_i = B_{n-i}$ $(i = 0, 1, 2, \ldots, n)$.

Soit maintenant

$$N = B_0 + B_1 + \ldots + B_n,$$

$$G_0 = A_0, \qquad G_1 = A_0 + A_1, \qquad \ldots, \qquad G_{n-1} = A_0 + A_1 + \ldots + A_{n-1}.$$

Je pose encore

$$\begin{aligned} H_0 &= N - B_0, \\ H_1 &= N - B_0 - B_1, \\ &\dots\dots\dots\dots\dots\dots, \\ H_{n-1} &= N - B_0 - B_1 - \dots - B_{n-1}. \end{aligned}$$

Cela étant, on obtient facilement

$$\begin{aligned} ND_x^2 \log \Gamma(x) = {} & \frac{G_0}{x} + \frac{G_1}{x+1} + \dots + \frac{G_{n-1}}{x+n-1} \\ & - \frac{H_0}{x^2} - \frac{H_1}{(x+1)^2} - \dots - \frac{H_{n-1}}{(x+n-1)^2} \\ & - \frac{1}{\varphi^2(x)} - \frac{1}{\varphi^2(x+1)} - \dots . \end{aligned}$$

Et ceci me ramène aux fractions continues. Vous voyez que le groupe des fractions simples représente la fonction $D_x^2 \log \Gamma(x)$, aux termes près en $\frac{1}{x^{2n+2}}$. Mais j'ai tout lieu de croire qu'il ne faut nullement se borner aux fractions convergentes dont le dénominateur est $\varphi^2(x)$; on aurait, effectivement, un résultat analogue en partant de la décomposition en fractions simples de $\frac{1}{\varphi^3(x)}$ au lieu de $\frac{1}{\varphi^2(x)}$.

Avec l'espoir que vous pourrez peut-être entretenir les élèves de Toulouse de ces considérations absolument à leur portée, et que nous deviendrons collaborateurs de l'enseignement, en vous apprenant aussi qu'il me reste encore quelques leçons à faire avant de passer la main à M. Painlevé, et de partir pour Flanville, je vous exprime, mon cher ami, tous mes vœux pour que vous n'ayez plus d'autre médecin que les soins dévoués de Mme Stieltjes, avec le bonheur d'être auprès de vos enfants, ainsi que l'assurance de mon affection la plus sincère et la plus dévouée.

411. — *STIELTJES A HERMITE.*

Toulouse, 15 mai 1894.

CHER MONSIEUR,

Vos développements concernant $D_x \log \Gamma(x)$ m'intéressent beaucoup; vous savez que je me suis occupé à plusieurs reprises de ce sujet et de $J(a)$. Je me figure toujours qu'il reste à trouver là quelque chose d'essentiel et je reviendrai encore à l'assaut. Laissez-moi vous indiquer la petite remarque que voici : $\varphi(x)$ étant un polynome de degré n, la somme

$$\frac{1}{\varphi(x)} + \frac{1}{\varphi(x+1)} + \frac{1}{\varphi(x+2)} + \ldots$$

doit être regardée comme étant de l'ordre $\frac{1}{x^{n-1}}$ $\left(\text{et non de l'ordre } \frac{1}{x^n}\right)$ comme $\int_x^\infty \frac{dx}{\varphi(x)}$. N'y ayant pas fait attention, je me rappelle avoir été conduit à des contradictions dont je ne voyais pas la source tout d'abord. Je crois voir une trace de cette inadvertance dans votre lettre, et c'est pourquoi je vous avertis afin de vous éviter des ennuis possibles.

Mon mémoire sur les fractions continues est maintenant fort avancé; il ne reste plus qu'à ajouter quelques chapitres un peu accessoires; tout l'essentiel est fait et, d'ici quinze jours, j'aurai fini.

A part cette rédaction, je ne fais presque rien d'intelligent; les calculs numériques sentent un peu la main-d'œuvre. Aussi dans cette pénurie je n'ai guère rien à vous dire que la petite remarque suivante qui m'est passée par la tête.

Dans les premières pages de son mémoire sur la série hypergéométrique, Gauss se sert de l'artifice suivant : Pour montrer qu'une quantité P_n qui *croît* toujours avec n ($n = 1, 2, 3, \ldots$) tend vers une *limite finie*, il remarque qu'il existe une quantité Q_n telle que $Q_n > P_n$, mais qui va toujours en *diminuant*.

J'ai eu l'idée d'employer le même artifice pour prouver le théorème élémentaire suivant :

La série $a_1 + a_2 + a_3 + \ldots$ à termes *positifs*, étant *convergente*, le nombre

$$P_n = (1 + a_1)(1 + a_2)\ldots(1 + a_n)$$

tend pour $n = \infty$ vers une *limite finie*.

Je prends un nombre $k > 1$ et je pose

$$Q_n = [1 + k(a_{n+1} + a_{n+2} + a_{n+3} + \ldots)]\,P_n.$$

On a évidemment $Q_n > P_n$ et ensuite on trouve

$$Q_{n+1} - Q_n = a_{n+1}[1 - k + k(a_{n+2} + a_{n+3} + \ldots)]\,P_n.$$

Or k étant > 1 il est clair que $1 - k + k(a_{n+2} + a_{n+3} + \ldots)$ devient constamment *négatif* dès que n surpasse une certaine limite. Donc les Q_n finissent par *décroître* constamment et les P_n tendent par conséquent vers une *limite finie*.

Je vous exprime mes meilleurs vœux pour que vous vous trouviez bien de votre prochain séjour à Flanville; croyez-moi bien votre affectueusement dévoué.

412. — *HERMITE A STIELTJES.*

Paris, 24 mai 1894.

Mon cher Ami,

Mes plus sincères remercîments pour votre belle assistance qui me sauve du naufrage et me retire des abîmes de l'erreur où m'a fait sombrer mon inadvertance. Ce n'est pas, hélas! la première fois et ce ne sera pas la dernière que j'aurai à pâtir de mon inattention, et j'ai en plus le regret de ne pas vous apporter mon concours dans une mesure quelconque pour le grand travail sur les fractions continues auquel vous vous consacrez maintenant et que j'apprends, avec grand plaisir, être en voie d'achèvement. Je ne renonce pas, cependant, à y venir plus tard, pour l'étudier à fond, comme tant d'autres de vos recherches que je ne cesse d'avoir en vue, me laissant attirer et captiver par le charme de votre analyse. Ainsi de $J(a)$, qui vient de m'occuper à l'occasion de mes leçons et m'a suggéré la remarque suivante. En partant de la formule

$$\int UV'' dx = UV' - VU' + \int VU'' dx,$$

je suppose $U = x - x^2$, $V = F(a+x)$ et je prends $x = 0$ et $x = 1$ pour limites des intégrales. On obtient l'égalité

$$\int_0^1 (x - x^2) F''(a+x) dx = F(a+1) + F(a) - 2\int_0^1 F(a+x) dx,$$

d'où l'on tire

$$F(a+1) + F(a) = 2\int_0^1 F(a+x) dx + \int_0^1 (x-x^2) F''(a+x) dx.$$

Cela posé, soit $F(x) = \log\Gamma(x)$ et J l'intégrale de Raabe, $\int_0^1 \log\Gamma(a+x) dx = a\log a - a + \log\sqrt{2\pi}$, cette égalité nous donne

$$\log\Gamma(a) = J - \frac{1}{2}\log a + J(a),$$

en posant

$$J(a) = \frac{1}{2}\int_0^1 (x-x^2) D_x^2 \log\Gamma(a+x) dx,$$

et met immédiatement en évidence que la quantité $J - \frac{1}{2}\log a$ est l'expression asymptotique de $\log\Gamma(a)$. Il suffit, en effet, de savoir, soit par la série

$$D_x^2 \log\Gamma(x) = \frac{1}{x^2} + \frac{1}{(x+1)^2} + \ldots,$$

soit par la formule

$$D^2 \log\Gamma(x) = \int_{-\infty}^0 \frac{y\, e^{xy}}{e^y - 1} dy,$$

que $D^2 \log\Gamma(x)$ est toujours positif, ce qui permet d'écrire

$$J(a) = \frac{\xi - \xi^2}{2}\int_0^1 D_x^2 \log\Gamma(a+x) dx,$$

ξ étant compris entre les limites zéro et l'unité, et en employant le maximum de $\xi - \xi^2$,

$$J(a) = \frac{\theta}{8}\frac{1}{a}.$$

Pour trouver $\frac{\theta}{12a}$ j'ai recours à la relation dont vous avez fait usage

$$\int_0^1 \mathrm{F}(x)\,dx = \int_0^{\frac{1}{2}} [\mathrm{F}(x) + \mathrm{F}(1-x)]\,dx.$$

En posant, pour abréger, $\varphi(x) = \mathrm{D}_x^2 \log\Gamma(a+x)$, elle donne

$$\mathrm{J}(a) = \frac{1}{2}\int_0^{\frac{1}{2}} (x-x^2)[\varphi(x) + \varphi(1-x)]\,dx.$$

Cela étant, je remarque qu'ayant

$$\varphi(x) = \int_{-\infty}^0 \frac{y\,e^{(a+x)y}}{e^y-1}\,dy,$$

on en conclut

$$\varphi(x) + \varphi(1-x) = \int_{-\infty}^0 \frac{y\,e^{ay}(e^{xy} + e^{(1-x)y})}{e^y-1}\,dy,$$

quantité qui varie en décroissant lorsque x croît de 0 à $\frac{1}{2}$. La dérivée est, en effet, $\int_{-\infty}^0 \frac{y^2 e^{ay}(e^{xy} - e^{(1-x)y})}{e^y-1}\,dy$ et, y étant négatif, on a $e^y - 1 < 0$ et $e^{xy} - e^{(1-x)y} > 0$ en supposant $x < 1-x$, c'est-à-dire $x < \frac{1}{2}$. On a donc, dans l'intégrale, le produit de deux fonctions, dont l'une est croissante et l'autre décroissante entre les limites; le théorème de M. Tchebycheff donne par conséquent

$$\int_0^{\frac{1}{2}} (x-x^2)[\varphi(x)+\varphi(1-x)]\,dx = 2\theta\int_0^{\frac{1}{2}} (x-x^2)\int_0^{\frac{1}{2}} [\varphi(x)+\varphi(1-x)]\,dx$$
$$= \theta\int_0^1 (x-x^2)\int_0^1 \varphi(x)\,dx = \frac{\theta}{6a}.$$

D'où

$$\mathrm{J}(a) = \frac{\theta}{12a}.$$

L'expression de $\mathrm{J}(a)$ conduit facilement à la formule de Binet, en développant en série $\log\Gamma(a+x)$, ou plutôt $\log\Gamma(a+1-x)$

suivant les puissances croissantes de x. Mais on a

$$\begin{aligned} J(a) &= \frac{1}{4}\int_0^1 (x-x^2)\,[D_x^2 \log\Gamma(a+x) + D_x^2 \log\Gamma(a+1-x)]\,dx \\ &= \frac{1}{4}\int_0^1 (x-x^2)\,[D_x^2 \log\Gamma(a+x) + D_x^2 \log\Gamma(a-x)]\,dx \\ &\quad - \frac{1}{4}\int_0^1 \frac{(x-x^2)}{(a-x)^2}\,dx, \end{aligned}$$

d'où cette expression

$$\begin{aligned} J(a) = \frac{1}{2} + \frac{2a-1}{4}\log\left(1-\frac{1}{a}\right) &+ \frac{1}{2.3}\left[\frac{1}{a^2} + \frac{1}{(a+1)^2} + \ldots\right] \\ &+ \frac{3}{4.5}\left[\frac{1}{a^4} + \frac{1}{(a+1)^4} + \ldots\right] \\ &+ \frac{5}{6.7}\left[\frac{1}{a^6} + \frac{1}{(a+1)^6} + \ldots\right] + \ldots. \end{aligned}$$

En vous priant, de la part de Mme Hermite, de vouloir bien annoncer à Mme Stieltjes la naissance de Charlotte Petit, ce qui me fait bisaïeul, et en espérant que le froid de ces derniers jours que nous avons vivement senti ne vous aura pas été nuisible, je vous renouvelle, mon cher ami, l'assurance de mon affection la plus dévouée.

413. — *STIELTJES A HERMITE.*

Toulouse, 25 mai 1894.

Cher Monsieur,

Recevez d'abord, avec Mme Hermite, nos meilleures félicitations à l'occasion de la naissance de votre arrière-petite fille Charlotte. Il n'est pas donné à tout le monde de voir ainsi la troisième génération et nous nous réjouissons à vous savoir parmi les privilégiés.

J'ai en même temps à vous annoncer une bonne nouvelle de ma part, d'une nature bien différente d'ailleurs. C'est simplement que j'ai fait remettre aujourd'hui même à M. Berson le manuscrit de mes recherches sur les fractions continues. Je vais m'octroyer maintenant un peu de repos et je ne sais trop ce que je ferai après. Il me vient quelquefois des velléités (velléitudes) pour des études sérieuses; malheureusement pour moi, la sagesse consiste probablement à y renoncer et à me résigner.

Votre formule

$$\begin{aligned} J(a) = \frac{1}{2} + \frac{2a-1}{4}\log\frac{a-1}{a} &+ \frac{1}{2.3}\left[\frac{1}{a^2} + \frac{1}{(a+1)^2} + \ldots\right] \\ &+ \frac{3}{4.5}\left[\frac{1}{a^4} + \frac{1}{(a+1)^4} + \ldots\right] \\ &+ \frac{6}{6.7}\left[\frac{1}{a^6} + \ldots\ldots\ldots\ldots\right] \end{aligned}$$

me jette dans les plus grandes perplexités. Je soupçonne presque qu'il s'est glissé quelque inadvertance mais je ne la trouve pas en ce moment. Voici la cause de mes inquiétudes. Dans le second membre le seul terme $\frac{2a-1}{4}\log\frac{a-1}{a}$ est une fonction *non uniforme :* tout le reste est *uniforme*. Or, on doit avoir des deux côtés de la coupure, pour $a = -n + \xi$, n entier positif, $0 < \xi < 1$,

$$J(a + \varepsilon i) - J(a - \varepsilon i) = 2\pi i\left(\frac{1}{2} - \xi\right)$$

[*voir* formule (11) de mon mémoire dans le Journal de Jordan]. Or cela ne correspond pas du tout avec la formule donnée; on trouverait 0, au lieu de $2\pi i\left(\frac{1}{2} - \xi\right)$.

J'ai complètement tort; je viens de reconnaître mon erreur qui est due à ce que je n'ai pas fait attention au *domaine de convergence* de votre série, qui est d'une forme très compliquée, mais qui ne doit pas permettre d'approcher de la coupure ainsi que je l'ai fait. Soit $m = 2a + 2n + 1$; la formule de Gudermann s'écrit

$$J(a) = \sum_0^\infty \left(\frac{m}{2}\log\frac{m+1}{m-1} - 1\right),$$

ou, si $|m| > 1$,

$$\begin{aligned} J(a) &= \sum_0^\infty \left(\frac{1}{3m^2} + \frac{1}{5m^4} + \ldots\right) \\ &= \frac{1}{3}\sum_0^\infty \frac{1}{(2a+2n+1)^2} + \frac{1}{5}\sum_0^\infty \frac{1}{(2a+2n+1)^4} \\ &\quad + \frac{1}{7}\sum_0^\infty \frac{1}{(2a+2n+1)^6} + \ldots . \end{aligned}$$

Ici $\sum \frac{1}{(2a+2n+1)^2}, \dots$ sont des fonctions uniformes. Je pourrais donc faire le même reproche à cette formule qu'à la vôtre; mais voici comment tout s'explique. La formule n'est convergente qu'en supposant $|m| > 1$ pour toute valeur de $n = 0, 1, 2, 3, \dots$. Or une discussion facile montre que a doit être alors *en dehors* des cercles de diamètres 1 décrits sur les diamètres s'étendant de 0 à -1, de -1 à -2, de -2 à -3, ... C'est seulement dans ce domaine assez bizarre que la série est convergente. Vous voyez qu'on ne peut pas s'approcher de la coupure, et

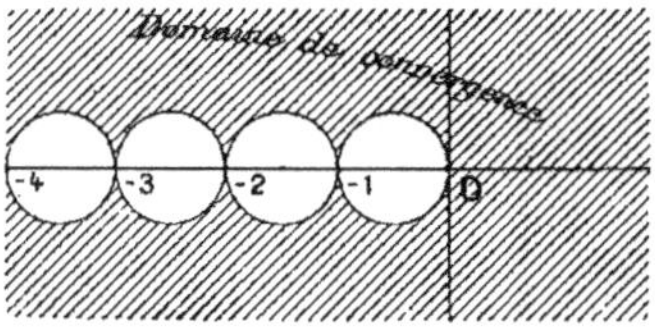

mon objection est mal fondée, par cela même. Sans doute, pour votre série, le domaine de convergence est de forme similaire et ainsi s'explique mon erreur. Mais vous voyez bien en même temps que ces séries, quoique de formes assez simples, ne sont en réalité pas aussi simples si l'on fait attention à *la forme bizarre du domaine de convergence*. Il est peut-être bon d'appeler l'attention sur cette forme singulière du domaine de convergence.

Croyez-moi toujours votre affectueusement dévoué.

414. — *HERMITE A STIELTJES.*

Paris, 29 mai 1894.

Mon cher Ami,

Votre mémoire sur les fractions continues est une œuvre analytique d'une importance capitale et j'apprends avec la plus grande satisfaction qu'elle va s'imprimer et être prochainement publiée. Comme d'autres de vos productions, elle sera un stimulant pour mes recherches et je me joindrai à ceux qui s'engagent après vous dans la voie féconde que vous avez ouverte. Buffon rapporte qu'il a prolongé jusqu'à 30 ans l'existence d'un certain cheval en le faisant travailler tant qu'il a pu produire un léger effort; vous ferez comme le grand naturaliste et moi peut-être comme le pauvre cheval. Pour vous y encourager, je reviens à $J(a)$ en vous remerciant de votre remarque lumineuse sur le singulier domaine de convergence de la série de Binet; j'ajouterai quelque chose à tirer peut-être de l'égalité

$$\log\Gamma(a)=\left(a-\frac{1}{2}\right)\log a-a+\log\sqrt{2\pi}+\frac{1}{2}\int_0^1(x-x^2)\,\varphi''(a+x)\,dx,$$

où $\varphi(x)=\log\Gamma(x)$. Soit pour abréger

$$\psi(a)=\left(a-\frac{1}{2}\right)\log a-a+\log\sqrt{2\pi};$$

on aura plus simplement

$$\varphi(a)=\psi(a)+\frac{1}{2}\int_0^1(x-x^2)\,\varphi''(a+x)\,dx,$$

on en conclut

$$\varphi''(a)=\psi''(a)+\frac{1}{2}\int_0^1(x-x^2)\,\varphi^{\text{IV}}(a+x)\,dx,$$

et, par conséquent,

$$\begin{aligned}\varphi(a)=\psi(a)&+\frac{1}{2}\int_0^1(x-x^2)\,\psi''(a+x)\,dx\\&+\frac{1}{4}\int_0^1\int_0^1(x-x^2)(y-y^2)\,\varphi^{\text{IV}}(a+x+y)\,dx\,dy.\end{aligned}$$

On peut obtenir sous forme explicite la quantité

$$\psi_1(a)=\psi(a)+\frac{1}{2}\int_0^1(x-x^2)\,\psi''(a+x)\,dx$$

et traiter comme la précédente l'égalité

$$\varphi(a)=\psi_1(a)+\frac{1}{4}\int_0^1\int_0^1(x-x^2)(y-y^2)\,\varphi^{\text{IV}}(a+x+y)\,dx\,dy$$

au moyen de celle-ci

$$\varphi^{\text{IV}}(a)=\psi^{\text{IV}}(a)+\frac{1}{2}\int_0^1(x-x^2)\,\varphi^{\text{VI}}(a+x)\,dx.$$

Soit alors

$$\psi_2(a) = \psi_1(a) + \frac{1}{4}\int_0^1\int_0^1 (x-x^2)(y-y^2)\psi^{\text{IV}}(a+x+y)\,dx\,dy,$$

nous trouvons ainsi

$$\varphi(a) = \psi_2(a)$$
$$+\frac{1}{8}\int_0^1\int_0^1\int_0^1 (x-x^2)(y-y^2)(z-z^2)\,\varphi^{\text{VI}}(a+x+y+z)\,dx\,dy\,dz.$$

De là résulte de proche en proche une expression de $\log\Gamma(a)$ par les quantités $\psi_1(a)$, $\psi_2(a)$, $\psi_3(a)$, etc., où l'argument figure sous forme rationnelle, avec $\log\frac{a+1}{a}$ qui sera le seul terme transcendant, et un terme complémentaire se réduisant de suite à une intégrale simple. On a, en effet, en me bornant à l'égalité (1),

$$\varphi^{\text{VI}}(a+x+y+z) = \int_{-\infty}^0 \frac{\xi^5 e^{(a+x+y+z)\xi}}{e^\xi - 1}\,d\xi,$$

et il suffit de la formule

$$\int_0^1 (x-x^2)\,e^{x\xi}\,dx = \frac{2-\xi-e^\xi(\xi+2)}{\xi^3}$$

pour obtenir

$$\int_0^1\int_0^1\int_0^1 (x-x^2)(y-y^2)(z-z^2)\,\varphi^{\text{VI}}(a+x+y+z)\,dx\,dy\,dz$$
$$= \int_{-\infty}^0 \left[\frac{2-\xi-e^\xi(2+\xi)}{\xi^3}\right]^3 \frac{\xi^5 e^{a\xi}\,d\xi}{e^\xi - 1}.$$

En allant de l'avant machinalement je suis donc amené à joindre à $J(a)$

$$J_n(a) = \int_{-\infty}^0 \left[\frac{2-\xi-e^\xi(2+\xi)}{\xi^3}\right]^{n+1} \frac{\xi^{2n+1} e^{a\xi}\,d\xi}{e^\xi - 1},$$

c'est-à-dire (m'apercevant en ce moment d'une inadvertance)

$$J_n(a) = \int_{-\infty}^0 \left[\frac{e^\xi(\xi-2)+\xi+2}{\xi^3}\right]^{n+1} \frac{\xi^{2n+1} e^{a\xi}\,d\xi}{e^\xi - 1}.$$

La question serait alors d'obtenir une limite supérieure $\frac{\lambda}{a^{2n+1}}$

comme je présume (l'intégrale multiple serait, je crois, le meilleur moyen d'y parvenir); mais sans y avoir beaucoup réfléchi, j'y renonce à cause du peu d'élégance de la valeur approchée de $\log\Gamma(a)$, la simple formule de Stirling me paraissant bien préférable. Et cette question est la seule, car en appliquant à la quantité sous le signe d'intégration le théorème de M. Mittag-Leffler, on voit que la série infinie des fractions simples est la même quel que soit n, la partie entière étant un polynome en e^ξ divisé par une puissance de ξ, dont l'intégration reproduit ce que j'ai tiré d'abord de $\psi(a)$, $\psi_1(a)$, $\psi_2(a)$, etc.

M. Pincherle m'a envoyé deux mémoires sur la théorie des fractions continues qui avoisinent peut-être vos recherches; je vous les ferai parvenir si vous ne les avez pas reçus déjà de l'auteur; mais, devant répondre à son envoi accompagné d'une lettre bienveillante, je vous renouvelle une prière que je vous ai déjà faite une autre fois, en vous demandant, parce que je l'ai entièrement perdue de vue, une remarque que je vous ai écrite il y a quelques mois, faisant suite à mon article des *Annali*, et que je voudrais bien lui communiquer. Je vous rendrai promptement, pour peu que vous y teniez, la lettre contenant cette remarque maintenant sortie de ma mémoire, et qu'il me faudrait faire grand effort pour retrouver.

En vous exprimant, mon cher ami, l'espérance de recevoir de bonnes nouvelles de votre santé, et en vous priant aussi, en ma qualité de bisaïeul, de dire à Mme Stieltjes que Charlotte Petit va bien et a été ondoyée, je vous prie de me croire toujours votre affectueusement dévoué.

415. — *HERMITE A STIELTJES.*

(*Carte postale*).

Paris, 29 mai 1894.

L'expression de $J_n(a)$ par $\frac{\theta}{a^{2n-1}}$ est entièrement fautive et doit être remplacée par $\frac{\theta.1.2\ldots n}{a(a+1)\ldots(a+n)}$ où θ est indépendant de a.

Je viens de reconnaître l'erreur en remarquant que

$$\int_0^1\int_0^1\int_0^1 (x-x^2)(y-y^2)(z-z^2)\varphi^{\text{VI}}(a+x+y+z)\,dx\,dy\,dz$$
$$=\frac{\theta}{4^3}\int_0^1\int_0^1\int_0^1 \varphi^{\text{VI}}(a+x+y+z)\,dx\,dy\,dz,$$

ce qui donne, en évaluant l'intégrale,

$$\frac{\theta}{4^3}\,\frac{1.2}{a(a+1)(a+2)}.$$

L'expression de $\log\Gamma(a)$ avec le terme complémentaire $J_n(a)$ est donc entièrement différente de la formule de Stirling, ce terme ayant pour limite zéro, quel que soit a, lorsque n croît indéfiniment.

416. — *STIELTJES A HERMITE.*

Toulouse, 31 mai 1894.

CHER MONSIEUR,

Vous trouverez, ci-joint, la lettre du 26 janvier que vous m'avez écrite et qui est sans doute celle qui contient la remarque dont vous voudriez parler à M. Pincherle. Je suis un peu fatigué et peu propre au travail en ce moment, ce qui me contrarie beaucoup, parce que je suis hanté par une idée qui pourrait conduire à une application importante des recherches sur les fractions continues que j'ai terminées. C'est un beau mémoire de M. Poincaré sur les équations différentielles de la Physique mathématique (dernier *Bulletino* de Palerme) qui m'a remis sur cette voie. Depuis longtemps j'avais un vague sentiment que les fractions continues avaient (ont) un rapport avec ce sujet et devaient (doivent) intervenir. A présent cela me semble très probable et, en même temps, bien remarquable. Il s'agit simplement de ceci : on a construit une certaine série $F=c_0+c_1\xi+c_2\xi^2+c_3\xi^3+\ldots$ avec des c_k positifs $\frac{c_{k+1}}{c_k}>\frac{c_k}{c_{k-1}}$, $\lim\frac{c_{k+1}}{c_k}=\lambda$ $(k=\infty)$. On sait donc seulement que la série est convergente et que la fonction F existe pour $|\xi| < \frac{1}{\lambda}$. Mais il s'agit d'étendre le domaine d'existence de cette fonction, de reconnaître qu'elle existe dans tout le plan et y est méromorphe. Il suffit, dans certains cas, pour cela, de la réduire en fraction continue

$$F = c_0 + \cfrac{c_1 \xi}{1 + \cfrac{\alpha_2 \xi}{1 + \cfrac{\alpha_3 \xi}{1 + \cfrac{\alpha_4 \xi}{1 + \dots}}}}$$

Il arrive que la fraction continue est *convergente dans tout le plan* et montre ainsi le caractère de la fonction F. Ceci n'est qu'un aperçu fort imparfait.

Mais, pour tirer cela au clair, il me faudrait encore beaucoup de réflexions et d'études dont je suis peu capable. C'est pour cela aussi que je me réserve de vous faire part plus tard seulement des remarques que me suggèrent vos développements sur $J(a)$ et $J_n(a)$.

Ce que vous dites des mémoires de M. Pincherle sur les fractions continues excite naturellement beaucoup ma curiosité et vous me feriez, en effet, un très grand plaisir si vous vouliez (voudriez) me les faire connaître. Maintenant je dois vous parler encore d'une autre chose. En revenant de Paris, M. Baillaud est venu me voir et m'a dit que c'était l'opinion de mes amis à Paris que je ferais bien de présenter mon travail sur les fractions continues à l'Académie pour qu'on en fasse un rapport. Je suivrai volontiers ce conseil et c'est ainsi que M. Baillaud doit avoir en ce moment mon manuscrit pour en faire faire une copie qu'il me remettra et que j'enverrai alors à Paris. Mais comment faut-il procéder, vous voudrez bien me donner votre avis sur ce point. Je vous dirai, cher Monsieur, que vous ne savez peut-être pas quelle besogne vous avez mis sur les bras de celui qui devra faire le rapport, je crains bien que mon mémoire soit (est) assez difficile à lire : c'est un morceau de logique assez dur.

Veuillez bien me croire votre affectueusement dévoué.

417. — *STIELTJES A HERMITE.*

Toulouse, 5 juin 1894.

Cher Monsieur,

J'ai reçu le mémoire de M. Pincherle que vous m'avez envoyé; recevez tous mes remercîments, mais ce n'était pas si pressé que cela. Mais je n'en parlerai pas, de ce mémoire, ayant trop de choses à dire.

Hier j'ai vu M. Baillaud et il m'a dit qu'on avait copié à peu près la moitié de mon mémoire. (Le manuscrit se compose de 113 grandes pages et je dois y ajouter une Note de 6 ou 7 pages.) Je vous avouerai que je me suis engagé un peu à la légère dans cette affaire de la présentation de ce travail à l'Académie. Lorsque M. Baillaud me l'a proposé aussi au nom de M. Darboux, j'ai dit oui, sans réfléchir beaucoup et j'en ai presque des remords. Mais me voilà pris dans l'engrenage et je ne peux plus reculer. Je pense que j'aurai la copie dans une semaine; je ferai en sorte que l'extrait pour les *Comptes rendus* soit (sera) prêt aussi alors; je pense donc que vous aurez le tout au plus tard le 15 de ce mois. J'accepte de tout mon cœur la Commission que vous me proposez, mais, cher Monsieur, si je suis flatté que vous vouliez bien me faire l'honneur de présenter mon travail à l'Académie, je vous dirai que la pensée que vous voudriez aussi vous charger de faire le rapport me fait beaucoup de peine. Cela ne vaut vraiment pas la peine et, si je me flatte que certaines parties de mon travail vous intéresseront, il n'en est pas ainsi pour d'autres parties, bien pénibles. Il figure dans mon théorème fondamental une fonction simplement croissante mais qui, à cela près, n'est assujettie à aucune autre condition restrictive. Elle peut ainsi avoir des sauts brusques dans tout intervalle. Vous comprenez que cela doit être chose délicate, d'abord de définir une telle fonction, ensuite de montrer qu'elle jouit de certaines propriétés. Je crois avoir réussi à exposer ce sujet à peu près aussi clairement et simplement que comporte la nature du sujet, mais cela n'empêche pas que c'est bien dur. Et cependant, Monsieur, je ne serais pas mécontent d'être contrôlé sévèrement, car, si j'ai pleine confiance dans mon analyse, cela ne se fonde que sur le souvenir. Je me rappelle que, lorsque j'ai rédigé cela, je me trouvais bien, avec l'esprit lucide; j'y ai apporté un soin infini. L'expérience m'a appris que, dans ces conditions, il m'arrive bien rarement de me tromper. Mais *à présent* je n'ai qu'un souvenir *très confus* de cette démonstration, et je serais bien embarrassé de (à) la retrouver sans mon manuscrit. Après tout, on est faillible et vous comprenez qu'un contrôle n'est pas inutile. N'est-il pas arrivé aussi à M. Poincaré de s'être trompé d'abord sur quelques points lors de son mémoire couronné de Stockholm. Eh bien! ce métier d'éplucher ces choses délicates n'est point digne de vous et ne vous convient pas. Aussi, si vous persistiez à vouloir vous charger du rapport, vous laisseriez de côté ces points délicats; j'en resterai seul responsable. Mais, Monsieur, je viens de m'apercevoir que mon mémoire doit avoir aussi certains rapports avec la question de Physique mathématique traitée dernièrement par M. Poincaré. Dès lors je crois que mon travail peut avoir un intérêt pour lui et il me semblerait alors naturel que ce soit lui qui fasse (ferait) un rapport qui du reste pourrait être bien court; après tout, mon travail n'a pas l'importance que vous y attachez; je crois que tout l'intérêt en consiste en ce que j'ai *complètement* traité un sujet un peu limité. Et enfin, c'est bien ce que j'ai fait de mieux et je ne serai plus capable d'un tel effort. C'est aussi un travail qui est bien conforme à mon tempérament, cela dénote une persévérance et une patience très grandes; ce n'est que de cette manière que j'arrive à faire quelque chose.

Je vous ai dit maintenant franchement mon opinion; à vous de décider. Mais, je le répète, je frémis à l'idée de vous avoir donné (causé) tant de peine. Veuillez donc bien diminuer mes remords autant qu'il est possible.

Votre bien affectueux dévoué.

P.-S. — J'ai oublié, dans ma dernière lettre, de vous demander de (à) vouloir bien me restituer votre lettre de janvier.

418. — *HERMITE A STIELTJES.*

Paris, 18 juin 1894.

Mon cher Ami,

Votre mémoire est arrivé juste à point pour que j'aie pu le remettre à M. Bertrand, ce que je viens de faire il y a un moment, sans me réserver, parce qu'il aurait fallu trop en prendre, le temps nécessaire pour le lire. Il m'a semblé, après y avoir réfléchi, qu'il convenait de le renvoyer à l'examen de la Section de Géométrie, au lieu seulement de quelques membres et c'est ce que j'ai demandé à M. Bertrand; je l'ai prié aussi de ne pas être rigoureux pour le cas où l'extrait destiné aux *Comptes rendus* excéderait les limites réglementaires, afin de n'être pas obligé aux suppressions que vous avez indiquées comme possibles. Je n'ai pas besoin de vous dire avec quel plaisir j'ai lu les beaux résultats que vous avez donnés sur la transformée de la série $c_0+c_1x+c_2x^2+\ldots$ par la fraction continue $\cfrac{b_0}{1-\cfrac{b_1x}{1-\cfrac{b_2x}{1-\ldots}}}$ M. Picard, qui est parti depuis quelques jours se promener en Bretagne, m'avait déjà témoigné son grand intérêt pour vos belles recherches; aussi j'avais cru qu'il était bon, si occupé qu'il soit, de l'adjoindre à la Commission, d'où, comme conséquence, la convenance de prendre en même temps M. Jordan, c'est-à-dire toute la Section.

Votre relation

$$F(x)=C+\sum\frac{m_n}{\alpha_n-z},$$

d'où

$$F'(z)=\sum\frac{m_n}{(\alpha_n-z)^2},$$

m'a fait penser à la question inverse dans le cas de

$$D_x^2\log\Gamma(x+1)=\sum\frac{1}{(x+n)^2}$$

qui aurait pour objet de déduire de la série des fractions simples un développement en fraction continue; j'ai vu que vous l'indiquez à la fin de votre mémoire pour $J(z)$, mais ici le point de vue est différent. Il faut, en effet, dans la supposition que je fais, de x positif et très grand, un développement de la forme $\cfrac{1}{\alpha x + \beta + \cfrac{1}{\alpha' x + \beta' + \cfrac{1}{\alpha'' x + \ldots}}}$; comment l'obtenir?

Quand j'aurai un peu retrouvé la faculté de travailler, je tenterai la voie pénible de l'observation, en calculant laborieusement les premières réduites, sans confiance dans le succès, me rappelant que Guillaume d'Orange disait : « Je n'ai pas besoin d'espérer pour entreprendre, ni de réussir pour persévérer. »

En partant de cette relation où je fais $\varphi(x) = x(x+1)\ldots(x+n)$, à savoir

$$\frac{1}{\varphi^2(x)} = \frac{A_0}{x} + \frac{A_1}{x+1} + \ldots + \frac{A_n}{x+n} + \frac{B_0}{x^2} + \frac{B_1}{(x+1)^2} + \ldots + \frac{B_n}{(x+n)^2},$$

je pose

$$A_0 = \mathcal{A}_0 - \mathcal{A}, \qquad A_1 = \mathcal{A}_1 - \mathcal{A}_0, \qquad \ldots, \qquad A_{n-1} = \mathcal{A}_{n-1} - \mathcal{A}_{n-2}$$

et, en dernier lieu,

$$A_n = - \mathcal{A}_{n-1},$$

puis semblablement

$$B_0 = \mathcal{B}_0 - \mathcal{B}, \qquad B_1 = \mathcal{B}_1 - \mathcal{B}_0, \qquad \ldots, \qquad B_n = - \mathcal{B}_{n-1}.$$

J'obtiens ainsi

$$\begin{aligned} &\frac{1}{\varphi_2(x)} + \frac{1}{\varphi^2(x+1)} + \frac{1}{\varphi^2(x+2)} + \ldots \\ &\quad = \frac{\mathcal{A}_0}{x} + \frac{\mathcal{A}_1}{x+1} + \ldots + \frac{\mathcal{A}_{n-1}}{x+n-1} - \mathcal{A}\left(\frac{1}{x} - \frac{1}{x+1} + \ldots\right) \\ &\quad + \frac{\mathcal{B}_0}{x^2} + \frac{\mathcal{B}_1}{(x+1)^2} + \ldots + \frac{\mathcal{B}_{n-1}}{(x+n-1)^2} - \mathcal{B}\left[\frac{1}{x^2} + \frac{1}{(x+1)^2} + \ldots\right]. \end{aligned}$$

Or, on a

$$\mathcal{A} = -(A_0 + A_1 + \ldots + A_n)$$

et, par conséquent, $= 0$; ce qui donne

$$\begin{aligned} &\mathcal{B}\, D_x^2 \log\Gamma(x) \\ &\quad = \frac{\mathcal{A}_0}{x} + \frac{\mathcal{A}_1}{x+1} + \ldots + \frac{\mathcal{A}_{n-1}}{x+n-1} + \frac{\mathcal{B}_0}{x^2} + \frac{\mathcal{B}_1}{(x+1)^2} + \ldots + \frac{\mathcal{B}_{n-1}}{(x+n-1)^2} \end{aligned}$$

aux termes près, comme vous m'avez rendu le service de le remarquer de l'ordre $\frac{1}{x^{2n-1}}$ et non $\frac{1}{x^{2n+2}}$. Cela étant, je développe en fraction continue de la forme $\cfrac{1}{\alpha n + \beta + \cfrac{1}{\alpha' n + \beta' + \dots}}$ la fraction rationnelle du second membre et, parmi les réduites, je considère spécialement celle dont le dénominateur est un polynome de degré n en x. En la désignant par $\frac{p(x)}{q(x)}$ vous voyez qu'on obtient

$$D^2 \log \Gamma(x) = \frac{p(x)}{q(x)},$$

avec le degré d'approximation nécessaire pour conclure que $\frac{p(x)}{q(x)}$, tiré avec tant de peine, un si long détour, de la fraction rationnelle rencontrée par hasard, appartient bien à la fonction $D_x^2 \log \Gamma(x)$.

Vous vous reposez, mon cher ami, d'une campagne glorieuse, couronnée par le succès; moins heureux que vous, je suis maintenant à porter envie et jalousie aux professeurs des universités allemandes qui donnent à leurs élèves, heureux et reconnaissants de les recevoir de leurs mains savantes, des calculs algébriques, dont ils tirent, en se faisant naturalistes, des observations utiles qui peuvent les conduire au but. Ces calculs, je les ferai moi-même, en me trompant et les recommençant, en invoquant vainement, je le crains bien, la devise de Guillaume d'Orange.

Tout à vous, mon cher ami, bien affectueusement.

419. — *STIELTJES A HERMITE.*

Toulouse, 19 juin 1894.

Cher Monsieur,

Mille remercîments pour toute la peine que vous vous donnez pour moi; ma seule excuse c'est que voilà plus de quatre ans que je n'ai *rien publié;* pendant ce temps on me donne des prix que j'ai bien peu mérités; je vous avoue que cela me pesait un peu sur la conscience; et de là que je suis content d'avoir pu enfin terminer un travail qui est au moins sérieux.

Maintenant je reviens à vos calculs pour réduire en fraction continue $D^2 \log \Gamma(x)$: je me suis aperçu que j'avais obtenu autrefois déjà cette fraction continue ; du moins je pense que celle que j'ai obtenue doit être *identique* à la vôtre (sans en être absolument sûr). Voici mon calcul.

Je pars de la formule de Stirling,

$$\log \Gamma(x) = \left(x - \frac{1}{2}\right) \log x - x + C + \frac{B_1}{1.2x} - \frac{B_2}{3.4x^3} + \ldots,$$

d'où

$$D^2 \log \Gamma(x) = \frac{1}{x} + \frac{1}{2x^2} + \frac{B_1}{x^3} - \frac{B_2}{x^5} + \frac{B_3}{x^7} - \frac{B_4}{x^9} + \ldots.$$

Si maintenant on réduit cette série en fraction continue de la forme $\cfrac{1}{\alpha x + \beta + \cfrac{1}{\alpha' x + \beta' + \ldots}}$, on obtient (sous une forme très légèrement modifiée),

$$D^2 \log \Gamma(x) = \cfrac{1}{x - \frac{1}{2} + \cfrac{\lambda_1}{x - \frac{1}{2} + \cfrac{\lambda_2}{x - \frac{1}{2} + \cfrac{\lambda_3}{x - \frac{1}{2} + \ldots}}}},$$

où

$$\lambda_n = n^4 : 4(2n-1)(2n+1).$$

Vous voyez qu'il y a lieu de remplacer x par $x + \frac{1}{2}$ et d'écrire

$$D^2 \log \Gamma\left(x + \frac{1}{2}\right) = 1 : x + \lambda_1 : x + \lambda_2 : x + \lambda_3 : x + \ldots.$$

Cette fraction continue est *convergente* et représente

$$D^2 \log \Gamma\left(x + \frac{1}{2}\right)$$

tant que la partie réelle de x est *positive*.

La prévision d'obtenir une représentation dans tout le plan ne se vérifie donc *pas* ; si l'on change x en $-x$, la fraction continue change de signe, mais cela n'est pas le cas pour

$$D^2 \log \Gamma\left(x + \frac{1}{2}\right).$$

La série asymptotique

$$D^2 \log \Gamma\left(x+\frac{1}{2}\right) = \frac{1}{x} - \left(1-\frac{1}{2}\right)\frac{B_1}{x^3} + \left(1-\frac{1}{2^3}\right)\frac{B_2}{x^5} - \left(1-\frac{1}{2^5}\right)\frac{B_3}{x^7}$$

présente le même phénomène, mais elle n'est *pas convergente,* tandis que la fraction continue l'est.

J'ai obtenu ce résultat dans le *Quarterly Journal of Mathematics* (t. XXIV, 1890, p. 370 et suiv.). Ne sachant pas que ce journal ne donne pas 25 exemplaires gratuits, je n'en avais point demandé et c'est ainsi que je n'ai pu vous présenter ce travail. A cette époque, je cherchais des exemples pour ma théorie.

Un autre résultat de même nature que j'ai donné dans ce travail est

$$4x^3 \sum_0^\infty \frac{1}{(x+n)^3} - (2x+2) = \cfrac{1}{x+\cfrac{p_1}{x+\cfrac{q_1}{x+\cfrac{p_2}{x+\cfrac{q_2}{x+\ldots}}}}},$$

$$p_n = n^2(n+1) : (4n+2),$$
$$q_n = n^2(n+1)^2 : (4n+2);$$

le développement asymptotique est ici

$$2\left(\frac{3B_1}{x} - \frac{5B_2}{x^3} + \frac{7B_3}{x^5} - \frac{9B_4}{x^7} + \ldots\right).$$

La fraction continue est convergente et représente le premier membre, toujours sous la condition partie réelle $x > 0$.

D'une façon analogue on peut réduire en fraction continue la série de Stirling même; la fraction continue obtenue est encore convergente sous les mêmes conditions, mais dans ce cas les coefficients numériques suivent une loi extrêmement compliquée qu'il semble à peu près impossible de débrouiller. Quoi qu'il en soit je suis heureux de ce rapprochement entre vos idées et les miennes.

Je suis si peu au courant de ce qui se passe dans le monde de la science que c'est seulement ces jours-ci que j'ai vu dans les *Comptes rendus* la belle Note que M. Picard y a publiée, il y a quelques mois, sur l'équation $\frac{d^2y}{dx^2} + kA(x)y = 0$ et le calcul des valeurs exceptionnelles de k. Je comprends maintenant à merveille que mon travail l'intéresse un peu, car il semble bien qu'il y a des rapprochements à faire. Si j'étais plus vaillant, je réfléchirais sur ces questions, mais je ne le suis pas et je me trouve suffisamment occupé par des choses très élémentaires et faciles pour les étudiants.

Veuillez bien me croire toujours votre très affectueusement dévoué.

420. — *HERMITE A STIELTJES.*

Paris, 8 juillet 1894.

MON CHER AMI,

Je vous ai souvent annoncé que j'étais sur le point de partir de Paris et, malgré moi, j'étais obligé d'y rester. Cette fois tous les obstacles sont écartés et, dans quelques jours, je serai en Lorraine (à Flanville, par Noiseville) où je viens vous prier de me donner de vos nouvelles. Depuis quelque temps vous ne m'avez rien dit de votre santé et je me demande comment vous supportez la chaleur qui doit être plus grande encore à Toulouse qu'à Paris où elle est parfois bien pénible.

Vous avez acquis des droits à vous reposer et j'espère que vous en usez; de loin je vous donnerai l'exemple sans avoir rien fait, rien produit qui m'y autorise et en ne pouvant m'autoriser que de la fatigue et de l'âge. J'ai lu avec admiration, dans le *Quarterly Journal*, votre article sur quelques intégrales définies et leur développement en fractions continues. Votre résultat donne le moyen de calculer la réduite de la fraction rationnelle à laquelle j'ai été conduit et rend ma recherche entièrement inutile. Mais je trouve bien curieux que sous des points de vue si différents nous ayons été à la fois amenés à une même quantité $D_x^2 \log\Gamma(x)$ et $D_x^3 \log\Gamma(x)$. Un mot seulement sur ce point. En faisant $\varphi(x) = x(x+1)\ldots(x+n)$, je pose

$$\begin{aligned}\frac{1}{\varphi^3(x)} = {} & \frac{A_0}{x} + \frac{A_1}{x+1} + \ldots + \frac{A_n}{x+n}, \\ & + \frac{B_0}{x^2} + \frac{B_1}{(x+1)^2} + \ldots + \frac{B_n}{(x+n)^2}, \\ & + \frac{C_0}{x^3} + \frac{C_1}{(x+1)^3} + \ldots + \frac{C_n}{(x+n)^3}\end{aligned}$$

et je distingue deux cas, suivant que n est pair ou impair. Le changement de x en $-n-x$ donne dans le premier

$$A_i = A_{n-i},\qquad B_i = -B_{n-i},\qquad C_i = C_{n-i}.$$

Mais on a dans le second cas

$$A_i = -A_{n-i},\qquad B_i = B_{n-i},\qquad C_i = -C_{n-i}.$$

Cela posé, soit

$$A_0 = \mathcal{A}_0 - G,\quad A_1 = \mathcal{A}_1 - \mathcal{A}_0,\quad A_2 = \mathcal{A}_2 - \mathcal{A}_1,\quad \ldots,\quad A_n = -\mathcal{A}_n,$$

et pareillement

$$B_0 = \mathcal{B}_0 - H,\quad B_1 = \mathcal{B}_1 - \mathcal{B}_0,\quad B_2 = \mathcal{B}_2 - \mathcal{B}_1,\quad \ldots,\quad B_n = -\mathcal{B}_n,$$
$$C_0 = \mathcal{C}_0 - K,\quad C_1 = \mathcal{C}_1 - \mathcal{C}_0,\quad C_2 = \mathcal{C}_2 - \mathcal{C}_1,\quad \ldots,\quad C_n = -\mathcal{C}_n,$$

on aura

$$A_0 + A_1 + \ldots + A_n = -G,$$
$$B_0 + B_1 + \ldots + B_n = -H,$$
$$C_0 + C_1 + \ldots + C_n = -K.$$

De ces trois constantes, la première est toujours nulle comme représentant le résidu intégral de $\frac{1}{\varphi^3(x)}$; des deux autres, c'est la seconde H dans le premier cas, et la troisième K dans le second cas qui est également nulle.

Ayant donc toujours, en vertu des égalités posées,

$$\begin{aligned}\sum \frac{1}{\varphi^3(x)} = {} & \frac{\mathcal{A}_0}{x} + \frac{\mathcal{A}_1}{x+1} + \ldots + \frac{\mathcal{A}_{n-1}}{x+n-1} \\ & + \frac{\mathcal{B}_0}{x^2} + \frac{\mathcal{B}_1}{(x+1)^2} + \ldots + \frac{\mathcal{B}_{n-1}}{(x+n-1)^2} - HD_x^2 \log\Gamma(x), \\ & + \frac{\mathcal{C}_0}{x_3} + \frac{\mathcal{C}_1}{(x+1)^3} + \ldots + \frac{\mathcal{C}_{n-1}}{(x+n-1)^3} - KD_x^3 \log\Gamma(x),\end{aligned}$$

on obtient, pour n pair, l'approximation de $D_x^2 \log\Gamma(x)$ et pour n impair celle de $D_x^3 \log\Gamma(x)$ par une fraction rationnelle explicite. Tout cela est bien facile; peut-être en ferai-je une Note pour quelque Recueil afin d'avoir l'occasion de citer vos résultats, ... quand j'aurai retrouvé l'activité qui me fait maintenant si complètement défaut.

Je ne puis vous dire à quel point j'ai été atterré de l'assassinat du

Président, à Lyon. Près de nos fenêtres passait dimanche le magnifique et douloureux cortège des funérailles et en me rappelant que, l'année dernière, c'était l'émeute et les charges de cavalerie que nous y voyions ensemble, je me sentais entièrement désespéré. J'avais examiné M. Carnot en 1857 pour l'admission à l'École Polytechnique; peut-être en avait-il gardé souvenir, mais je n'ai jamais eu avec lui de rapports personnels, ayant toujours décliné les invitations à l'Élysée. Sa mort tragique ne m'en a pas moins impressionné comme un malheur qui m'aurait atteint, et j'y songe toujours.

Avec l'espérance de recevoir de bonnes nouvelles de votre santé, comme je les désire, et en vous priant, mon cher ami, de me croire toujours votre bien affectueusement dévoué.

421. — *HERMITE A STIELTJES.*

Flanville par Noisseville (Lorraine), 28 août 1894.

Mon cher Ami,

Je souhaite bien vivement que vos vacances se soient passées plus favorablement que les miennes, jamais je ne me suis senti plus incapable d'un effort quelconque de travail, avec un plus profond et plus intime sentiment d'indifférence mathématique.

Nous avons eu un temps extrêmement mauvais avec des alternatives de chaleur étouffante et de froid assez intense pour faire songer à allumer le calorifère; mais que ce soit le soleil ou la pluie, je n'en fais ni plus ni moins, et je ne sais plus quand mon état changera en un autre meilleur.

Permettez-moi de vous demander comment vous vous trouvez, pour votre santé, du séjour des Pyrénées.......................
....

Je ne désire rien tant et rien ne me fera plus de plaisir que vous me fassiez honte de ma torpeur et de mon affaissement, qui me portent à voir toutes les choses sous le côté le plus triste et renoncer à tout travail.

Ne pensez pas cependant que mes sentiments changent et croyez-moi toujours votre bien sincèrement et affectueusement dévoué.

422. — *STIELTJES A HERMITE.*

Toulouse, 15 septembre 1894.

Cher Monsieur,

Nous avons bien fait de quitter Cadéac à temps; j'ai lu dans les journaux que 3 jours après notre départ il est tombé beaucoup de neige dans les montagnes et la température est tombée à $+4^\circ$ à Luchon qui n'est pas si haut que Cadéac. Le temps ici n'est que passable; je ne fais pas grand'chose et les collègues ne sont pas rentrés encore. Je n'ai pas encore commencé à préparer mon cours, désirant d'abord parler de ces choses avec mon ami Cosserat qui m'a remplacé l'année dernière. En attendant, et pour commencer, je fais quelques calculs, mais c'est presque des enfantillages. Cependant je vous en parlerai un peu, dans l'espoir que cela pourra vous faire plaisir et vous amener à reprendre aussi la plume.

Je me suis proposé de calculer le déterminant

$$(mn) = \begin{vmatrix} x^{m^2} & x^{(m+1)^2} & \dots & x^{(m+n-1)^2} \\ x^{(m+1)^2} & x^{(m+2)^2} & \dots & x^{(m+n)^2} \\ \dots\dots & \dots\dots & \dots & \dots\dots \\ x^{(m+n-1)^2} & x^{(m+n)^2} & \dots & x^{(m+2n-2)^2} \end{vmatrix}.$$

Je remarque d'abord qu'il suffit de considérer $(0, n)$ car en divisant la première ligne et la première colonne par $x^{\frac{m.m}{2}}$, la seconde ligne et la seconde colonne par $x^{\frac{m(m+4)}{2}}$, la troisième ligne et la troisième colonne par $x^{\frac{m(m+8)}{2}}$, ..., la $n^{\text{ième}}$ ligne et la $n^{\text{ième}}$ colonne par $x^{\frac{m(m+4n-4)}{2}}$ on obtient la relation

$$(\alpha) \qquad (m, n) = x^{mn(m+2n-2)}(0, n),$$

en particulier

$$(\beta) \qquad (2, n) = x^{4n^2}(0, n).$$

Quant à la valeur de $(0, n)$ le calcul donne

$$(0, 1) = 1,$$
$$(0, 2) = x^2\,(x^2-1),$$
$$(0, 3) = x^{12}(x^2-1)^2(x^4-1),$$
$$(0, 4) = x^{36}(x^2-1)^3(x^4-1)^2(x^6-1),$$

on aurait par induction

$$(\gamma)\quad (0, n) = x^{n(n-1)^2}(x^2-1)^{n-1}(x^4-1)^{n-2}(x^6-1)^{n-3}\ldots(x^{2n-2}-1)^1.$$

Si cela est exact, $(0, n+1)$ serait divisible par $(0, n)$ et l'on aurait

$$(\delta)\qquad (0, n+1) = x^{4n^2}(1-x^{-2})(1-x^{-4})\ldots(1-x^{-2n})\,(0, n).$$

Il est clair que pour vérifier (γ) il suffit d'établir cette relation (δ), ce qui est facile, comme vous allez voir. Je ferai les calculs dans le cas $n = 3$ pour abréger l'écriture.

Opérations :

Multiplier 3ᵉ colonne par x^5 et retrancher de la 4ᵉ colonne
» 2ᵉ » x^3 » 3ᵉ »
» 1ʳᵉ » x » 2ᵉ »

$$(0, 4) = \begin{vmatrix} 1 & x & x^4 & x^9 \\ x & x^4 & x^9 & x^{16} \\ x^4 & x^9 & x^{16} & x^{25} \\ x^9 & x^{16} & x^{25} & x^{36} \end{vmatrix}.$$

Après première opération :

$$(0, 4) = \begin{vmatrix} 1 & x & x^4 & 0 \\ x & x^4 & x^9 & x^{16}(1-x^{-2}) \\ x^4 & x^9 & x^{16} & x^{25}(1-x^{-4}) \\ x^9 & x^{16} & x^{25} & x^{36}(1-x^{-6}) \end{vmatrix}.$$

Après deuxième opération :

$$(0, 4) = \begin{vmatrix} 1 & x & 0 & 0 \\ x & x^4 & x^9(1-x^{-2}) & x^{16}(1-x^{-2}) \\ x^4 & x^9 & x^{16}(1-x^{-4}) & x^{25}(1-x^{-4}) \\ x^9 & x^{16} & x^{25}(1-x^{-6}) & x^{36}(1-x^{-6}) \end{vmatrix}.$$

Après troisième opération :

$$(0, 4) = \begin{vmatrix} 1 & 0 & 0 & 0 \\ x & x^4(1-x^{-2}) & x^9(1-x^{-2}) & x^{16}(1-x^{-2}) \\ x^4 & x^9(1-x^{-4}) & x^{16}(1-x^{-4}) & x^{25}(1-x^{-4}) \\ x^9 & x^{16}(1-x^{-6}) & x^{25}(1-x^{-6}) & x^{36}(1-x^{-6}) \end{vmatrix}.$$

Cela revient donc à

$$(0, 4) = (1-x^{-2})(1-x^{-4})(1-x^{-6})(2, 3).$$

Or, d'après (β),

$$(2, 3,) = x^{36}(0, 3),$$

donc, etc.

D'après les formules générales pour la réduction en fractions continues d'une série, on peut conclure que la série

$$\frac{x^{m^2}}{z} - \frac{x^{(m+1)^2}}{z^2} + \frac{x^{(m+2)^2}}{z^3} - \frac{x^{(m+3)^2}}{z^4} + \dots$$

peut se transformer en fractions continues

$$\cfrac{1}{a_1 z + \cfrac{1}{a_2 + \cfrac{1}{a_3 z + \cfrac{1}{a_4} + \dots}}},$$

avec

$$a_{2n} = (1-x^{-2})(1-x^{-4})\dots(1-x^{-2n+2})\, x^{(m-1)^2-2n},$$
$$a_{2n+1} = 1 : (1-x^{-2})(1-x^{-4})\dots(1-x^{-2n}) \quad x^{m^2+2n}.$$

C'est, je crois, à rapprocher de certaines formules d'Eisenstein, mais je n'ai pas le volume sous la main.

En espérant d'avoir de bonnes nouvelles de votre santé, croyez-moi toujours votre affectueusement dévoué.

423. — *HERMITE A STIELTJES.*

Flanville, 21 septembre 1894.

Mon cher Ami,

Vous me demandez de reprendre la plume ; je le fais bien volontiers et avec grand empressement pour vous féliciter de votre calcul du déterminant (m, n) qui m'a extrêmement plu. C'est un nouveau fruit de vos recherches sur la théorie des fractions continues qui est, en même temps, l'une des applications les plus intéressantes qui aient été données de la théorie des déterminants et que les auteurs devraient mettre dans leurs Traités s'ils avaient souci des progrès de la Science. Je me souviens parfaitement du travail d'Eisenstein dont j'aimais et j'étudiais les recherches comme les vôtres et avec qui vous vous serez rencontré. Mais vous puisez à une source plus féconde en obtenant les résultats comme conséquences de votre formule générale pour la transformation en fraction continue d'une série quelconque qui est, ainsi que vous l'avez montré, d'une importance fondamentale en Analyse. Mais, pendant que vous travaillez avec succès et avec bonheur, je reste inerte et stérile, je ne fais rien que rêvasser le plus souvent avec tristesse, et ce n'est que rarement et distraitement que j'entrevois, sans y songer sérieusement, quelque calcul. Ce n'est pas la peine de vous dire que l'on a

$$\int_0^1 x^{a-1}(1-x)^{b-1}\,dx = \frac{\theta}{ab}\left(\frac{1}{2^{a-1}}+\frac{1}{2^{b-1}}\right) \qquad (0<\theta<2).$$

Vous ne pouvez pas non plus prendre grand intéret à des relations entre les nombres de Bernoulli que Malmsten donne au début de son Mémoire sur la formule sommatoire d'Euler, à savoir

$$(2m-1)_1 B_1 - (2m-1)_3 \frac{B_2}{2} + (2m-1)_5 \frac{B_3}{3} - \ldots = \frac{m-1}{m},$$

$$(2m-1)_1 2 B_1 - (2m-1)_3 2^3 \frac{B_2}{2} + (2m-1)_5 2^5 \frac{B_3}{3} - \ldots$$
$$= \frac{2m-1}{m} + (-1)^m \frac{(2^{2m-1}-1)B_m}{m}.$$

M. Mansion m'ayant demandé un article pour le Congrès catholique de Bruxelles, il a fallu m'exécuter, et j'ai donné dans ledit article une démonstration algébrique des relations que Malmsten obtient par la voie du calcul intégral. Je vous l'épargne; je vous fais grâce de mon incursion dans les formes symboliques des nombres de Bernoulli; je me contente de vous dire qu'il y a deux expressions de cette nature : l'une qui a été considérée par Lucas, par M. Cesàro dans les *Comptes rendus* et le *Journal* de M. Brisse, consiste à poser

$$B_m = (-1)^{m-1}\lambda^{2m},$$

avec les conventions

$$\lambda_{2m+1} = 0, \qquad \lambda = -\frac{1}{2},$$

ou ainsi, l'égalité

$$(\lambda+1)^n - \lambda^n = 0 \qquad (n = 2, 3, 4, \ldots).$$

La seconde représentation s'obtient en posant

$$\frac{B_m}{m} = (-1)^m \lambda^{2m-1} \qquad \text{et} \qquad \lambda^{2m} = 0;$$

de cette manière on a

$$(\lambda+1)^n - \lambda^n = \frac{2}{n+1}, \qquad \ldots.$$

Avant mon départ pour la Lorraine, votre Mémoire sur la théorie des fractions continues a été remis aux autres membres de la Section de Géométrie. J'ai demandé, en pensant que ce serait au mieux de vos intérêts, que M. Poincaré fasse le rapport. Je serai à la fin de la semaine prochaine de retour à Paris et je m'occuperai activement de ce qui vous concerne afin que vous ayez à attendre la conclusion le moins possible.

Avec tous mes vœux, mon cher ami, pour votre santé et en vous priant de croire toujours à mes sentiments de la plus sincère affection.

424. — *HERMITE A STIELTJES.*

Paris, 6 octobre 1894.

Mon cher Ami,

J'avais compté, en revenant à Paris, y trouver les membres de la section de Géométrie chargés de l'examen de votre Mémoire sur la théorie des fractions continues; mais tous sont encore absents sauf Picard et moi. Toutefois, je puis vous informer que votre manuscrit, après avoir été envoyé à M. Camille Jordan, est actuellement entre les mains de M. Darboux qu'un malheur de famille, la mort de son gendre enlevé par une congestion, vient d'obliger de partir pour Nîmes, de sorte que je dois attendre son retour pour lui en parler.

Après avoir perdu toutes mes vacances et sans me remettre encore à un travail un peu sérieux, j'ai songé pendant ces derniers jours à la quantité $\log[\Gamma(a+\xi)\Gamma(a+1-\xi)]$, dont je me suis occupé il y a quelque temps, et j'ai remarqué qu'on peut la traiter beaucoup plus simplement que je ne l'ai fait dans mon article des *Mathematischen Annalen*. Voici de quelle manière je procède. Je pars de la relation suivante, où je suppose que $F(x)$ satisfait à la relation $F(x) = F(1-x)$, à savoir :

$$\int_0^\xi x F'(x)\,dx + \int_0^{1-\xi} x F'(x)\,dx = F(\xi) - \int_0^1 F(x)\,dx.$$

On a, en effet,

$$\int_0^\xi x\,dF(x) = \xi F(\xi) - \int_0^\xi F(x)\,dx,$$

puis

$$\int_0^{1-\xi} x\,dF(x) = (1-\xi)F(\xi) - \int_0^{1-\xi} F(x)\,dx,$$

et enfin

$$\int_0^\xi F(x)\,dx + \int_0^{1-\xi} F(x)\,dx = \int_0^\xi F(x)\,dx + \int_\xi^1 F(x)\,dx,$$

sous la condition admise, ce qui donne, en ajoutant, l'égalité annoncée.

Cela posé, soit

$$F(x) = \log[\Gamma(a+x)\Gamma(a+1-x)],$$

on aura

$$\int_0^1 F(x)\,dx = 2J,$$

J désignant l'intégrale de Raabe, et, en posant

$$\text{(A)} \qquad J(a) = \frac{1}{2}\int_0^\xi x F'(x)\,dx + \frac{1}{2}\int_0^{1-\xi} x F'(x)\,dx,$$

nous trouvons, après avoir divisé par 2,

$$\frac{1}{2}\log[\Gamma(a+\xi)\Gamma(a+1-\xi)] = \mathrm{J} + \mathrm{J}(a).$$

Le calcul de $\mathrm{J}(a)$ est bien facile ; de la formule

$$\mathrm{D}_a \log\Gamma(a) = \int_{-\infty}^{0}\left(\frac{y e^{ay}}{e^y-1} - e^y\right)\frac{dy}{y},$$

on conclut d'abord

$$(\mathrm{B})\qquad \mathrm{D}_x[\log\Gamma(a+x)\Gamma(a+1-x)] = \int_{-\infty}^{0}\frac{[e^{xy}-e^{(1-x)y}]\,e^{ay}}{e^y-1}\,dy.$$

Nous avons ensuite

$$\int_0^{\xi} x e^{xy}\,dx = \quad e^{\xi y}\left(\frac{\xi}{y}-\frac{1}{y^2}\right)+\frac{1}{y^2},$$

$$\int_0^{\xi} x e^{(1-x)y}\,dx = e^{(1-\xi)y}\left(\frac{\xi}{y}+\frac{1}{y^2}\right)-\frac{e^y}{y^2},$$

ce qui permet d'écrire l'expression de la première intégrale $\int_0^{\xi} x\,\mathrm{F}'(x)\,dx$. Changeant ξ en $1-\xi$ dans ces égalités, on en conclura la seconde et, si l'on ajoute membre à membre, on obtient immédiatement

$$\mathrm{J}(a) = \int_{-\infty}^{0}\frac{[y(e^{\xi y}+e^{(1-\xi)y}]-2(e^y-1)]}{y^2(e^y-1)}\,e^{ay}\,dy.$$

C'est la formule de mon article dont j'ai fait le développement en série suivant les puissances descendantes de a. Je remarque encore que l'égalité (A) montre qu'on a $\mathrm{J}(a) = \frac{\mathrm{M}}{2a}$, où M est contenu entre des limites finies qui sont indépendantes de a. Considérant à cet effet l'équation (B) et écrivons

$$\frac{e^{xy}-e^{(1-x)y}}{e^y-1} = \frac{e^{\left(x-\frac{1}{2}\right)y}-e^{-\left(x-\frac{1}{2}\right)y}}{e^{\frac{y}{2}}-e^{-\frac{y}{2}}},$$

si l'on développe en série, on aura

$$\frac{e^{xy}-e^{(1-x)y}}{e^y-1} = \frac{(x-\frac{1}{2})y+\frac{1}{6}(x-\frac{1}{2})^3y^3+\ldots}{\frac{y}{2}+\frac{1}{6}\left(\frac{y}{2}\right)^3+\ldots}$$

$$= (2x-1)\frac{1+\frac{1}{6}(x-\frac{1}{2})^2y^2+\ldots}{1+\frac{1}{6}\left(\frac{y}{2}\right)^2+\ldots} = (2x-1)\varphi(x),$$

la fonction $\varphi(x)$ étant, pour toute valeur de y, positive et, si l'on suppose $0 < x < 1$, moindre que l'unité; de plus on a $\varphi(x) = \varphi(1-x)$. Nous avons, par conséquent,

$$\int_{-\infty}^{0}\frac{e^{xy}-e^{(1-x)y}}{e^y-1}e^{ay}\,dy = (2x-1)\varphi(x)\int_{-\infty}^{0}e^{ay}\,dy = \frac{(2x-1)\varphi(x)}{a}$$

et ensuite

$$J(a) = \frac{1}{2a}\int_0 x(2x-1)\varphi(x)\,dx + \frac{1}{2a}\int_0^{1-\xi}x(2x-1)\varphi(x)\,dx,$$

ce qui met en évidence le résultat annoncé. Pour l'obtenir sous une forme plus explicite, soit

$$M = \int_0^{\xi}x(2x-1)\varphi(x)\,dx + \int_0^{1-\xi}x(2x-1)\varphi(x)\,dx,$$

le changement de x en $1-x$ donnera

$$M = \int_0^{1-\xi}(x-1)(2x-1)\varphi(x)\,dx$$
$$+\int_0^{\xi}x(2x-1)\varphi(x)\,dx - 2\int_0^1(x-1)(2x-1)\varphi(x)\,dx.$$

On aura donc, en ajoutant membre à membre,

$$2M = \int_0^{\xi}(2x-1)^2\varphi(x)\,dx$$
$$+\int_0^{1-\xi}(2x-1)^2\varphi(x)\,dx - 2\int_0^1(x-1)(2x-1)\varphi(x)\,dx$$

et encore

$$2M = \int_0^{\xi} (2x-1)^2 \varphi(x)\,dx + \int_0^{1-\xi} (2x-1)^2 \varphi(x)\,dx - \int_0^1 (2x-1)^2 \varphi(x)\,dx,$$

de sorte que $2M$ est compris entre

$$-\int_0^1 (2x-1)^2\,dx \qquad \text{et} \qquad \int_0^{\xi} (2x-1)^2\,dx + \int_0^{1-\xi} (2x-1)^2\,dx.$$

Inutile de vous dire comment, dans le cas de $\xi = 0$, la valeur de $J(a)$ se ramène à $\int_0^1 (x-x^2)\, D_x^2 \log\Gamma(a+x)\,dx$ en intégrant par partie; mais je confesse que simplifier n'est pas découvrir; *telum imbelle, sine ictu.*

J'attends, mon cher ami, de vos nouvelles en vous priant de croire toujours à mes sentiments de la meilleure affection.

425. — *HERMITE A STIELTJES.*

Paris, 17 octobre 1894.

Mon cher Ami,

Le rapport de Poincaré sur votre Mémoire a été lu dans la séance de lundi dernier à l'Académie et vous le verrez dans le prochain numéro des *Comptes rendus*. J'ai laissé aller les choses comme vous le demandiez; elles ont suivi leur cours sans que j'aie rien fait, ni pu rien faire alors que je l'aurais voulu, et pour le mieux, puisque votre travail va être immédiatement publié. Il n'est pas impossible, qu'après vous, je vienne ajouter aux *Annales* un contingent beaucoup moins important que le vôtre, qui serait, comme précédemment, la reproduction d'un article qui m'a été demandé par M. Lerch pour Prague. J'avais fait à Flanville, tout en paressant extrêmement, un article sur les nombres de Bernoulli, à la requête de M. Mansion, pour le Congrès catholique de Bruxelles et je pensais ne plus m'en occuper, lorsque j'ai vu dans un Mémoire de la Société des Sciences de Bohême une relation qui m'a intéressé. M. Franz Rogel, dans un travail intitulé *Trigonometrische Entwicklungen*, trouve les égalités suivantes

$$\Sigma(-1)^{r-1}2^{2r}n_{4r}B_{2r} = \frac{n}{2} - 1 \qquad (r = 1, 2, 3, \ldots),$$

en supposant $n \equiv 2$, mod 4, puis

$$\Sigma(-1)^{r-1}2^{2r-1}n_{4r-2}B_{2r-1} = n \qquad (r = 1, 2, 3, \ldots),$$

dans le cas de $n \equiv 0$ mod 4 et, en note, il dit que ces résultats ont été aussi obtenus, par une autre voie, par M. J.-C. Kapteyn et M. W. Kapteyn dans un Mémoire des *Sitzungsb.* de l'Académie des Sciences de Vienne intitulé *Die höheren Sinus*. Tout cela est écrit en allemand et je n'y pourrais rien voir, n'ayant pas, comme vous, la connaissance de la langue. Mais, autant que j'en puis juger par le Mémoire, que j'ai sous les yeux, de M. Franz Rogel, le chemin n'est pas commode à suivre pour y parvenir. Il est cependant fort curieux qu'il existe une relation de récurrence permettant de calculer séparément les nombres de Bernoulli d'indices pairs et d'indices impairs. Ma curiosité mise en éveil, je suis quelque peu sorti de torpeur et, non sans mal, j'en ai fait une démonstration qui sera l'objet de mon article. Vous savez que B_1, B_2, ... sont définis par l'égalité suivante

$$(1) \qquad \frac{x}{e^x - 1} = 1 - \frac{x}{2} + \frac{B_1 x^2}{1.2} - \frac{B_2 x^4}{1.2.3.4} + \ldots,$$

de sorte que les relations entre les nombres de Bernoulli proviennent de l'identité qu'on forme en multipliant la série du second membre par $e^x - 1$. Cela étant, j'ai remarqué que le produit par $e^x - 1$ d'une série quelconque $\lambda_0 + \frac{\lambda_1 x}{1} + \frac{\lambda_2 x^2}{1.2} + \ldots + \frac{\lambda_n x^n}{1.2\ldots n} + \ldots$ donne pour le coefficient de x^n une fonction linéaire de λ_0, λ_1, λ_2, ..., λ_{n-1}. En remplaçant λ_i par λ^i, on aura donc un polynome en λ du degré $n-1$, qu'il est aisé d'obtenir puisqu'il est représenté par $(e^x - 1)e^{\lambda x}$, ou bien $e^{(\lambda+1)x} - e^{\lambda x}$; il a ainsi pour expression $\frac{(\lambda+1)^n - \lambda^n}{1.2\ldots n}$. Inversement, on en conclut la fonction linéaire par le changement de λ^i en λ_i, ce qui se fera dans la question proposée en posant $\lambda^1 = -\frac{1}{2}$, $\lambda^{2i+1} = 0$, $\lambda^{2i} = (-1)^{i-1}B_i$.

L'identité (1) nous donne donc sous forme symbolique

$$(\lambda+1)^n-\lambda^n=0,$$

sauf pour $n=1$, où le second membre est l'unité et l'on en conclut

$$1-\frac{1}{2}n+n_2B_1-n_4B_2+\ldots-(-1)^i n_{2i}B_i=0,$$

en posant pour le dernier terme $2i=n-2$ ou $2i=n-1$ suivant que n est pair ou impair.

Après avoir battu l'estrade de tous les côtés, j'ai vu enfin que les relations de M. Franz Rogel se tirent de l'équation (1) en y remplaçant simplement x par $(1+i)x$. On a ainsi

$$\frac{(1+i)x}{e^{(1+i)x}-1}=e^{(1+i)\lambda x},$$

ou bien

$$\frac{(1+i)x\,e^{-x}}{e^{ix}-e^{-x}}=e^{(1+i)\lambda x},$$

puis, en chassant le dénominateur,

$$(1+i)x\,e^{-x}=e^{[(1+i)\lambda+i]x}-e^{[(1+i)\lambda-1]x},$$

d'où, symboliquement,

$$(-1)^{n-1}(1+i)n=[(1+i)\lambda+i]^n-[(1+i)\lambda-1]^n.$$

Pour n impair, cette égalité renferme tous les nombres de Bernoulli; mais, si l'on suppose $n\equiv 0 \bmod 4$, elle devient

$$(1+i)n=[1-(1+i)\lambda]^n-[1+(1-i)\lambda]^n$$

et ne contient plus que B_1, B_3, B_5, ... Pour $n\equiv 2$ on a

$$(1+i)n=[1-(1+i)\lambda]^n+[1-(1-i)\lambda]^n,$$

avec B_2, B_4, B_6, ...

Je m'abstiens, mon cher ami, de vous faire part, de crainte de vous mécontenter et de vous contrarier, de tout ce qu'on a dit de vous à l'occasion du rapport sur votre Mémoire; mais c'est avec l'espoir que vous ne le lirez pas sans un peu de satisfaction que je vous renouvelle l'assurance de toute mon affection.

P.-S. — J'ai aussi et sans succès tenté une recherche sur l'équation de Képler; j'ai dû abandonner la question, n'ayant rien trouvé.

426. — *STIELTJES A HERMITE.*

Toulouse, 23 octobre 1894.

Cher Monsieur,

C'est hier que j'ai lu le rapport de M. Poincaré sur mon travail et je ne dois pas vous laisser ignorer plus longtemps qu'il m'a causé un grand plaisir et que j'en ai été fort content. Bien que je ne pense pas avoir mérité tant de louanges et de récompenses, j'espère pourtant que la somme de labeur dépensé aura la vertu de donner quelque valeur à mon travail; c'est, du reste, tout ce dont je suis capable et il me semble encore à moi-même un petit miracle que j'aie pu le terminer dans les circonstances peu favorables où je me trouve.

Les MM. J.-C. et W. Kapteyn dont vous parlez dans votre lettre sont des frères et des Hollandais. Le premier, que j'ai connu à Leyde, est professeur d'Astronomie à Groningue et s'occupe activement de la carte du Ciel. Il est venu souvent à Paris et M. Tisserand doit le connaître sans doute. Son frère, que je ne connais pas, est professeur de Mathématiques à Utrecht. Je me réjouis d'apprendre que nous aurons de nouveau un article de vous pour nos *Annales*. J'ai tenté d'arriver à ces relations entre les nombres de Bernoulli par une autre méthode; mais, quoique j'aie réussi, cela s'est montré plus difficile que je ne croyais. En tout cas, il ne vaut pas la peine d'en parler, parce que les calculs sont plus pénibles que les vôtres.

J'ai préparé un peu mes premières leçons; mais je me sens ces jours-ci peut-être plus fatigué que de coutume et je m'abstiens de tout effort, voyant bien que j'aurai bientôt besoin de toute mon énergie pour faire mes leçons.

Voici une conséquence de ma théorie des fractions continues. Soit

$$F = \cfrac{1}{a_1 z + \cfrac{1}{a_2 + \cfrac{1}{a_3 z + \cdots}}},$$

je considère seulement le cas où la fraction continue est *conver-*

gente, c'est-à-dire $\Sigma a_n = \infty$. Alors

$$F = \int_0^\infty \frac{d\,\Phi(u)}{z+u},$$

$\Phi(u)$ étant une certaine fonction croissante. Mais il est clair qu'on peut écrire $F = \frac{1}{z(a_1 + F_1)}$, où $F_1 = \cfrac{1}{a_2 z + \cfrac{1}{a_3 + \cfrac{1}{a_4 z + \ldots}}}$, c'est-à-dire F_1 est une fonction de même nature que F et par conséquent

$$F_1 = \int_0^\infty \frac{d\,\Phi_1(u)}{z+u}.$$

On a donc cette relation

$$\frac{1}{z} = \int_0^\infty \frac{d\,\Phi(u)}{z+u} \times \left[a_1 + \int_0^\infty \frac{d\,\Phi_1(u)}{z+u}\right].$$

Quelle est la relation entre Φ et Φ_1 et comment établir directement cette formule au moyen des principes généraux de la théorie des fonctions. Cela ne paraît pas bien commode.

Veuillez bien me croire toujours votre très affectueusement dévoué.

427. — *HERMITE A STIELTJES.*

Paris, 25 octobre 1894.

Mon Cher Ami,

Ce m'est une vive satisfaction de savoir que le Rapport de Poincaré vous a contenté, et que vous vous trouvez ainsi récompensé des grands efforts de travail que vous a coûtés votre Mémoire sur les fractions continues. Mais je regrette bien que vous soyez en ce moment dans une disposition peu favorable et je souhaiterais extrêmement que vous puissiez être dispensé de votre Cours en l'échangeant contre un autre genre de devoirs et d'occupations qui ne vous obligerait pas à parler. J'en ai entendu exprimer, par plusieurs de vos amis, le désir, et je ne suis pas sans espoir, qu'il pourra, dans ce but, vous être fait quelques propositions pouvant vous convenir. Quel que soit l'intérêt que j'attache à l'enseignement, et j'y mets une grande importance puisque je prends toute la peine possible pour apprendre aux élèves de l'École Normale vos découvertes sur $\log \Gamma(a)$, la coupure le long des abscisses négatives, etc., je préfère encore votre bien-être et, permettez-moi de vous le dire, les productions de votre génie mathématique. Mais ne vous occupez de rien, ne vous préoccupez pas et laissez faire.

Les frères Kapteyn et M. Franz Rogel m'ont stimulé et donné de l'éperon avec leurs relations entre les nombres de Bernoulli, et j'étais sur le point de rédiger un article sur ces questions, lorsque j'ai reconnu une erreur dans l'une des égalités données par M. Franz Rogel dans son Mémoire ; c'est la suivante :

$$\sum (-1)^{\frac{r-2}{2}} 2^{\frac{r}{2}} \frac{2^{n-r}-1}{n-r+1} n_r B_{\frac{n-r+1}{2}} = \frac{1}{2} - \frac{2^n}{n+1},$$

où l'on doit faire $n \equiv 1 \bmod 4$ et $r = 2, 6, 10, \ldots$. Soit $n = 5$, on aura la seule valeur $r = 2$, d'où

$$2 \frac{2^3-1}{4} 10 B_2 = \frac{1}{2} - \frac{2^5}{6},$$

ce qui est archi-faux. L'obligation de relever une inexactitude me gêne, et j'attendrai en avoir fait avertir l'auteur par M. Édouard Weyr. En attendant, voici encore une remarque : j'ai vu qu'en remplaçant x par $x(1+i)$, comme je vous l'ai dit, on pourrait considérer au lieu de i une quantité indéterminée quelconque ξ ; ce n'est pas un grand trait de lumière, c'est même bien terre à terre ; néanmoins j'en ai tiré quelques résultats. J'obtiens ainsi :

$$\begin{aligned}\frac{1-\xi^n}{1-\xi} = {} & n_1(1+\xi^{n-1})(2^2-1)B_1 - n_3(1-\xi)^2(1+\xi^{n-3})(2^4-1)\frac{B_2}{2} \\ & + n_5(1-\xi)^4(1+\xi^{n-5})(2^6-1)\frac{B_3}{3} - \ldots,\end{aligned}$$

$$\begin{aligned}\frac{n(1-\xi^{n-1})}{2(1-\xi)} = {} & n_2(1+\xi^{n-2})(2^2-1)B_1 - n_4(1-\xi)^2(1+\xi^{n-4})(2^4-1)B_2 \\ & + n^6(1-\xi)^4(1+\xi^{n-6})(2^6-1)B_3 - \ldots,\end{aligned}$$

et, enfin,

$$\begin{aligned}\frac{1}{2} n(1-\xi)(1+\xi^{n-1}) = {} & 1-\xi^n + n_2(1-\xi)^2(1-\xi^{n-2})B_1 \\ & - n_4(1-\xi)^4(1-\xi^{n-4})B_2 \\ & + n_6(1-\xi)^6(1-\xi^{n-6})B_3 - \ldots.\end{aligned}$$

De là se tirent les relations nouvelles entre les nombres de Bernoulli, d'indices pairs et d'indices impairs, et il suffit de faire $\xi = i$ en supposant n impair dans la première égalité et n pair dans les deux autres. Mais je suis tout surpris de l'arrivée de l'indéterminée ξ, et une fois de plus je remarque qu'en Analyse nous sommes moins maîtres que serviteurs, et qu'il faut bien nous laisser mener, conduire et obéir à une puissance qui s'impose et nous domine.

En vous annonçant, ainsi qu'à Madame Stieltjes, le prochain mariage de Madeleine Forestier, ma petite-fille, avec M. Alfred Thomas, ingénieur civil, et vous priant, mon cher ami, de croire toujours à mon affection la plus dévouée.

428. — *STIELTJES A HERMITE.*

Toulouse, 26 octobre 1894.

CHER MONSIEUR,

Veuillez bien accepter, avec Mme Hermite, nos très sincères félicitations à l'occasion du prochain mariage de votre petite-fille Mlle Forestier. Ma femme me dit qu'elle se rappelle bien que Mme Hermite lui a montré son portrait ainsi que celui de sa sœur qui s'est mariée l'année dernière.

A l'occasion de vos relations entre les nombres de Bernoulli je vous ferai une remarque qui m'est venue bien naturellement après mes tentatives pour arriver aux formules de votre avant-dernière lettre et dont j'ai dit un mot. Je rappelle la formule d'Euler et de de Mac-Laurin

$$\begin{aligned}hf'(x) = f(x+h) - f(x) &- \frac{h}{2}[f'(x+h) - f'(x)]\\ &+ \frac{B_1}{1.2}h^2[f''(x+h) - f''(x)]\\ &- \frac{B_2}{1.2.3.4}h^4[f^4(x+h) - f^4(x)] + \ldots,\end{aligned}$$

qui est une simple identité dans le cas où $f(x)$ est un polynome.

En posant $x+h=b$, $x=a$, je préfère l'écrire

$$\frac{b-a}{2}[f'(b)+f'(a)]=f(b)-f(a)+\frac{B_1}{1.2}(b-a)^2[f''(b)-f''(a)]$$
$$-\frac{B_2}{1.2.3.4}(b-a)^4[f^4(b)-f^4(a)]+\ldots.$$

Pour $f(x)=x^n$, $b=1$, $a=\xi$, c'est votre troisième formule. Les deux autres sont comprises dans la formule de Boole

$$\frac{1}{2}[f(b)-f(a)]=\frac{(2^2-1)B_1}{1.2}(b-a)[f'(b)+f'(a)]$$
$$-\frac{(2^4-1)B_2}{1.2.3.4}(b-a)^3[f'''(b)+f'''(a)]$$
$$+\frac{(2^6-1)B_3}{1.2.3.4.5.6}(b-a)^5[f^5(b)+f^5(a)]-\ldots.$$

en prenant $b=1$, $a=\xi$, puis $f(x)=x^n$ ou $f(x)=nx^{n-1}$.

Naturellement, vous avez démontré par votre analyse ces formules d'Euler et de Boole, en tant qu'elles s'appliquent aux polynomes. Car pour cela il suffit de les établir dans le cas de $f(x)=x^n$, à cause qu'elles sont linéaires en f et ses dérivées. Mais ces remarques vous les avez peut-être déjà faites aussi. Tout doucement, je travaille un peu; ce sont toujours les calculs à faire qui m'effrayent le plus. Certainement, dans nos recherches, nous ne saurions fixer toujours d'avance le but à atteindre; on cherche, mais on ne sait pas d'avance ce qu'on trouvera, et parfois on est jeté ainsi sur des routes toutes imprévues. C'est, je crois, aussi l'utilité des recherches sur des fonctions particulières de nous montrer le but à atteindre dans les recherches plus générales. En se laissant guider par l'imagination seule pour édifier des théories générales, on risque fort de rencontrer des théories stériles et inutiles. L'Analyse a ses secrets propres qui ne se laissent point deviner, mais qu'il faut découvrir par une étude patiente. Mais voilà des réflexions qui vous paraîtront un peu banales; veuillez bien me croire votre très affectueusement dévoué.

429. — *STIELTJES A HERMITE.*

Toulouse, 8 novembre 1894.

Cher Monsieur,

Vous savez qu'une seconde solution de l'équation différentielle à laquelle satisfait le polynome X_n est donnée par l'intégrale de Neumann

$$Q_n(z) = \int_{-1}^{+1} \frac{X_n\,dx}{z-x},$$

$$Q_n(z) = 2\,\frac{1.2\ldots n}{1.3\ldots(2n+1)}\left[z^{-n-1} + \frac{(n+1)(n+2)}{2(2n+3)}z^{-n-3} + \ldots\right].$$

Donc

$$\frac{1}{Q_n(z)} = E_n(z) + \frac{\varepsilon}{z} + \frac{\varepsilon'}{z^2} + \ldots, \tag{1}$$

où $E_n(z)$ est un polynome du degré $n+1$ en z.

Soit x un point quelconque du plan; entourons-le d'un cercle C de rayon suffisamment grand pour que, sur C, le développement (1) soit convergent, on trouvera

$$E_n(x) = \frac{1}{2\pi i}\int_C \frac{dz}{(z-x)\,Q_n(z)}. \tag{2}$$

En effet, on n'a qu'à calculer un résidu en multipliant les deux séries (1) et

$$\frac{1}{z-x} = \frac{1}{z} + \frac{x}{z^2} + \frac{x^2}{z^3} + \ldots.$$

Je remarque maintenant qu'on conclut de la formule de Neumann la suivante :

$$z^k Q_n(z) = z^k \int_{-1}^{+1} \frac{X_n\,dx}{z-x} = \int_{-1}^{+1} \frac{x^k X_n\,dx}{z-x} \qquad (k = 0, 1, 2, \ldots, n).$$

En effet,

$$\int_{-1}^{+1} \frac{z^k - x^k}{z-x} X_n\,dx = 0.$$

Cela étant, je multiplie la formule (2) par $x^k X_n\,dx$ et j'intègre entre les limites -1 et $+1$; il vient

$$(3) \qquad \int_{-1}^{+1} x^k X_n E_n(x)\,dx = 0 \qquad (k = 0, 1, 2, \ldots, n).$$

En effet, le second membre devient

$$\frac{1}{2\pi i}\int_C z^k\,dz = 0.$$

Le polynome $E_n(x)$ se trouve déterminé (à un facteur constant près) par les relations (3) et l'on a

$$\int_{-1}^{+1} V_n(x) X_n E_n(x)\,dx = 0,$$

V_n étant un polynome quelconque de degré n.

En prenant $V_n(x) = X_n$, on voit que l'équation $E_n(x) = 0$ a au moins une racine entre -1 et $+1$. Mais je dois vous dire que j'ai entrepris cette recherche en vue de démontrer les théorèmes suivants :

I. *Les racines de l'équation* $E_n(x) = 0$ *sont réelles, inégales, comprises entre* -1 *et* $+1$.

II. *Ces racines sont séparées par celles de l'équation* $X_n = 0$.

Le théorème I est un cas particulier d'un théorème beaucoup plus général auquel j'ai été conduit par la considération de l'intégrale $\int_a^b \frac{f(u)\,du}{z-u}$ dans le cas où $f(u)$ n'est plus assujettie à la condition de rester positive. Quoique je n'aie pas obtenu encore une démonstration, il ne me reste guère de doute sur l'exactitude de mon théorème. J'ai aussi de très bonnes raisons de croire à l'exactitude du théorème II, mais ici cependant je serai un peu moins affirmatif.

On pourrait déterminer $E_n(x)$ encore de la manière suivante. On détermine les rapports des $n+1$ constante $\alpha, \beta, \ldots, \lambda$ par la condition que

$$\alpha X_{2n+1} + \beta X_{2n} + \gamma X_{2n-1} + \ldots + \lambda X_{n+1}$$

soit divisible par X_n; alors E_n est le quotient de cette expression par X_n.

Mais il paraît bien qu'il faudra encore beaucoup approfondir ce sujet pour arriver à la démonstration des théorèmes I et II :

$$E_4 = C\left(x^5 - \frac{15}{11}x^3 + \frac{615}{11^2.13}x\right).$$

Racines de $E_4 = 0$.	Racines de $X_4 = 0$.
+ 0,976	+ 0,861
+ 0,641	+ 0,340
0	— 0,340
— 0,641	— 0,861
— 0,976	

Vous devez connaître certainement les propositions qui me seraient faites pour me charger d'autre chose que mon Cours. J'ai parlé aujourd'hui à M. Baillaud de ce calcul des petites planètes découvertes en France; il me semble bien que, pour le moment, le plus utile serait de faire un petit livre avec des instructions détaillées pour les calculateurs encore peu exercés.

En espérant, cher Monsieur, que cette lettre vous trouve en bonne santé, veuillez me croire votre affectueusement dévoué.

430. — *HERMITE A STIELTJES.*

Paris, 10 novembre 1894.

Mon Cher Ami,

Je suis véritablement ravi du polynome E_n et des belles propriétés que vous avez découvertes. Après la proposition fondamentale

$$\int_{-1}^{+1} V_n X_n E_n \, dx = 0,$$

n'avez-vous pas songé à former une équation différentielle propre à le définir? Je ne puis douter, d'après les résultats déjà obtenus, qu'ils n'aient quelque signification importante; j'y penserai, mais c'est sur vous qu'il faut entièrement compter pour la découvrir.

Ne m'en voulez pas d'avoir mis à profit votre dernière lettre et les conséquences que vous tirez des formules d'Euler et de Boole, sur les nombres de Bernoulli, pour la publier dans les *Sitzungsberichte* de la Société des Sciences de Bohême. Votre marche est évidemment la meilleure et la plus facile; mais, en suivant un autre chemin, j'ai rencontré une solution où entrent les nombres d'Euler qu'on définit par l'identité

$$\frac{1}{\cos x} = 1 + \frac{E_1 x^2}{1.2} + \ldots + \frac{E_n x^{2n}}{1.2\ldots 2n} + \ldots,$$

à savoir

$$\begin{aligned} 2(1+\xi)^n = 2^n(1+\xi^n) &- E_1 n_2 2^{n-2}(1-\xi)^2(1+\xi^{n-2}) \\ &+ E_2 n_4 2^{n-4}(1-\xi)^4(1+\xi^{n-4}) \\ &- E_3 n_6 2^{n-6}(1-\xi)^6(1+\xi^{n-6}) + \ldots. \end{aligned}$$

Elle conduit à des relations, d'une part entre E_{2i} et de l'autre entre E_{2i-1}, en supposant $\xi = i$. Soit d'abord $n \equiv 0 \bmod 4$, vous voyez disparaître tous les nombres d'indice impair, et, si l'on fait $n = 4m$, il vient, en remarquant que

$$(1+i)^4 = -4,$$

$$(-1)^m 2^{2m+1} = 2^{n+1} - E_2 n_4 2^{n-1} + E_4 n_8 2^{n-3} - E_6 n_{12} 2^{n-5} + \ldots,$$

et, en divisant par 2,

$$(-1)^m 2^{2m} = 2^n - E_2 n_4 2^{n-2} + E_4 n_8 2^{n-4} - \ldots.$$

Soit $m = 4$, on aura $-4 = 16 - 4E_2$, c'est-à-dire $E_2 = 5$, sans avoir à passer par E_1. Soit en second lieu $n = 4m + 2$, les coefficients de E_1, E_3, ... s'évanouissent, et l'on trouve, après avoir supprimé le facteur i et divisé par 2^{n-1}, l'égalité

$$\frac{(-1)^m}{2^{2m}} = E_1 n_2 - \frac{E_3 n_6}{2^2} + \frac{E_5 n_{10}}{2^4} - \ldots.$$

Pour $n = 6$, on trouve, en partant de $E_1 = 1$, $E_3 = 61$.

Je savais, depuis huit jours, par M. Tannery que vous étiez mis au service des petites planètes ainsi que je vous l'avais fait prévoir. Mais j'espère que l'amour du ciel ne sera pas tellement exclusif qu'il vous empêche de songer à l'Analyse terrestre. C'est avec tous mes vœux, mon cher Ami, pour votre santé et pour le succès de vos nouvelles recherches, qui m'intéressent au plus haut point, que je vous renouvelle l'assurance de mon affection la plus dévouée.

P.-S. — J'avais autrefois trouvé une démonstration immédiate de la formule de Neumann pour l'intégrale de seconde espèce de l'équation $(x^2-1)X''+nX'=n(n+1)X$; je ne puis absolument la retrouver; permettez-moi, si vous en avez une, de vous prier de me la communiquer.

431. — *HERMITE A STIELTJES.*

Paris, 9 décembre 1894.

....
....

432. — *HERMITE A STIELTJES.*

Paris, 15 décembre 1894.

Mon Cher Ami,

Vos amis de Toulouse viennent causer avec vous pour vous distraire; je ferai comme eux; je ne vous entretiendrai point de choses élevées et difficiles, mais d'une simple curiosité que j'ai trouvée dans un des derniers numéros du *Bulletin*, à la page 232. Elle consiste en ce que la quantité $\frac{x(2+\cos x)}{\sin x}$ est toujours à peu près égale à 3; j'ai été fort surpris, rien ne me faisant soupçonner une telle singularité, et j'ai cherché à m'en rendre compte. Chemin faisant j'ai été amené à considérer la quantité un peu plus générale $\frac{x(a+\cos x)}{\sin x}$, et voici ce que j'ai remarqué.

On a d'abord

$$D_x \frac{x(a+\cos x)}{\sin x} = \frac{\sin x(a+\cos x)-x(1+a\cos x)}{\sin^2 x}.$$

On trouve aussi

$$D_x[\sin x(a+\cos x)-x(1+a\cos x)] = \sin x(ax-2\sin x).$$

Pour $a=2$ et les valeurs plus grandes, le second membre, si l'on fait varier x de o à $\frac{\pi}{2}$, est positif; il en résulte que la quantité $\sin x(a+\cos x)-x(1+a\cos x)$ est croissante; elle est donc positive puisqu'elle est nulle pour $x=0$, et l'on en conclut que la fonction $\frac{x(a+\cos x)}{\sin x}$ est croissante. En faisant $x=0$ et $x=\frac{\pi}{2}$, on a les valeurs $a+1$ et $\frac{a\pi}{2}$ entre lesquelles elle reste comprise; faites maintenant $a=2$, elles deviennent 3 et π, dont la différence est, en effet, fort petite.

J'observe même qu'en faisant $a=2\cos\varphi$ on a $\cos\varphi\, x-\sin x<0$ pour les valeurs de x moindres que φ, comme on le voit aisément; par conséquent, $\frac{x(2\cos\varphi+\cos x)}{\sin x}$ est une fonction décroissante comprise entre les limites $2\cos\varphi+1$ et $\frac{3\varphi\cos\varphi}{\sin\varphi}$.

Développons en série suivant les puissances de φ; les termes coïncident jusqu'à la quatrième puissance; voici, par suite, de nouvelles expressions qui varieront peu, comme la précédente. Je fais $\varphi=\frac{\pi}{4}$ et $\varphi=\frac{\pi}{6}$ ce qui donne $\frac{x(\sqrt{2}+\cos x)}{\sin x}$ et $\frac{x(\sqrt{3}+\cos x)}{\sin x}$; me bornant à la seconde, elle donne aux limites les quantités $1+\sqrt{3}$ et $\frac{\pi}{2}\sqrt{3}$ qui ne diffèrent que très peu. On a, en effet, sensiblement $\frac{\pi}{2}=1+\frac{1}{\sqrt{3}}$, car, en prenant pour valeur approchée de $\frac{1}{\sqrt{3}}$ la réduite $\frac{4}{7}$, on trouve $\pi=\frac{22}{7}$.

La notion de genre, découverte par M. Weierstrass, m'a beaucoup frappé; je n'ai pas manqué de la signaler dans ma Préface; mais, pour l'amour du ciel, lisez-la avec indulgence lorsque vous l'aurez sous les yeux!

En vous souhaitant de tout cœur que les forces vous reviennent, et en vous priant, mon cher ami, de croire toujours à mon affection bien sincèrement dévouée.

APPENDICE.

LETTRES DE STIELTJES A M. MITTAG-LEFFLER SUR LA FONCTION $\zeta(s)$ DE RIEMANN.

Lettre 1.

Paris, 23 juillet 1885.

Monsieur,

En réponse à votre lettre que je viens de recevoir, je dois vous informer que les recherches dont je me suis occupé dernièrement ne sont pas encore prêtes à être terminées et me demanderont encore beaucoup de temps, tandis que d'autres devoirs me forcent en ce moment de les abandonner pour quelque temps. Je pense, du reste, à donner deux Mémoires sur ce sujet, le premier d'un caractère analytique, destiné à l'étude de la fonction $\zeta(s)$ de Riemann et formant, à proprement parler, un commentaire sur les quelques pages où Riemann a donné ses résultats. Dans ce premier Mémoire, les considérations arithmétiques seraient limitées au strict nécessaire; le second Mémoire devrait contenir les conséquences arithmétiques et entre autres ce résultat que la fonction $\theta(x)$ de Tchebychef (somme des logarithmes des nombres premiers qui ne surpassent pas x) est exprimée par

$$\theta(x) = x + A\sqrt{x}\log x,$$

A restant comprise entre deux limites finies. (On n'avait pas démontré encore que la valeur asymptotique de $\theta(x)$ est x.)

Mais vous voyez bien, par ce qui précède, que je ne saurais, dès à présent, fixer un temps où mon travail serait fini. Mais je vous promets volontiers de destiner à votre Journal l'un des Mémoires que je veux consacrer à cette matière.

....

Votre bien dévoué,

T.-J. Stieltjes.

Lettre 2.

Toulouse, 23 mars 1887.

Monsieur,

Ayant reçu hier votre lettre, je m'empresse de vous répondre aussi bien que je le peux en ce moment. Lorsque j'aurai eu le temps d'étudier mes notes, je pourrai peut-être encore ajouter quelque chose à la Note ci-jointe.

Quoique dans mon travail j'aie pris comme point de départ le Mémoire de Riemann, je me suis bientôt contenté d'un but plus modeste.

Eneffet, en prenant $F(x)$ dans le sens de Riemann, le but de Riemann est d'obtenir une *formule exacte* pour calculer $F(x)$ et qui met en évidence sa partie principale.

Je me suis proposé, au contraire, simplement de démontrer rigoureusement

$$\text{(A)} \qquad \lim \frac{F(x)}{li(x)} = +1, \qquad x = +\infty$$

et, après cela, d'évaluer l'ordre de grandeur de

$$F(x) - li(x).$$

Sans aucun doute, on a, s étant un nombre positif plus grand que $\frac{1}{2}$ (mais qui peut en différer aussi peu qu'on veut),

$$\text{(B)} \qquad \lim \frac{F(x) - li(x)}{x^s} = 0, \qquad s > \frac{1}{2}.$$

Un moment, j'ai cru avoir obtenu la démonstration de (B), mais je me suis trompé et je ne peux démontrer (B) que sous la condition $s > \frac{3}{4}$.

Quant au Mémoire de Riemann, j'appellerai votre attention sur ce passage (p. 139, ligne 9, c. d.) : « Hiervon wäre allerdings ein strenger Beweis zu wünschen... da er für den nächsten Zweck meiner Untersuchung entbehrlich schien. »

Il me semble que ces derniers mots : « Da er für den nächsten Zweck... » sont très contestables.

En effet, pour parler rigoureusement, il serait possible que $\xi(t)$ eût une racine de la forme $a + \frac{1}{2}i$ (le contraire n'est pas démontré). Mais alors on ne peut pas même conclure de la formule finale de Riemann

$$\lim \frac{F(x)}{li(x)} = 1.$$

Je suis parvenu à démontrer la proposition concernant les racines de $\xi(t) = 0$, en étudiant la série

$$\frac{1}{\zeta(s)} = 1 - \frac{1}{2^s} - \frac{1}{3^s} - \frac{1}{5^s} + \frac{1}{6^s} - \ldots,$$

qui est convergente et définit une fonction analytique pour $P.Rs > \frac{1}{2}$.

Mais, cela étant obtenu une fois, on peut en déduire, d'une manière relativement simple,

$$\lim \frac{F(x)}{li(x)} = 1,$$

$$\lim \frac{F(x) - li(x)}{x^s} = 0, \qquad s > \frac{3}{4}.$$

Donc, d'après mes recherches, je serais tenté de croire que, *précisément*, la principale difficulté réside dans cette proposition sur les racines de $\xi(t) = 0$.

J'ai dû abandonner ces recherches par des circonstances qui m'ont empêché de travailler avec la liberté nécessaire d'esprit pendant de longs mois. Je dois ajouter aussi que j'aurais voulu prendre connaissance de travaux écrits par d'autres géomètres sur ce sujet. En effet, par un compte rendu dans le *Bulletin* de M. Darboux, j'ai appris qu'il a paru sur ce sujet un travail fort étendu en danois, et aussi M. Genochi semble s'en être occupé. Je n'ai pu consulter ces travaux, mais je ne puis point douter que l'on y rencontrera des éclaircissements auxquels j'ai travaillé de mon côté.

Je n'ai point du tout parlé de votre question concernant la décomposition de $\xi(t)$; en effet, je vous demande un certain délai pour me retrouver dans ces questions. J'avais tâché aussi d'approfondir la nature de cette fonction $\zeta(s)$ au point de vue purement analytique, sans m'occuper de la question arithmétique.

Il est certain que l'on aura des développements analogues concernant la distribution des nombres premiers, dans une série arithmétique quelconque a, $a + b$, $a + 2b$, ...

Veuillez bien agréer, Monsieur, l'assurance de mes sentiments respectueux et dévoués. T.-J. Stieltjes.

Lettre 3.

Toulouse, 1er avril 1887.

Monsieur,

Comme je suis dans les examens de baccalauréat en ce moment, je n'ai pas le loisir actuellement de vous répondre aussi longuement que je le désirerais. Mais je dois vous remercier sincèrement d'avoir bien voulu écrire à M. Gram et de m'avoir indiqué le travail de Genocchi.

Lorsque je travaillais sur ce sujet (été 1885), j'ai retrouvé les résultats de M. Hurwitz et j'ai même poussé un peu plus loin mes recherches. En effet, j'ai obtenu les fonctions analogues à la fonction $\xi(t)$ de Riemann.

Soit, par exemple,

$$\psi(s) = 1 - \frac{1}{3^s} + \frac{1}{5^s} - \frac{1}{7^s} + \frac{1}{9^s} - \ldots,$$

alors

$$\left(\frac{\pi}{4}\right)^{-\frac{s+1}{2}} \Gamma\left(\frac{s+1}{2}\right) \psi(s) = \int_1^\infty \left(t^{-\frac{s}{2}} + t^{-\frac{1-s}{2}}\right) g(t)\, dt.$$

Vous voyez que le second membre ne change pas en remplaçant s par $1-s$; on a

$$g(t) = e^{-\frac{\pi t}{4}} - 3e^{-\frac{9\pi t}{4}} + 5e^{-\frac{25\pi t}{4}} - \ldots$$

et

$$g\left(\frac{1}{t}\right) = t^{\frac{3}{2}} g(t).$$

Cette dernière propriété remplace ici la formule

$$2\psi(x) + 1 = x^{-\frac{1}{2}}\left[2\psi\left(\frac{1}{x}\right) + 1\right]$$

que Riemann emprunte à Jacobi.

Vous trouverez toutes les formules de ce genre dans ma Note *Sur quelques formules, etc.* En écrivant cette Note, je pensais encore à publier mes recherches, mais quelques mois plus tard j'avais perdu courage. C'est alors que j'ai réuni seulement quelques résultats dans l'Article *Sur quelques intégrales définies* ([1]).

J'espère être à même bientôt pour vous écrire plus longuement.

Veuillez bien agréer, Monsieur, l'expression de mes sentiments respectueux et dévoués. T.-J. Stieltjes.

([1]) Voir *Sur quelques formules qui se rapportent à la théorie des fonctions elliptiques* (*Verslagen en Mededeelingen der Koninklijke Akademie van Wetenschappen te Amsterdam,* 3e série, t. II, 1886, p. 101-104). — *Sur quelques intégrales définies* (*Ibid.*, 1886, p. 210-216).

Lettre 4.

Toulouse, 15 avril 1887.

Monsieur,

Pressé par un travail qui devait être terminé à une époque donnée, j'ai dû ajourner jusqu'ici à vous écrire. J'entre en matière.

En désignant par

$$\sum_1^\infty \frac{\lambda(n)}{n^s}$$

la série obtenue par le développement du produit infini

$$1 : \zeta(s) = \prod \left(1 - \frac{1}{p^s}\right),$$

la convergence de la série pour $s > \frac{1}{2}$ est une conséquence de ce *lemme*.

L'expression

$$\frac{\lambda(1) + \lambda(2) + \ldots + \lambda(n)}{\sqrt{n}}$$

reste toujours comprise entre deux limites fixes.

(*Voir* la théorie des séries de cette espèce dans la *Théorie des nombres* de Lejeune-Dirichlet, Dedekind.)

Mais la démonstration de ce lemme est purement arithmétique et très difficile et je ne l'obtiens que comme résultat de toute une série de propositions préliminaires. J'espère que cette démonstration pourra encore être simplifiée, mais en 1885 j'ai déjà fait de mon mieux et envisageant encore la question d'une autre manière et en remplaçant ce lemme par un autre, d'une nature pareille toutefois.

Mais vous voyez bien que je me suis éloigné ici tout à fait du Mémoire de Riemann, et des *considérations arithmétiques* jouent le rôle principal dans mon travail. C'est pour cette raison que je crains bien d'avoir à vous désappointer concernant le Mémoire de Riemann, car je suis loin d'avoir vaincu toutes les difficultés qu'il présente.

Pour ne parler que de la principale difficulté, la décomposition de la fonction

$$\xi(t) = \xi(0) \prod \left(1 - \frac{t^2}{\alpha^2}\right),$$

il me semble très difficile d'obtenir une démonstration *rigoureuse* de cette formule en suivant la voie indiquée par Riemann. Il me semble qu'en considérant l'expression

$$\sum \log\left(1 - \frac{tt}{\alpha\alpha}\right) + \log\xi(0)$$

(und wird für ein unendliches t nur unendlich wie $t \log t$), il faudra préciser la manière dont t devient infini. Par exemple on supposera que

$$t = r(\cos\varphi + i \sin\varphi)$$

et que r varie de 0 à ∞, φ restant constant. Mais il faut alors excepter les deux valeurs $\varphi = 0$, $\varphi = \pi$. En somme, je crois qu'il faudrait alors démontrer la proposition suivante :

Soit $f(z)$ une fonction holomorphe dans tout le plan, et supposons qu'on sache que

$$f(r\cos\varphi + ri\sin\varphi),$$

(φ constant, r variant de 0 à ∞) tend vers zéro pour toutes les valeurs de φ *exceptant certaines valeurs particulières*, alors on a nécessairement

$$f(z) = 0.$$

Je ne sais pas si la démonstration de cette proposition (à supposer qu'elle soit vraie) présente de grandes difficultés. J'avoue que cette méthode ne plaît pas beaucoup et je n'ai guère cherché à arriver au but de cette manière.

Je crois plutôt qu'on parviendra plus facilement au but, en considérant d'abord la fonction $\frac{\xi'(t)}{\xi(t)}$ et en obtenant la décomposition en fractions simples à l'aide de l'intégrale de Cauchy

$$\frac{1}{2\pi i}\int \frac{\xi'(z)}{\xi(z)}\,\frac{dz}{z - x},$$

à peu près comme on obtient la décomposition de $\operatorname{cotang} z$ (Briot et Bouquet, *Fonctions elliptiques*, p. 285). La seule difficulté alors est de savoir comment se comporte $\frac{\xi'(t)}{\xi(t)}$ pour des valeurs $t = a + bi$ (a très grand, b fini). Je ne crois pas qu'on doit désespérer de vaincre cette difficulté en partant de l'intégrale de Riemann. Et cela permettra alors aussi de préciser la proposition regardant le nombre des racines de $\xi(t) = 0$.

Du reste il ne peut y avoir le moindre doute sur la vérité de cette formule

$$\xi(t) = \xi(0) \prod \left(1 - \frac{tt}{\alpha\alpha}\right).$$

En adoptant cette formule j'ai calculé les sommes

$$\sum \frac{1}{\alpha^2 + \frac{1}{2}}, \quad \sum \frac{1}{(\alpha^2 + \frac{1}{2})^2}, \quad \sum \frac{1}{(\alpha^2 + \frac{1}{2})^3}, \quad \ldots$$

et j'ai conclu de là que la plus petite racine α est à peu près $= 14,5$.

Si votre attention s'est portée de ce côté vous aurez remarqué aussi sans doute que les coefficients du développement

$$\zeta(z+1) - \frac{1}{z} = C - C_1 z + \frac{C_2}{1.2} z^2 - \frac{C_3}{1.2.3} z^3 + \ldots$$

s'expriment de la manière suivante

$$C = 1 + \frac{1}{2} + \ldots + \frac{1}{n} - \log n, \qquad n = \infty,$$

$$C_1 = \frac{\log 2}{2} + \ldots + \frac{\log n}{n} - \frac{1}{2}(\log n)^2, \qquad n = \infty,$$

$$C_2 = \frac{(\log 2)^2}{2} + \ldots + \frac{(\log n)^2}{n} - \frac{1}{3}(\log n)^3, \qquad n = \infty,$$

$$\ldots\ldots\ldots\ldots\ldots\ldots\ldots\ldots \qquad \ldots\ldots$$

$$C_k = \frac{(\log 2)^k}{2} + \ldots + \frac{(\log n)^k}{n} - \frac{1}{k+1}(\log n)^{k+1}, \qquad n = \infty.$$

J'avais communiqué cette observation en 1885 à M. Hermite (¹) et M. Gram m'écrit qu'un de ses compatriotes, M. Jensen, a retrouvé ce résultat.

Vu les grandes difficultés que présente encore la théorie de cette fonction $\zeta(z)$ il ne sera pas inutile peut-être de tâcher d'approfondir la nature et les propriétés de cette fonction, sans viser directement à ces questions qui sont nécessaires pour le Mémoire de Riemann. Une démonstration analytique de la réalité des racines de $\xi(t)$ est aussi très désirable. Mais même la proposition particulière que $\xi(t)$ n'a pas de racine de la forme $a + \frac{1}{2}i$ paraît difficile à démontrer analytiquement.

J'ai vainement cherché à démontrer cela en partant de cette formule qui, d'ailleurs, paraît propre pour ce but

$$(1-s^2)\zeta(s)\zeta(-s) = -\frac{2}{s}\sin\left(\frac{\pi s}{2}\right)\int_1^\infty (x^s + x^{-s})\,\frac{d^2[x^3 g'(x)]}{dx^2}\,dx$$

$$g(x) = \sum_1^\infty f(n)e^{-2n\pi x} \qquad \left[g'(x) = \frac{dg(x)}{dx}\right]$$

$$f(n) = \text{somme des diviseurs de } n.$$

Je vous ai donné maintenant, Monsieur, un résumé à peu près complet de ce que j'ai fait dans cette matière. Vous voyez que les difficultés que présente l'étonnant Mémoire de Riemann sont loin d'être vaincues. Beaucoup de recherches sont encore nécessaires, et peut-être moi-même je pourrai encore revenir plus tard sur ce sujet. Mais à présent je m'applique

---

(¹) Voir *Correspondance*, t. I, lettre 75.

depuis quelques mois déjà à un autre sujet très difficile de la théorie des fonctions elliptiques et qui demande tous mes efforts.

Veuillez bien agréer, Monsieur, l'expression de mes sentiments respectueux et dévoués.

T.-J. Stieltjes.

Essai d'interprétation d'un passage des Œuvres de Riemann (p. 138-139).

« Die Anzahl der Wurzeln von $\xi(t)=0$, deren reeller Theil zwischen o und T liegt, ist etwa

$$=\frac{T}{2\pi}\log\frac{T}{2\pi}-\frac{T}{2\pi}$$

denn das Integral $\int d\log\xi(t)$ positiv um den Inbegriff der Werthe von t erstreckt, deren imaginären Theil zwischen $\frac{1}{2}i$ und $-\frac{1}{2}i$ und deren reeller Theil zwischen o und T liegt, ist $\left(\text{bis auf einen Bruchtheil von der Ordnung der Grösse } \frac{1}{T}\right)$ gleich $\left(T\log\frac{T}{2\pi}-T\right)i$; dieses Integral aber, ist gleich der Anzahl der in diesem Gebiet liegenden Wurzeln von $\xi(t)=0$ multiplicirt mit $2\pi i$. »

Soit

$$\Pi\left(\frac{s}{2}\right)(s-1)\pi^{-\frac{s}{2}}\zeta(s)=f(s),$$

en sorte que

$$f\left(\frac{1}{2}+ti\right)=\xi(t).$$

Alors, il résulte du Mémoire de Riemann :

1° Que $f(s)$ est une fonction holomorphe dans tout le plan et qui jouit de la propriété

$$f(1-s)=f(s);$$

2° Que les zéros de $f(s)$ ont leur partie réelle comprise entre o et 1;

3° Que $f(s)$ est réel et positif tant que s est réel.

$$f(1)=f(0) \quad =+1,$$

$$f(2)=f(-1)=+\frac{\pi}{6} \quad =+0,5236,$$

$$f(3)=f(-2)=+\frac{3\zeta(3)}{2\pi}=+0,57,$$

$$f(4)=f(-3)=+ \quad =+0,6,$$

. . . . ,

$$f\left(\frac{1}{2}\right)=+0.$$

Dans la figure ci-jointe

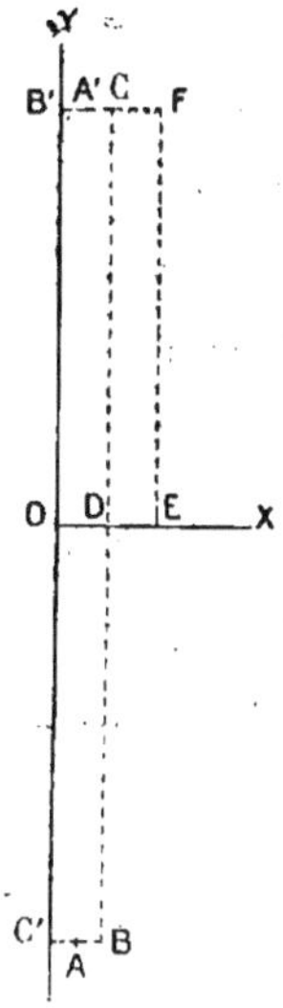

le point A a pour affixe $\frac{1}{2} - Ti$,

» B » $1 - Ti$,

» C » $1 + Ti$,

» A′ » $\frac{1}{2} + Ti$,

» B′ » $+ Ti$,

» C′ » $- Ti$,

» D » $+ 1$,

» E » $+ 2$,

» F » $2 + Ti$.

Soit $\int d \log f(s) = P + Qi$, l'intégrale étant prise sur une courbe quelconque. Il est clair que Q est alors la variation de l'argument de $f(s)$ le long de la courbe,

$$Q = \text{var. arg.} f(s).$$

On a préféré, dans la suite, considérer la variation de l'argument de $f(s)$ au lieu de $\int d \log f(s)$, mais, au fond, cela revient à la même chose.

Considérons

$$\text{var. arg.} f(s) \quad \text{sur} \quad \text{ABCA}'.$$

Comme $f(s)$ a la même valeur en A′ qu'en A, cette variation doit être un multiple de 2π; donc

$$\text{var. arg.} f(s) = 2n\pi, \quad \text{sur} \quad \text{ABCA}'.$$

A cause de $f(s) = f(1-s)$, il est clair que la variation de l'argument de $f(s)$ sur A′B′C′A sera aussi $2n\pi$, donc la variation de l'argument de $f(s)$ sur le contour du rectangle BCB′C′ est $4n\pi$ et le nombre des racines de $f(s) = 0$ à l'intérieur du rectangle $= 2n$. Le nombre des racines à l'intérieur du rectangle ODCB′ est donc $= n$.

Il est clair que

$$\text{var. arg.} f(s) \text{ sur DCA}' = \text{var. arg.} f(s) \text{ sur ABD}$$

car sur ABD les valeurs de $f(s)$ sont conjuguées de celles sur A'CD. Par conséquent

$$\text{var. arg. } f(s) = n\pi, \qquad \text{sur} \qquad \text{DCA}'.$$

Pour avoir le nombre n des racines de $f(s) = 0$ à l'intérieur du rectangle ODCB', il suffira donc de calculer

$$\text{var. arg. } f(s) \qquad \text{sur} \qquad \text{DCA}',$$

et de diviser par π cette variation.

Mais on a

$$\text{var. arg. } f(s) = 0, \qquad \text{sur} \qquad \text{DEFCD}$$

et

$$\text{var. arg. } f(s) = 0, \qquad \text{sur} \qquad \text{DE};$$

par conséquent, on a aussi

$$n\pi = \text{var. arg. } f(s), \qquad \text{sur} \qquad \text{EFCA}'$$

ou

$$\begin{cases} n\pi = \text{var. arg. } f(s), & \text{sur} \quad \text{EF}, \\ \quad + \text{var. arg. } f(s), & \text{sur} \quad \text{FA}'. \end{cases}$$

Calcul de var. arg. $f(s)$ sur EF.

On a

$$f(s) = \frac{s(s-1)}{2} \Gamma\left(\frac{s}{2}\right) \pi^{-\frac{s}{2}} \zeta(s);$$

donc

$$\text{var. arg. } f(s) = \text{var. arg. } s(s-1) + \text{var. arg. } \Gamma\left(\frac{s}{2}\right)$$
$$+ \text{var. arg. } \pi^{-\frac{s}{2}} + \text{var. arg. } \zeta(s)$$

et il est clair que l'on a

$$\text{var. arg. } s(s-1) = \alpha,$$
$$\text{var. arg. } \pi^{-\frac{s}{2}} = -\frac{T}{2} \log \pi, \qquad \pi^{-\frac{s}{2}} = e^{-\frac{s}{2} \log \pi},$$

α est positif et un peu plus petit que π, c'est la somme des deux angles FOE et FDE qui sont inférieurs à $\frac{\pi}{2}$.

Sur la ligne EF, on a

$$s = 2 + it, \qquad t \text{ réel};$$

donc

$$\zeta(s) = 1 + \frac{e^{-it} \log 2}{2^2} + \frac{e^{-it} \log 3}{3^2} + \ldots.$$

L'argument de $\zeta(s)$ est zéro en E et ayant

$$\zeta(s) = \left[1 + \frac{\cos(t\log 2)}{2^2} + \frac{\cos(t\log 3)}{3^2} + \ldots\right] - i\left[\frac{\sin(t\log 2)}{2^2} + \frac{\sin(t\log 3)}{3^2} + \ldots\right] = \mathbf{M} + \mathbf{N}\, i,$$

on voit que M reste toujours positif, car

$$\mathrm{M} > 1 - \frac{1}{2^2} - \frac{1}{3^3} - \ldots = 2 - \frac{\pi^2}{6} > 0$$

et N reste compris entre

$$\pm\left(\frac{1}{2^2} + \frac{1}{3^2} + \ldots\right) = \pm\left(\frac{\pi^2}{6} - 1\right).$$

En déterminant donc l'angle β entre 0 et $\frac{\pi}{2}$ par la formule

$$\operatorname{tang}\beta = \frac{\frac{\pi^2}{6} - 1}{2 - \frac{\pi^2}{6}},$$

on aura

$$\text{var. arg. } \zeta(s) = \varepsilon\beta \qquad -1 < \varepsilon < +1.$$

Reste à calculer

$$\text{var. arg. } \Gamma\left(\frac{s}{2}\right) = \text{var. arg. } \Gamma\left(1 + \frac{it}{2}\right), \qquad t \text{ de } 0 \text{ à } \mathrm{T};$$

or cela est égal à l'argument final de $\Gamma\left(1 + \frac{i\mathrm{T}}{2}\right)$, l'argument initial étant $= 0$; or

$$\text{arg. } \Gamma\left(1 + \frac{i\mathrm{T}}{2}\right) = \text{arg. } \frac{i\mathrm{T}}{2} + \text{arg. } \Gamma\left(\frac{i\mathrm{T}}{2}\right) = \frac{\pi}{2} + \text{arg. } \Gamma\left(\frac{i\mathrm{T}}{2}\right).$$

Or on a, avec une erreur de l'ordre $\frac{1}{\mathrm{T}}$,

$$\text{arg. } \Gamma\left(\frac{i\mathrm{T}}{2}\right) = \frac{\mathrm{T}}{2}\log\frac{\mathrm{T}}{2} - \frac{\mathrm{T}}{2} - \frac{\pi}{4}$$

[*voir* ma Thèse pour le doctorat (p. 31)]; donc, en somme, en négligeant une petite quantité de l'ordre $\frac{1}{T}$,

$$\begin{aligned}\text{var. arg.} f(s) \quad \text{sur} \quad \text{EF} \\ &= \alpha - \frac{T}{2}\log\pi + \varepsilon\beta + \frac{T}{2}\log\frac{T}{2} - \frac{T}{2} - \frac{\pi}{4} + \frac{\pi}{2} \\ &= \left(\alpha + \varepsilon\beta + \frac{\pi}{4}\right) + \frac{T}{2}\log\frac{T}{2\pi} - \frac{T}{2},\end{aligned}$$

et l'on a, par conséquent, en négligeant toujours $\frac{1}{T}$,

$$n = \frac{T}{2\pi}\log\frac{T}{2\pi} - \frac{T}{2\pi} + \frac{1}{4} + \frac{\alpha + \varepsilon\beta}{\pi} + \frac{1}{\pi}\,\text{var. arg.} f(s) \quad \text{sur} \quad \text{FA}',$$

$$0 < \alpha < \pi,$$

$$0 < \beta < \frac{\pi}{2},$$

$$-1 < \varepsilon < +1.$$

En admettant donc que l'on puisse négliger var. arg. $f(s)$ sur FA', on a, approximativement,

$$n = \frac{T}{2\pi}\log\frac{T}{2\pi} - \frac{T}{2\pi},$$

conformément à l'indication de Riemann.

Quant à l'approximation de cette expression, pour la juger, il faudrait avoir une idée de la grandeur de

$$\text{var. arg.} f(s) \quad \text{sur} \quad \text{FA}',$$

$$f(s) = \frac{1}{2} + \frac{1}{2}s(s-1)\int_1^\infty \psi(x)\left(x^{\frac{s}{2}-1} + x^{\frac{1-s}{2}-1}\right)dx,$$

$$\psi(x) = \sum_1^\infty e^{-n^2\pi x}.$$

Je crois me rappeler que j'ai fait quelques efforts dans cette direction, qui n'ont pas été tout à fait stériles, mais je ne saurais préciser en ce moment sans étudier d'abord les notes que j'ai prises sur ce sujet.

J'ajouterai seulement que je ne vois pas comment on pourrait attacher un sens précis à ces mots de Riemann : « bis auf einen Bruchtheil von der Ordnung der Grösse $\frac{1}{T}$ ». Cela me paraît absolument en contradiction avec le fait que l'intégrale considérée doit être un multiple de $2\pi i$.

Le point principal de la déduction donnée, c'est évidemment la formule

$$\left.\begin{aligned} \Gamma(ai) &= \mathrm{R}\,e^{\theta i},\\ \theta &= a\log a - a - \frac{\pi}{4} - \ldots \end{aligned}\right\}\ a \text{ réel positif}$$

de ma Thèse. Comme il suffit ici d'avoir θ avec une approximation de l'ordre 0, je remarque qu'il n'est pas nécessaire, pour cela, de recourir à la formule (42) de mon travail, il suffit d'observer que

$$\theta = a\log a - a - \frac{\pi}{4} - \int_0^\infty \frac{\varphi(u)}{u}\sin au\,du \qquad \text{[form. (34)]},$$

$$\varphi(u) = \frac{1}{e^u - 1} - \frac{1}{u} + \frac{1}{2},$$

$$\frac{\varphi(u)}{u} = \sum_1^\infty \frac{2}{u^2 + 4k^2\pi^2}$$

et

$$\int_0^\infty = \int_0^{\frac{\pi}{a}} + \int_{\frac{\pi}{a}}^{\frac{2\pi}{a}} + \int_{\frac{2\pi}{a}}^{\frac{3\pi}{a}} + \ldots.$$

Donc

$$0 < \int_0^\infty \frac{\varphi(u)}{u}\sin au\,du < \int_0^{\frac{\pi}{a}} \frac{\varphi(u)}{u}\sin au\,du = \frac{\varphi(\xi)}{\xi}\,\frac{2}{a} < \frac{1}{6a},$$

car

$$\frac{\varphi(\xi)}{\xi} < \frac{1}{12}.$$

FIN DU TOME SECOND.

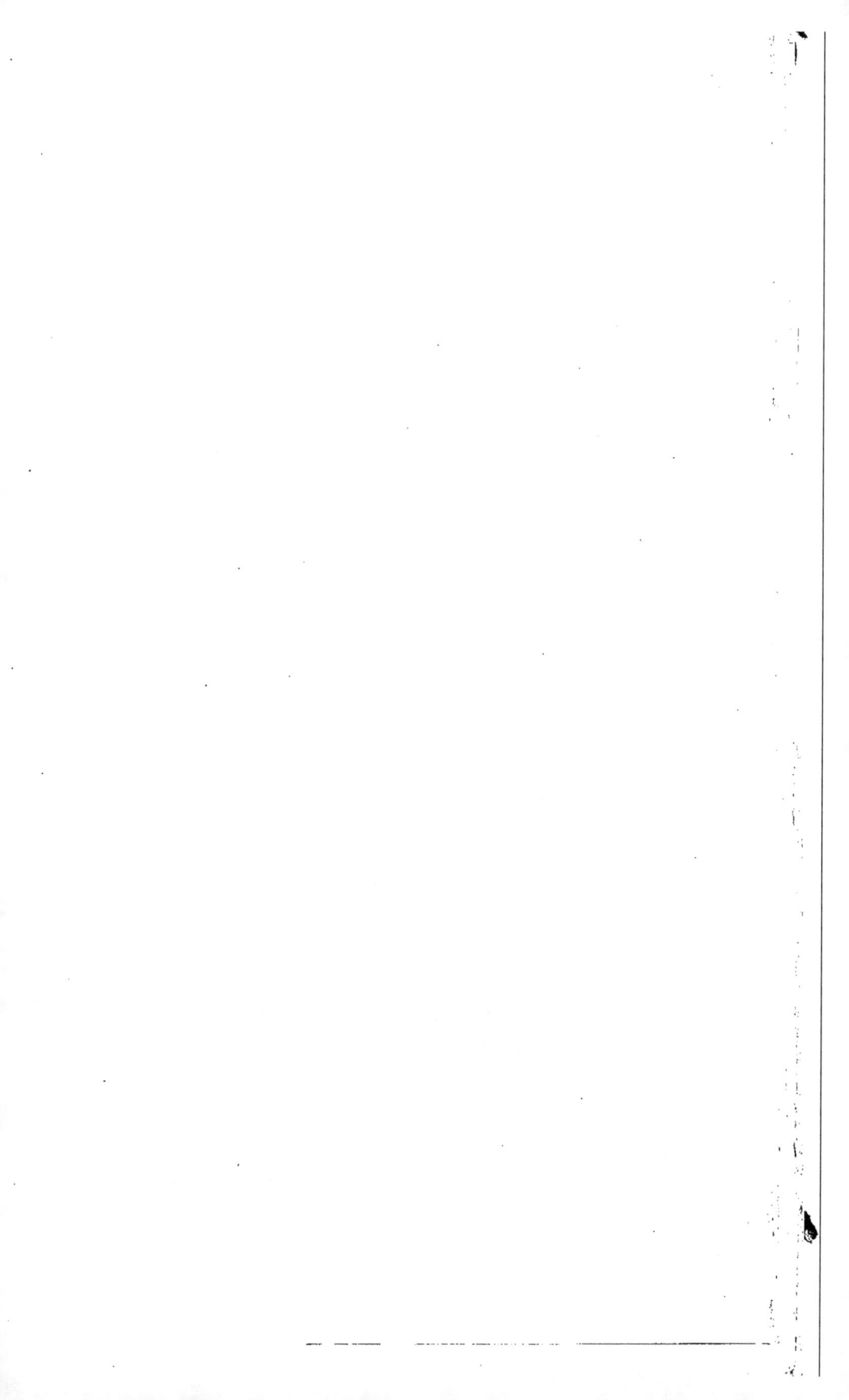

Or $\alpha, \beta, \gamma \dots$ sont des polynômes en x des degrés $0, 1, 2 \dots$ respectivement. Ce degré augmente ainsi jusqu'à ce qu'il soit devenu égal à μ, puis pour les coefficients suivants, il reste $= \mu$.

Il en est donc de même pour $\alpha', \beta', \gamma' \dots$ et les $\mu+1$ premiers termes de la série (1) sont ainsi de l'ordre $\frac{1}{x^{(k-1)\mu+n-1}}$, pas seulement le premier. Mais peut être avez-vous supposé que dans la série (1) on a arrangé tout déjà suivant les puissances descendantes de x en sorte que les α', β'. n'ont pas les valeurs (...) mais sont des constantes. S'il en est ainsi ma remarque tombe naturellement.

Voici maintenant quelque chose de plus intéressant je pense.

Théorème.

Soit
$$f_1(z), f_2(z) \dots f_k(z) \dots$$
une suite de fonctions analytiques
$$f_k(z) = \sum_0^\infty A_i^k z^i \qquad (k = 1, 2, 3 \dots\dots$$
les séries étant convergentes pour $|z| \leqq R$ et même un peu au delà. (Je veux dire pour $|z| = R + \varepsilon$; ε étant positif mais aussi petit qu'on voudra)

Supposons en outre qu'on sache que la série
$$\sum_1^\infty f_k(z)$$
est uniformément convergente pour $|z| \leq R$,

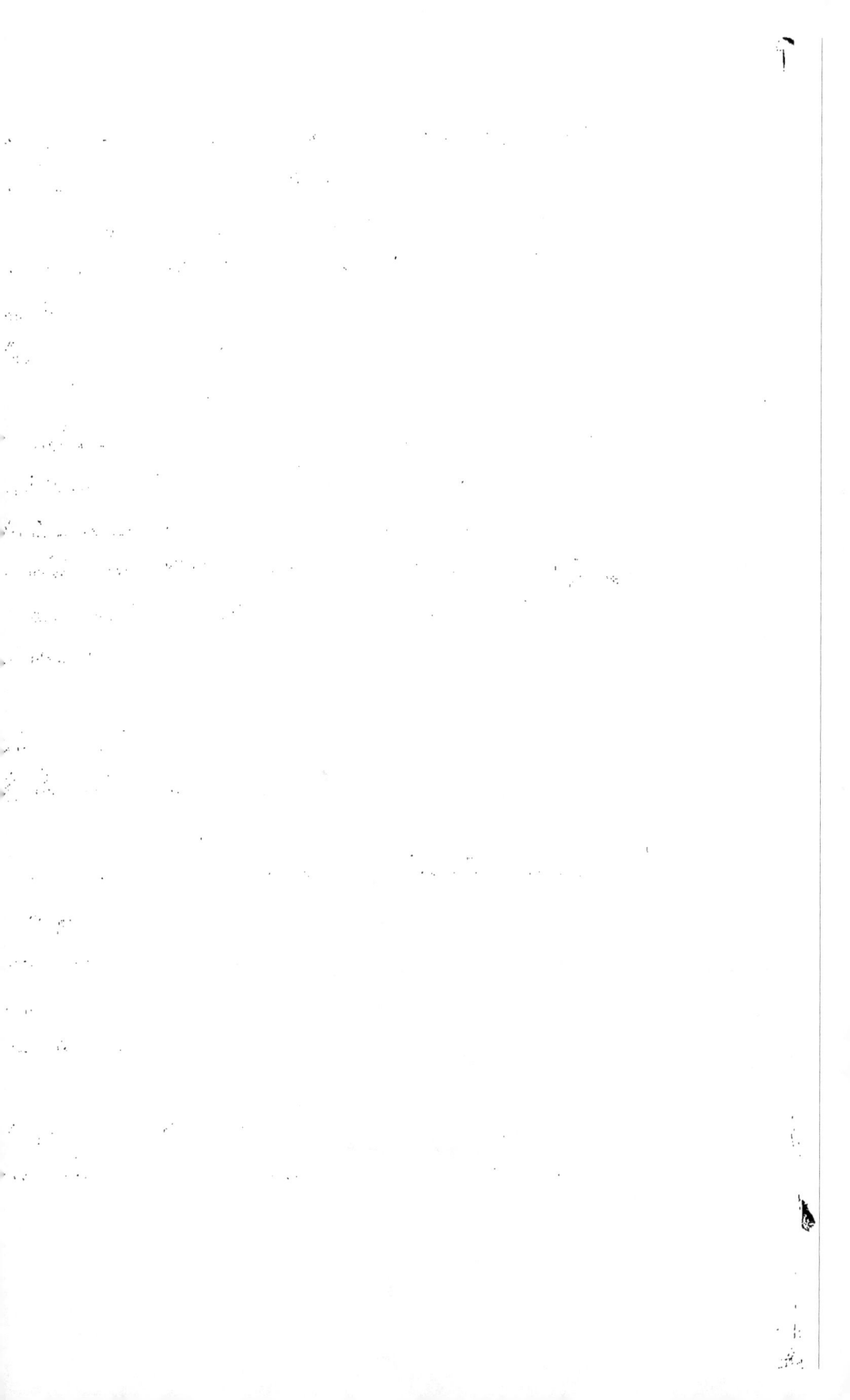

étant *plus petit* que R, et ensuite que dans tout domaine $|x| \leqq R$ (et même un peu au delà) la somme

$$f_1(z) + f_2(z) + \cdots + f_n(z)$$

un module inférieur à un nombre fixe C indépendant de n)

Alors je dis que la série

$$\sum_1^\infty f_k(z)$$

est *nécessairement* *convergente* (et même uniformément convergente) pour $|z| \leqq R$, et [d'après théorème de M. Weierstrass] la somme de cette série ~~...~~ $F(z)$ est une fonction analytique z qui peut se mettre aussi sous la forme d'une série convergente

$$F(z) = \sum_0^\infty c_i z^i \qquad |z| \leqq R.$$

Vous voyez que le propre de ce théorème est d'*étendre* *le domaine de convergence* de la série

$$\sum_1^\infty f_k(z)$$

reconnue seulement pour $|z| \leqq R_1$, ~~dans le~~ au domaine plus large $|z| \leqq R$ moyennant la condition supplémentaire que $\sum_1^n f_k(z)$ reste fini pour $|x| \leqq R$.

On peut démontrer facilement la convergence la fraction continue

$$\cfrac{1}{a_1 z + \cfrac{1}{a_2 + \cfrac{1}{a_3 z + \cfrac{1}{a_4 + \cdots}}}}$$

...ant que la partie réelle de z est *positive*. Grâce à mon théorème j'en conclus très facilement que

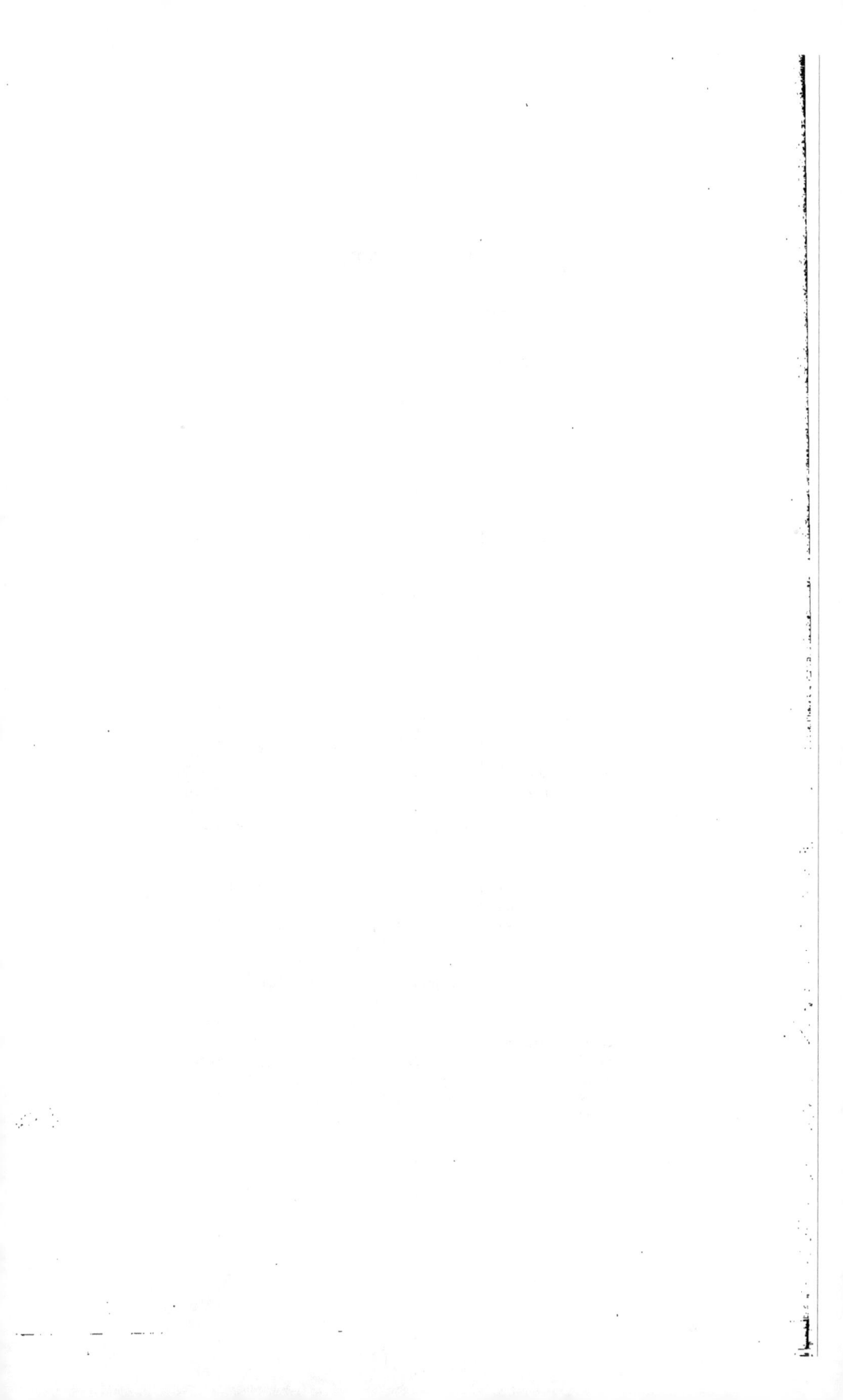

TABLE DES NOMS D'AUTEURS.

TOMES I ET II.

A

B

B (suite).

C

D

E

F

F (suite).

G

H

I

J

K

L

M

N

P

R

S

S (suite).

T

V

W

FIN DE LA TABLE DES NOMS D'AUTEURS.

24948 Paris. — Imprimerie GAUTHIER-VILLARS, quai des Grands-Augustins, 55.

www.ingramcontent.com/pod-product-compliance
Lightning Source LLC
Chambersburg PA
CBHW031621210326
41599CB00021B/3257
* 9 7 8 2 0 1 4 4 7 3 6 7 4 *